U0793156

21世纪高等教育给水排水工程系列规划教材

水资源利用与保护

主　编　任伯帜　熊正为
参　编　毛艳丽　吴方同　唐万春　肖晓存
主　审　龙腾锐

机械工业出版社

本教材着重阐述基本概念、基本理论，注重理论性与实用性的统一，内容完整，叙述清楚透彻，通俗易懂；较为全面、系统地介绍了水的自然和社会循环过程中，水资源开发利用与保护的工程技术原理与方法。主要内容包括水的储存、循环与水量平衡，水资源的形成和开发利用状况，水资源量的计算与评价，水资源水质评价，水资源供需平衡，地表水取水工程，地下水取水工程，节水理论与技术，水资源保护等。

本教材为普通高等教育给排水科学与工程专业的教学用书，也可供环境工程等相关专业师生以及业内工程技术与管理人员参考。

本教材的电子课件位于机械工业出版社教育服务网（www.cmpedu. com）上，免费提供给选用本教材的授课教师，需要者登录该网站注册后下载。

图书在版编目（CIP）数据

水资源利用与保护/任伯帜，熊正为主编．—北京：机械工业出版社，2007.1（2024.2 重印）
（21 世纪高等教育给水排水工程系列规划教材）
ISBN 978-7-111-20708-5

Ⅰ．水…　Ⅱ．①任…②熊…　Ⅲ．①水资料－资源利用－高等学校－教材②水资源－资源保护－高等学校－教材　Ⅳ．TV213

中国版本图书馆 CIP 数据核字(2007)第 001968 号

机械工业出版社(北京市百万庄大街 22 号　邮政编码 100037)
责任编辑：刘　涛　版式设计：冉晓华　责任校对：李秋荣
封面设计：王伟光　责任印制：常天培
北京机工印刷厂有限公司印刷
2024 年 2 月第 1 版第 9 次印刷
169mm×239mm・23 印张・325 千字
标准书号：ISBN 978-7-111-20708-5
定价：49.00 元

电话服务
客服电话：010-88361066
010-88379833
010-68326294

网络服务
机　工　官　网：www. cmpbook. com
机　工　官　博：weibo. com/cmp1952
金　　书　　网：www. golden-book. com
机工教育服务网：www. cmpedu. com

封底无防伪标均为盗版

前　言

水是生命的源泉，是重要的自然资源和环境要素。水资源在社会、经济、生存环境中占有十分重要的地位，它是促进城市经济可持续发展，确保人民安居乐业，建设社会物质文明和精神文明的重要条件，是社会赖以存在和发展的物质基础。

长期以来，水资源的不合理开发、利用所造成的严重的水资源短缺和区域性的生态、环境灾害受到了国际水资源与环境领域的广泛关注。现代水资源开发利用已从传统的仅对水资源量的评价与无序开发转变为更加重视水资源量与质的综合评价、合理开发与利用；更加注重节水技术的开发与应用；更加关注水资源的天然循环与人为循环之间的协调；更加强调污水再生回用技术和污染水源的水质修复技术的应用与推广，实现水资源的有效保护。强调水资源合理开发与利用，加强水资源的管理和保护已成为当今人类为维持社会进步、经济可持续发展所必须采取的重要的手段和保证措施。因此，结合我国国情，编写充分反映现代水资源理论与技术发展，适应现代水资源利用与保护的发展趋势，全面、系统地讨论水资源开发利用的基本原理、方法和原则的教材具有重要意义。

本教材是在调研国内外有关水资源开发、利用与管理著作和教材的基础上编写的。本教材全面介绍了水资源的形成和开发利用、水资源量的计算与评价、水资源水质评价、水资源供需平衡分析理论、地表水及地下水取水工程、节水理论与再生水回用，以及水资源保护的概念与现代理论和方法。作者在编写过程中，着重阐明基本概念、基本理论，注重理论性与实用性的统一，内容完整，叙述清楚透彻，能使学生较为全面、系统地获得水资源利用与保护的相关知识。

本教材由湖南科技大学任伯帜、南华大学熊正为主编，重庆大学龙腾锐教授主审，长沙理工大学吴方同、唐万春和河南城建学院毛艳丽、肖晓存参加编写。其中,第1、6章由任伯帜、熊正为编写,第2、7章由吴方同编写,第3、4章由肖晓存编写,第5、8章由毛艳丽编写,第9章由唐万春编写。

在编写本教材过程中,有关院校的领导、专家和教授给予了极大支持和帮助,重庆大学龙腾锐教授审阅了本书,并对主要章节的内容提出了许多宝贵意见和建议,在此一并致以诚挚的谢意。教材中引用了许多相关文献及资料,在参考文献中可能因疏漏未能全部列出,对此表示深深的歉意。

由于教材涉及众多学科,内容十分广泛,且限于编者水平,本教材中的错误与欠妥之处在所难免,敬请专家、读者批评指正。

编　者

目　录

前言
第1章　绪论 …… 1
1.1　水资源的涵义及特性 …… 1
1.2　水资源状况 …… 4
1.3　水资源利用与保护的任务和内容 …… 17
复习思考题 …… 18
第2章　水循环及水资源形成 …… 19
2.1　水的储存、循环与水量平衡 …… 19
2.2　水资源的形成 …… 24
复习思考题 …… 47
第3章　水资源量的计算与评价 …… 48
3.1　水资源量的计算 …… 48
3.2　水资源量的评价 …… 62
3.3　区域水资源评价实例 …… 99
复习思考题 …… 103
第4章　水资源水质评价 …… 104
4.1　水质评价的定义、步骤及方法 …… 104
4.2　水质评价的指标 …… 109
4.3　依水环境本底值的天然标准评价水质 …… 110
4.4　地表水及地下水水质标准与评价 …… 111
4.5　生活饮用水和水源水质标准与评价 …… 117
4.6　工业和农业用水水质标准与评价 …… 128
复习思考题 …… 141
第5章　水资源供需平衡 …… 142
5.1　水资源供需平衡分析的目的和意义 …… 142
5.2　水资源供需平衡分析的原则 …… 142
5.3　水资源供需平衡分析方法 …… 146
复习思考题 …… 166
第6章　地表水取水工程 …… 167
6.1　地表水取水工程概述 …… 167
6.2　固定式取水构筑物 …… 176

6.3 移动式取水构筑物 …… 195
6.4 其他地表水取水构筑物 …… 202
复习思考题 …… 210
第7章 地下水取水工程 …… 211
7.1 地下水取水工程概述 …… 211
7.2 管井 …… 214
7.3 大口井 …… 237
7.4 复合井和辐射井 …… 241
7.5 渗渠 …… 247
复习思考题 …… 253
第8章 节水理论与再生水回用 …… 254
8.1 节约用水的内涵和潜力分析 …… 254
8.2 城市节水 …… 257
8.3 工业节水 …… 270
8.4 再生水回用 …… 277
8.5 海咸水的利用 …… 298
复习思考题 …… 308
第9章 水资源保护 …… 310
9.1 水资源保护的概念、任务和内容 …… 310
9.2 水体的污染和污水排放 …… 312
9.3 水环境质量监测和评价 …… 327
9.4 水资源保护措施 …… 340
复习思考题 …… 359
参考文献 …… 360

第1章 1

绪 论

水资源是人类不可缺少且无法替代的重要自然资源和环境资源，是维持社会进步、国民经济可持续发展的关键所在。尽管水资源能够循环、恢复，但就某地、某时而言，能供人类使用的水量是有限的。当今世界，水资源不足和污染构成的水源危机已成为任何一个国家在政策、经济和技术上所面临的复杂问题和社会经济发展的主要制约因素。因此，合理有效地利用水资源，充分发挥其最大的经济和社会效益是当务之急。

1.1 水资源的涵义及特性

1.1.1 水资源的涵义与分类

1. 水资源的涵义

水资源一词很久以前就已经出现了，并随着时代的进步不断地丰富和发展。综合国内外文献水资源有以下几种定义：

在《大不列颠大百科全书》中，将水资源解释为全部自然界任何形态的水，包括气态水、液态水和固态水的总量。1963年英国通过《水资源法》，把水资源定义为“（地球上）具有足够数量的可用水”。

联合团教科文组织（NESCO）和世界气象组织（WNO）共同制定的《水资源评价活动——国家评价手册》中，将水资源定义为：“可以利用或有可能被利用的水源，具有足够数量和可用的质量，并能在某一地点为满足某种用途而可被利用”。有“量”无“质”，或有“质”无“量”均不能称之为水资源。

《中国农业百科全书》中，将水资源称为“可恢复和更新的淡水量”。

目前，能被世界上多数科学家及学者所接受的普遍提法是：水资源为可以逐年恢复，且较容易被人类利用的地表、地下的淡水水源。

1988年8月1日施行的《中华人民共和国水法》第二条规定：“水资源是指

地表水和地下水”。《环境科学词典》（1994）定义水资源为“特定时空下可利用的水，是可再利用资源，不论其质与量，水的可利用性是有限制条件的”。

《中国大百科全书》在不同的卷册中对水资源也给予了不同的解释。如在大气科学、海洋科学、水文科学卷中，水资源被定义为“地球表层可供人类利用的水，包括水量（水质）、水域和水能资源，一般指每年可更新的水量资源”；在水利卷中，水资源被定义为“自然界各种形态（气态、固态或液态）的天然水，并将可供人类利用的水资源作为供评价的水资源”。

引起对水资源的概念及其内涵有不尽一致的认识与理解的主要原因是：①不同部门、不同行业对水资源的理解有差异，甚至相反；②水的表现形式多种多样，如地表水、地下水、降水、土壤水等，且可以相互转化；③水的物理、化学性质具有较强的地域性，它至少包含水量和水质两方面，这两方面在自然因素或社会因素影响下是可变的；④水资源的开发利用，受自然因素、社会因素、经济因素、环境因素等多种因素的影响和限制；⑤水资源系统是一个复杂的耦合系统，它涉及到众多的学科，如数学、物理学、化学、生物学、地学、气象学、水文学、地质学等，并且与人类社会发展和生存环境相结合。正因为如此，人们从不同的侧面认识水资源，造成对水资源一词理解的不一致性及认识的差异性。

但是，应当指出水资源的涵义是与人类社会发展水平紧密相联的，随着时间的推移，人类社会对天然水的需求越大，获得天然水的技术也会越高，水资源的范畴也将越广泛，水资源的涵义逐渐体现出以下三个显著的特征：

1）将经济、技术因素隐含在水资源中，强调水资源相对动态的经济属性和社会属性。一些暂时无法利用的水，如南极的冰山，尽管暂时对国民经济没有影响，但当经济技术发展到一定阶段可以开发利用时，它就是水资源。

2）将失去使用价值的污水划归到水资源行列中。在以往的水资源概念中，污水没有相应的地位，很少论及。世界各国每年向环境排放大量的污水，它们对国民经济和社会发展产生了巨大影响。

3）强调水资源是环境资源，因为水资源的开发利用必须限制在环境可承受的范围之内，在研究水资源时，立足于水量、水质兼顾，避免两者的分离出现偏差的同时，必须考虑水资源环境的制约因素，否则，在理论上是不完善的，在实践上是要付出代价的。

综上所述，本书提到的水资源包含水量与水质两个方面，它是人类生产、生活及生命生存不可替代的自然资源和环境资源，是在一定的经济技术条件下能够为社会直接利用或待利用，参与自然界水分循环，影响国民经济的淡水。

2. 水资源的分类

为了适应用水部门以及社会经济各方面的需要，常常将水资源进行分类。

水资源的分类有以下几种：

（1）地表水资源与地下水资源　在水资源总量的计算中往往按形成条件分为地表和地下水资源，它们共同接受大气降水的补给并相互转化和影响。

（2）天然水资源和调节水资源　在水资源的供需分析中往往按工程措施分为天然水资源和调节水资源，后者是指天然水资源中通过工程措施被控制利用的部分。

（3）消耗性和非消耗性水资源　按用水部门的用水情况，将水资源分为消耗性和非消耗性水资源。如航运、发电用水，并不消耗水资源，是非消耗性水资源。灌溉、给水都消耗水量，是消耗性水资源。

1.1.2　水资源特性

水资源的基本特性表现为：一是水资源本身的水文和气象本质，既有一定的因果性、周期性，也有一定的随机性；二是水资源本身的两重性，既能给人类带来灾难，又可为人类所利用。具体叙述如下：

（1）水资源的循环性 水资源与其他固体资源的本质区别在于其具有流动性，它是在循环中形成的一种动态的可恢复资源。水循环系统是一个庞大的天然水资源动态循环系统，水资源在开采利用后，能够得到大气降水的补给，处在不断地开采、补给和消耗、恢复的循环之中，如合理利用，可不断供给人类利用和满足生态平衡需要。

（2）储量的有限性　在一定时间、空间范围内，大气降水对水资源的补给量是有限的，这就决定了区域水资源的有限性。从水量动态平衡的观点来看，某一期间的水量消耗量应接近于该期间的水量补给量，否则将破坏水平衡，造成一系列不良的环境问题。可见水循环过程是无限的，水资源量是有限的，并非取之不尽、用之不竭。

（3）时空分布的不均匀性　水资源时间变化不均匀，主要表现在水资源在年际和年内变化幅度大。在年际之间，丰、枯水年水资源量相差悬殊。丰年内，汛期水量集中，有多余用水；枯水期水量减少，满足不了需水要求。水资源空间变化的不均匀性，表现为地区分布的不均匀性。这是水资源的主要补给源——大气降水和融雪水的地带性引起的。例如我国水资源总的来讲，东南多，西北少；沿海多，内陆少；山区多，平原少。

（4）用途的广泛性　水资源是人类生活和生产中广泛利用的资源，不仅应用于农业、工业和生活，还用于发电、水运、水产、旅游和环境改造等各个方面。

（5）不可替代性　水是一切生命的命脉。如成人体内的含水量占体重的66%，哺乳动物含水量为60%～68%，植物含水量为75%～90%。由此可见，水资源在维持人类生存和生态环境方面的作用是任何其他资源所不能代替的。

(6) 利、害两重性　水量过多容易造成洪水泛滥，形成内涝；水量过少容易形成干旱等自然灾害。由于水资源具有双重性，因此在水资源的开采过程中，尤其应强调合理利用、有序开采，以达到兴利除害的目的。

(7) 水量的相互转化性　水量的转化包括液态、固态水的汽化，水汽凝结降水的反复过程；地表水、土壤水、地下水的相互转化；各种自成体系但边界为非封闭的水体在重力、分子力的作用下，发生的渗流、越流，使这些水体之间相互转化。

1.2 水资源状况

1.2.1 全球水资源状况

1. 全球水资源分布

地球上的水尽管数量巨大，但能直接被人们生产和生活利用的，却少得可怜。首先，海水又咸又苦，不能饮用，不能浇地，也难以用于工业。其次，地球的淡水资源仅占总水量的2.5%，而在这极少的淡水资源中，又有70%以上被冻结在南极和北极的冰盖中，加上难以利用的高山冰川和永冻积雪，有87%的淡水资源难以利用。人类真正能够利用的淡水资源是江河湖泊和地下水中的一部分，约占地球总水量的0.26%。全球淡水资源不仅短缺而且地区分布极不平衡，世界各大洲淡水资源分布见表1-1。

表1-1 世界各大洲淡水资源分布

名称	面积 (10^4km^2)	年降水量		年径流量		径流系数	径流模数
		mm	km^3	mm	km^3		[L/(S·km^2)]
欧洲	1050	789	8290	306	3210	0.39	9.7
亚洲	4347.5	742	32240	332	14410	0.45	10.5
非洲	3012	742	22350	151	4750	0.2	4.8
北美洲	2420	756	18300	339	8200	0.45	10.7
南美洲	1780	1600	28400	660	11760	0.41	21.0
大洋洲①	133.5	2700	36100	1560	2090	0.58	51.0
澳大利亚	761.5	456	3470	40	300	0.09	1.3
南极洲	1398	165	2310	165	2310	1.0	5.2
全部陆地	14900	800	119000	315	46800	0.39	10.0

① 不包括澳大利亚，但包括塔斯马尼亚岛、新西兰岛和伊里安岛等岛屿。

(1) 非洲地区　包括北非、西非、中非、东非、南非和印度洋岛屿等。非洲是目前世界上面临严重缺水的两个地区之一。非洲的江河湖泊中有丰富的淡水资源，然而由于水资源分布极不平衡，在非洲国家，国与国之间存在着水资源获取和使用的巨大差异。目前，非洲已有14个国家面临供水不足或缺水，非洲北部国家前景最不容乐观。到2025年，将有25个非洲国家面临用水压力和缺水。2025年供水量人均不足1000m^3，非洲将有高达16%的人口（2.3亿人）生活在缺水的国家，32%的人口（4.6亿人）生活在供水紧张的国家。

水资源日益匮乏而需求却不断加大，使人们对水的供应更加忧虑，尤其在水资源有两个或更多国家共同分享的地方。非洲大约有50条河流是由两个或两个以上国家共有的。从这些共有的河流中取水将会引起冲突。

（2）亚洲和太平洋地区　包括南亚、东南亚、大湄公河区域、西北太平洋和东亚、澳大利亚和太平洋等。在过去的100年中，亚洲从河流、湖泊、水库的地下含水层和其他水源汲取的淡水量的增加比世界上其他地区都多，其中农业灌溉占汲取水量的主要部分。在某些工业化程度高的国家，农业占汲取水量的50%左右。在所有南亚国家，除不丹外，农业占汲取水量的比例增长到90%以上，阿富汗达到99%。

该地区用水量平均每年约4200m^3/人，而世界平均每年7000m^3/人，水的获取量差别很大。仅在东南亚，年人均可再生水资源从新加坡的约172m^3到马来西亚的2.1万m^3不等。印度、伊朗、韩国、巴基斯坦和泰国的供水量相当低，每年在1400～1900m^3/人之间。不丹和老挝人均约5万m^3，而巴布亚新几内亚则每年人均高达17.4万m^3。

该地区水资源的压力日益增大。一些干旱国家，如阿富汗和伊朗长期存在着严重缺水、水质恶化和用水部门间水分配冲突等问题。水资源使用不当和过度开发对水循环造成较大破坏，如为修建水电站以及满足民用和工业需要而进行的水开发项目，在重要的流域砍伐森林等，已造成河流水位下降并使湿地枯竭。此外，水资源管理不善和增加灌溉所使用的地下水储藏量比其补给量要大，使含水层逐渐枯竭并使地下水位不断下降。城镇生活污水、工业废水和农业径流以及盐碱入侵等因素结合，使水质逐渐恶化。亚洲至少有1/3的人得不到安全的饮用水，至少1/2的人没有卫生设施。

21世纪整个地区水的需求量将增加，到2025年，预计印度将面临水的压力，人均水供应量将减少到约800m^3；2025年前，中国将跨入供水紧张的行列；东南亚仍然有足够的水供应，能满足今后10年的需求量。

（3）欧洲和中亚地区　包括西欧、中欧、东欧、中亚等。东欧的可再生淡水资源人均拥有最大，中欧的最小。地区平均数略高于世界平均数。虽然欧洲的大多数人口和中亚的一些人口享有足够的淡水供应，但水资源的分布不均。北欧和俄罗斯联邦遥远的亚洲地区供水最为丰富；地中海地区，以人均计算供水相对不足，这里的农业和不断增长的旅游业与工业争夺用水；在中亚的旱地，因灌溉系统设计不当，在天然水源充足的地区造成供水问题。

欧洲和北美洲是全球工业用水（欧洲平均55%）多于农业用水（31%）或生活用水（14%）的仅有的两个地区。然而，农业用水在大多数地中海国家和中亚是主要用水，地中海国家农业用水（平均占近60%），中亚农业用水占90%以上。

在整个欧洲和中亚，对洁净水的需求预计还会增加。随着越来越严格的法律和规章的实施，欧洲联盟的水质将逐渐改善。在中欧，经济增长的恢复也会加重水污染。东欧的形势取决于经济增长和工业发展。由于工业企业不强调预防措施，政府实施减少污染战略的措施不力，随着经济复苏，水污染问题也会持续恶化。中亚未来的主要问题是解决上游和下游使用者之间的分配权和价格问题。

（4）拉丁美洲和加勒比海地区　包括加勒比、中美洲、南美等。拉美地区的水资源极为丰富。然而，该地区2/3的领土被定为干旱或半干旱地区，包括墨西哥中北部、巴西东北部、阿根廷、智利、玻利维亚和秘鲁的大部分地区。

（5）北美洲地区　包括加拿大、美国、墨西哥等。北美洲地区淡水资源非常丰富，但分布不均。地表和地下水源每年向美国和加拿大提供5308km^3的可再生水和原生水，占世界总量的13%。按人均拥有量计算，加拿大的水资源是美国的10倍。然而在北美的许多地区都存在着缺水现象，包括加拿大大草原省份的某些地方和美国的西南部。加拿大和美国仍然属于世界上耗水量最大的国家。北美地区年人均取水量约为1800m^3，而世界平均用水量约为700m^3。

北美最大的用水部门是农业和能源业。美国的农业用水量远远高于加拿大，两国的能源生产用水量都很高。在美国，这两个行业各占总用水量的约40%，在加拿大能源业用水量为58%，农业用水量为7%。近年来，这些行业的用水量有所减少，但城市用水却在增加。

（6）西亚地区　包括阿拉伯半岛、马什里克。西亚每年的可再生水资源为1137.59亿m^3，虽然整个地区的年人均可再生水量相对较高，但分布不均，阿拉伯半岛的可再生水资源非常少，1995年人均仅为381m^3，大大低于年人均1000m^3的用以表示匮乏程度的基准；马什里克的可再生水资源非常充足，年人均2181m^3；从约旦的191m^3到伊拉克的3 089m^3，西亚90%以上的水资源用于农业生产，7%作为生活用水，1%用于工业。

整个西亚地区的地下水资源处于十分危急的状况，尤以阿拉伯半岛最严重，原因是汲取量大大超过自然补给速度，地下水的抽取量远远大于170亿m^3的再生量，其结果是造成浅层含水层水位持续下降。地下水的水质也由于过度抽取受到影响，并导致了海水入侵海岸地带，造成沿海农田的盐碱化。为了加速水资源的补给速度，减少开采量，人们在许多方面做出了巨大努力：利用非常规水资源（如脱盐水和废水再循环）、改善灌溉节水技术、降低水补贴、新的立法和开展宣传活动等。利用经过处理的废水，预计将会在一定程度上减缓一些国家地下水资源的压力。尽管污水的再循环利用率并不高，但许多国家已经把扩大利用再循环废水的计划作为满足进一步需求的一项战略选择。

西亚地区水资源的发展速度远不能满足人口增长对水资源的需求，导致人均供应量下降。在这一地区的11个国家中，8个国家的人均用水量低于每年$1000m^3$，其中4个国家（约旦、科威特、黎巴嫩和也门）用水量不足$500m^3$；只有伊拉克和叙利亚两国可以持续保持在$1000m^3$这一基准点上；另外两个国家，沙特阿拉伯和阿联酋通过开发地下水储量来维持这一基本供应量。利用太阳能、核能进行海水淡化和发电的研究，加上农业研究和节水灌溉用水技术的发展可能有助于缓解这些问题的影响。

（7）极地地区　包括北极和南极。北冰洋集水区地域广泛，北极河流流域贯穿遥远的南部。北极淡水系统的质量曾经接近原始状态。第二次世界大战结束后，该地区工业活动的发展和对自然资源的开采，开始对环境造成重要的影响。影响最严重的地区包括科拉半岛和诺利尔斯克冶炼厂周围地区。在加拿大、芬兰、俄联邦和阿拉斯加所属的部分北极地区，河流中的铅含量超过了较低纬度地区设定的淡水质量标准。金属、污水、石油、碳氢化合物、酸性物质和其他化学物质的混合体一起向生态系统发起进攻。

南极洲的淡水湖和盐湖主要分布在沿海地区和无冰区，这样的地区在南极洲不多见，同时这里也往往是人类活动的中心。这些湖泊由冰川融化的溪流汇集而成，许多湖泊受人类在湖泊流域的活动的影响已造成污染。

2. 全球水资源开发利用趋势

未来全球水资源供需情况主要取决于六个因素：经济增长、人口压力、技术革新、社会状况、环境质量和管理制度。据有关专家预测，2025年世界人均水资源将由1990年的$7800m^3$下降到$4800m^3$。到2025年，非洲、南亚、东亚以及中东地区的国家将面临着水资源缺乏的巨大压力。全球80亿人口中，将有30亿人生活在人均水资源不足$1700m^3$的条件下，这表明水资源将严重匮乏。

全球水资源开发利用的趋势主要取决于以下几方面：

1）全球农业用水经30年剧增后呈平稳状态，但农业用水量基数大，仍然是今后相当长一段时间内的水资源开发利用的大户。尤为重要的是，农业用水不可复原水量的比例又远远大于工业用水和城镇生活用水的不可复原水量的比例（如我国2002年全国平均城镇生活耗水率为24%，工业耗水率为24%，农业耗水率则高达64%）。因此，在未来水资源的开发利用过程中，只要加强农业用水管理，提倡科学用水，随着各国经济的发展，不断采取节水灌溉技术，世界农业灌溉用水量基本可稳定在现有水平上，不会有大量的增加。只要农业用水量得到有效控制，世界总用水量的增长势头就能得以抑制。

2）全球工业用水发达国家稳中有降，发展中国家急剧增长。发达国家由于资金雄厚、管理水平高，技术设备先进、工业结构不断高技术化，今后其工业用水量不大可能有明显的增加，可望出现稳中有降的局面。而在发展中国家则不然，尤其是一些新兴的工业地区，如亚洲的东南亚、东北亚及南亚次大陆地区，在工业迅速发展过程中，因资金短缺，设备更新缓慢，生产工艺落后，水资源管理水平差，在一定时期内，其工业用水量将随着工业增长而增加。

3）全球城镇生活用水有增无减。城市生活用水量主要取决于城市人口数量、城市规模与功能、自然条件、城市设施与居民生活水平以及生活习俗等。城市生活用水量占总用水量比例很小，但对水质标准和保证率要求极高。不论发达国家还是欠发达国家，随着城市人口的进一步增加，经济的持续发展，居民生活水平的提高，城市生活用水量将迅速增加，占总用水量比例也将进一步提高，因此解决城乡居民生活供水的任务是非常艰巨的。

4）水资源的开发利用更为重视经济、环境与生态的良性协调发展，由于过去只单一强调最大限度获取天然水资源，忽视了水资源开发过程中可能引起的环境和生态灾难。今后，各国将重视水资源的合理分配与调度，大力开展农业、工业节水生产，优先发展污水回用，实现水资源的可持续利用。

3. 全球水资源面临的问题

随着社会经济的发展，人们越来越感受到水资源匮乏带来的影响。地球水资源在时间和空间上分布的不均匀，水资源利用效率的低下，世界人口的迅猛增长，人类活动对水资源数量和质量的破坏都是水资源日益匮乏的原因。

1）人口增长对水资源的压力。全球的富水区域分布在年径流量较大的热带赤道附近，以及亚洲的东南部、欧洲的西北部沿海和北美洲的西北部沿海，贫水区域则分布在受副热带高压控制的地区和大陆内部，特别是亚洲大陆内部。1980 年全球人均占有水资源量为每年 1 万 m^3，但分布并不均匀，亚洲的河川径流量是北美洲的 2.2 倍，而人口是其 12.6 倍，人均占有水资源量是北美洲的 17.5%。水资源地域分布的不均匀及其不稳定性是世界上许多国家水资源短缺的根本原因。人口的增长不仅使人均占有水量减少，还带来其他相关的问题，如粮食问题、经济发展问题等，这些又使人均需水量大大增加。估计不远的将来，全球大约有 80 个国家将面临水资源短缺的问题。

2）城市与工业区集中发展，工农业用水急剧增加。200 多年来，世界人口趋向于集中在占全球较小部分的城镇和城市中，20 世纪中期以来这种城市化进程明显加快。我国在改革开放的 20 多年中，城市的数量增加了好几倍，城市的规模也越来越大。目前世界上城市居民约占世界人口的 41.6%，而城市占地面积只占地球上总面积的0.3%。在城市和城市周围又大量建设了工业区，因此集中用水量很大，超过当地水资源的供水能力。工农业用水急剧增加，1900年以来全球淡水用水量增加了8倍，其中农业用水量增加了7倍，城市生活用水量增加了12倍，工业用水量增加了20倍，而且每年仍以5%左右的速度增长。工业用水占城市用水的2/3以上。

3）用水浪费，水的利用效率不高，城市生活和工农业用水都存在大量的浪费。由于管理不善，工程配套差和工艺技术落后，城市管网和卫生设施的漏水很普遍，这是城市生活用水中浪费最大的一项。据统计，美国城市管网漏水量平均达每人每天60L，占全部用水量的10%～15%。北京漏水量占总用水量的10%～40%，甚至可达70%。工业上从水源取用的水量远远超过其实际耗水量。例如，美国1970年统计表明，占全国工业用水量78%的热电站用水，其实际耗水量仅为其取用水量的1%。农村大水漫灌，利用率很低，而且渠道渗漏很大，不仅浪费水资源，而且引起土壤的次生盐渍化和潜育化，降低了土壤质量。

4）水体污染，严重破坏了水环境。水体有两个含义：一般是河流、湖泊、沼泽、水库、地下水、海洋的总称，在环境学领域中则把水体当作包括水中的悬浮物、溶解物质、底泥和水生生物等的完整生态系统或自然综合体。由于污染物的入侵，使许多水体受到污染，致使其可利用性下降或丧失。因此，水体污染是破坏水资源、造成可利用水资源缺乏的重要原因之一。主要的水体污染物包括各种有机物、酸污染、悬浮物、有毒重金属和农药以及氮磷等营养物质。

5）全球气候变化使地球水资源失去稳定性。气候变化将导致降水更趋极端化，高纬度地区气候变得干热，沙漠化扩大，冰川雪线进一步北退和缩小，暴雨洪水经常发生，这些气候异常变化造成地球水资源的分布失去了稳定性，使得地区水资源问题更加突出。

1.2.2 中国水资源状况

1. 中国的水系湖泊

中国江河众多，河流总长达43万km。流域面积在100km^2以上的河流约有5万多条；1000km^2以上的有1580条；超过1万km^2的大江河有79条；长度在1000km以上的河流有20多条。因受地形、气候的影响，河流在地区上分布很不均匀，绝大多数河流分布在东部气候湿润多雨的季风区，西北部气候干燥少雨，河流稀少。按河川径流循环的形式，可以分为直接流入海洋的外流河和不与海洋沟通的内陆河两大类。从大兴安岭西麓起，沿东北至西南向，经阴山、贺兰山、祁连山、巴颜喀拉山、念青唐古拉山、冈底斯山，直至中国西端的国境，为中国外流河和内陆河的大致分水界。此线以东以南为外流河区，此线以西以北，除额尔齐斯河流入北冰洋外，均属内陆河区。

中国的地表水分为四个流区，即太平洋流区、印度洋流区、北冰洋流区和内陆河流区。太平洋流区的流域面积最大，占全国总面积的58.3%，主要有长江、黄河、黑龙江、珠江、辽河、海河、淮河、钱塘江、澜沧江等河流；印度洋流区面积占全国总面积的6.4%，有怒江、雅鲁藏布江；北冰洋流区只有额尔齐斯河，流区面积最小，仅占0.6%；内陆河流区面积占34.7%。

中国的内陆河大致可分为内蒙古、河西、准噶尔、中亚细亚、塔里木、青海、羌塘等七个区域。内蒙古内陆河区地势平缓，河流短小，多为时令河，有大面积的无流区。河西、准噶尔、中亚细亚、塔里木等内陆河区，地形起伏较大，有冰雪融水和雨水的补给，发育了一些比较长的内陆河流，如塔里木河、伊犁河等。青海柴达木盆地，四周分布着许多向中部汇集的小河流，盆地中广泛分布着盐湖和沼泽。羌塘内陆河区湖泊众多，许多小河流以湖泊为汇集中心。

中国是一个多湖泊的国家，共约有天然湖泊2.49万个。面积在100公顷以上的湖泊有2300多个，10万公顷以上的大湖有13个。湖泊总面积7.2万km^2，约占国土总面积的0.8%。湖泊储水总量7088亿m^3，其中淡水储量2260亿m^3，占湖泊储水总量的31.9%。中国外流区湖泊以淡水湖为主，湖泊面积3.7万km^2，储水量2145亿m^3，其中淡水储量约1805亿m^3；在内陆河区，湖泊面积约4.11万km^2，储水量4943亿m^3，其中淡水储量455亿m^3。内陆水区除青藏高原尚分布一些淡水湖泊外，其他多为咸水湖或盐湖。

中国的湖泊主要分布在长江中下游平原和青藏高原，按湖泊的地理分布，可分为五个主要湖区：青藏高原湖区、东部平原湖区、蒙新高原湖区、东北平原及山地湖区、云贵高原湖区。东部多淡水湖，其面积约占湖泊总面积45%左右，著名的有鄱阳湖、洞庭湖、洪泽湖、太湖、巢湖。西部多咸水湖，著名的有青海湖等。中国虽是一个多湖国家，但我国部分湖泊面积出现萎缩现象，如洞庭湖水面比1949年缩小约1700万km^2，江汉平原面积大于50km^2的湖泊数量，20世纪80年代比50年代减少49.4%，总面积减少43.7%。干旱、半干旱区湖泊水面日益缩小的趋势更为严重。我国最大的高原湖泊青海湖自成湖至今，水位已下降了100多米，有的湖泊甚至已经消失，如罗布泊、台特马湖等。中国主要湖泊基本情况见表1-2。

2. 中国水资源时空分布特征

(1) 中国水资源的空间分布 由于我国地形、地貌、气候条件的差异，导致了中国水资源的空间分布的差异性。综合考虑地表水和地下水，用每平方公里拥有水资源量（多年平均年产水模数）来划分，可将全国77个流域划分为以下五种类型：

1) 产水十分丰富的流域。多年平均年产水模数$\geqslant 1.2\times10^6 m^3/km^2$，有粤东沿海、台湾诸河、藏南诸河、滇西诸河等四个流域。

表1-2　中国主要湖泊

湖泊名称	湖泊海拔高度 /m	面　积 /km^2	最大水深 /m	容　积 /亿 m^3	水　质
青海湖	3194.0	4340	27.0	778	咸
兴凯湖	69.0	4380	7.03	27.1	淡
鄱阳湖	21	3583	16.0	248.9	淡
洞庭湖	34.5	2820	30.8	188.0	淡
太湖	3.0	2420	4.8	48.7	淡
呼伦湖	545.5	2315	8.0	131.3	淡
洪泽湖	12.5	2069	5.5	31.3	淡
纳木措	4718.0	1916	35.0	768.0	咸
奇林措	4530.0	1640	33.0		咸
南四湖	35.5～37.0	1266	6.0	53.6	淡
艾比湖	189.0	1070			盐水
博斯腾湖	1048.0	1019	15.7	99.0	微咸
扎日南木措	4613.0	1023	5.6		咸
巢湖	10.0	820	5.0	36.0	淡
鄂陵湖	4268.7	610.7	30.7	107.6	淡
贝尔湖		608.5	50	54.8	淡
札陵湖	4293.2	526	13.1	46.7	淡
艾丁湖	-155.0	124			盐水
白头山天池	2194.0	9.8	373.0	20.0	淡
日月潭	760.0	7.7		3.1	淡

2）产水丰富的流域。多年平均年产水模数 $9.0\times10^5\sim1.2\times10^6 m^3/km^2$，包括北江、东江、珠江三角洲、桂南粤西沿海诸河、海南岛及南海诸岛、浙南诸河、闽江、闽东沿海诸河、闽南诸河流域。

3）产水充足的流域。多年平均年产水模数（5.0～9.0）$\times10^5 m^3/km^2$，包括岷江、沱江、乌江、长江上游干流区间、洞庭湖水系、鄱阳湖水系、长江中游干流区间、红水河与黔柳江、左右郁江、西江下游、赣江、钱塘江、浙东诸河、雅鲁藏布江、怒江、元江等流域。

4）产水不足的流域。多年平均年产水模数（1.0～5.0）$\times10^5 m^3/km^2$，包括嫩江、松花江三岔河以上、松花江三岔河以下、黑龙江干流区间、乌苏里江、滦河、海河北系、海河南系、陡骇、马颊河、湟水、洮河、黄河兰州以上干流区间、渭河、伊洛河、沁河、黄河三门峡至花园口干流区间、黄河下游、淮河上中游、淮河下游、沂沭泗河、山东沿海诸河、金沙江、嘉陵江、汉江、太湖水系、长江下游干流区间、南北盘江、澜沧江、中亚细亚内陆河、额尔齐斯河流域。

5）产水贫乏的流域。多年平均年产水模数 $<1.0\times10^5 m^3/km^2$，包括额尔古纳河、黄河三门峡至河口镇、黄河河口镇至龙门、汾河、泾河、洛河、黄河龙门至三门峡干流区间、鄂尔多斯内江区、藏西诸河、内蒙古内陆河、青海内陆河、羌塘内陆河。

中国水资源在地域上分布不均，造成了南方多北方少的基本格局。在全国2.8万亿 m^3 的年水资源总量中，长江流域占34%，珠江占16%；西南诸河占30%；黄河占2.4%；海河占1.1%（表1-3）。

表1-3 中国分片水资源数量表

流域片		计算面积 /km^2	年降水总量 /亿 m^3	地表径流量 /亿 m^3	地下水补给量 /亿 m^3	重复计算量 /亿 m^3	水资源总量 /亿 m^3	产水系数	产水模数 /万 m^3/km^2
黑龙江流域片		903418	4476	1165.9	430.7	244.8	1351.8	0.302	14.96
辽河流域片		345027	1901	487.0	194.2	104.5	576.7	0.303	16.71
海滦河流域片		318161	1781	287.8	265.1	131.8	421.1	0.236	13.24
黄河流域片		794712	3690.8	661.4	405.8	323.6	743.6	0.201	9.36
淮河流域片		329211	2830	741.3	393.1	173.4	961.0	0.340	29.19
长江流域片		1808500	19360	9513.0	2464.2	2363.8	9613.4	0.497	53.16
珠江流域片		580641	8967	4685.0	1115.5	1092.4	4708.1	0.525	81.08
浙闽台流域片		239803	4216	2557.0	613.1	578.4	2591.7	0.615	108.08
西南诸河片		851406	9346	5853.1	1543.8	1543.8	5853.1	0.626	68.75
内陆诸河片		3321713	5113	1063.7	819.7	682.7	1200.7	0.235	3.61
额尔齐斯河		52730	208	100.0	42.5	39.3	103.2	0.496	19.57
小计	北方六片含额尔齐斯河	6064972	19999.8	4507.1	2551.1	1700.1	5358.1	0.268	8.83
	南方四片	3480350	41889	22608.1	5736.6	5578.4	22766.3	0.543	65.41
全国总计		9545322	61888.8	27115.2	8287.7	7278.5	28124.4	0.454	29.46

注：各流域片包含范围详见《中国水资源评价》表1-3。

（2）中国水资源的时间分布　我国水资源在年际、年内的分配也是不协调的。径流的年际变化情况，总的趋势与年降水量是一致的，但受到径流补给来源以及下垫面等因素的影响，又与年降水量有较大差别。中国年径流的变差系数 C_v 值在江淮丘陵和秦岭一线以南在0.5以下；两湖盆地以南一般在0.3～0.4；淮河流域为0.6～0.8；华北平原可超过1.0，最高可达1.30以上；东北山地一般在0.5以下，而松辽平原、三江平原可达0.8以上；黄河流域一般在0.6以下；内陆河流域除山地在0.2～0.5外，几个大盆地为0.6～0.8；内蒙古高原的西部在1.0以上，最大为1.20。

地表水资源在年内时程分布主要是由降水季节（月份）决定的。我国长江以南地区由南往北雨季为3～6月至4～7月，降水量占全年的50%～60%。长江以北地区雨季为6～9月，降水量占全年的70%～80%，而12～2月份降水量极少，气候干旱。

3. 中国水资源开发利用状况

1949—1996年底，全国已建成水库8.6万座，总蓄水库容4580亿m^3，其中大型水库394座，总库容3260亿m^3，中型水库2618座，总库容730亿m^3，小型水库81893座，总库容590亿m^3。蓄水工程控制河川径流量的能力达到17%。兴建引水工程106万项，其中大型引水工程160项，引水闸3万余座，提水工程43.5万处，其中大型提水工程54处。地下水开发工程总数为303万眼，地下水工程供水能力为824亿m^3，主要分布在北方17个省、自治区、直辖市，成为这些地区的重要供水水源。为解决区域间水资源分布不均问题，缓解重点缺水地区的水资源供需矛盾，已建成引滦入津、引黄入卫、引黄济青以及苏北引江工程等一批跨流域调水工程。

2002年全国总供水量5497亿m^3，占当年水资源总量的19.5%。地表水源供水量占80.1%，地下水源供水量占19.5%，其他水源供水量（指污水处理再利用量和集雨工程供水量）占0.4%。在省级行政区中，地下水源供水超过50%的有河北、北京、山西、河南、山东和辽宁6个省（直辖市），其中河北省高达81%。另外，海水直接利用量为216亿m^3。主要的跨流域调水情况是：海河流域引黄河水46.4亿m^3，淮河流域从长江、黄河分别引水69.0亿m^3和20.3亿m^3，山东半岛从黄河引水12.7亿m^3，甘肃河西内陆河从黄河引水1.2亿m^3。新中国成立初期全国用水约1030亿m^3，到1980年通过调查我国实际供水量已增加到4432亿m^3，1993年增长到5224亿m^3，1997年为5623亿m^3，17年间平均年增长70亿m^3。表1-4为我国建国以来全国总用水量情况。

全国水资源开发利用程度，1980年为16.1%，1993年为18.9%，1997年达到19.9%，呈增长态势。从全国平均开发利用程度看，似乎尚有很大开发潜力。但中国水资源的主要问题是水资源分布在地区上很不均匀，并且与人口、耕地资源和经济布局不相匹配。全国有相当的国土面积水资源短缺，并且水的供需矛盾也比较突出。为了便于讨论，下面根据水资源条件将全国十大流域合并成南方、北方和西北内陆三个明显不同类型的地区，对我国水资源开发利用的现状和问题进行分析比较。

南方地区：全国水资源有80.4%分布在长江流域及其以南地区，而该地区的人口占全国的53.5%，耕地占35.2%，GDP占全国的54.8%。人均水资源量3480m^3，亩均水资源量4300m^3，属于人多、地少、经济发达、水资源相对丰富的地区。该地区1997年用水2948亿m^3，占全国总用水量的53%。人均年用水量447m³，仅占人均水资源量的12.8%，可见当地水资源的开发尚有很大潜力。当前存在的主要问题是水污染日益严重。由于城市化发展过快，城市供排水设施的建设跟不上，对污水的排放控制不严，污水任意排放使城市周围的地表和地下水源受到严重污染，水质恶化，使符合水质标准、可供利用的水资源急剧减少，部分城市出现污染型缺水，供需矛盾突出。

表1-4 建国以来全国总用水量情况

年份	农业和农村生活		工业		城镇生活		总计/亿 m³	人均/（m³/年）
	用水量/亿 m³	所占比例（%）	用水量/亿 m³	所占比例（%）	用水量/亿 m³	所占比例（%）		
1949	1001	97.1	24	2.3	6	0.6	1031	187
1959	1938	94.6	96	4.7	14	0.7	2048	316
1965	2545	92.7	181	6.6	18	0.7	2744	378
1980	3912	88.2	457	10.3	68	1.5	4437	450
1993	4055	78.0	906	17.4	237	4.6	5198	445
1997	4198	75.3	1121	20.2	247	4.5	5566	458
1998	4054	74.6	1125	20.7	256	4.7	5435	435
1999	4165	74.5	1159	20.7	267	4.8	5591	440
2000	4074	74.1	1138	20.7	286	5.2	5498	430
2001	4120	74.0	1141	20.5	306	5.5	5567	436
2002	4035	73.4	1143	20.8	319	5.8	5497	428

北方地区：长江流域以北广大地区，人口占全国的44.4%，耕地占全国的59.2%，GDP占全国的43.4%，水资源仅占全国的14.7%。人均水资源量747m³，亩均水资源量471m³，属于人多、地多、经济相对发达、水资源短缺的地区。其中，以黄河、淮河、海滦河三流域尤为突出。三流域耕地占全国的39.1%，人口占全国的34.8%，GDP占全国的32.1%，而水资源只占全国的7.7%。三流域人均水资源量500m³，亩均水资源量少于400m³，是我国水资源最为短缺的地区。1997年北方地区的年用水量2112亿m³，占全国总用水量的38%，人均年用水量389m³，占人均水资源量的52.1%。该地区水资源的开发利用程度以黄淮海三流域为最高，水资源利用率达到70%，而人均用水量仅350m³，比1989年的381m³略有减少。可见该地区水资源的开发已接近上限，进一步开发潜力不大。部分地区如海滦河，由于地下水过量开采，地下水位大幅度持续下降已形成了大面积下降漏斗，河道断流、湖泊干涸，生态环境已日趋恶化。进入20世纪90年代，黄河下游断流的频次、历时和河长也在不断增加。1997年特旱，黄河下游利津站断流历时长达226天。黄河是中国第二大河，她的断流已引起国内外的关注。

西北内陆地区：西北内陆地区，除额尔齐斯河属于外流河，其他河流都属于内陆河流域。来自流域四周高山地区由冰雪和雨水补给的多年平均年径流量约1164亿m^3，地下水的补给量约826亿m^3，扣除相互转化的重复量，该地区水资源总量达到1300亿m^3，占全国的4.8%。由于西北地区地广人稀，耕地面积占全国的5.6%，人口占全国的2.1%；因此人均水资源量达到4870m^3，亩均水资源量约1590m^3，人均水资源相对比较多，为全国平均值的2.2倍，但亩均水资源量低于全国平均水平。1997年该地区水资源的引用已达到547亿m^3，约占水资源量的42%。由于人均水浇地多，人均用水量高达1893m^3，居全国首位。西北内陆地区土地资源丰富，进一步开发潜力大，但干旱地区绿洲生态农业的耗水量很大。除青海内陆河和新疆外流的国际河流水资源的开发利用程度较低外，其他河流开发利用程度已相当高，并且已引发了下游生态环境问题，如天然绿洲萎缩和终端湖泊消亡等。由于干旱区沙漠绿洲生态需要大量水分维系其脆弱的生态环境，水资源开发利用受到生态环境需水的制约。因此，水土资源的开发要适度。

4. 我国水资源开发利用存在的问题

(1) 需水量急剧增加，供需矛盾日渐突出　北方资源性缺水，南方水质性缺水，中西部工程性缺水。从人口和水资源分布统计数据可以看出，中国水资源南北分配的差异非常明显。长江流域及其以南地区人口占了中国的54%，但是水资源却占了81%。北方人口占46%，水资源只有19%。由于自然环境以及高强度的人类活动的影响，北方的水资源进一步减少，南方水资源进一步增加。这个趋势在最近20年尤其明显，这就更加重了我国北方水资源短缺和南北水资源的不平衡。

如果说北方资源性缺水日益严重令人忧心，南方的状况也并不乐观。南方地区由于不注意污水的处理，把未经处理的污水大量排到天然河道，污染了水体，影响了水资源的有效性，造成有水不能用，形成了水质性缺水的严重状况。

建国以来，我国兴建了大量水库，但由于水源工程建设投资额大，投资回报率不高，难以吸引更多建设资金。这种由工程滞后原因造成的工程型缺水在中部和西部地区尤其明显。

(2) 用水逐年增长，水的利用率偏低，浪费严重　1949—2002年，全国总用水量增加了4000多亿m^3，大约每10年增加1000亿m^3，年平均增加约100亿m^3。1980年以后，全国总用水量的增长幅度略有下降，但年平均增长量仍有62亿m^3左右。在这期间，全国的用水结构也发生了变化，农业用水比例逐步下降，而工业、城镇生活用水比例则有所增加。与2001年比较，2002年生活用水量增加了19亿m^3，工业用水增加1亿m^3，农业用水减少90亿m^3。

我国水资源短缺与粗放低效利用的状况并存，用水效率低、用水严重浪费现象普遍存在。近几年来我国农业灌溉用水约占全社会用水量的62%～64%左右，但由于输水方式、灌溉方式、农田水利基础设施、耕作制度、栽培方式等方面的问题，我国农业用水的利用率很低，全国农业灌溉水的利用系数为0.35，与先进国家的0.8相比，我国灌溉效率落后于世界先进水平30~50年。1997年全国工业万元产值用水量是发达国家的5~10倍，工业用水的重复利用率平均为30%~40%，而发达国家为75%~85%，差距十分明显。全国多数城市卫生器具和给水管网漏水损失率至少为20%。

(3) 水污染加剧，江河湖库水质下降　2003年，全国工业和城镇生活废水排放总量为460.0亿t（工业废水排放量212.4亿t，城镇生活污水排放量247.6亿t），其中相当一部分污、废水是没有经过处理或处理不达标，直接排入地表水体，造成我国江河、湖泊、近海以及地下水水质下降。此外，长期以来由于农业生产中不合理或过量地施用化肥和化学农药，也造成一定程度的水污染。根据2004年《中国环境状况公报》，2004年我国七大水系的412个水质监测断面中，Ⅰ~Ⅲ类、Ⅳ~Ⅴ类和劣Ⅴ类水质的断面比例分别为41.8%、30.3%和27.9%。珠江、长江水质较好，辽河、淮河、黄河、松花江水质较差，海河水质差。2004年监测的27个重点湖库中，满足Ⅱ类水质的湖库2个，占7.5%；Ⅲ类水质的湖库5个，占18.5%；Ⅳ类水质的湖库4个，占14.8%；Ⅴ类水质湖库6个，占22.2%；劣Ⅴ类水质湖库10个，占37.0%。其中“三湖”（太湖、巢湖、滇池）水质均为劣Ⅴ类。根据全国118座大城市浅层地下水的调查，97.5%的城市地下水受到不同程度的污染，其中40%的城市地下水受到严重污染。

(4) 干旱地区水资源开发利用程度过高　在西北内陆河流域，灌溉农业的不断扩大、绿洲农业耗水量的增大、水资源利用程度的提高，引起下游生态环境恶化，突出表现在天然绿洲萎缩、终端湖泊消亡、荒漠化现象加剧。黄河、淮河、海河流域因过度开采地表水，造成河道季节性断流，致使河口淤积、泄洪能力下降。因地下水开采过于集中，造成区域地下水位持续下降、降落漏斗面积不断扩大、大面积植被死亡或衰退、泉流流量衰减或断流、地面沉降或坍塌等环境地质问题，滨海地区还因为地下水超采而导致海水入侵现象的发生。

(5) 水资源管理水平有待提高　以1988年《水法》的颁布为重要标志，我国的水管理体系初步建立。实施取水许可制度、调整水价、征收水资源费、贯彻水资源有偿使用等措施，推动了节水工作的开展。但配套法规和监督、协调机制尚未健全，有法不依、执法不严、各自为政、相互推诿的现象依然存在，影响了水资源的合理开发利用。

1.2.3　中国水资源面临的挑战

(1) 水旱灾害依然频繁，并有加重的趋势　中国水资源时空分布不均，与土地资源分布不相匹配，南方水多、土地少，北方水少、土地多。耕地面积的一半以上处于水资源紧缺的干旱、半干旱地区，约1/3的耕地面积位于洪水威胁的大江大河中下游地区，干旱和洪涝引发的自然灾害，是中国损失最为严重的自然灾害。由于气候变化等原因，中国的水旱灾害呈现加重的趋势。

（2）农业用地减少，农业用水短缺程度加剧 随着城市化和经济社会发展，土地被大量占用，非农业灌溉用水需求在急剧增加，农业与工业、农村与城市、生产与生活、生产与生态等诸多用水矛盾进一步加剧。尽管中国采取了最严格的耕地保护措施，但大量的农田和农业灌溉水源被城市和工业占用，耕地资源减少的势头难以逆转，水资源短缺的压力进一步增大。从1980年到2004年的20多年间，中国经济发展速度较快，全国总用水量增加了25%，而农业用水总量基本没有增加。全国农业用水量在总用水量中所占比例不断下降，由1980年的88%下降到2004年的66%。

（3）中国水土流失尚未得到有效控制，生态脆弱 中国众多的山地、丘陵，因季风型暴雨，极易造成水土流失。同时，对水土资源不合理的开发利用，加剧了水土流失。目前，中国水土流失面积356万km^2，占国土面积37%，每年流失的土壤总量达50亿t。严重的水土流失，导致土地退化、生态恶化，造成河道、湖泊泥沙淤积，加剧了江河下游地区的洪涝灾害。由于干旱和超载过牧，导致草原出现退化、沙化现象。

（4）污染负荷急剧增加，加重了水体污染 2003年全国废污水排放总量达680亿t，比1980年增加了1倍多。大量的工业和生活污水未经处理直接排入水中，农业生产中化肥和农药大量使用，使得部分水体污染严重。水污染不仅加剧了灌溉可用水资源的短缺，成为粮食生产用水的一个重要制约因素，而且直接影响到饮水安全、粮食生产和农作物安全，造成了巨大经济损失。

（5）农村水利基础设施还不完善 中国约占55%的耕地还没有灌排设施，农村有3亿多人饮水不安全。全国灌溉面积中有1/3以上是中低产田，已建的灌排工程大多修建于20世纪五六十年代，受当时的经济和技术条件的限制，一些灌排工程标准低、配套不全，经过几十年的运行，很多工程存在工程老化严重、效益衰减等问题，灌溉用水效率低。因此，节约用水和提高土地粮食生产率的潜力还很大。

1.3 水资源利用与保护的任务和内容

国民经济的发展和人类生活水平的提高受水资源状态的制约。水资源的合理开发利用、有效保护与管理是维持水资源可持续利用、良性循环的重要保证，也是维持社会进步、国民经济可持续发展的关键所在。近十几年来，世界范围内水资源状况不断恶化，水资源短缺严重，供需矛盾日益突出，产生的直接原因是盲目和无序地开发利用水资源，开发利用工程布置不合理，尤其是无节制地扩大开采利用量、管理不善、保护措施不力。如何有效合理地利用水资源、保护和管理水资源成为世界水资源研究领域的重要研究课题。

本书作为给水排水工程和环境工程专业的专业课教材，其主要任务是使学生在全面深入了解全球水资源状况、水资源形成与分布特征、开发与利用现状的基础上，系统地学习和掌握水资源循环与水量平衡、水资源质与量计算与评价的基本理论和方法、评价基本体系，以及学习和了解水资源供需平衡分析的原则及系统分析方法；全面学习和掌握与供水有关的水地表及地下取水工程的类型、结构特征、布置原则与方式、适用范围和适用条件，以及水量计算与工程运行的有关技术参数；学习和掌握节水、污水再生回用的现代理论与技术；学习和了解水资源保护和管理的基本概念、法律法规体系、水环境监测和评价的基本方法、水污染防治的基本概念、理论和方法，为未来合理利用与保护水资源奠定理论与技术基础。

本书的主要内容包括：

1）水资源的涵义、特性及其重要作用，以及全球及中国水资源状况。

2）水的储存、循环与水量平衡，以及地表及地下水资源的形成、分布和运动规律。

3）水资源量的计算与评价的理论和方法。

4）水资源水质量评价指标与评价体系。

5）水资源供需平衡分析方法体系。

6）地表及地下水取水工程类型、结构特征、设计、适用范围与运行参数。

7）节水理论及再生水回用技术。

8）水资源保护与管理的内容、方法和措施。

复习思考题

1. 简述水资源的涵义、分类及特性。
2. 简述全球水资源状况及开发利用趋势。
3. 简述中国水资源时空分布特征及开发利用存在的问题。
4. 简述中国水资源面临的挑战。

2

第 2 章 水循环及水资源形成

2.1 水的储存、循环与水量平衡

2.1.1 地球水的储存

地球表面、岩石圈内、大气层中和生物体内所有各种形态的水，包括海洋水、冰川水、湖泊水、沼泽水、河流水、地下水、土壤水、大气水和生物水等，在全球形成了一个完整的水系统，这就是水圈。地球表面总面积约 $5.1\times10^8\text{km}^2$，水圈内全部水体的总储量约 $1.386\times10^9\text{km}^3$。海洋总面积约 $3.61\times10^8\text{km}^2$，占全球面积的 70.8%；海洋水为 $1.338\times10^9\text{km}^3$，占全球水总储量的 96.5%。陆地总面积约 $1.49\times10^8\text{km}^2$，占全球面积的 29.28%，水量仅为 $0.48\times10^8\text{km}^3$，约占地球水储量的 3.5%。大气水和生物体内的水仅 $1.4\times10^4\text{km}^3$，只占地球水储量 0.001%，见表 2-1。在地球总水储量中，海水、湖泊咸水和地下水的咸水占 97.47%，剩下的淡水约有 $3.503\times10^7\text{km}^3$（含盐量 ≤1g/L），占全球水储量的 2.53%。淡水中有 69.56% 为固体状态，大部分存在于两极冰川与雪盖、高山冰川和永久冻土层中，难以利用；其次为地下水，占淡水总量的 30.1%，主要分布在地面至深度 2000m 的地壳中；其余为湖泊、沼泽、河流中的淡水。

表 2-1 地球水在各类水体中的储存分配

水体种类	总水量		咸水		淡水	
	储量/10^8km^3	占总储量（%）	储量/10^8km^3	占咸水总储量（%）	储量/10^8km^3	占淡水总储量（%）
海洋水	13.38	96.54	13.38	99.04	0	0
地表水	0.242541	1.75	0.000854	0.006	0.241687	69.0
其中：						

（续）

水体种类	总水量		咸水		淡水	
	储量/10^8km^3	占总储量（%）	储量/10^8km^3	占咸水总储量（%）	储量/10^8km^3	占淡水总储量（%）
冰川与冰盖	0.240641	1.736	0	0	0.240641	68.7
湖泊水	0.001764	0.013	0.000854	0.006	0.00091	0.26
沼泽水	0.0001147	0.0008	0	0	0.0001147	0.033
河流水	0.0000212	0.0002	0	0	0.0000212	0.006
地下水	0.23700	1.71	0.12870	0.953	0.10830	30.92
其中：						
重力水	0.23400	1.688	0.12870	0.953	0.10530	30.06
地下水	0.00300	0.022	0	0	0.00300	0.86
土壤水	0.000165	0.001	0	0	0.000165	0.05
大气水	0.000129	0.0009	0	0	0.000129	0.04
生物水	0.0000112	0.0001	0	0	0.0000112	0.003
全球总水量	13.859846	100	13.509554	100	0.350292	100

2.1.2 地球水的循环

地球水的循环可分为地球水的自然循环和“人为水循环”。

1. 地球水的自然循环

地球上的水在太阳辐射能和大气运动的驱动下，不断地从水面（江、河、湖、海等）、陆地（土壤、岩石）和植物的茎叶面，通过蒸发和散发，以水气的形式上升到大气圈。在适当的条件下，大气圈中的水气遇冷凝结，以降水的形式又回到地球表面。降到地面的水，一部分在分子、毛细管和重力的作用下，通过地面渗入地下成为地下径流；一部分沿地表流动成为地面径流，并在重力作用下流入江、河、湖，再汇入海洋；还有一部分被植物吸收，通过蒸发和散发，回到大气圈。渗入地下的水，或者成为土壤水，再经蒸发和散发回到大气圈，或者以地下水的形式排入江、河、湖，再汇入海洋。水的这种既无明确的“开端”，也无明确的“终了”的永无休止的循环运动过程称为地球水的自然循环，也称为地球水的水文循环，如图 2-1 所示。

地球水的水文循环根据所涉及的地域不同，可分为大循环或外循环和小循环或内循环。大循环或外循环指水分由海洋输送到陆地，又回到海洋的循环过程；小循环或内循环指水分由陆地输送到陆地，又回到陆地，或由海洋输送到海洋，又回到海洋的循环过程。

地球水的自然循环是地球上众多物质循环中最重要的物质循环。通过地球

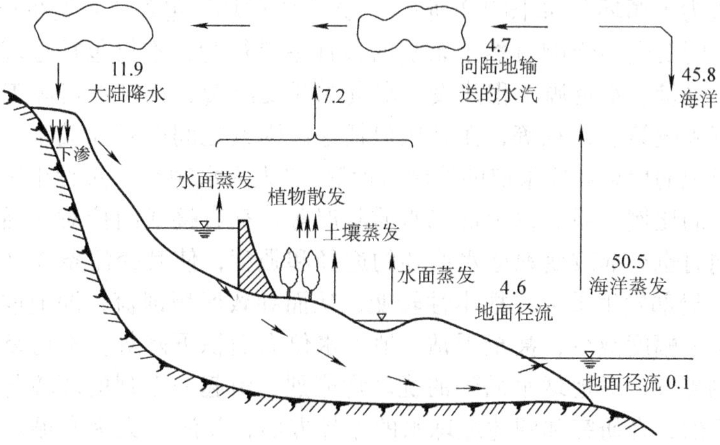

图 2-1　水循环示意图（图中数字的单位为万 km^3）

水的自然循环，不但对地貌的形成与变化产生影响，还对地球起到输送热量和调节气候的作用，而且为淡水资源的不断再生提供条件，为人类和生物的生存提供基本的物质基础。

据研究，地球上平均每年有 $57.7\times10^7m^3$ 的水参与地球的水循环。地球上不同水体的储水量的更新速度是不同的，从表 2-2 可知，除生物水外，地球上更新最快的水体是大气水，只有 8 天；其次为河流水，为 16 天。河流水这种较快的更新速度对人类获取淡水资源具有特别重要的意义，也是水资源成为地球上能自行恢复或再生的一种资源的原因。因此在开发利用水资源中，应该充分考虑不同水体的更替周期和活跃程度，合理开发，以防止由于更替周期长或补给不及时，造成水资源的枯竭。

表 2-2　各种水体的更替周期

水体种类	更替周期	水体种类	更替周期
永冻带底水	10000 年	沼泽	5 年
极地冰川和雪盖	9700 年	土壤水	1 年
海洋	2500 年	河川水	16 天
高山冰山	1600 年	大气水	8 天
深层地下水	1400 年	生物水	几小时
湖泊	17 年		

2. 地球水的“人为水循环”

地球水的循环除受到太阳辐射能和大气运动的驱动作用，从大循环或小循环方式不停运动之外，由于受人类生产与生活活动的作用与影响，会不同程度地发生“人为水循环”，如图 2-2 所示。“人为水循环”包含了人类在开发利用水资源过程中所发生的影响自然水系统的各种主要行为，不仅包括地表水、地下水、水质、水量、水资源工程建设、水资源开发经费、从事水资源工作的人员及有关水资源政策、信息等，而且还包括这些因素之间的相互关系、发展变化及其可能出现的后果和应采取的控制对策等。“人为水循环”过程中不可复原水与回水之间的比例关系，以及回水水质状况等，都直接或间接对水循环水质产生影响，同时也局部改变地球水循环的途径和强度，使其径流条件（径流量和径流水质）局部发生重大或根本性转变，从而导致区域河流、湖泊或地下水污染，来水量大幅度减少，甚至干枯，地下水位大面积下降等。不可复原水的水量所占比例越大，对地球水循环的扰动愈剧烈，引起一系列的环境与生态灾害愈严重。显然，在研究和阐述地球水的循环方面，关注“人为水循环”对地球水循环的干扰和改造作用，对实现地球水的良好循环是至关重要的。

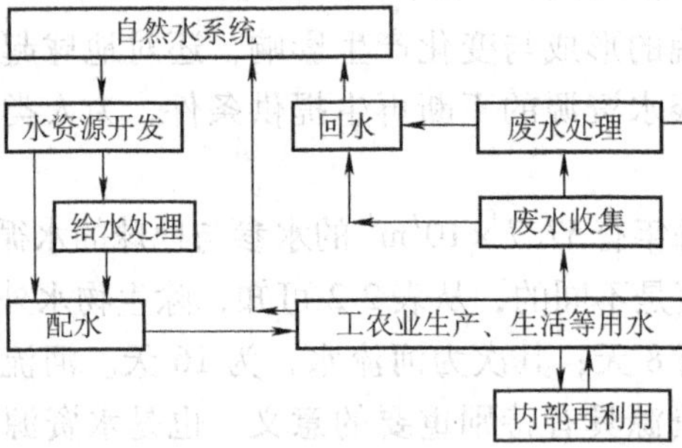

图 2-2 地球水的人为水循环

2.1.3 水量平衡

1. 水平衡原理

根据物质不灭定律，在地球的水循环过程中，对于任一地区（或任一水体），在给定的时段内，输入的水量与输出的水量之差额必等于蓄水量的变化量，这就是水量平衡原理。它是质量守恒定律在水文循环中的特定表现形式。进行水量平衡的研究，有助于了解水循环各要素的数量关系，估计地区水资源数量，以及分析水循环各要素之间的相互转化关系，确定水资源的合理利用量。

2. 全球多年平均水量平衡

根据水量平衡原理，分别以地球的大陆和海洋作为研究水量平衡的平衡区，其水量平衡方程为

$$陆地:E_L = P_L - R \pm \Delta S_L \tag{2-1}$$

$$海洋:E_H = P_H + R \pm \Delta S_H \tag{2-2}$$

式中 E_L、E_H——分别为陆地和海洋上的蒸发量（mm）；

P_L、P_H——分别为陆地和海洋上的降水量（mm）；

R——入海河流的径流量（mm）；

ΔS_L、ΔS_H——分别为陆地和海洋在研究时段内储水量的变化量（mm）。

对于海洋和陆地，从多年平均看来，并没有发现有明显的增减趋势。在短时期内式（2-1）和式（2-2）中的储水变量 ΔS_L 和 ΔS_H 可正可负，但如在多年平均情况下，正负可互相抵消，即 ΔS_L、ΔS_S 可近似地看作为零，故海洋和大陆，在多年平均情况下的水量平衡方程可写为

$$陆地:\bar{E}_L = \bar{P}_L - \bar{R} \tag{2-3}$$

$$海洋:\bar{E}_H = \bar{P}_H + \bar{R} \tag{2-4}$$

式中 $\bar{E}_L$、$\bar{E}_H$——分别为陆地和海洋上的多年平均蒸发量（mm）；

$\bar{P}_L$、$\bar{P}_H$——分别为陆地和海洋上的多年平均降水量（mm）；

$\bar{R}$——入海河流的多年平均径流量（mm）。

将式（2-3）和式（2-4）相加可得出全球的水量平衡方程，即全球多年平均年蒸发量 $\bar{E}$ 等于全球多年平均年降水量 $\bar{P}$

$$\bar{E}_L + \bar{E}_H = \bar{P}_L + \bar{P}_H \Rightarrow \bar{E} = \bar{P} \tag{2-5}$$

3. 流域水量平衡

根据水量平衡原理，对于非闭合流域，即地下分水线与地面分水线不相重合的流域，可列出水量平衡方程式

$$P + R_b + R_d + S_1 = E + R_b' + R_d' + S_2 \tag{2-6}$$

式中 P——降水量时段内区域的降水量（mm）；

R_b、R_d——分别为时段内地面径流和地下径流流入量（mm）；

R_b'、R_d'——分别为时段内地面径流和地下径流流出量（mm）；

S_1、S_2——分别为时段初和时段末的蓄水量（mm）；

E——净蒸发量，$E = E_2 - E_1$，E_1、E_2 分别为时段内的水蒸气凝结量和蒸发量（mm）。

对于一个闭合流域，即地下分水线与地面分水线相重合的流域，$R_b = 0$，$R_d = 0$。若令 $R' = R_b' + R_d'$，$\Delta S = S_2 - S_1$，则闭合流域水量平衡方程为

$$R' = P - E - \Delta S \tag{2-7}$$

对多年平均情况而言，式中蓄水变量项 ΔS 的多年平均值趋近于零，式（2-7）可简化为

$$\bar{P}_0 = \bar{R}_0 + \bar{E}_0 \tag{2-8}$$

式中 $\bar{P}_0$、$\bar{R}_0$、$\bar{E}_0$——分别为流域多年平均降水量、径流量和蒸发量（mm）。

我国主要河流的水量平衡要素见表2-3。

表 2-3 中国主要河流流域的多年水量平衡要素值

河流	流域面积/km^2	降水量/mm	径流量/mm	蒸散发量/mm
辽河	21.90	472.6	64.5	408.0
海河	26.34	558.7	86.5	47.2
黄河	75.20	464.6	87.5	387.1
淮河	26.34	558.7	86.5	47.7
长江	180.85	1070.5	526.0	544.5
松花江	55.68	526.8	136.8	390.0
珠江	44.2 *	1469.2	751.3	718.0
雅鲁藏布江	24.05	949.4	687.8	261.0

* 中国境内的流域面积

应该注意到，在研究流域水量平衡过程中，不可忽视人为水循环的影响与作用。对于人为水循环影响下的闭合流域的水量平衡为

$$P = R + E + \Delta S^* \tag{2-9}$$

式中 ΔS^*——人为水循环影响下某时段内径流量的变化；

其他符号同前。

式（2-9）仅表示水量平衡关系的概念化模式，ΔS^* 的大小变化反应水量平衡区（或流域）内社会、经济、技术的发展程度与节约用水水平。经济技术发展水平高，节约用水措施到位，水资源开发利用合理，则 ΔS^* 相对较小，保证了水资源的可持续利用，生态环境的良性发展。

2.2 水资源的形成

2.2.1 地表水资源的类型与形成

地表水是陆地表面上各种液态、固态水体的总称。包括静态水和动态水，主要有河流、湖泊（水库）、沼泽、冰川和永久积雪等。其中动态水指河川径流量和冰川径流量，静态水则用各种水体的储水量表示。全球陆地上地表水储量为2430万 km^3，只占全球总储水量的1.75%，且分布极不均匀。被冰川和冰盖所覆盖的面积只占陆地面积的12%，其拥有的储水量却为2406万 km^3，占地表水储量的99.2%；河流、湖泊、沼泽分布的面积占陆地面积的62%，其储水量只占地表水储量的0.8%；其余26%的陆地面积为沙漠和半沙漠，基本上没有地表水体。地表水体不断得到大气降水的补给，经过产流与汇流，平均每年有

4.35万 km^3 河川径流和0.25万 km^3 冰川径流汇入海洋，在全球水循环中起相当重要的作用。另外，内流区河流平均每年产生径流量0.1万 km^3，汇入内陆湖泊而消耗于蒸发。

1. 地表水的类型

地表水亦称陆地水，包括河流、湖泊、沼泽、冰川和永久积雪等水体，它是人类生活用水的重要来源之一，也是各国水资源的主要组成部分。

（1）河流　地表流水在重力作用下沿陆地表面的线形凹地（河槽）经常或间歇地流动称为河流。河流是陆地表面宣泄径流、泥沙、盐类和化学元素等物质进入湖泊、海洋的通道，是溪、川、江、河的总称。经常有水流动的河流称为常年流水河流，间歇有流水的称为间歇性河流。以海洋为最后归宿的河流称为外流河，而一些注入内陆湖沼或因渗漏、蒸发而消失于荒漠中的河流称为内流河（内陆河）。

河流由干流和一系列支流组成。通常把流入干流的支流叫一级支流，流入一级支流的叫二级支流，依此类推。由干流、支流和流域内的湖泊、沼泽或地下暗河彼此连接组成的大系统称水系。水系汇集全流域的地表水和地下水，最终注入湖泊、海洋或消失于荒原。

大气降水为河流提供了水量，而由地壳运动造成的条状槽形凹地则是河流行水通道的床地。当降水降落到地面后，从高处往低处流动，由坡地汇集到河床。河流是在河床与水流相互作用下，经过冲刷、侵蚀、搬运等过程形成的。水流产生的能量消耗于对河床的侵蚀，侵蚀产生的物质（含流域坡面上侵蚀的物质）被水流沿河搬运，在中、下游堆积；当侵蚀与搬运达到平衡状态时，河床出现一条平衡的纵剖面。一旦这种平衡条件受到破坏，河流又向新的平衡剖面发展。河流形态一般包括地貌特征和几何特征两个方面。大河流的上、中游一般具有山区河流的地貌特征，即河谷狭窄，横断面呈V形或U形，两岸山嘴突出，岸线犬牙交错，很不规则；河道纵向坡度大，水流急；河岸两侧具有数级阶地。河流的下游，一般横断面宽阔呈复式断面状，纵向坡度小，河床上浅滩、深槽交替，河道蜿蜒曲折，多曲流和汊河。河流的几何特征一般用河长、长宽比、落差、比降与弯曲系数等表示。河长一般可以反映河流集水面积的大小，落差大表明河流的水能资源丰富，比降大则河流的汇流速度快，弯曲系数大表示河道行水不畅，对宣泄洪水不利。

全球河口多年平均流量超过 $2000m^3/s$ 的河流有51条，流域面积在10万 km^2 以上的河流有97条，河长1000km以上的有106条。全球河流总储水量约2120 km^3，而河流年径流量为 $47000km^3$。中国大小河流的总长度约为43万km，径流总量达27115亿 m^3，占全世界径流量的5.8%。

（2）湖泊　湖泊是陆地上相对封闭的洼地中汇积的水体。这种相对封闭的洼地称为湖盆。湖泊是湖盆与运动的水体相互作用的综合体。由于湖中物质和能量的交换，产生一系列物理、化学和生物过程，从而构成独特的湖泊生态系统。

根据水质划分，湖泊可以分为淡水湖和咸水湖两大类。根据形成划分，湖泊大致可分为：

1）构造湖。直接由地壳构造运动（断裂、褶皱、地堑等）使地面凹陷积水而成的湖泊。这类湖泊岸壁陡峭，深度较大。

2）冰川湖。由冰川侵蚀和沉积作用形成的湖泊。冰川磨蚀地表形成冰蚀洼地后积水而成的湖泊，称冰蚀湖；冰川后退时，挟带的砾石在地面堆积成四周高、中间低的洼地，或堵塞部分河床后形成的湖泊，称冰碛湖。

3）火山口湖。火山喷出的熔岩和碎屑物堆积在火山口周围，使火山口形成洼地聚水形成的湖泊。其外形近似圆形或马蹄形，表面积和集水面积均不大，湖水较深。一般分布于古代和近代火山活动地区。

4）堰塞湖。因地震、山崩、滑坡、泥石流、冰碛或火山喷发的熔岩和碎屑物堵塞河流而形成的湖泊。

5）风成湖。因长期风力作用使地面形成风蚀洼地而积水形成的湖泊。

6）水力冲积湖。由于水流的冲刷和泥沙淤积所形成的湖泊。

另外还有溶解湖、有机湖和人工湖。

全球湖泊的总面积约205.87万km^2，占全部大陆面积的1.5%。全球湖泊水体有17.64万km^3，占地球上各种水体总储量的0.013%。其中，咸水湖水体有8.54万km^3，占全球总水体的0.006%；淡水湖水有9.1万km^3，占全球总水体的0.007%。中国是一个湖泊众多的国家，湖泊总面积7.2万km^2，约占国土总面积的0.8%。湖泊储水总量7088亿m^3，其中淡水储量2260亿m^3，占湖泊储水总量的31.9%。

（3）沼泽　沼泽的土壤常为水所饱和，其表层生长着沼生和湿生植物，下层有潜育层或存在着泥炭化和腐殖化过程的地段。沼泽（特别是泥炭沼泽）具有明显的生态特征，一般有以下几种表现：泥炭沼泽是巨大的生物蓄水库；沼泽水具有过渡水体的特点；沼泽土壤中有机质大量聚积；沼生植物丛生，具有特殊的生态特点；沼泽表面具有多种微地貌形态。最常见的是团块状草丘（塔头）、垅块或城网状草丘等。

水分是沼泽形成的主要条件，只有过多的水分才有利于水生植物的生长和泥炭层的形成。沼泽的形成可分为水体沼泽和陆地沼泽化两种情况。沼泽的类型很多，我国学者按照综合分类的原则，对诺尔盖高原的沼泽进行了如下分类：首先按发育阶段划分沼泽型，包括低位型（初级阶段）、中位型（过渡阶段）和高位型（高级阶段）；其次根据所处地貌类型划分沼泽亚型，如湖滨洼地沼泽亚型、阶地沼泽亚型等；最后依据植被情况划分沼泽体，如睡菜—苔草沼泽体、蒿草—木里苔草沼泽体等。

沼泽的分布受地域分异规律制约，全球沼泽面积约有112.2万km^2，大部分集中在北半球的中高纬度地区。中国沼泽的分布很广，仅泥炭沼泽和潜育沼泽两类面积即达11.3万余km^2，三江平原和诺尔盖高原是中国沼泽最集中的两个区域。

（4）冰川　冰川是在寒冷气候条件下由固态大气降水的多年积累，经过密实和变质作用形成能自身运动并长期存在的天然冰体。它是地球上水文循环的一个特殊阶段的特殊形式。

冰川以物质零平衡线为界，可划分为上部的积累区（又称粒雪区）和下部的消融区（又称冰舌区）。积累区的积雪变质成冰，尔后通过冰川运动输送到下游的消融区，逐渐融化，形成冰雪水融径流补给河流、湖泊和海洋，少量蒸发直接返回大气。从接受大气固态降水、冰体储存到融化、蒸发，构成了冰川系统的水循环过程。

冰川按照形态和规模可分为大陆冰盖和山地冰川两大类。地球上现代有两大冰盖，即南极冰盖和格陵兰冰盖，它们占世界冰川总面积的97%、总体积的99%。山地冰川根据形态又可划分为：悬冰川、冰斗冰川、山谷冰川、平顶冰川或冰帽、再生冰川和山麓冰川等。按照其物理性质分类有：极地冰川、亚极地冰川和温冰川三大类。凡整个冰层全年温度均低于熔点的称为极地冰川；表层在夏季融化，而冰层大部分温度低于熔点的称亚极地冰川；表层冰温冬季低于熔点而整个冰层温度接近熔点的称为温冰川。温冰川主要分布在降水丰富的海洋性气候区，故又称为海洋性冰川。中国山地冰川根据其发育的水热条件和冰种物理特征，划分为大陆型冰川、海洋型冰川和复合型冰川三大类。

冰川从其源头到末端可跨越数千米的高度，水热条件存在着相当大的差异，其成冰作用具有高度带特征。典型的大陆型冰川自下而上可划分出消融带、附加冰带、渗浸带、冷渗浸带和干雪带，其成冰作用是以渗浸—冻结为特征的；典型海洋型冰川自下而上划分出消融带、暖渗浸带、冷渗浸带和干雪带，其成冰作用是以暖渗浸为特征的。冰川的成冰作用与运动速度决定冰川物质循环过程的快慢。大陆冰盖这一循环过程所需时间以万年计；中、低纬山地冰川的水循环比冰盖要快得多，通常以数十年至千年计。

冰川运动是在重力作用下的移动，包括塑性变形和底部滑动两种过程。在纵向上，零平衡线附近流速最大，向源头和末端减小；横向上，冰川中心线上流速最大，向两侧逐渐减小；垂向上冰面流速大于冰内和冰下。冰川运动速度随其性质和时间差异而变化，一般年流速在数米至数百米不等。由于冰川的运动特征，对地表具有侵蚀和堆积作用，成为塑造地表形态的重要外营力之一。

冰川可作为气候变化的指示器，其末端进退、厚度增减、面积扩缩可反映气候变化状况；又可对气候产生反馈作用，成为气候形成的重要因子。如大陆冰盖对全球大气环流和气候有重大影响，而山地冰川对大范围气候影响较小，但对局部气候的影响不可忽视。

冰川在两极和两极至赤道带的高山均有分布，世界上冰川总面积达1622.75万km^2，占世界陆地面积的11%，储水量估算为2406万km^3，占世界淡水总量的68.7%。如果全球冰川全部融化，世界海洋面将升高70m左右。

中国现代冰川主要分布在西部的高山和高原地区，冰川总面积为58651.08km^2，冰储量为5132.22km^3，折合储水量约为4710km^3，冰川年融水量为564亿m^3，成为“天然的固体水库”，对河川径流起着重要的多年调节作用，尤其是在西北干旱区，成为社会、经济发展和工农业生产的重要水资源。

(5) 永久积雪　永久积雪是由大气固态降水形成的覆盖在地球表面常年不化的雪层，是寒冷地区一种特殊的自然景观。

永久积雪在形成过程中经历了一定的密实化过程或变质作用，在雪层剖面上出现粒状雪、透镜状薄冰夹层或深霜等现象。当风力作用强大时，永久积雪表层还可出现一层薄冰壳。永久积雪的密度变化幅度很大，从0.05g/cm^3（新雪）到0.8g/cm^3（粒雪）以上。中国西部高山区永久积雪的密度，西南海洋性气候区明显高于西北大陆性气候区。南极冰盖表层的永久积雪的密度随深度增加而增大，直到变成冰川冰。温度对密实化过程影响明显，按照地理地带性规律，其密实化过程可分为暖型、冷型和交替型。暖型的永久积雪厚度一般在20~40m；冷型的永久积雪厚度可达60~100m；交替型在30~60m之间。

永久积雪的强度随着密度增加而不断增大。当密度在0.123g/cm^3时，抗断强度在294Pa左右；当密度增加到0.3g/cm^3时，抗断强度可达11000~12000Pa。永久积雪时光的反射能力很强，新鲜干洁的积雪几乎可全部反射入射的可见光部分，随着雪的粒雪化，可见光反射下降到0.6以下。

地球上永久积雪的分布区约为1700万km^2，其中南半球约1290万km^2，北半球约410万km^2，主要分布在南极大陆、格陵兰、北冰洋西部一些岛屿和中低纬高山地区，如喜马拉雅山、喀喇昆仑山、昆仑山、阿尔卑斯山等。中国永久积雪区约5.65万km^2，呈散点状分布于西部高山现代冰川作用区。永久积雪的存在大大增加区域地表反照率，对全球大气和海洋动力热力过程产生很深刻的影响，对区域气候以至全球气候影响也很显著。永久积雪是重要的淡水资源，也是现代冰川赖以生存发育的物质补给源泉。然而山地永久积雪常发生雪崩、风吹雪等灾害，威胁人类生命财产安全和阻碍或中断交通。

2. 地表水的形成

陆地表面的基本水源来自大气降水。从海洋上蒸发的水气，被气流输送到陆地上空，其中一部分从陆地上空流走，形成过境气流；另一部分在陆地上空冷凝，形成固、液形态的大气降水。大气降水落到地表，除一部分被截留、蒸发和渗入地下外，其余沿着地面流动形成径流，径流汇入河槽形成河流水；在地表洼地滞留蓄水形成湖泊和沼泽水；固体降水长期积累演化变成冰川；此外还有极小一部分组成了生物水。

在闭合流域多年平均水量平衡方程中，水资源量的收入项主要为降水，故对一定地域的水资源而言，其丰富程度是由降水量的多少来决定的；水资源量的支出项主要是蒸发和径流（包括地表径流和地下径流），而人们所能利用的主要是河川径流。降水、径流和蒸发是决定区域水资源状态的三要素，三者之间的数量变化关系制约着区域水资源数量的多寡和可供利用的数量。

（1）降水　降水是自然界中发生的雨、雪、露、霜、霰、雹等现象的统称。其中以雨、雪为主，就我国而言最为重要的是降雨。降水是地表径流的本源，亦是地下水的主要补给来源，决定着不同区域和时间条件下地表水资源的丰富程度和空间分布状态，制约着水资源的可利用程度与数量。

降雨在时间上的分布是不均匀的，常用年降水量的极值比 K_a 或年降水量的变差系数 C_v 值来表示降水量的年际变化程度。

1）年降水量的极值比 K_a。K_a 可表示为

$$K_a = \frac{x_{max}}{x_{min}} \tag{2-10}$$

式中　x_{max}——最大年降水量；

x_{min}——最小年降水量。

K_a 值越大，表明降水量年际变化越大；K_a 值越小，说明降水量年际变化小，降水量年际之间均匀。

就全国而言，年降水量变化最大的地区是华北和西北地区，丰水年和枯水年降水量相差一般可达3～5倍，部分干旱地区高达10倍以上。南方湿润地区降水量的年际变化比北方要小，一般丰水年的降水量为枯水年的1.5～2.0倍。

2）年降水量变差系数 C_v。数理统计中用均方差与均值之比作为衡量系列数据相对离散程度的参数，称为变差系数 C_v，又称离差系数或离势系数。

a. 均方差 σ。σ 表达式为

$$\sigma = \sqrt{\frac{\sum_{i=1}^{n}(x_i - \bar{x})^2}{n-1}} \tag{2-11}$$

式中　σ——均方差；

$\bar{x}$——均值，其表达式为

$$\bar{x} = \frac{x_1 + x_2 + \cdots + x_n}{n} = \frac{1}{n}\sum_{i=1}^{n} x_i \tag{2-12}$$

式中 x_i——观测序列值，$i=1, 2, \cdots, n$；

n——样本个数。

b. 变差系数 C_v

$$C_v = \frac{\sigma}{\bar{x}} \tag{2-13}$$

年降水量变差系数 C_v 值越大，表示年降水量的年际变化越大；反之就越小。在我国的西北地区，除天山、阿尔泰山、祁连山等地年降水量变差系数较小以外，大部分地区的 C_v 值在 0.4 以上，个别干旱盆地的年降水量 C_v 值高达 0.7 以上。因此，广大西北地区的年降水量变差系数是全国范围内的高值区；次高值区是华北和黄河中、下游的大部地区，为 0.25 ~ 0.35，黄河中游的个别地区也在 0.4 以上；东北大部地区年降水量 C_v 值一般为 0.2 左右，东北的西部地区 C_v 可高达 0.3 左右。南方湿润地区是全国年降水量变差系数变化最小的地区，一般在 0.2 以下，但东南沿海某些经常遭受台风袭击的地区，受台风暴雨的影响，C_v 值一般在 0.25 以上。

（2）径流 流域的降水由地面与地下汇入河网，流出流域出口断面的水流，称为径流。径流按其空间的存在位置，可分为地表径流和地下径流。地表径流是指降水除消耗外的水量沿地表运动的水流。若按其形成水源的条件，还可再分为降雨径流、雪融水径流以及冰融水径流等。地下径流是指降水后下渗到地表以下的一部分水量在地下渗流流动的水流。河流流动过程中，挟带水中的悬移质泥沙与沿河底滚动的推移质泥沙，这些泥沙的运动又称为固体径流。

1）径流的形成。由降水到达地面时起，到水流流经出口断面的整个过程，称为径流形成过程。降水的形式不同，径流的形成过程也各异。我国的河流以降雨径流为主，冰雪融水径流只是在西部高山及高纬度地区河流的局部地段发生。河流径流形成过程是一个极为错综复杂的物理过程，如图 2-3 所示，现概述如下：

a. 降水阶段。流域上的降水过程是径流形成的重要环节，因为每次降水的量在空间和时间上都是变化的，某次降水可以笼罩全流域，而另一次降水则可能是只在流域的局部地段。此外，降水强度在流域的各地可能是完全不同的。这些都直接影响河流径流的大小和变化过程。

b. 蓄渗阶段。降雨初期，除小部分（一般不超过 5%）降落在河槽水面上的雨水直接形成径流外，大部分降水并不立即产生径流，而消耗于植物截留、下渗、填洼与蒸发。植物截留量与降水量、植被类型及郁闭程度有关。森林茂密的植被，年最大截留量可达年降水量的 20% ~30%，截留的雨水最终消耗于

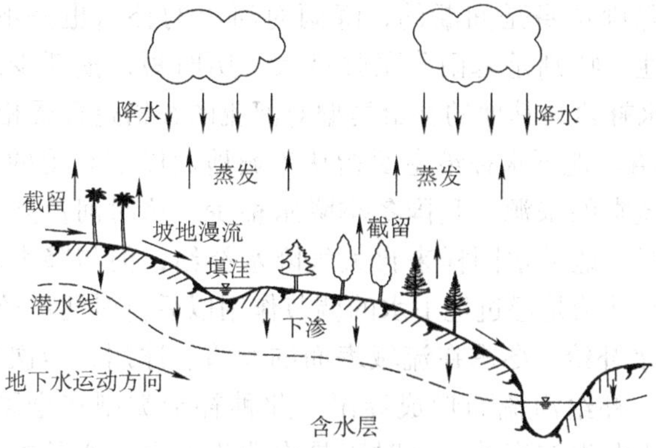

图 2-3 径流形成过程示意图

蒸发。下渗发生在降雨期间及雨停后地面尚有积水的地方。下渗强度的时空变化很大。在降雨过程中，当降雨强度小于下渗能力时，雨水将全部渗入土壤中。渗入土中的水，首先满足土壤吸收的需要，一部分滞蓄于土壤中，在雨停后耗于蒸发，超出土壤持水力的水将继续向下渗透。当降雨强度大于下渗能力时，超出下渗强度的降雨（也称超渗雨），形成地面积水，蓄积于地面洼地，称为填洼。地面洼地通常都有一定的面积和蓄水容量，填洼的雨水在雨停后也消耗于蒸发和下渗。平原和坡地流域，地面洼地较多，填洼量可高达 100mm，一般流域的填洼水量约 10mm 左右。

c. 坡地漫流阶段。随着降雨继续进行，满足填洼后的水开始形成坡面的细小水流，即开始坡地漫流阶段。流域内各地的坡面漫流并不是同时开始的，首先发生在土壤透水性能较差和地面坡度较陡的地方，然后随着蓄渗面积的增大，坡面漫流范围逐渐增大，直至扩展到全流域。当坡面漫流的水流填满大小坑洼之后，就会在重力作用下侵入小沟、溪涧而进入河槽集流阶段。

d. 河槽集流阶段。进入河槽的水流沿河槽纵向流动，在流动过程中沿途汇集了各干、支流的来水，最后流经出口断面，这就是径流形成的最终环节。

2）河流径流的补给。河流的补给又称河流的水源。河流补给的类型及其变化，决定着河流水情要素的变化。此外，在国民经济建设中，开发和利用某一地区河流的水资源时，必须仔细研究河流的补给条件，才能从根本上认识河流的特性。因此，研究河流补给具有重要的意义。

大多数河流的补给，主要是流域上的大气降水。由于降水形式不同，以及其向河流运动的路径不同，一般把河流的补给分为雨水补给，地下水补给，冰川、雪水补给以及湖泊、沼泽水补给等。

a. 雨水补给。雨水补给是河流的最重要的补给类型，是当降雨强度大于土壤入渗强度后产生地表径流，雨水汇入溪流和江河之中从而使河水流量得到补充的过程。由于降雨本身是间断的，降雨对河流的补给也是不连续的。另外，因为降雨的集中性，特别是暴雨降雨强度大，历时短，损耗少，汇入河流的流量大，故此，雨水补给较其他的补给类型对河流的补给过程要相对迅速和集中。

b. 地下水补给。地下水补给主要指从流域地面以下获得的水量补给，它是河流水量可靠而经常的来源。我国冬季降水稀少，这时河流几乎全靠地下水补给。从水源上分析，地下水同样来自大气降水补给，但与降水对河川补给的最大差异在于地下水补给是经过地下水的调节作用以后再对河川径流的补给。

c. 冰川、雪水补给。冬季在流域表面的积雪、冰川，至次年春季随着气候转暖而融化成水，补给河流而形成春汛。此种补给类型在全国所占比例不大，水量有限，但主要发生在春季，这时正是农业生产上需水的季节，尤其对于北方地区春季农业用水有着重要的意义。

d. 湖泊、沼泽水补给。位于流域内山地的湖泊，较常成为河流的源头，而位于河流中下游地区的湖泊，则汇集湖区许多河流的来水，又转而补给干流水量。这种位于中下游地区并与河流相通的湖泊，由于湖面广阔，深度较大，对河流水量起调节作用。河流水量较大时，部分洪水进入湖内；河流水量减少时，湖水又流入干流，这样使河流的洪峰流量大为削减，河流水量年内变化趋于均匀。沼泽水补给，对河流水量的调节作用不明显，补给的水量也比较小。

我国河流主要靠降雨补给。在华北、西北及东北的河流虽也有融雪水补给，但仍以降雨补给为主，可称为混合补给。只有新疆、青海等地的部分河流是靠冰川、融雪水补给，该地区的其他河流仍然是冰川、雪水与降雨的混合补给类型。

3）径流时空分布

a. 径流的区域分布。受年降水量时空分布变动的影响，以及地形及地质条件的综合影响，年径流量的区域分布既有地域性的变化，又有局部的变化。从全国范围看，年径流深度分布的总体趋势是由东南向西北递减。

b. 径流量的动态变化。年径流量的多年变化一般用年径流量的变差系数 C_v 值来表示。年径流量的多年变化主要取决于年降水量的多年变化，还受到径流补给类型及流域内的地貌、地质和植被等条件的综合影响。相比较而言，降水补给的河流 C_v 值大于冰川、融雪和降水混合补给的河流 C_v 值，而后者的 C_v 值又大于地下水补给的河流 C_v 值。

我国年径流量变差系数 C_v 值的地区分布大体是：秦岭以南年 C_v 值在0.5以下，淮河流域大部分地区在0.6～0.8之间；华北平原地区可超过1.0，个别河流高达1.3以上，是我国年径流量变差系数最大地区；东北地区山地年径流的 C_v 值一般在0.5以下，松辽平原和三江平原较大，在0.8以上；黄河流域除甘肃省北部、宁夏回族自治区和内蒙古自治区的 C_v 值较大外，一般在0.6以下，上游更小，但近几年来，黄河下游地区有变大的趋势；内陆河流域、山区的 C_v 值一般在0.2～0.5之间，盆地的 C_v 在0.6～0.8之间，内蒙古高原西部一般大于1.0，最大可达1.2以上。

径流量的年际变化有丰枯交替的特点，连续丰枯的情况更值得注意。黄河（陕县站）曾出现1922—1932年连续11年的枯水段。海河近60年的连旱连丰更为频繁。永定河（官厅站）在1926—1933年连续8年出现偏旱。因此在分析径流量多年变化时，除了变差系数的大小和区域分布外，也应对系列的代表性、丰枯周期进行必要的探讨，这对水资源的合理利用及连续枯水时的对策研究具有重要意义。

c. 径流量的季节变化。河流径流一年内有规律的变化，叫河流径流的季节变化，它同河流补给密切相关。以雨水补给为主的河流，主要随降雨量的季节变化而变化。以冰雪和冰川融水补给为主的河流，主要是随气温变化而变化。径流季节变化大的河流，容易发生洪涝灾害和用水紧张，因而修建水利工程、调节径流的季节变化，是保证人们生产和生活用水的必要措施。

4）河流径流表示方法。由于影响河流径流因素很多，致使径流的变化十分复杂，为了研究分析它的变化，必须拟定某些具有一定物理意义的特征值，用以反映径流变化的尺度，最常用的特征值有如下几种：

a. 流量 Q。单位时间内通过的河流过水断面积的水量，以 m^3/s 为单位。流量有瞬时流量、日平均流量、月平均流量、年平均流量和多年平均流量之分。

b. 径流总量 W。在一定时段内，通过河流过水断面积的总水量，称为这个时段的径流总量，单位为 m^3 或 $10^8 m^3$。其计算公式为

$$W = QT \tag{2-14}$$

式中 T——时段长（如日、月、年、多年等）(s)；

Q——T 时段内的平均流量（m^3/s）。

c. 径流模数 M。单位径流面积上产生的水量，称为径流模数[L/（s·km^2）]。计算式为

$$M = \frac{1000Q}{F} \tag{2-15}$$

式中 Q——流量（m^3/s），可以是瞬时流量，也可以是某时段的平均流量；

F——流域面积（km^2）。

径流模数因为与流域面积大小无关，所以便于不同河流进行比较和绘制等值线图。

d. 径流深度 Y。把径流总量均匀的分布在径流面积上所得的水深，称为径流深度（mm）。其计算公式为

$$Y = \frac{W}{F} \times \frac{1}{1000} \tag{2-16}$$

式中 W——径流总量（m^3）；

F——流域面积（km^2）。

e. 径流系数 α。任意时段内的径流深度 Y（或径流总量 W）与同时段内的降水深度 X（或降水总量）的比值，称为径流系数。径流系数说明在降水量中有多少变成了径流，它综合反映了流域内自然地理要素对降水 - 径流关系的影响，其计算公式为

$$\alpha = \frac{Y}{X} \tag{2-17}$$

式中 Y——径流深度（mm）；

X——同一时段内的降水量（mm）。

f. 径流特征值之间的关系。上述的 Q、W、Y、M、α 都是描述河川径流的特征值，它们之间存在着一定的关系，并且可以互相转换。例如取时段为一年，即 $T = 31.54 \times 10^6 s$。

因 $W = QT$，而 $M = \frac{Q}{F} \times 1000$，即 $Q = \frac{FM}{1000}$

故 $W = 31.54 \times 10^6 \times \frac{FM}{1000} = 31.54 \times 10^3 FM$

又因 $Y = \frac{W}{1000F}$，即 $W = 1000FY$

故 $1000YF = 31.54 \times 10^3 FY$

则 $Y = 31.54M$。

（3）蒸发。蒸发包括水的汽化和从径流表面或水坑表面的损失，蒸发主要取决于暴露表面的面积与状况，与温度、阳光辐射、风、大气压力和水中的杂质质量有关。平均年蒸发量从寒冷潮湿地区的 200mm 到热带干燥地区的 2000mm。高峰蒸发率可达 0.3mm/h。表面的蒸发速度还取决于地表的形式和性质，如铺砌地表、多孔渗水地表或植物地表。流域某一区域的蒸腾损失与相同地区自由表面的蒸发损失经常有相同的数量级。

虽然蒸发率与降雨强度相比很小，但是蒸发过程连续发生，所以对大流域或长汇水时间的流域，总损失可能会比较大。

2.2.2 地下水资源的形成与运动规律

1. 地下水的形成

（1）岩石中水的存在形式 岩石中存在的水可以分为两大类，第一类是岩石“骨架”中的水（也称矿物结合水），其主要形式为沸石水、结晶水和结构水，矿物结合水本身就是岩层矿物的组成成分；第二类是岩石孔隙中的水，主要形式有结合水（吸着水和薄膜水）、重力水、毛细水、固态水和气态水，岩石

孔隙中的水构成地下水资源的主体。

1）吸着水。在分子引力及静电引力的作用下，水分子被牢固地吸附在岩石的颗粒表面，并在颗粒周围形成极薄的一层水膜，称为吸着水。这种水在颗粒表面结合得非常紧密，其吸附力达10000个大气压，因此，亦称它为强结合水。在一般情况下很难用机械方法把它与岩石颗粒分开，只有当空气中的饱和差很大或温度高达105℃时，蒸发时的分子扩散力才可使吸着水离开颗粒表面。

由于吸着水在颗粒表面吸附得很牢固，使它不同于一般的液态水而近于固态水，其特征可归纳为：不受重力支配，只有当它变为水气时才能移动；冰点降低至-78℃以下；不能溶解盐类、无导电性、不能传递静水压力；具有极大的粘滞性和弹性；密度很大，平均值为2.0g/cm^3。

当岩石空隙中空气的湿度相当大时（相对湿度高达90%），则颗粒表面全部吸满水分子，达到最大吸着量。吸着水在颗粒周围所包围的厚度仅相当于几个水分子直径，约千万分之一厘米。其水量很小，不能取出，亦不能为植物所吸收。

2）薄膜水。在紧紧包围颗粒表面的吸着水层的外面，还有很多水分子亦受到岩石颗粒引力的影响，吸附着第二层水膜，这个水膜就称为薄膜水。随着吸附水层的加厚，水分子距离颗粒表面渐远，使吸引力大大减弱，因而薄膜水又称为弱结合水。这种水可以当空气的相对湿度达到饱和状态时形成，亦可以由滴状液态水退去以后形成。薄膜水的特点是：两个质点的薄膜水可以相互移动，由薄膜厚的地方向薄处转移，这是由于引力不等而产生的；不受重力的影响；不能传递静水压力；薄膜水的密度虽和普通水差不多，但粘滞性仍然较大；有较低的溶解盐的能力。

薄膜水的厚度可达几千个水分子直径；其外层可以被植物吸收。

吸着水与薄膜水统称为结合水，都是受颗粒表面的静电引力作用而被吸附在颗粒表面，它们的含量主要取决于岩石颗粒的表面积大小，岩石颗粒越细，其颗粒表面的总面积就越大，结合水的含量也越多；颗粒粗时则相反。例如在颗粒细小的粘土中所含的吸着水与薄膜水分别为18%和45%，而砂中其含量分别还不到0.5%和2%，因此，对具有裂隙和溶隙的坚硬岩石来说，吸着水与薄膜水的含量更小。

3）毛细水。地下水面以上岩石细小空隙中有毛细管现象，它形成了一定上升高度的毛细水带。毛细水不受固体表面静电引力的作用，而受表面张力和重力的作用，称半自由水。当两力作用达到平衡时，便保持一定高度滞留在毛细管孔隙或小裂隙中。由于毛细管水的上升，在潜水面以上形成一层毛细管水带，毛细管水面可以随着潜水面的升降和补给、蒸发作用而发生变化，但其毛细管上升高度却是不变的，它只能进行垂直运动，可以传递静水压力。

4）重力水。如前所述，当薄膜水的厚度不断增大时，颗粒表面静电场的引力逐渐减弱，当引力不能支持水的质量时，液态水在重力作用下就会向下运动。在包气带的非毛细管孔隙中形成的能自由向下流动的水叫重力水；换言之，当岩石的全部空隙为水饱和时，其中能在重力作用下自由运动的水都是重力水。

重力水只受重力作用的影响，可以传递静水压力，有冲刷、侵蚀作用，能溶解岩石。因此重力水是供水水文地质的主要研究对象。

5）气态水。以水蒸气状态存在于未饱和的岩石空隙中，它可以是地表大气中的水气移入的，也可以是岩石中其他水分蒸发形成的。气态水与大气中的水气联系紧密，可随空气流动而运动，即使是空气不流动时，也可以在水气压力差作用下由绝对湿度大的地方向绝对湿度小的地方运动。气态水在一定的温度、压力条件下，与液态水相互转化，保持动态平衡，如当岩石空隙中水气增多达到饱和时，或当周围温度降低至露点时，气态水开始凝结成液态水而补给地下水；反之，岩石空隙中的液态水也可以转化为水气水。由于气态水的凝结不一定在蒸发地点进行，因此会影响地下水的重新分布。气态水本身不能直接开采利用，也不能被植物所吸收。

6）固态水。当岩石的温度低于水的冰点时，储存于岩石空隙中的水便冻结成冰，而成为固态水。在我国黑龙江、内蒙古自治区及青藏高原的某些地区，地下水终年以固态的形态存在，大多数情况下，固态水是一种暂时的存在形式。

地下水在地表下运动和储藏的空间可分为两个带，即包气带和饱水带，如图2-4所示，上述各形态的水有规律地分布其中。在饱水带中，岩土的所有空隙均被水所充满。在饱水带上界面与地表之间的岩土层中，大多数情况下都存在着一个包气带，包气带与饱水带的界限、厚度不是固定不变的，而是随着地下水的运动而改变。一般情况下，包气带的岩土空隙，除一部分被水所占据外，还有部分空隙被空气占据，所以为水的不饱和带。其储存的水主要有毛细水、结合水和气态水。毛细水、结合水和气态水在重力作用下不能运动。因此，常用取水构筑物无法取用这部分地下水。由于大气降水和地表水下渗或是地下水蒸发排泄，都必须通过包气带，所以包气带的厚度、饱水程度、渗透性能对大气降水和地表水的入渗、补给以及地下水的蒸发、排泄是非常重要的。

饱水带中的水主要是重力水，它在重力作用下能自由运动。无压重力水具有自由水面，在重力作用下从高水位向低水位流动。取水构筑物取用的水或从泉中流出的水都是重力水。通常所说的地下水，实际上指的就是岩土层中可以取用的重力水。

（2）地下水形成的条件

1）岩层中有地下水的储存空间。岩层要构成含水层，首先要有能储存地下

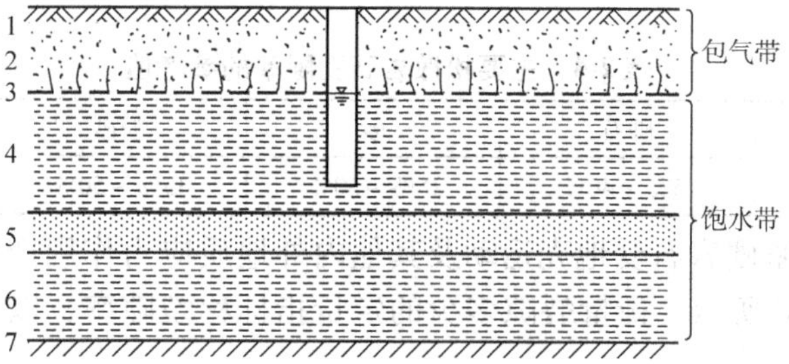

图 2-4　各种状态的水在岩层中的纵向分布

1—湿度不足带，分布有气态水、吸着水　2—中间带，分布有气态水、吸着水、薄膜水　3—毛细管带　4—无压重力水带　5—隔水层　6—有压重力水带　7—隔水层

水的空间，也就是说应当具有孔隙、裂隙或溶隙等空间。当有这些空隙存在时，外部的水才有可能进入岩层形成含水层。可见岩层的空隙性是构成含水层的先决条件。

然而，有空隙存在并不一定就能构成含水层，如粘土层其孔隙度可达 50% 以上，但它的孔隙几乎全被结合水或毛细水所占据，重力水很少，所以它仍然是不透水的隔水层。透水性好的砾石层、砂层的孔隙度较大，孔隙也大，水在重力作用下可以自由出入，所以往往形成储存重力水的含水层。至于坚硬岩石只有发育有未被填充的张性裂隙、张扭性裂隙和溶隙时，才可能构成含水层。

a. 岩石的空隙性。地下水形成及储存的最重要和基本条件是：岩土层必须具有相互联通的空隙，地下水可以在这些空隙中自由运动。无论是松散的土层还是坚硬岩石，都具有大小不一、或多或少、形状各异的空隙，它们是地下水储存和运动的场所。通常把岩土空隙的大小、多少、形状、联通程度以及分布状况等性质统称为岩土的空隙性。根据岩土空隙的成因，空隙可分为孔隙、裂隙和溶隙三大类。

a）孔隙。松散沉积物颗粒之间的空隙称作孔隙，如图 2-5a、b 所示。衡量孔隙多少的定量指标称为孔隙率（度），可用式（2-18）表示

$$n = \frac{V_n}{V} \times 100\% \tag{2-18}$$

式中　n——岩石孔隙率（%）；

V_n——岩石孔隙体积（m^3）；

V——岩石总体积（m^3）。

孔隙率用百分数表示。孔隙率的大小取决于颗粒的排列形式、分选程度、颗粒形状、压密程度以及胶结状况等。表 2-4 列出了自然界中主要松散岩石孔隙

率的参考值。

表 2-4 主要松散岩石孔隙率的参考值

岩石名称	砾石	砂	粉砂	粘土
孔隙率	25% ~40%	25% ~50%	35% ~50%	40% ~70%

b）裂隙。坚硬岩石受地壳运动及其他内外地质应力作用产生的空隙，称为裂隙，如图 2-5d 所示。衡量裂隙多少的定量指标称裂隙率，以百分数表示，计算公式如下

$$K_{\mathrm{T}} = \frac{V_{\mathrm{T}}}{V} \times 100\% \tag{2-19}$$

式中 K_{T}——岩石裂隙率（%）；

V_{T}——岩石裂隙体积（m^3）；

V——岩石总体积（m^3）。

几种常见的岩石裂隙率见表 2-5。

表 2-5 常见岩石裂隙率的经验值

岩石名称	裂隙率（%）	岩石名称	裂隙率（%）
各种砂岩	3.2 ~15.2	正长岩	0.5 ~2.8
石英岩	0.008 ~3.4	辉长岩	0.6 ~2.0
各种片岩	0.5 ~1.0	玢岩	0.4 ~6.7
片麻岩	0 ~2.4	玄武岩	0.6 ~1.3
花岗岩	0.02 ~1.9	玄武岩流	4.4 ~5.6

c）溶隙。可溶性岩石（如石灰岩、白云岩、石膏等）中的裂隙经水流长期溶蚀扩展而形成的空隙，小的称作溶隙，如图 2-5c 所示，大的称为溶洞。岩溶的发育程度受到岩性、地质构造、地貌、地下水的性质及流动条件的控制。衡量可溶性岩石溶隙发育程度的指标称岩溶率，用百分数表示，用式（2-20）计算

$$K_{\mathrm{K}} = \frac{V_{\mathrm{K}}}{V} \times 100\% \tag{2-20}$$

式中 K_{K}——岩石岩溶率（%）；

V_{K}——可溶岩石空隙体积（m^3）；

V——可溶岩石总体积（m^3）。

溶隙与裂隙相比较，在形状、大小、分布、均匀程度等方面差别很大。岩溶率的变化范围很大，从小于百分之一到百分之几十。

b. 岩石的水理性质。地下水的运动不仅与岩土中孔隙率、裂隙率和岩溶率有关，而且还与空隙的大小、联通性和分布规律有关，尤其是空隙的大小具有

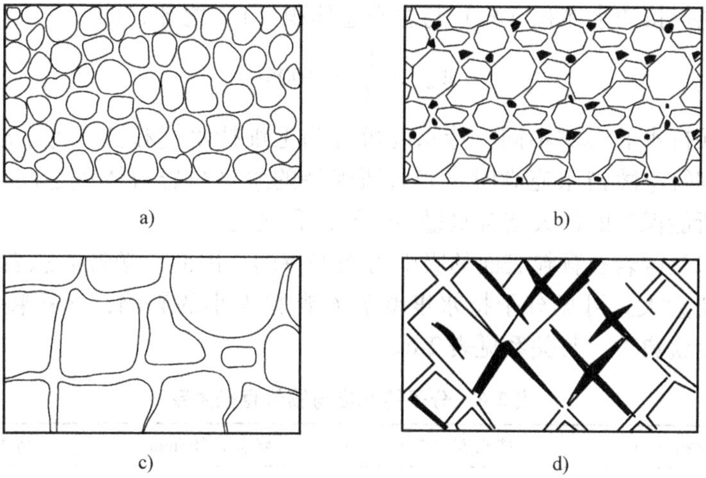

图 2-5 岩石中的各种空隙

a）分选及浑圆度良好的砾石 b）砾石中填充砂粒

c）石灰岩中受溶蚀而扩大的溶隙 d）块状结晶体岩中的裂隙

决定意义。在一个足够大的空隙中，从空隙壁面向外，依次分布着强结合水（吸着水）、弱结合水（薄膜水）和重力水。显然空隙愈大，重力水占的比例愈大，其供水意义也就愈大；反之，结合水占的比例就愈大；当空隙直径小于结合水层厚度的两倍时，空隙中全部充满结合水，而不存在重力水了。如粘土的微细孔隙中或基岩的闭合裂隙中，几乎全部充满结合水；而砂砾石和具有宽大裂隙或溶隙的岩层中，重力水所占的比例很大，结合水的数量则微不足道。因此空隙大小和数量不同的岩石与水作用，所表现出的容纳、保持、给水和透水性质称为岩石的水理性质。

a）容水性。岩石的容水性是指岩石能容纳一定水量的性能，在数量上用容水度来表示。容水度（W_n）是岩石中所容纳水的体积（V_n）与岩石总体积（V）之比，即

$$W_n = \frac{V_n}{V} \times 100\% \tag{2-21}$$

一般说来容水度在空隙被水完全饱和时在数值上与孔隙率（度）或裂隙率、岩溶率相当。但实践中常会遇到岩石的容水度小于或大于孔隙度的情况。例如当岩石的某些空隙不联通，或因空隙太小在充滞液态水时无法排气，而使这些空隙不能容纳水，因此岩石的容水度值就小于孔隙度值；对于具有膨胀性的粘土来说，由于充水后会发生膨胀，容水度便会大于原来的孔隙度。

b）持水性。在重力作用下，岩石依靠分子引力和毛细力在其空隙中能保持一定水量的性能。持水性在数量上以持水度（W_m）表示，即在重力作用下岩石

空隙中所能保持的水体积（V_r）与岩石总体积（V）之比，即

$$W_m = \frac{V_r}{V} \times 100\% \tag{2-22}$$

根据保持水的形式不同，持水度可分为毛细持水度和分子持水度。毛细持水度是毛细管空隙被水充满时，岩石所保持的水量与岩石体积之比。分子持水度是岩石所能保持的最大结合水量与岩石体积之比。

结合水是因岩石颗粒表面的吸引力而保持的，因此，颗粒的总表面积愈大，结合水量便愈大。可见分子持水度受岩石颗粒大小的影响，岩石颗粒愈细小，分子持水度就愈大，其关系见表2-6。

表2-6　分子持水度与颗粒直径关系

颗粒直径/mm	持水度（%）	颗粒直径/mm	持水度（%）
<0.005	44.85	0.1~0.25	2.73
0.005~0.05	10.18	0.25~0.5	1.60
0.05~0.1	4.75	0.5~1.0	1.57

具有裂隙或溶隙的基岩，由于其空隙的表面积很小，所以分子持水度也极小。

c）给水性。各种岩石饱水后在重力作用下能自由排出一定水量的性能称为岩石的给水性。给水性在数值上是用给水度（μ）来表示，即饱水岩石在重力作用下流出水的体积（V_g）与岩石总体积（V）之比，其表达式为

$$\mu = \frac{V_g}{V} \times 100\% \tag{2-23}$$

另外，给水度的最大值也就等于岩石的容水度减去持水度，即

$$\mu_{max} = W_n - W_m \tag{2-24}$$

给水度是很重要的参数，几种常见松散岩石的给水度见表2-7。

表2-7　常见松散岩石的给水度

岩石名称	给水度（%）	岩石名称	给水度（%）
粘土	0	中砂	20~25
粉质粘土	近于0	粗砂	25~30
粉土	8~14	砾石	20~35
粉砂	10~15	砂砾石	20~30
细砂	15~20	卵砾石	20~30

由表2-7可知，松散岩石的给水度与其粒径大小有明显的关系，颗粒越粗，给水度越大，有些粗颗粒岩石的给水度甚至与容水度相接近。这就表明粗颗粒孔隙中的水，大都呈重力水的形式，可以取出来利用。细颗粒岩石其容水度并

不小，但给水度很小，说明孔隙中的水大都呈结合水和毛细管水的形式存在，不能开采利用。

裂隙和溶洞中的地下水，因结合水和毛细管水所占的比例非常小，因而岩石的给水度可看作等于它们的容水度。

d）透水性。岩石允许水流通过的能力称为透水性。岩石之所以能透水是由于具有相互连通的空隙，成为渗流的通道。自然界各种不同的岩石具有不同的透水性能，例如卵砾石的透水性较好，而粘性土（粉质粘土、粉土等）的透水性则很弱。

岩石透水性的强弱首先决定于岩石空隙的大小，其次是孔隙的多少及其形状等。水流在细小的空隙中运动时，岩石空隙表面对水流会产生很大阻力，此外，空隙愈小，空隙的容积大部分都被结合水所占据，因此透水性也就愈弱，甚至完全可以不透水。相反，当水在大的空隙中流动时，所受到的阻力将大大减小，水流很容易通过，岩石就表现出较强的透水性。例如粘土的孔隙率可达50%，但它具有的微细孔隙都被结合水所充滞，稍大的孔隙亦被毛细管水所占据，因此水在粘土中运动时受到的阻力极大，一般情况下都认为粘土是不透水的隔水层。砾石、砂的孔隙率虽一般只有30%左右，但由于其孔隙大，通常都是良好的透水层。松散岩石的透水性亦与颗粒的分选程度有关，颗粒愈大、分选性愈好、透水性就愈强；反之，透水性就差。

衡量透水性能强弱的参数是渗透系数K，K值是含水层最重要的水文地质参数之一。

按透水性能可把岩石分为：透水岩石——砂、砾石、卵石及裂隙或溶隙发育的坚硬岩石；半透水岩石——粉质粘土、粉土、黄土、裂隙与岩溶不太发育的坚硬岩石；不透水岩石——粘土、淤泥、裂隙与岩溶不发育的坚硬岩石。

2）岩层中有储存、聚集地下水的地质条件。含水层的构成还必须具有一定的地质条件，才能使具有空隙的岩层含水，并把地下水储存起来。有利于储存和聚集地下水的地质条件虽有各种不同形式，但概括起来不外乎是：空隙岩层下伏有隔水层，使水不能向下漏失；水平方向有隔水层阻挡，以免水全部流空。只有这样才能使运动在岩层空隙中的地下水长期储存下来，并充满岩层空隙而形成含水层。如果岩层只具有空隙而无有利于储存地下水的构造条件，这样的岩层就只能作为过水的通道，而构成透水层。

3）有足够的补给来源。当岩层空隙性好，并且具有有利于地下水储存的地质条件时，还必须要有充足的补给来源，才能使岩层充满重力水而构成含水层。

地下水补给量的变化，可以使含水层与透水层相互间发生转化。在补给来源不足、而消耗量又很大的枯水季节里，地下水在含水层中可能被疏干，这样含水层就变为了透水层；而在补给充足的丰水季节里，岩层的空隙又被地下水充满，重新构成含水层。由此可见，补给来源不仅是形成含水层的一个重要条件，而且是决定含水层水量多少和保证程度的一个主要因素。

综合上述，只有当岩层具有地下水自由出入的空间，有适当的地质构造和充足的补给来源时才能构成含水层。这三个条件缺一不可，但有利于储水的地质构造是主要的，因为空隙岩层存在于该地质构造之中，因而岩层空隙的发生、发展及分布都脱离不开这样的地质环境，特别是坚硬岩层的空隙，受构造控制更为明显；同时岩层空隙的储水和补给过程也要通过构造条件来起作用。因此，在实际工作中，调查岩层的空隙性和补给来源之前，首先要查清有利于储水的地质构造。

（3）地下水的类型　按地下水的埋藏条件可把地下水分为三大类：上层滞水、潜水、承压水。

1）上层滞水。上层滞水是包气带中局部隔水层之上具有自由水面的重力水（图2-4）。它是大气降水或地表水下渗时，受包气带中局部隔水层的阻托滞留聚集而成。上层滞水埋藏的共同特点是在透水性较好的岩层中夹有不透水岩层。

上层滞水因完全靠大气降水或地表水体直接渗入补给，水量受季节控制特别显著，一些范围较小的上层滞水旱季往往干枯无水，当隔水层分布较广时可作为小型生活水源。这种水的矿化度一般较低，因接近地表，水质容易被污染。

2）潜水。饱水带中第一个具有自由表面的含水层中的水称为潜水。它的上部没有连续完整的隔水顶板，潜水的水面为自由水面，称为潜水面，如图2-6所示，潜水面至地表的距离称为潜水位埋藏深度（T），也叫潜水位埋深。潜水面至隔水底板的距离叫潜水含水层的厚度（H）。潜水面上任意一点距标高基准面的距离称为潜水位（h），亦称潜水位标高。

潜水的埋藏条件，决定了潜水具有以下特征：

a. 由于潜水面之上一般无稳定完整的隔水层存在，因此具有自由表面。有时潜水面上有局部的隔水层，且潜水充满两隔水层之间，在此范围内的潜水将承受静水压力，而呈现局部的承压现象。

b. 潜水在重力作用下，由潜水位较高处向潜水位较低处流动，其流动的快慢取决于含水层的渗透性能和水力坡度。潜水向排泄处流动时，其水位逐渐下降，形成曲线形表面。

c. 潜水通过包气带与地表相连通，大气降水、凝结水、地表水通过包气带的空隙通道直接渗入补给潜水，所以在一般情况下，潜水的分布区与补给区是一致的。

d. 潜水的水量、水位和化学成分随时间的变化，受气候影响大，具有明显的季节性变化的特征。

e. 潜水较易受污染。潜水水质变化较大，在气候湿润、补给量丰富及地下

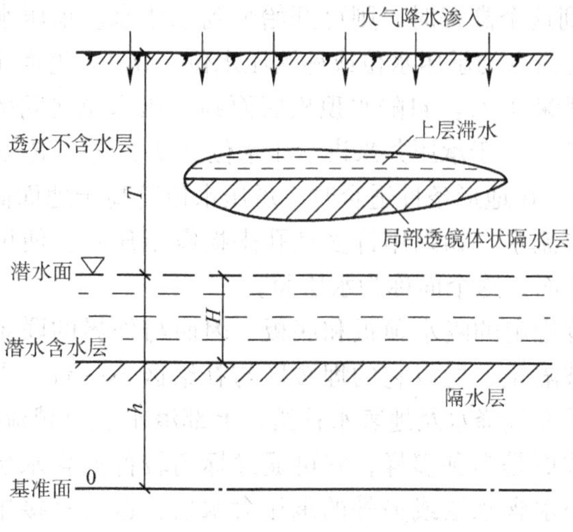

图2-6 上层滞水及潜水

水流通畅地区，往往形成矿化度低的淡水；在干旱气候与地形低洼地带或补给量贫乏及地下水径流缓慢地区，往往形成矿化度很高的咸水。

潜水分布范围大，埋藏较浅，易被人工开采。当潜水补给来源充足，特别是河谷地带和山间盆地中的潜水，水量比较丰富，可成为工业、农业生产和生活用水的良好水源。

3）承压水。承压水是指充满于上下两个稳定隔水层之间的含水层中的重力水，如图2-7所示。承压水的主要特点是有稳定的隔水顶板存在，没有自由水面，水体承受静水压力，与有压管道中的水流相似。承压水的上部隔水层称为隔水顶板，下部隔水层称为隔水底板；两隔水层之间的含水层称为承压含水层；隔水顶板到底板的垂直距离称为含水层厚度（M）。打井时，在隔水顶板被凿穿之前见不到承压水，凿穿后水便立即自含水层中上升到隔水顶板的底面之上，最后稳定在一定的高程上。隔水顶板底面的高程，即为该点承压水的初见水位

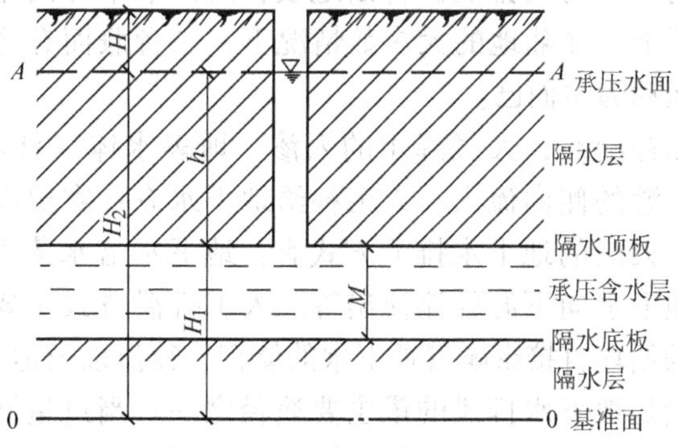

图2-7 承压水埋藏示意图

(H_1)，钻孔钻进到这个高程时，则可开始见到承压水。承压水沿钻孔上升最后稳定的高程，即为该点的承压水位或称测压水位（H_2）。地面至承压水位的距离称为承压水位的埋深（H）。自隔水顶板底面到承压水位之间的垂直距离称为承压水头（h）。显然，对于承压井来讲承压水位（H_2）等于初见水位（H_1）与承压水头（h）之和。在地形条件适合时，承压水位若高于地面高程，承压水就可喷出地表而成为自流水。如果用许多钻孔来揭露承压水，便可把所有钻孔中的承压水位连成一个面，这个面称为水压面。

承压水由于有稳定的隔水顶板和底板，因而与外界的联系较差，与地表的直接联系大部分被隔绝，所以它的埋藏区与补给区不一致。承压含水层在出露地表部分可以接受大气降水及地表水补给，上部潜水也可越流补给承压含水层。承压水的排泄方式更是多种多样，它可通过标高较低的含水层出露区或断裂带排泄到地表水、潜水含水层或另外的承压含水层，也可直接排泄到地表成为上升泉。承压含水层的埋藏深度一般都较潜水为大，在水位、水量、水温、水质等方面受水文气象因素、人为因素及季节变化的影响较小，因此富水性好的承压含水层是理想的供水水源。虽然承压含水层的埋藏深度较大，但其稳定水位都常常接近或高于地表，这就为开采利用创造了有利条件。

(4) 地下水的循环　地下水循环是指地下水的补给、径流和排泄过程。地下水是自然界水循环的组成部分，不论是全球的大循环还是陆地的小循环，地下水的补给、径流、排泄都是其中的一部分。大气降水或地表水渗入地下补给地下水，地下水在地下形成径流，又通过潜水蒸发、流入地表水体及泉水涌出等形式排泄。这种补给、径流、排泄无限往复地进行就形成了地下水的循环。

地下水补给—径流—排泄的方式主要有两种，一是大气降水、地表水渗入地下，形成地下水，地下水又通过包气带蒸发向大气排泄，此即垂直方向循环，如潜水的补给与排泄；二是含水层上游得到补给形成地下水在含水层中长时间长距离地径流，而在下游的排泄区排出地表，此即水平方向循环，如承压水的补给与排泄。实际上，在陆地的大多数情况下，二者兼而有之，只不过不同地区以某种方向的运动为主而已。

地下水的天然补给有：大气降水的入渗、地表水体（江河、湖泊、池塘）的入渗、地下水上游的侧向流入。人工补给地下水有：农田灌溉水的入渗、人工回灌地下水等。天然的地下水排泄方式有：地下水潜水蒸发、泉水排出、地下水流向河渠、地下水向下游径流流出等。人工排泄方式主要是打井挖渠开采地下水。地下水的循环直接影响着地下水的储存、径流以及地下水的资源量。

人工开采水量是地下水排泄的最主要途径之一。当过量开采地下水，使地下水排泄量远大于补给量时，地下水均衡就遭到破坏，造成地下水位长期下降。只有合理开发地下水，即当开采量等于地下水总补给量与总排泄量差值时，才能保证地下水的动态平衡，使地下水处于良性循环状态。但从多年来看，地下水循环具有较强的调节能力，存在着年际间的排—补—排—补的周期性变化，只要不是超量开采地下水，在枯水年可以允许地下水有较大幅度的下降，待到丰水年地下水可得到补充，恢复到原来的平衡状态。这就体现出了地下水资源的可恢复性。

地下水的循环可以促使地下水与地表水的相互转化。在天然状态下，在枯水季节，河流水位低于地下水位，河道成为地下水排泄通道，地下水转化成地表水；在洪水期间，河水位高于地下水位，河道中的地表水渗入地下补给地下水。在大的区域内，河流上游是地下水补给河水，而下游又是河水补给地下水。平原区浅层地下水，通过蒸发进入大气，又以降水的形式形成地表水，并渗入地下形成地下水。在人类活动的影响下，这种转化往往会更加频繁和深入。

2. 地下水运动特点及其基本规律

(1) 地下水运动的特点　地下水储存并运动于岩石颗粒间的孔隙、岩石内纵横交错的裂隙和溶隙之中，由于这些空隙的形状、大小和联通程度等的变化，因而地下水的运动通道是十分曲折而复杂的，如图2-8a所示。人们研究地下水运动规律时，并不（也不可能）去研究每个实际通道中水流运动特征，而是研究岩石内平均直线水流通道中的水流运动特征。这种研究方法的实质是用充满含水层（包括全部空隙和岩石颗粒本身所占的空间）的假想水流（图2-8b）来代替仅仅在岩石空隙中运动的真正水流。通过对假想水流的研究就可达到掌握真实水流的运动规律的目的。地下水运动的主要特点有：

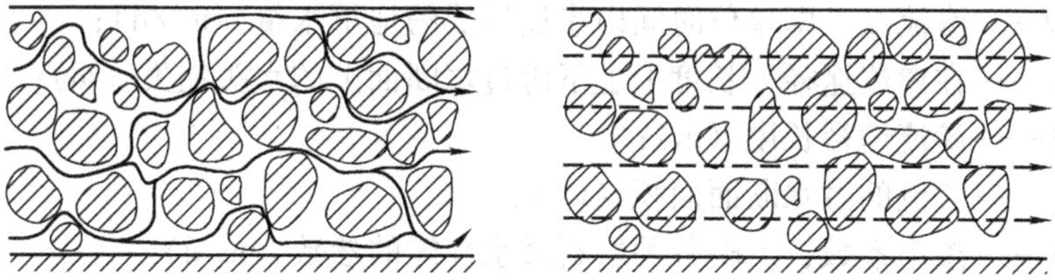

a)　　b)

图2-8　地下水在岩层孔隙中的通道示意图

a) 孔隙中的实际水流通道　b) 孔隙中的假想水流通道

1）迟缓的流速。河道或管网中水的流速一般都以m/s来表示，其流速常在1m/s左右，甚至在几米每秒以上。而地下水由于在曲折而细小的通道中通行，水流受到很大的阻力，因而流速一般很缓慢，人们常用m/d来表示其流速。自然界一般地下水在孔隙或裂隙中的流速是几米每天，甚至小于1m/d。地下水在曲折的通道中缓慢地流动过程称为渗流。

2）层流和湍流。由于地下水是在曲折的通道中进行缓慢渗流，故地下水流大多数都呈雷诺数很小的层流运动。不论在岩石的孔隙或裂隙中，只有当地下水流通过漂石、卵石的特大孔隙或岩石的大裂隙及可溶岩的大溶洞时，才会出现雷诺数较大的层流甚至出现湍流状态。在人工开采地下水的条件下，取水构筑物附近由于过水断面减小使地下水流动速度增加很大，常常成为湍流区。

3）非稳定、缓变流运动。在渗流场内各运动要素（流速、流量、水位）不随时间变化的地下运动水流，称为稳定流；运动要素随时间改变的地下运动水流，称为非稳定流。地下水在自然界的绝大多数情况下呈非稳定流运动。但当地下水的运动要素在某一时间段内变化不大，或地下水的补给、排泄条件随时间变化不大时，人们常常把地下水的运动要素变化不大的这一时段中地下水的流动近似地作为稳定流来处理，这样给研究地下水的运动规律带来很大的方便。

地下水流动的另一特征是：在天然条件下地下水流一般呈缓变流动，流线弯曲很小，近似于一条直线；相邻流线之间的夹角较小，近似于平行。在这样的缓变流动中，地下水的各过水断面可视为一个直面，这样就可把本来属于空间流动（或三维流运动）的地下水流，简化成为平面流（或二维流运动）。在若干取水工程附近，由于集中开采，地下水在取水构筑物附近常常形成非缓变流的湍流、三维流区。

(2) 地下水运动的基本规律

1）地下水线性渗透定律。线性渗透定律反映了地下水层流运动时的基本规律，是法国水力学家达西建立的，亦称达西定律，即

$$Q = K\frac{H_1 - H_2}{L}A_W \qquad (2\text{-}25)$$

式中　Q——渗流量，即单位时间内渗过岩层的地下水量（m^3/d）；
$H_1 - H_2$——在渗流途径 L 长度上上下游过水断面上的水头损失（m）；
L——渗流途径长度（m）；
A_W——渗流的过水断面面积（m^2）；
K——渗透系数，反映各种岩石透水性能的参数（m/d）。

式（2-25）又可表示为

$$v = KJ \qquad (2\text{-}26)$$

式中　J——水力坡度，单位渗流途径上的水头损失，量纲为一；
v——渗透速度（m/d）；v 与地下水的实际流速 u 的关系如下

$$v = \frac{Q}{A_W} = n\frac{Q}{A_W n} = nu \qquad (2\text{-}27)$$

式中　n——岩石的孔隙度。

达西公式并不是对所有的地下水层流运动都适用，只有当雷诺数小于 1～10 时的地下水运动才服从达西公式。但由于自然界地下水的实际流速一般是几米每天，因此大多数情况下的地下水，包括运动在各种砂层、砂砾石层中，甚至

砂卵石层中的地下水，其雷诺数一般都不超过1，因此达西公式对于一般地下水运动都是适用的。

2）地下水非线性渗透定律。当地下水在岩石的大孔隙、大裂隙、大溶洞中和取水构筑物附近流动时，不仅雷诺数大于10，而且常常呈湍流状态。湍流运动的规律是水流的渗透速度与水力坡度的平方根成正比，这称为哲才公式，表示式为

$$v = K\sqrt{J} \quad 或 \quad Q = KA_W\sqrt{J} \tag{2-28}$$

式中符号意义同前。

有时水流运动形式介于层流和湍流之间，则称为混合流运动，可用斯姆莱公式表示

$$v = KJ^{\frac{1}{m}} \tag{2-29}$$

式中系数 m 值的变化范围为1～2。当 $m=1$ 时，即为达西公式；当 $m=2$ 时，即为哲才公式。

复习思考题

1. 简述地球水的储存与循环。
2. 解释水量平衡原理，以及全球多年平均水量平衡及流域水量平衡方程的异同点。
3. 简述全球水资源状况及开发利用趋势。
4. 简述地表水资源的类型与形成。
5. 简述地下水的形成、类型及地下水循环。
6. 阐述地下水运动特点及其基本规律。

第3章

3

水资源量的计算与评价

水资源评价主要是对水资源量与质的时空分布特征和开发利用条件的分析论证。评价的重点对象一般是在现实技术条件下便于开发利用的淡水资源，特别是能迅速恢复补充的地表水和地下水。水资源的使用价值取决于水的质和量两个方面。所以水资源的评价包括质的评价和量的评价，质的评价主要是地表水和地下水的水质评价，量的评价主要指地表水及地下水体中由当地降水形成的、可以更新的动态水量的评价；质的评价是量的评价的前提，量的评价则是评价工作的核心。但是要搞好水资源量的评价，必须做好水资源量的计算。本章重点介绍降雨、地表水、地下水资源量和总水资源量的计算方法，在此基础上进行水资源量的可利用性或开采性评价。

3.1 水资源量的计算

水资源量的计算包括区域降水量、地表水资源量、地下水资源量及总水资源量的计算。水资源量的计算是水资源量的评价的基础。

3.1.1 区域降水量的计算

降水是陆地上水资源唯一的来源，降水量是水资源计算的基础资料之一；作为水资源的收入项，决定着不同区域和时间条件下地表水资源的丰富程度和空间分布状态，制约着水资源的可利用程度与数量。降水量是依据一定范围内多年收集的降水资料进行统计分析得出。

1. 区域平均降雨量的计算

在一般情况下，降雨过程在比较小的面积上，降雨量可以认为是均匀的。当面积稍大一些时，在同一时间内，降雨量就有可能因地区的不同而有所区别。对于面积较大的区域，降雨量不均匀的问题有时会更为明显。因此，在同一计算区域内，降雨量的计算应根据该区域降雨的特点，采用不同的统计计算方法进行。

（1）算术平均值法　当计算区域内各雨量取样站点分布较均匀、且密度较大时，可采用算术平均值法

$$\overline{X}=\frac{x_1+x_2+x_3+\cdots+x_n}{n}=\frac{\sum_{i=1}^{n}x_i}{n} \tag{3-1}$$

式中　$\overline{X}$——计算区域平均降雨量（mm）；

x_i——第 i 个采样点的雨量值（mm）；

n——采样点个数。

（2）泰森多边形法　当流域内的雨量和雨量站分布不太均匀时，为了计算流域平均降水量，就假定流域各点的降水量可由与其距离最近的雨量站的雨量代表。这样，为了确定出各雨量站所代表的面积，可采用泰森多边形法。先将各采样点每相临两点间用直线连接，并让其构成三角形网，然后分别作各三角形每条边的垂直平分线，并让其彼此相交，这些垂直平分线及其交点将围绕采样点形成相应的多边形封闭区域，这一封闭区域称之为泰森多边形，如图 3-1 所示。

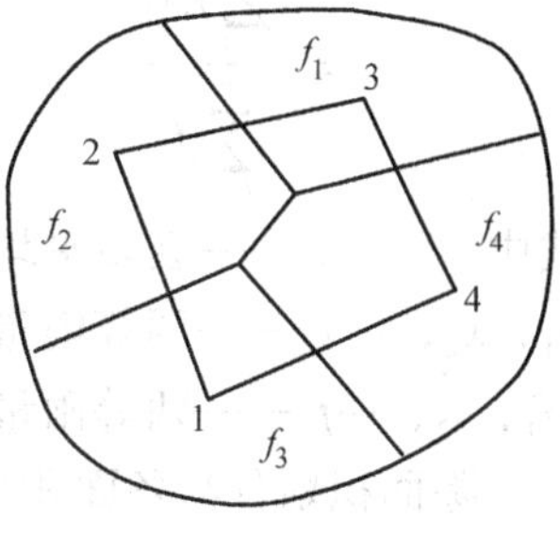

图 3-1　泰森多边形法区域面积划分示意图

图 3-1 中 1、2、3、4 为计算区域内的雨水量采样点。泰森多边形法是以围绕各采样点形成的相应多边形封闭区域所代表的采样面积为权重，即 $A_i=f_i/F$，采用加权平均的方式进行雨量计算的方法，雨量计算见式（3-2）

$$\overline{X}=\frac{x_1f_1+x_2f_2+\cdots+x_nf_n}{f_1+f_2+\cdots+f_n} \tag{3-2}$$

或

$$\overline{X}=\frac{\sum_{i=1}^{n}f_ix_i}{\sum_{i=1}^{n}f_i}=\frac{1}{F}\sum_{i=1}^{n}f_ix_i=\sum_{i=1}^{n}A_ix_i \tag{3-3}$$

式中　$\overline{X}$——区域平均降雨量（mm）；

x_1，x_2，$\cdots x_n$——各采样点降雨量（mm）；

F——流域面积（km^2）；

f_1，f_2，$\cdots f_n$——各采样点相应划分面积（km^2）。

（3）等雨量线法　在较大流域和区域内，如地形起伏，对降水量影响显著，且有足够的雨量站时，可用等雨量线法推求流域平均流量。等雨量线的绘制方法与地形图等高线的绘制方法相类似，如图 3-2 所示。

图中有1、2、3三个雨量采样点，其雨量分别为300mm、400mm、500mm。等雨量线的绘制，可先将1、2、3三点用直线连接，再采用直线插补法按雨量差为50mm绘制等雨量线。雨量的计算，可取两相邻雨量线雨量的均值作为该区间面积上雨量值，以两等雨量线间的面积为权重，采用加权平均法进行雨量计算，如式（3-4）所示。

$$\overline{X}=\frac{x_1f_1+x_2f_2+\cdots+x_nf_n}{f_1+f_2+\cdots+f_n}=\frac{\sum_{i=1}^{n}f_ix_i}{\sum_{i=1}^{n}f_i} \tag{3-4}$$

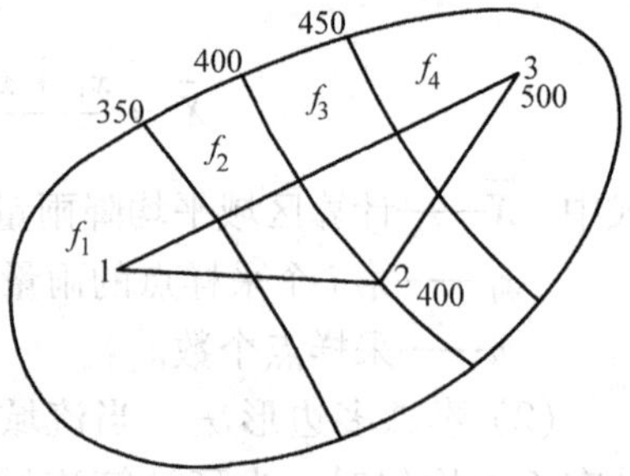

图3-2 等雨量线法面积划分示意图

式中 $\overline{X}$——区域平均降雨量（mm）；

x_1，x_2，$\cdots x_n$——两等雨量线间各面积上的平均降雨量（mm）；

f_1，f_2，$\cdots f_n$——两等雨量线间的部分流域面积（km^2）。

除面积划分与各面积上雨量均值的计算方法与泰森多边形法不同外，等雨量线法雨量计算公式与泰森多边形法雨量计算公式（3-2）、式（3-4）形式相同。

2. 区域降水资源量的计算

区域降水资源量可用式（3-5）计算

$$W=1000F\overline{X} \tag{3-5}$$

式中 W——降水资源量（m^3）；

F——区域面积（km^2）；

$\overline{X}$——区域平均降雨量（mm）。

3.1.2 地表水资源量的计算

地表水资源量主要包括：区域地表水入境水量，地表径流量，地表水降水补给量，地表水蒸发损失量，地表水入渗损失量，湖泊、水库调蓄量等。由于地表水资源量受气候年际变化的影响较大，在进行水资源量计算时，应考虑各种地表水资源量的年内和年际变化。

1. 区域径流总量的计算

（1）代表站法 在计算区域内，选择有代表性的观测站，根据多年观测资料，计算该测站河流多年平均径流总量，并经频率分析计算得出该区域不同频率下的径流量。再根据观测站计算的结果，求出计算区域内多年平均径流总量，如式（3-6）

$$\overline{Y}_F=\frac{F}{f}\overline{Y}_f \tag{3-6}$$

式中　$\overline{Y}_F$——计算区域多年平均径流量（m^3/s）；

$\overline{Y}_f$——代表站控制区域内多年平均径流量（m^3/s）；

F——计算区域总面积（km^2）；

f——代表站控制面积（km^2）。

（2）等值线法　当计算区域缺乏实测资料，而包括计算区域的更大区域可提供足够的资料时，可采用这种方法推求计算区域的年或多年平均径流深度。

年平均或多年平均径流深度区域划分的方法可参考图3-2，计算区域年平均或多年平均径流深度的计算方法与等雨量线法基本相同，如式（3-7）

$$\overline{Y}_d = \frac{\sum_{i=1}^{n} f_i Y_i}{\sum_{i=1}^{n} f_i} \tag{3-7}$$

式中　$\overline{Y}_d$——计算区域年或多年平均径流深度（mm）；

f_1，f_2，…f_n——计算面积上各径流深度等值线间面积（km^2）；

Y_1，Y_2，…Y_n——相应各线间面积上的径流深度值，取相邻两等值线均值计算（mm）。

采用等值线法时，应同时考虑计算面积与包括计算面积的更大区域之间降雨量、径流系数等水文要素的差别对计算结果的影响。当降雨量、径流系数等参数的相关程度明显时，可用降雨量、径流系数对计算结果进行修正，按式（3-8）计算

$$\overline{Y}_x = \frac{\overline{\alpha}_x \overline{X}_x}{\overline{\alpha}_d \overline{X}_d} \overline{Y}_d \tag{3-8}$$

式中　$\overline{Y}_x$、$\overline{Y}_d$——计算面积上年或多年径流深度修正值、等值线法计算值（mm）；

$\overline{\alpha}_x$、$\overline{\alpha}_d$——计算面积上径流系数、包括计算面积的更大区域上的径流系数；

$\overline{X}_x$、$\overline{X}_d$——计算面积上降雨量、包括计算面积的更大区域上的降雨量（mm）。

2. 区域地表水总量计算

区域地表水总量主要由区域入境水量、区域自产水量与区域基本水量组成，区域地表水总量可用式（3-9）进行计算

$$\overline{W}_T = \Delta\overline{W}_i + \Delta\overline{W}_Z + \overline{W}_{min} \tag{3-9}$$

式中　$\overline{W}_T$——区域年或多年平均地表水总量（m^3）；

$\Delta\overline{W}_i$——区域年或多年平均地表水入境水量增量，以区域年或多年平均入境径流总量与出境径流总量的差值进行计算（m^3）；

$\Delta\overline{W}_Z$——区域年或多年平均地表水自产水量，指区域年或多年因降雨、蒸发等因素作用下，以径流深度表现的区域地表水总量的增量（m^3）；

$\overline{W}_{min}$——区域年或多年平均地表水以河床、水库、湖泊等形式储藏水量的最低储量（m^3）。

3. 区域地表水总量的变化规律

区域地表水总量组成中，区域地表水入境水量增量与地表水自产水量两部分变化频繁，它们在年内或在多年中的变化规律决定了区域地表水总量的年内与年际分配。区域地表水总量的变化规律，根据所研究的问题不同，常常用以下几种方式进行描述。

（1）多年平均地表水总量的年内分配　多年平均地表水总量的年内分配，往往采用多年平均的年内各月的地表水总量进行计算，用直方图表示。

（2）不同频率下的地表水总量　根据区域地表水各年总量计算的结果，可以对区域地表水总量进行频率分析。先将该区域计算得出的各年地表水总量数据按由大到小的顺序依次排列，并用式（3-10）计算其地表水总量频率

$$P = \frac{m}{n+1} \times 100\% \tag{3-10}$$

式中　P——区域地表水总量经验频率；

n——区域地表水总量数据统计年数；

m——区域地表水总量由大到小排列的序列数。

（3）地表水总量的年际变化　地表水总量随年份的不同而改变，形成枯水年、平水年与丰水年。研究地表水总量的年际变化规律，对于合理开发利用地表水资源是十分重要的。尤其是掌握长系列地表水总量的资料，对于其变化规律的研究十分重要。在对长系列地表水总量资料进行分析时，注意连续丰水年与连续枯水年对地表水总量的影响，是非常必要的。地表水总量的年际变化，与区域范围内的降雨规律有极为密切的相关关系，研究降雨量对区域地表水总量的影响，找出它们之间的内在联系，对分析地表水总量的变化有着积极的意义。

3.1.3　地下水资源量计算

地下水资源量计算包括地下水资源储存量、补给量和允许开采量等的计算。

1. 地下水储存量的计算

（1）容积储存量

在大气压力下，含水层空隙中容纳重力水体积称为容积储存量。

$$Q_V = \mu_V HF = \mu_V V \text{或} Q_V = \mu_V MF = \mu_V V \tag{3-11}$$

式中 Q_V——容积储存量（m^3）；

μ_V——含水层的给水度，量纲为一的量；

H（或 M）——含水层厚度（m）；

F——含水层的分布面积（m^2）；

V——含水层体积（m^3）。

（2）弹性储存量　超过大气压的天然压力降到大气压时承压水层中能释放出来的重力水体积称为弹性储存量。

$$Q_e = \mu_e hF \tag{3-12}$$

式中 Q_e——弹性储存量（m^3）；

μ_e——承压含水层弹性释水系数，量纲为一的量；

h——承压含水层的承压水头（m）；

F——承压含水层的分布面积（m^3）。

承压含水层弹性释水系数μ_e可按式（3-13）计算

$$\mu_e = \mu_1 M \tag{3-13}$$

式中 μ_1——承压含水层弹性释水率（或比释水系数），根据式（3-12）和式（3-13）可导出

$$\mu_1 = \frac{Q_e}{hMF} = \frac{Q_e}{hV} \tag{3-14}$$

式（3-15）表明，承压含水层弹性释水率μ_1，是指在单位抽水降深的情况下，承压含水层单位体积的释水量。承压含水层各种岩性的弹性释水率μ_1，可参见表3-1。

表3-1　承压含水层各种岩性的弹性释水率μ_1

岩性	弹性释水率	岩性	弹性释水率
塑性粘土	$1.9\times10^{-3}\sim2.4\times10^{-4}$	密实沙土	$1.9\times10^{-5}\sim1.3\times10^{-5}$
固结粘土	$2.4\times10^{-4}\sim1.2\times10^{-4}$	密实沙砾	$9.4\times10^{-6}\sim4.6\times10^{-6}$
稍硬粘土	$1.2\times10^{-4}\sim8.5\times10^{-5}$	裂隙岩层	$1.9\times10^{-6}\sim3.0\times10^{-7}$
松散粘土	$9.4\times10^{-5}\sim4.6\times10^{-5}$	固结岩层	3.0×10^{-7}以下

（3）天然调节储存量　天然调节储存量：一次降水或一个补给期中，含水层中最高与最低水位之间的储存水。天然调节储存量是地下水径流量的一部分，因为天然调节储量当地下水开采量在不接受补给或排泄量大于补给量时即转化为地下水径流量而被天然消耗掉。当地下水开采量大大超过地下水天然下降速度时，有一部分或大部分甚至全部天然调节储量被视为人工调节储存量被开采利用。

（4）固定储存量　地下水在一个补给周期中，最低水位以下含水层中的储存量。它由人工调节储存量和永久储存量组成。

1）人工调节储存量：在地下水受周期补给的条件下，采取人工的方法，暂时支出的固定储存量，但这部分固定储存量在地下水接受补给时或采用人工补给地下水时而得到补充偿还。

2）永久储存量：采用技术、经济合理的取水构筑物无法获得的储存量，或采用技术、经济合理的取水构筑物虽然能获得这部分储存量，但在开采期内地下水动态（水质、水量、水温等）发生恶化及产生危害性环境地质现象时的储存量。

储存量是随时间变化的，不同时间有不同的储存量。当补给量大于排泄量时，储存量增加。反之则减少。只有当补给量与排泄量相等时，储存量才能保持不变。也就是说，平衡、稳定是相对的；不平衡、不稳定是绝对的。只要在开采过程中，在一个大的补给→储存→排泄的循环周期（一般为一年或若干年）能达到相对的平衡、稳定，也就说明地下水的开采量是有保证的。

2. 地下水补给量的计算

（1）大气降水入渗补给量　大气降水入渗补给量与包气带的厚度、岩性、地形地貌、降水量、降雨强度等因素有关，大气降水入渗补给量按式（3-15）计算

$$Q_{YS} = 1000\alpha XF \tag{3-15}$$

式中　Q_{YS}——大气降水入渗补给量（m^3）；

α——降水入渗补给系数，$\alpha < 1$；

X——计算区域范围内的年降水量（mm）；

F——计算区域面积（km^2）。

降水入渗补给系数 a 值与地形地貌、土壤岩性、年降水量、地下水埋深等因素的变化有关，某地区降水补给入渗系数 a 值见表 3-2。

表 3-2　某地区降水补给入渗系数 a 值

岩性	降水量/mm	地下水埋深/m					
		1～3		3～6		>6	
		山区	平原	山区	平原	山区	平原
亚粘土	300～600		0.07～0.19		0.13～0.23		
	600～800	0.15～0.29	0.12～0.26	0.25～0.30	0.23～0.31	0.18	
亚砂土	300～600	0.07～0.23	0.09～0.21	0.16～0.24	0.14～0.24	0.09	
	600～800	0.14～0.29	0.14～0.28	0.26～0.31	0.24～0.31	0.19	
细粉砂	300～600	0.06～0.26		0.17～0.27		0.12	
	600～800	0.17～0.35		0.31～0.36		0.23	

（2）地表水入渗补给量 当地表水体（河流、湖泊等）的水位高于地下水位时，地表水将入渗补给地下水。河流入渗补给量可用水文分析法求得，如图3-3所示。

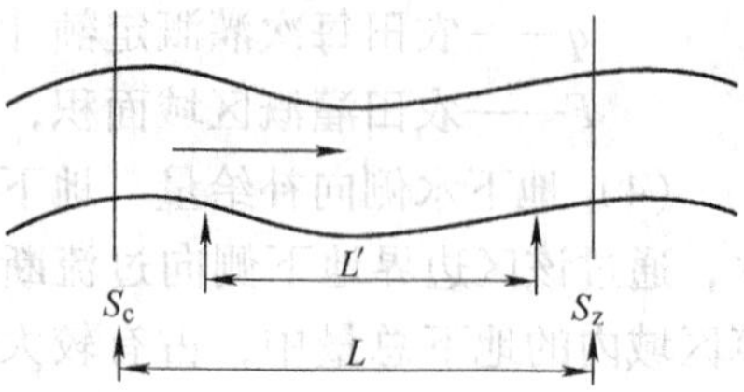

图3-3 河流入渗补给量计算示意图

在计算区域的待测河段上，选择初 S_c、终 S_z 两个实测断面，其间距大于1000m，并同时用式（3-16）进行计算

$$Q_{hs} = (Q_c - Q_z)(1 - \lambda) \tag{3-16}$$

式中 Q_{hs}——计算区域内地下水河流入渗补给量（m^3/s）；

Q_c 和 Q_z——计算区域待测河段初段面 S_c 和终断面 S_z 上测得的河段入流与出流流量（m^3/s）；

λ——河道输水损失系数。λ 值可参考表3-3选取。

表3-3 河道输水损失系数

河道输水损失系数	河床岩层性质		
	土质河道	中、细砂质河道	砂、砾石河道
λ	0.45	0.25	0.15

为保证测量精度，当两流量测点断面间的实际间距不足时，应按式（3-17）进行修正

$$Q_{hs} = \frac{Q'_{hs}}{L'}L \tag{3-17}$$

式中 Q'_{hs}——两测点断面间的实际间距 L' 为不足1000m时的河流入渗补给量（m^3/s）；

L——测流断面应有间距（>1000m）（m）；

L'——实际测流断面间距（<1000m）（m）；

其他符号同前。

（3）灌溉水入渗补给量 灌溉农作物的水进入田间后，同样可以入渗补给地下水，其实际情况与一次降水过程产生的入渗补给非常相似。灌溉水入渗补给量与农田的土壤特性，地下水位及灌溉水量等因素有关。灌溉水入渗补给量可用式（3-18）计算

$$Q_{gs} = \beta nqF \tag{3-18}$$

式中 Q_{gs}——年农田灌溉水入渗补给量（m^3/a）；

β——农田灌溉水入渗补给系数（或灌溉回归系数），等于灌溉水入渗补给量与灌溉水用量的比值（$\beta<1$）；

n——年农田灌溉次数（次/a）；

q——农田每次灌溉定额［m^3/（次·ha）］；

F——农田灌溉区域面积，以公顷计（ha）。

（4）地下水侧向补给量　地下水侧向补给量是指计算区域上游方向的地下水，通过该区边界地下侧向过流断面入渗的地下水量。地下水侧向补给量在计算区域内的地下总量中，占有较大的比例，是一种稳定的、可开发利用的地下水源。侧向补给量计算一般采用断面法，即沿计算区域上游补给边界作剖面，按达西渗流公式计算，如图3-4所示，用式（3-19）计算

$$Q_{cb} = KJhB \tag{3-19}$$

式中　Q_{cb}——计算区域侧向补给量（m^3/d）；

K——含水层渗透系数（m/d）；

J——计算区域上游补给边界处地下水水力坡度，量纲为一的量；

h——计算区域上游补给边界处地下水含水层厚度（m）；

B——计算区域上游补给边界处地下水含水层过流断面宽度（m）。

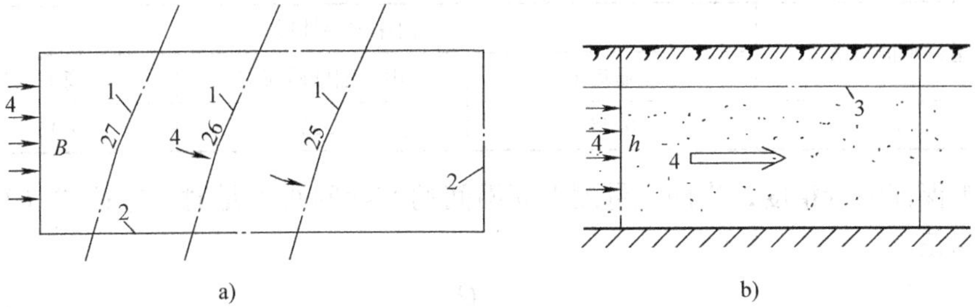

图3-4　地下水侧向补给计算示意图

a）平面图　b）剖面图

1—等高线　2—补给线　3—地下水位　4—地下水流向

（5）越流补给量　两个相邻的含水层间的间隔层为弱透水层，且两含水层水位不同时，则高水位含水层中的地下水可透过间隔层补给低水位含水层，这种现象称为越流补给。越流补给水量的多少，主要取决于两含水层间的地下水位差和弱透水层的透水性，与间隔层所处空间位置的高低无关。越流补给量的计算可按达西渗流公式，用式（3-20）计算

$$Q_{yb} = K' \frac{\Delta h}{m'} F \tag{3-20}$$

式中　Q_{yb}——计算区域越流补给量（m^3/d）；

K'——间隔层渗透系数（m/d）；

Δh——计算区域内地下水越流补给区两含水层地下水水位差（m）；

m'——计算区域内地下水越流补给区两含水层间隔厚度（m）；

F——计算区域内地下水越流补给区面积（m^2）；

K'/m'——越流补给系数。

显然，越流量与间隔层的透水性能成正比，与间隔层的厚度成反比。一般情况下，K'/m'值很小，但由于计算区域内地下水越流补给区面积非常之大，量还是相当可观的。

3. 地下水排泄量的计算

地下水的排泄方式有：泉水溢出、潜水蒸发、含水层地下水侧向流出、向地表水体排泄、含水层之间的排泄及人工开采等。在地下水排泄过程中，地下水的水量、水质及水位都会随之变化，所以地下水排泄量的计算是地下水资源计算与评价的重要内容之一。

（1）潜水蒸发量　潜水蒸发量是地下水排泄的主要方式之一。潜水蒸发必然通过包气带向大气消散，所以蒸发量的大小与潜水埋深、包气带岩性、气候条件以及地面植被情况等有密切关系。随着潜水埋深的增大，蒸发量逐渐减少，当埋深达到一定量后，潜水蒸发趋近于零，这一深度成为潜水蒸发的极限深度，某地区潜水蒸发的极限深度见表3-4。

表3-4　某地区潜水蒸发的极限深度

岩性	极限深度/m	岩性	极限深度/m
亚粘土	5.16	粉细砂	4.10
黄质亚砂土	5.10	砂砾石	2.38
亚砂土	3.95		

潜水蒸发量（或蒸发强度）通常采用经验公式（3-21）计算

$$E = E_0\left(1 - \frac{\Delta}{\Delta_0}\right)^n \tag{3-21}$$

式中　E——潜水蒸发量，以单位时间内蒸发的水层厚度计（mm/a或mm/d）；

E_0——水面蒸发量（蒸发强度）（mm/a或mm/d）；

Δ——潜水埋深（m）；

Δ_0——潜水蒸发的极限深度（m）；

n——与土壤性质和植被相关的指数，取1～3。

上述公式较适用于亚粘土、亚砂土等土壤，对于粘土层则误差较大。一般潜水蒸发量的资料较少，水面蒸发观测则相对较易，资料也较多。利用现有资料求得二者间的关系，则可借助于水面蒸发量资料计算潜水蒸发量。潜水蒸发量E与水面蒸发量的E_0比值称为潜水蒸发系数C，以百分数表示，即

$$C = \frac{E}{E_0} = \left(1 - \frac{\Delta}{\Delta_0}\right)^n \tag{3-22}$$

式中　C——潜水蒸发系数，以百分数表示（%）；

其他符号同前。

根据长期观测资料可求得多年平均潜水蒸发系数，表3-5给出了某地区年潜水蒸发系数。

表3-5 某地区年潜水蒸发系数

地表覆盖作物情况	潜水含水层埋深/m							
	0.5	1.0	1.5	2.0	2.5	3.0	3.5	4.0
有作物	63.4	38.5	13.9	7.0	4.3	2.9	2.0	1.7
无作物	33.0	14.5	5.3	3.4	2.9	2.1	1.9	1.7

（2）地下水向河道排泄量　当地下水位高于河道水位时，地下水将向河道排泄，如图3-5所示。

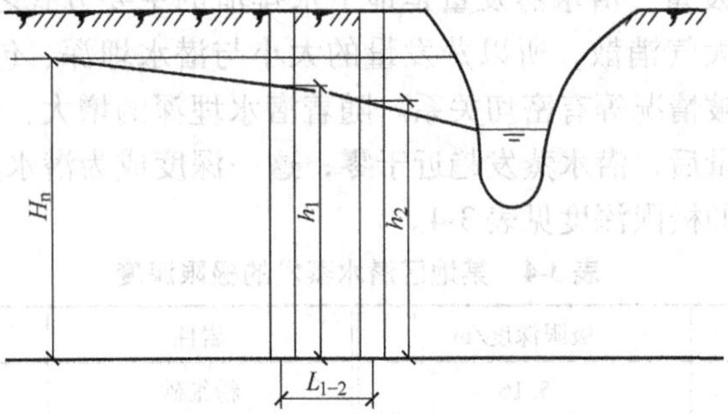

图3-5　地下水向河道排泄示意图

可利用两个断面（如两井孔）实测的水文地质参数，采用达西定律计算地下水向河渠的排泄量

$$Q_{hp} = \omega KJ = B\frac{h_1 + h_2}{2}K\frac{h_1 - h_2}{l_{1-2}} \tag{3-23}$$

式中　Q_{hp}——地下水向河流一侧的渗流量（m^3/d）；

ω——地下水向河流一侧的渗流的过流断面面积（m^2）；

B——地下水向河流一侧的渗流的过流断面宽度（m）；

h_1、h_2——沿地下水流向两观测井内水位标高（m）；

l_{1-2}——沿地下水流向两观测井间距（m）；

其他符号同前。

（3）地下水侧向流出量　地下水侧向流出量是指计算区域内地下水向下游的流出量，是地下水主要的消耗之一。地下水侧向流出量的计算与地下水侧向补给量的计算方法完全相同，可按式（3-19）进行计算。此时，应注意计算区域内地下水为上游，而侧向地区地下水应为下游，式中的参数应将下游出流断面面积，地下水水力坡度值带入计算。

（4）越流排泄量　越流排泄量与越流补给量是相对的，即有高水位的含水层通过弱透水层向低水位的含水层排泄。二者的计算公式也是相同的，只是前者是计算区域的含水层得到补给，后者是计算区域的含水层排泄地下水。

（5）泉 泉是地下水的天然露头。它形成于含水层或含水通道与地面交汇处。潜水含水层形成的泉成为下降泉，承压含水层形成的泉成为上升泉。泉一方面可以直接作为供水水源，如山西省平定县娘子关泉群，共计流量达 $1m^3/s$，已用作大型供水水源；另一方面，它又是地下水的主要排泄方式之一，尤其对于山区地下水更是如此。通过对泉的调查、测量，可以得到泉水的流量及随时间的动态变化，地下水的类型、化学成分、补给、径流、排泄的关系及动态、均衡等方面的资料，并可将其用于地下水资源的计算与评价。

（6）人工开采地下水 人工开采地下水是地下水排泄的主要方式之一。城市生活给水、农田灌溉用水、工业企业生产用水、矿坑排水及为降低施工工地的地下水位而排除的地下水，都属于人工开采地下水。人工开采地下水打破了地下水天然状态下原有的均衡条件，可导致地下水补给量和排泄量的增加。因此，人工开采地下水水量是地下水资源计算与评价中主要的内容之一。

4. 开采量与补给量、储存量的相互关系

开采量与补给量、储存量并不是彼此孤立的，而是不断转化的。在天然条件下，上游地区的天然补给量不断进入含水层转化为储存量，到下游又转化为排泄量（其中有一部分通过蒸发而消耗，多余的补给量暂时储存起来，即所谓天然调节储存量，待到补给期过后再逐步转化为天然排泄量而被排出含水层外；在开采条件下，开采量是由漏斗范围内储存量的消耗来平衡的，所消耗的储存量又由新的补给量或夺取天然排泄量来补充而达到平衡。此时开采量趋近于或等于天然补给量与开采补给量的总和。在通常情况下，由于开采量超过了天然补给量，有一部分甚至全部天然调节储存量被视为人工调节储存量而被开采利用。因此，在确定开采量时，要正确地计算补给量，这是矛盾的一个主要方面。它包括天然补给量和开采补给量。前者主要取决于地下水补给区水文、气象及水文地质条件等因素，后者除与上述因素有关外，还要取决于取水构筑物的类型和取水设备能力。所以只有开采补给量有可能增加时，才有可能增加开采量。从理论上讲，开采量的极限值应等于补给量。但从生产实际出发，考虑到水源地开采的可靠性和勘察阶段性（即勘察成果的精度）以及目前水文地质计算理论和方法尚不够精确等，所以在通常情况下，开采量总是小于补给量。

3.1.4 总水资源量计算

1. 总水资源计算模型

总水资源是指计算区域地表水资源量与地下水资源量的总和。进行总水资源量计算时，应考虑地表水与地下水存在着相互补给的关系。因此，分别计算地表水资源量与地下水资源量后，合并计算总水资源量时，应将地表水与地下水重复计算的那一部分水资源量从总量中扣除。

计算区域内的总水资源量随各年降水量的不同有年际变化，应计算总水资源量多年统计平均值和年际水资源变化的特征值。

总水资源量计算可采用以下两种模型进行计算。

（1）按地表水和地下水资源量总和进行计算

$$W_T = W_{db} + W_{dx} - W_{rc} \tag{3-24}$$

式中 W_T——总水资源量（m^3）；

W_{db}——地表水资源量（m^3）；

W_{dx}——地下水资源量（m^3）；

W_{rc}——地表水、地下水相互转换的重复水量（m^3）。

（2）按补给条件进行计算

$$W_T = \Delta W_y + \Delta W_x + W_c \tag{3-25}$$

式中 W_T——总水资源量（m^3）；

ΔW_y——地表、地下径流净补给水资源量（m^3）；

ΔW_x——降水净补给水资源量（m^3）；

W_c——水资源初始储量（m^3）。

2. 地表水与地下水相互转化的重复计算

在进行总水资源量计算时，往往按式（3-24）或式（3-25）的模型计算，这就容易造成水资源量的重复计算。例如，已经在所计算区域上游计为地表水资源量的一部分水量，会在径流过程中渗入地下，当本区域下游地区计算地下水资源量时，会将这一部分水作为地表水向地下水的入渗补给量再次计入水资源量。反之，已计入所计算区域上游地下水资源的部分水量，也会作为本区域下游地表水的地下渗流补给而重复计入总水资源量。再如，人工补给地下水，当补给水源取自计算入资源总量的地表水，则不应将此部分水量再作为地下水资源的补给量而再次计入水资源总量。因此，进行水资源量计算时，一定要根据计算区域的实际情况，分析得出重复计算量，以确保水资源量计算的准确性。

3. 总水资源量的计算

对于一个总水资源量调查计算区域来说，水资源量调查计算的工作量非常大，往往需要划分成若干个子项目，有多个工作组共同完成，因此最终的数据汇总工作就显得十分重要。表3-6是某区域总水资源量的调查汇总数据，由表中结果可见，从各种数据中要找出所需要的数据，必须经过认真地分析才能最终确定。

表3-6　某地区总水资源量计算表　　（单位：10^8m^3）

项目				1	年份						1960—1980年均值
				2	1964	1965	1977	1978	1979	1980	
山区水	入境水		地表水	3	37.23	23.45	20.21	19.47	29.11	18.45	22.49
			地下水	4	0.6	0.6	0.6	0.6	0.6	0.6	0.6
			合计	5	37.29	23.51	20.27	19.53	29.17	18.51	22.55
	自产水	地表水	洪水流量	6	15.74	2.38	12.53	9.39	8.26	1.73	8.65
			基流量	7	8.51	6.26	8.58	8.06	8.17	3.91	6.97
			小计	8	24.25	8.64	21.11	17.45	16.43	5.64	15.62
		地下水	降水入渗补给	9	21.27	10.84	19.56	18.32	17.33	10.72	15.85
			河流入渗补给	10	1.32	1.04	1.42	1.32	1.35	1.47	1.54
			小计	11	22.59	11.88	20.98	19.64	18.68	12.19	17.39
	合计		地表水	12	61.48	32.09	41.32	36.92	45.54	24.09	38.11
			地下水	13	22.65	11.94	21.04	19.70	18.74	12.25	17.45
			重复量	14	-9.83	-7.30	-10.00	-9.38	-9.52	-5.38	-8.51
			总水资源	15	74.30	36.73	52.36	47.24	54.76	30.96	47.05
平原区总水资源	入境水	地表水	水库控制水量	16	21.99	29.80	19.91	16.31	29.45	32.97	24.82
			基流量	17	20.95	6.54	15.90	11.20	13.18	5.02	11.97
			小计	18	42.94	36.34	35.81	27.51	42.63	37.99	36.79
		地下水	侧向径流补给	19	9.81	5.25	8.28	7.65	7.07	4.80	7.31
			合计	20	52.75	41.59	44.09	35.16	49.70	42.79	44.10
	自产水	地表水	洪水流量	21	8.73	1.63	6.59	6.07	6.42	1.68	4.64
			基流量	22	8.73	1.63	6.59	6.07	6.42	1.68	4.64
			小计	23	17.46	3.26	13.18	12.14	12.84	3.36	9.28
		地下水	降水入渗补给	24	18.69	7.87	16.39	15.40	15.98	8.63	13.36
			河水入渗补给	25	6.38	5.29	5.07	3.19	4.66	5.19	5.63
			渠、回灌补给	26	1.77	3.35	5.52	5.27	6.08	7.47	4.13
			小计	27	26.84	16.51	26.98	23.86	26.72	21.29	23.12
	合计		合　计	28	44.30	19.77	40.16	36.00	39.56	24.65	32.40
			地表水	29	60.40	39.60	48.99	39.65	55.47	41.35	46.07
			地下水	30	36.65	21.76	35.26	31.51	33.79	26.09	30.43
			重复量	31	-16.88	-10.27	-17.18	-14.53	-17.16	-14.34	-14.40
			总水资源	32	80.17	51.09	67.07	56.63	72.10	53.10	62.10

（续）

项目		1	年份						1960—1980
		2	1964	1965	1977	1978	1979	1980	年均值
总水资源	地表水	33	78.94	35.35	54.50	49.06	58.38	27.45	47.39
	地下水	34	49.49	28.45	48.02	43.56	45.46	33.54	40.57
	重复量	35	-26.71	-17.57	-27.18	-23.91	-26.68	-19.72	-22.91
	总水资源	36	101.72	46.23	75.34	68.71	77.16	41.27	65.05

3.2 水资源量的评价

水资源量的评价是保证水资源持续发展的前提，是水资源开发利用的基础。在保护水资源的前提下，对水资源量进行评价，了解区域水资源量与区域所需水资源量之间的供需关系，并在此基础上合理地开发利用水资源，对于实现水资源的可持续开发利用这一目标是十分重要的。

联合国教科文组织/世界气象组织出版的《国际水文学词汇》（UNESCO/WMO，1992）将水资源评价定义为："为了利用和控制而进行的水资源的来源、范围、可靠性以及质量的确定"。进行水资源量评价有三个阶段：基本水资源评价、进行站网的扩充和更详细的调查研究。目的是满足水资源开发工程的要求以及为水资源综合管理提供所需要的信息和资料。

3.2.1 地表水与地下水资源量评价的主要任务及评价的程序

1. 评价的主要任务

地表水与地下水资源量评价的主要任务，是解决一定条件下的水资源量能否满足区域用水量的要求。在确定可开采水资源量时应考虑以下问题：

1）评价区域内的极限开采量。

2）评价区域内可利用的自然与人工多年调蓄水量。

3）评价区域内满足一定保证率的设计年可开采水量。

4）评价区域内枯水年最不利开采量。

5）在现有条件下可开采的水资源量。

6）在保证下游区域水资源量不受影响条件下的本区域开采水量。

7）保证本区域与下游区域生态环境不受影响时的本区域开采水量。

2. 评价程序

水资源量的评价需要进行大量的调查计算和分析研究工作，这些工作彼此间有着紧密的联系，为使水资源量评价工作能按阶段有序地开展，以避免不必要的重复、交叉和遗漏，评价时建议按以下程序进行：

1）划定研究区域范围和明确评价对象。

2）认真分析用水规律及用水安全可靠性等要求。

3）认真收集查询本区域和上、下游区域的水文、水文地质等资料。

4）研究、分析和计算区域的地表水与地下水资源量。

5）对区域用水量和地表水与地下水资源量进行对比分析。

6）对区域水资源开采的经济效益和社会效益进行适当的分析。

7）给出水资源量评价的结论。

3.2.2　总水资源量评价

进行总水资源量评价时，可先分别进行地表水和地下水资源量的评价，然后再进行综合分析，给出区域总水资源量评价的结论。由于地表水与地下水共同受降雨量变化的影响，其年内与年际变化规律有密切相关的一面；又由于地表水与地下水的形成、运动、补给、排泄、调蓄等规律不尽相同，其年内与年际变化规律又有所区别。所以，在进行总水资源量最终评价时应充分考虑这一点。进行可开采量计算时，应注意用年份相同的地表水与地下水资源量数据进行分析，计算得到相应年份的总水资源量。

总水资源量的评价，可以根据已有的各种资料，分析计算得出其年内与年际的变化规律，根据此变化规律，对比区域用水量、用水规律及用水要求，最终给出总水资源量的评价结论。

总水资源量的评价是水资源评价的重要组成部分，是水资源统一评价的基础。进行水资源统一评价，就是查明地下水与地表水的补给条件、转化关系、开采利用价值及时间、空间的分布规律，其评价的主要内容有以下方面：

1）水均衡要素的分析研究。

2）“三水”转换关系的分析研究。

3）水资源的分区研究。

4）地表水资源计算。

5）地下水资源计算。

6）水资源总量的计算。

7）可开采利用水量的估算。

根据以上的研究与计算，科学地给出水资源量总量及可开采利用量，为经济合理地开发利用水资源提供依据。

3.2.3　水资源量评价基本方法

1. 简单水量对比法

按照拟开发利用地表水或地下水的水资源特性，进行调查研究和分析计算，给出开发对象可能提供的水资源总量，将此可利用水量与所需用水量进行分析比较，最终得出开发区水资源量能否满足开采需要的结论。这种水资源量的评价方法，往往用于水资源量的区域规划和大型建设项目的可行性研究。

2. 典型年法

无论是地表水还是地下水，其水资源量均随年份的不同而发生年际变化。为确保所需开采的水量，必须根据区域用水对供水安全性、可靠性的要求，选取典型年（丰水年、枯水年、平水年、设计年等）分析计算区域总水资源量，进而与所需开采水量进行比较，然后做出水资源量能否满足需要的结论。这种考虑水资源量年际变化，以某典型年份水资源量为评价依据而对水资源量进行评价的方法，称为典型年法。这种方法往往用于区域水资源量的规划与用水开采设计阶段的水资源量评价。

3. 开采试验法

地表水和地下水资源量，随着各种自然和人为因素的改变，在不断地变化着。其中，水资源总量的补给与排泄就与水量的开采有着密切的联系。例如，过量开采地表水，必然会影响地表水向地下水的补给；过量开采地下水，将改变地下径流的水力条件，使地下水的补给量与排泄量发生改变，致使总水资源量发生相应变化。此外，其他影响总水资源量的相关因素与总水资源量之间的复杂关系，很难用数学模型进行准确的描述，使得按数学模型计算的总水资源量有一定的偏差。因此，通过开采试验，可以较为准确地确定有关参数与水资源总量。这种通过开采试验确定水资源量的方法称为开采试验法。

3.2.4 地表水资源量评价

地表水资源包括河流、湖泊、冰川等，地表水资源量包括这些地表水体的动态水量。由于河流径流量是地表水资源的最主要组成部分，因此在地表水资源评价中用河流径流量表示地表水资源量。

1. 水资源的分区

在相似的地理环境条件下，水资源的时空变化具有相似性；反之，在不同的地理环境条件下，水资源的时空变化往往差别很大。原因是影响河流径流的许多因素，如气象因素、流域下垫面因素等，具有地域性分布变化的规律，致使水资源相应的呈现地域性分布的特点。因此，进行水资源评价时，水资源分区显得十分重要。

（1）水资源分区原则　为了保证水资源分区具有科学性、合理性，并且切合实际，便于应用，分区时应遵循水资源地域性分布的规律，同时能充分反映水资源利用与管理的基本要求。水资源分区应遵循的基本原则，大致上可归纳为以下几点。

1）流域完整性。水资源分析计算需要大量的江河、湖泊水文观测资料，而水文现象的观测以及资料的分析整编，通常是以流域为单元进行的。此外，各种水利工程设施的规划、设计与施工（包括水资源开发利用工程），也往往是以流域为单位组织实施的。所以水资源分区尽可能保持流域的完整性。

2）区域地理环境条件的相似性与差异性。干旱气候定义为平均年降水量小于平均年蒸发能力的一种气候区；相反，湿润气候定义为平均年降水量大于平均年蒸发能力的一种气候区。河流水文现象所具有的地域性分布规律，是建立在地理环境条件相似与差异性之上的，是多种因素相互影响下长期发展演变的结果，因而具有相对的稳定性与继承性。例如长江三角洲地区与黄土高原地区相比较，两者之间自然地理条件差异很大，社会经济条件亦明显不同，但各自区域内部的气候、水文、植被以及社会经济条件具有相似性。这种区域地理环境条件的相似性与差异性，为各自然区划、经济区划提供了前提条件，也成为水资源分区必须遵循的重要原则。

3）区域边界。水资源分区原则的一个基本出发点是确定一个进行水资源评价的区域框架即边界，在此边界的建立过程中，必须考虑三种类型的区域：①首先是自然河流流域或含水层边界，即由所研究的河流排水区域，或由所研究的含水层排水的区域边界。②其次是管辖区域，在此区域内，同一政府或水资源所有者拥有与水资源有关的权利；在此区域内，从一个流域往另一个流域引水从法律上是可能的。③第三是经济区域，在此区域内人口和商品的流动、工业和其他项目的开发地点是可以不受外部因素干扰的。河流流域或含水层边界使得该区域内潜在水资源的评价更加容易，管辖范围区域和经济区域使水资源开发的规划和考虑水资源的调配更加容易。

当这三种类型的区域边界重合一致时，水资源评价及其与水资源规划有关的边界很明显是三种分区的共同区域。然而，实际上这种情况很少，一般情况是区域单元的两种区域的边界一致（特别是管辖区域和经济区域）。在这种情况下，由于三种类型的分区中至少有两类分区一致，所以，选取水资源评估的区域边界也是比较容易的。但是，这要求在评估中引入边界条件来考虑分区中某一类分区的非一致性的影响。将一个流域划分成若干个辖区时，整个流域的水资源评价需要在辖区之间进行协调。这种情况下，辖区边界的入流和出流特征可能已经在辖区之间现有协议中明确了，或都必须根据评价结果来达成协议。当所有三类区域的边界都不相同时，问题就变得相当复杂。由于所选的区域边界间相互独立，大量的、不同类型的边界条件都必须考虑在内。这种情况下，能使评估范围包括整个流域的行政安排可能是明智的选择，这种安排的例子在世界上许多地区都可以看到。

4）与其他区划尽可能协调。水资源评价涉及多个领域及部门，与其他自然区划、水利区划、流域规划、供水计划等紧密相关，许多分析数据需要其他区划提供，水资源的供需平衡分析更要与流域规划、国民经济发展计划、各部门用水需要相联系。

（2）水资源分区方法　进行水资源评价，首先需要进行水资源分区。根据各地的具体自然条件，按照上述原则对评价范围进行一级或几级分区。常用的分区方法有：

1）根据各地气候条件和地质条件分区。可以根据各地的气候条件和地质条件对评价区进行分区，如将评价区分为湿润多沙区、湿润非多沙区、干旱多沙区和干旱非多沙区，或仅根据气候条件分为湿润区、半湿润区、半干旱区和干旱区等。

2）根据天然流域分区。由于河流径流量是水资源的主要部分，因此通常以各大河流天然流域作为一级分区，然后参考气候和地质条件再进行次一级的分区。

3）根据行政区划分区。可以按照行政区划进行行政分区，如全国性水资源评价可按省（自治区、直辖市）和地区（市、自治州、盟）两级划分，区域性水资源评价可按省（自治区、直辖市）、地区（市、自治州、盟）和县（市；自治县、旗、区）三级划分。

2. 地表水资源量评价的内容

地表水资源数量评价应包括下列内容：

1）单站径流资料统计分析。

2）主要河流年径流量计算。

3）分区地表水资源量计算。

4）地表水资源时空分布特征分析。

5）地表水资源可利用量估算。

6）人类活动对河流径流的影响分析。

3. 河流径流计算

（1）河流水文现象的基本特征及计算方法

1）河流水文现象的基本特征。

a. 周期性：河流水文现象的周期性是指其在随着时间推移的过程中具有周期变化的特征。河流水体因受气象因素影响总是呈现以年为周期的丰水期、枯水期交替的变化规律，如一年四季中的降水有多雨季和少雨季的周期变化，河流中来水则相应呈现丰水期和枯水期的交替变化。不仅如此，河流水文由于受长期气候变化的影响还表现出多年变化的周期性特征。

b. 确定性和随机性：河流水文现象在某个时刻或时段由于其确定的客观原因而表现出确定性的特征。同时，河流水文现象受到各种复杂因素的影响，而且各因素不断变化、各因素之间相互作用，因此表现出随机性的特征。例如，某河流断面下一个年份的最大流量、最高水位及最小流量、最低水位等数值及其发生时刻是不能够完全确定的，具有一定的随机性。河流水文特征的随机性，无疑增大了河流水资源开发利用的难度和复杂性。

c. 区域性：由于气象因素和地理因素具有区域性变化规律，因此，受其影响的河流水文现象在一定程度上也具有区域性的特征。若自然地理因素相近似，则水文现象的变化规律具有近似性。例如，同一自然地理区的两个流域，只要流域面积相差不悬殊，则其水文现象在时空分布上的变化规律较为近似，表现为水文现象变化的区域性。湿润地区河流的径流年内分配一般较为均匀，而干旱地区河流的径流年内分配相对不均匀。

2）河流水文计算的方法。从上述河流水文现象的基本特征可以看出，河流水文现象的时空变化规律是错综复杂的。为了寻找它们的变化规律，做出定量或定性的描述，首先要进行长期的、系统的观测工作，收集和掌握充分的河流水文资料，然后根据不同的研究对象和资料条件，采取各种有效的分析研究方法。目前，河流水文分析计算方法大致可分为以下三种：

a. 成因分析法：河流在任一时刻所呈现的水文现象都是一定客观因素条件下的必然结果。成因分析法就是通过对观测资料或实验资料的分析，建立某一水文特征值与其影响因素之间的函数关系，从而预测未来的水文情势。由于影响水文现象的因素很多，观测资料相对较少，因此，目前这种方法还不能完全满足实际需要。

b. 地理综合法：由于河流水文现象具有区域性的特征，其变化在区域内的分布具有一定的规律，因此河流水文观测资料比较少的地区可以借用邻近地区的资料来进行推算。这种利用已有固定观测站点的长期观测资料确定河流水文特征值在区域内的时空分布规律，预估无资料流域未来水文情势的方法，称为地理综合法。地理综合法对于推算缺乏资料流域的河流水文特征值具有非常重要的作用。但这种方法并不能很好地分析出河流水文现象的物理成因。

c. 数理统计法：数理统计法就是根据河流水文现象的随机性特征，运用概率论和数理统计的方法，分析河流水文特征值系列的统计规律，并进行概率预估，从而得出水资源开发利用工程所需的设计水文特征值。但是，数理统计法本身是一种形式逻辑的分析方法，把降水量、径流量等水文特征值孤立地进行统计、归纳，得出的结果只是事物的现象，不能揭示河流水文现象的本质和内在联系。因此，只能把数理统计法当作一种数学工具，实际工作中应当与成因分析法密切结合起来。

在解决实际问题时，应本着“多种方法，综合分析，合理选定”的原则，根据当地的地区特点以及水文资料情况，对采用的方法有所侧重，以便为水资源开发利用与管理提供可靠的水文依据。

（2）河流水文计算的概率与数理统计方法　在概率与数理统计中，将被研究的随机变量的全体称为总体，总体中的一部分称为样本。采用数理统计的方法研究降水和径流等随机现象时，通常利用收集到的实测资料系列为样本，分析各实测值的出现频率及其抽样误差；利用数理统计方法计算随机变量的统计参数，作为降水和径流现象的特征值，以此反映随机现象总体的规律性。由于数理统计方法是利用部分实测资料反映总体的规律，因此得到的结果不可避免地会与总体的真实结果有一定的差距，这就需要结合成因分析法，有时还要结合地理综合法进行综合性分析，对数理统计的结果给予检验和修正。

1）河流水文计算的频率和重现期。在河流水文计算中，频率均指累积频率。即等量或超量值的累积频数与总观测次数的比值。如水位观测中一系列具有特征值的随机事件 x（$x = x_1, x_2, \cdots x_n$，且 $x_1 > x_2 > \cdots > x_n$），参照某给定的特征值 x_i，观测系列中等量和超量事件 $x \geqslant x_i$ 发生的次数为 m，总观测次数为 n，则累积频率可按式（3-26）计算

$$P(x \geqslant x_i) = \frac{m}{n} \tag{3-26}$$

频率这个名词比较抽象，为便于理解和应用，常采用重现期与频率并用。所谓重现期是指某随机变量的取值在长时期内平均多少年出现一次，又称为多少年一遇。频率 P 与重现期 T 的关系，对下列两种不同情况有不同的表示方法。

a. 当为了防洪研究暴雨洪水问题时，一般设计频率小于 50%，则

$$T = \frac{1}{P} \tag{3-27}$$

式中　T——重现期（a）；

　　　P——频率，以小数计。

例如，当设计洪水的频率采用 $P = 1\%$ 时，代入式（3-27）得重现期为 100 年，称为百年一遇洪水。

b. 当考虑保证灌溉、发电及给水等用水构筑物时，设计频率 P 常大于 50%，则

$$T = \frac{1}{1-P} \tag{3-28}$$

例如，当灌溉设计保证率 $P = 80\%$ 时，代入式（3-28）得重现期为 5 年，称为以 5 年一遇的枯水作为设计来水的标准，也就是说平均 5 年中有 4 年来水能保证正常的灌溉要求。

由于水文现象一般并无固定的周期性，上面所讲的频率是指多年中的平均出现机会，重现期也是指多年中平均若干年可能出现一次。例如，百年一遇的洪水是指大于或等于这样的洪水在长时期内平均100年发生一次，而不能理解为恰好每隔100年遇上一次。对于某具体的100年时间段来说，超过这样大的洪水可能有多次，也可能一次都不出现。

在水资源利用工程中，需要计算某河流的水文特征值（如水位、年径流量、降水量等）在工程运营期内或今后若干年中可能出现的概率。频率计算的目的就是提供这种具有概率意义的设计水文数据，或者称为一定概率下的水文数据。在给排水工程中，经常要研究和解决大于等于（或小于等于）某一特征值的水文现象发生的频率问题，如某河流的水位，只要等于或高于河岸堤坝标高时都会漫过堤岸，给河流两岸带来不同程度的危害。

2）数理统计方法。数理统计方法一般分为：经验频率曲线和理论频率曲线。

a. 经验频率曲线：用实测的某河流水文特征值作为随机样本，计算各特征值相对应的频率，并将各组数据点绘于二维坐标图上，用目估方法通过点群中心绘制一条光滑的曲线，称为经验频率曲线。

设某水文要素的系列共有 n 项，按由大到小的次序排列为：x_1，x_2，$\cdots x_n$，且 $x_1 > x_2 > \cdots > x_n$，则在系列中等于及大于 x_1 的出现机会为 $1/n$，等于及大于 x_m 的出现机会为 m/n（m 表示系列中等于及大于 x_m 的项数），其余可依此类推。

通过以上的分析，可以归纳出频率计算公式

$$P = \frac{m}{n} \times 100\% \tag{3-29}$$

式中　P——等于和大于 x_m 的经验频率；

m——序号，即等于和大于 x_m 的项数；

n——系列的总项数。

式（3-29）用于样本资料分析不甚合理。例如，当 $m = n$ 时，$P = 100\%$，这就意味着将来也不会出现比实测最小值还小的要素值，这当然是不合理的，因为随着观测年数的增多，一定会有更小的数值出现。因此，必须将式（3-29）加以修正，使其能较好地反映自然规律。世界各国曾先后提出过不少类似的公式。目前在我国常用的计算经验频率的公式为数学期望公式

$$P = \frac{m}{n + 1} \times 100\% \tag{3-30}$$

现以某枢纽处实测21年的年最大洪峰流量资料为例，说明经验频率曲线的绘制和使用方法。具体步骤如下（表3-7）：

表 3-7 某枢纽处年最大洪峰流量频率计算表

年份	年最大洪峰流量 Q_m/（m^3/s）	序号	由大到小排列的年最大洪峰流量 Q_m/（m^3/s）	经验频率 P（%）
1945	1540	1	2570	4.6
1946	980	2	2390	9.0
1947	1090	3	1860	13.6
1948	1050	4	1740	18.2
1949	1860	5	1540	22.7
1950	1140	6	1520	27.3
1951	980	7	1270	31.8
1952	2750	8	1260	36.4
1953	762	9	1210	40.9
1954	2390	10	1200	45.4
1955	1210	11	1140	50.5
1956	1270	12	1090	54.6
1957	1200	13	1050	59.1
1958	1740	14	1050	63.6
1959	883	15	980	68.2
1960	1260	16	883	72.7
1961	408	17	794	77.3
1962	1050	18	790	81.8
1963	1520	19	762	86.4
1964	483	20	483	90.9
1965	794	21	408	95.4

a）将逐年实测的年最大洪峰流量（水文变量）填入表 3-7 中第 2 列，第 1 列为相应的年份。

b）将第 2 列的年最大洪峰流量按大小递减次序重新排列，填入第 4 列；第 3 列为序号，自上而下为 1，2，…n。

c）按数学期望公式分别计算经验频率 P，填入第 5 列。

d）以第 4 列的水文变量 Q_m 为纵坐标，以第 5 列的 P 为横坐标，在频率格纸上点绘经验频率点，然后用目估法通过点群中间绘一条光滑曲线，即为该枢纽处的年最大洪峰流量经验频率曲线，如图 3-6 所示。

e）根据指定的频率值，在曲线上查出所需的水文数据。如设计频率为 10%，则从图 3-6 上可查得设计年最大洪峰流量为 2167m^3/s。

b. 理论频率曲线：经验频率曲线是根据实测资料给出的，当实测资料的时间跨度较长或设计标准要求较低时，经验频率曲线尚能解决一些实际问题。但是，实际应用中往往要推求稀遇的小频率洪水，如 $P=1\%$，0.1%，0.01%

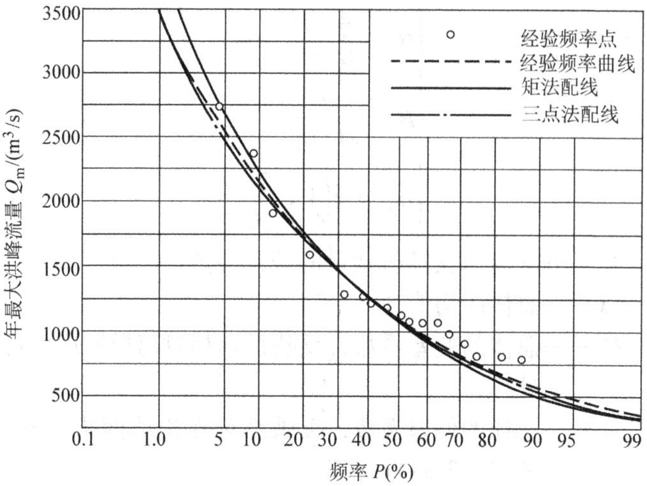

图3-6 某枢纽处年最大洪峰流量频率曲线

等。而目前实测资料时间跨度一般最多不过几十年，计算的经验频率点只有几十个。因此，需要查用的经验频率曲线上端部分往往没有实测点据控制，即使采用频率格纸使经验频率曲线变直一些，但要进行曲线外延时仍有相当的主观成分，会使设计水文数据的可靠程度受到影响。另外，水文要素的统计规律有一定的地区性，但是很难直接利用经验频率曲线把这种地区性的规律综合出来；没有这种地区性规律，就无法解决无实测水文资料的小流域的水文计算问题。为解决这些问题，人们提出用数学方程式表示的频率曲线来配合经验点据，即寻求理论频率曲线。理论线型并不是根据河流水文现象的物理性质推导出来的，而是根据经验资料从数学的已知概率密度函数中选出来的。迄今为止，国内外采用的理论线型已有10余种，诸如皮尔逊Ⅲ（P-Ⅲ）型曲线、对数皮尔逊Ⅲ（LP-Ⅲ）型曲线、耿贝尔（EV-Ⅰ）型曲线以及克里茨基—闵凯里（K—M）型曲线等。目前在河流水文统计中应用最广泛的是皮尔逊Ⅲ型曲线。

皮尔逊Ⅲ型曲线是一条一端有限一端无限的不对称单峰、正偏态分布曲线，在概率论中称为Γ分布，其概率密度函数为

$$f(x) = \frac{\beta^{\alpha}}{\Gamma(\alpha)}(\chi - \alpha_0)^{\alpha-1}e^{-\beta(x-\alpha_0)} \tag{3-31}$$

式中 $\Gamma(\alpha)$——α的嗄马函数；

α、β、α_0——三个参数，其中α_0表示曲线起点与坐标原点的距离。

根据数学的有关知识可以推证，α、β、α_0与总体的三个统计参数（$\bar{x}$，C_v，C_s）存在下列关系

$$\begin{cases}\alpha = \dfrac{4}{C_s^2}\\ \beta = \dfrac{2}{\bar{x}C_v C_s}\\ \alpha_0 = \bar{x}\left(1 - \dfrac{2C_v}{C_s}\right)\end{cases} \tag{3-32}$$

式中 $\bar{x}$、C_v、C_s——河流水文随机变量的统计参数。

$\bar{x}$——总体的均值；

C_v——总体的变差系数，反映系列相对离散程度，可按式（3-33）计算；

C_s——总体的偏差系数，反映系列在均值两边的不对称程度，可按式（3-34）计算。

$$C_v = \frac{\sigma}{\bar{x}} \tag{3-33}$$

$$C_s = \frac{n^2}{(n-1)(n-2)} \cdot \frac{\sum_{i=1}^{n}(K_i - 1)^3}{nC_v^3} \tag{3-34}$$

式中 K_i——模比系数，$K_i = \dfrac{x_i}{\bar{x}}$；

n——样本个数，当 n 较大时，有

$$C_s \approx \frac{\sum_{i=1}^{n}(K_i - 1)^3}{(n-3)C_v^3} \tag{3-35}$$

$C_s > 0$ 时，称为正偏态分布；$C_s < 0$ 时，称为负偏态分布；$C_s = 0$ 时为正态分布。研究表明，河流水文现象多属于正偏态分布。

由式（3-32）可以看出，只要总体的三个统计参数（$\bar{x}$，C_v，C_s）一经确定，P-Ⅲ型曲线也就惟一确定了。因此，对于任意一个样本系列，如果忽略样本误差，其对应的 P-Ⅲ型曲线的形状也唯一确定了。但是，以现有河流水文观测资料为样本，其统计参数的相对误差往往较大，导致对应的 P-Ⅲ型曲线失真，难以正确反映总体的规律。鉴于这种情况，现阶段河流水文计算采用适线法，或称配线法，其中心思想是以经验频率点据为基础，对样本的统计参数进行人为的、适当的调整，最终寻求一条与样本的经验频率曲线符合较好的理论频率曲线。目前，在适线法寻求样本统计参数时，主要采用矩法、三点法和权函数法初选参数，具体方法参见河流水文计算的有关书籍，这里不详细叙述。

图 3-6 中给出了采用矩法和三点法确定的理论频率曲线。由利用矩法配线求得的理论频率曲线可以推求频率为 1%，即百年一遇的设计洪峰流量为 3738m³/s。

（3）年径流量分析　评价地表水资源，应对评价范围内的水文站进行单站径流统计分析和主要河流的年径流量计算。凡资料质量较好、观测系列较长的水文站均可作为单站径流统计分析的选用站，包括国家基本站、专用站和委托观测站，其中各河流控制性观测站为必须选用站，收集各站年径流量，计算年径流量的统计参数；对于流域面积大于5000km^2的主要河流，应选择河流出口控制站的年径流量资料，计算系列平均值及不同频率的年径流量。

1）年径流量的基本概念

a. 年径流量：一个年度内通过河流某断面的水量，称为该断面以上流域的年径流量。

b. 多年平均年径流量：天然河道的径流量随气候不断变化，不同的年份，径流量也不同。为了反映河流水资源情况，通常利用数理统计方法求出实测各年径流量的均值，称为多年平均年径流量，或平均年径流量。

c. 正常年径流量：随着统计实测资料年数的增加，年径流量的均值将趋于一个稳定的数值，此值称为正常年径流量。正常年径流量反映了在天然情况下河流蕴藏的水资源的理论数量，它代表能最大限度开发利用的地表水资源量，是水文、水力计算中的一个重要特征值。在地理综合分析和不同地区水资源对比时，它是最基本的数据。由于人们难以取得河流年径流量的总体资料，因此，一般情况下，只要有一定长度的系列资料，就可以用年径流量平均值代替正常年径流量。

d. 设计年径流量：设计年径流量指通过河流某指定断面对应于设计频率的年径流量。在修建取水构筑物及水库、闸坝、抽水站等水利工程时，为了满足设计保证率的要求，需要进行设计年径流量的计算。

2）年径流量计算

a. 资料充足时年径流量的推求。资料充分是指具有一定代表性、时间足够长的实测资料系列。一般要求实测资料系列时间跨度超过30年，其中包含特大丰水年、特小枯水年及相对应的丰水年组和枯水年组。只有这样，才能客观地反映河流过去的水文特征，为正确地预估未来水文情势提供可靠的依据。

资料充分时，可按式$W=QT$计算年径流量均值（其中W是径流总量，指在一定时间（T）范围内，流过河流过水断面（F）的累积水量，m^3；Q是平均径流流量，指单位时间内流过河流过水断面（F）的水量，m^3/s或m^3/h等；T是计算径流总量时的累积时间，s或h等），其误差大小取决于：①年份n的多少，n值越大，误差越小；②河流年径流量的变差系数C_v值的大小，C_v大则误差可能较大；③资料总体的代表性，资料系列中丰水年份较多，则计算值就偏大。

b. 资料不足时年径流量的推求。如果实测资料系列较短，不到20年，代表性较差，则需要用一定的手段来插补延展资料系列，提高其代表性。经过延展的资料系列就可以对其求取均值。常用的插补延展资料系列方法是相关分析法。通常被用做相关变量自变量的河流水文参数有：与本站在成因上有密切联系的相邻其他站点的实测年径流量；本站或与本站在成因上有密切联系的相邻其他站点的年降水量。

c. 缺乏实测资料情况下年径流量的推求。在中、小河流的水文计算中，经常会遇到缺乏实测径流资料的情况，或者即使有一些实测资料，但因系列过短，不能用相关分析法来延展。在这种情况下，可以通过等值线图法和水文比拟法等间接途径来推求年径流量。

等值线图法：闭合流域年径流量的影响因素是降水和蒸发，而降水量和蒸发量具有地理分布规律，所以年径流量也具有地理分布规律，因而可以绘成等值线图。为了消除流域面积的影响，等值线图常用径流深来绘制。使用等值线图法计算年径流量时，首先应在图上绘出计算断面以上的流域。如果流域面积小且等值线分布均匀，则流域形心等值线的数值即可作为年径流量。如果流域面积较大，等值线分布不均匀，则采用面积加权法计算。

水文比拟法：将选定的参照流域的某一水文特征值移用到研究流域上来的方法称为水文比拟法。通常称该参照流域为参证流域。这种方法认为气候和自然地理条件相似的流域，其径流情况也具有相似性。因此，采用水文比拟法的关键在于恰当地选择参证流域，该流域影响径流的主要因素应与研究流域相似，并且具有较充分的长期水文实测资料。

当研究流域与参证流域处于同一河流的上、下游并且二者面积相差不大（面积相差不大于3%～5%），或者两个流域不在同一条河流上，但气候与下垫面条件相似时，可以直接将参证流域的年径流深 R_{ref} 移用到研究流域，即

$$R_0 = R_{ref} \tag{3-36}$$

当研究流域与参证流域的个别因素有差异时，则应进行修正后再移用，即

$$R_0 = KR_{ref} \tag{3-37}$$

式中 R_0——研究流域的年径流深（mm）；

R_{ref}——参证流域的年径流深（mm）；

K——考虑不同因素影响时的修正系数。

若两流域自然地理条件相似，而降水情况有差别，则可按降水量加以修正，修正系数为

$$K = \frac{x_0}{x_{ref}} \tag{3-38}$$

式中 x_0、x_{ref}——研究流域和参证流域的年降水量（m^3/s）。

3）某一频率下的设计年径流量。有实测资料情况下设计年径流量的计算按如下步骤进行：

a. 分析实测资料有无代表性，对少于 20 年的短系列必须加以延展（可采用相关分析法）。

b. 计算经验频率，绘制经验频率曲线。

c. 计算径流量均值$\overline{Q}$及 C_v 和 C_s。

d. 用适线法确定理论频率曲线。

e. 推求不同设计频率的年径流量。

由于设计年径流量计算通常用于计算一定保证率下的水资源量，所以适线时应注意 $P>50\%$ 部分与经验频率点据的符合情况。

当缺乏实测径流资料时，仍可借助频率曲线来估算设计年径流量。其工作步骤如下：

a. 用前述的等值线图法或水文比拟法等推求出平均年径流量$\overline{Q}$及变差系数 C_v。

b. 取 C_s 值为 C_v 值的某一倍数。多数情况下可采用 $C_s=2C_v$，也可查用各地区水文手册的经验比值。对于湖泊较多的流域，因 C_v 值较小，可采用 $C_s>2C_v$；对于干旱地区，可考虑采用 $C_s<2C_v$；

c. 推求设计频率的年径流量。

还可以使用经验公式推求变差系数 C_v。水利科学研究院水文研究所于 1958 年总结归纳，提出了适用于流域面积小于 1000km² 的年径流量变差系数 C_v 值的计算公式

$$C_v=\frac{1.08(1-\alpha)C_{vx}}{(\bar{\alpha}+0.1)^{0.8}} \tag{3-39}$$

式中　C_{vx}——流域内某代表站年降水量变差系数；

α——地下径流补给量占河流总径流量的比例（$\alpha<1$）；

$\bar{\alpha}$——多年平均径流系数（$\bar{\alpha}<1$）。

（4）径流还原计算　水资源分析评价中，降水、径流等水量平衡要素的分析，不同设计保证率下水资源量的确定，都采用数理统计的方法。这种方法的基本要求是：水文统计样本要具有某种相同的基础，具有可比性，即所运用的资料系列要具有一致性和代表性 。也就是说，在所研究的年代里，水文情势不受或极少受人为的干扰，其所取得的资料系列要基本上反映天然的状况。但是，随着社会和经济的发展，人类活动对自然界的影响越来越大，开垦农田、砍伐森林，大规模兴建水利工程，大量引水、提水灌溉，以及城市、工矿企业取水等，使流域自然地理条件和江河水文情势逐年发生变化，影响地表水的径流、汇流过程及循环路径，从而影响径流在空间和时间上的变化，使水文测站实测水文资料不能真实反映地表径流的固有规律。此外，实测资料是在不同的基础条件下取得的，资料系列之间缺乏一致性，因而不能直接用于数理统计方法计算。为

全面、准确地估算各流域、地区的河流径流，需对实测水文资料进行还原计算，消除人类活动对水文资料带来的影响，求得资料系列的一致性和可比性。

所谓还原计算，就是消除人为影响，将资料系列回归到“天然状态”的一种方法。常用的径流还原计算的方法有分项调查法和降水径流模式法。

1）分项调查法。根据径流还原计算的要求，原则上应消除各种人类活动对径流的影响，即对测站以上灌区耗水量，蓄水工程的蓄变量和渗漏量，引入、引出水量，河道分洪水量，工业和城市生活用水量，因水面变化而引起蒸发量的变化量等，应直接采用实测或调查资料，并尽量按年逐月还原计算。该法是针对影响径流变化的各项人类活动，逐项进行调查，分析确定各自影响径流的程度，然后逐项还原计算。在各种还原计算方法中，分项调查法理论上严格，概念明确，方法具体，是还原计算中最基本的方法。但此法要求有比较充足的分项调查统计资料，工作量大。

根据水量平衡基本原理，可建立下列实测径流与各项还原水量间的水量平衡方程式

$$Q_{天然} = Q_{实测} + Q_{灌溉} + Q_{工业} + Q_{蓄} + Q_{引} + Q_{蒸} + Q_{渗} + Q_{分洪} \tag{3-40}$$

式中 $Q_{天然}$——还原后的天然径流量（m^3/s）；

$Q_{实测}$——水文站实测径流量（m^3/s）；

$Q_{灌溉}$——灌溉耗水量（m^3/s）；

$Q_{工业}$——工业和城市生活耗水量（m^3/s）；

$Q_{蓄}$——计算时段始末蓄水工程蓄水变量，蓄水量增加使该值为正值，减少时则为负值（m^3/s）；

$Q_{引}$——跨流域（地区）引水增加或减少的测站控制水量，增加水量为负值，减少时为正值（m^3/s）；

$Q_{蒸}$——蓄水工程水面蒸发量和相应陆地蒸发量的差值（m^3/s）；

$Q_{渗}$——蓄水工程的渗漏量（m^3/s）；

$Q_{分洪}$——河道分洪水量（m^3/s）。

对还原计算的水量需进行合理化检查后才能应用于河流水文计算。检验的方法为：

a. 对工农业、牧业、城市用水定额和实耗水量，应结合工农业的特点、发展情况以及气候、土壤、灌溉方式等因素，进行部门之间、城市之间和年际之间的比较，以检查其合理性。

b. 对还原计算后的年径流量进行上下游、干支流、地区之间的综合平衡，以分析其合理性。

c. 对还原计算前后的降水径流关系进行对比分析，考察还原计算前后降水

径流关系是否改善。

2）降水径流模式法。根据自然界水分循环过程与降水径流形成的基本规律，流域径流量与降水量之间存在着密切关系，因此可以根据同步降水、径流资料，建立降水和径流的关系模式。迄今为止，人类影响大气环流的能力有限，因此可以将历年降水资料均视为处于天然状态下的实际降水资料，历年资料之间具有一致性。而径流资料可以划分为未受人类活动显著影响的资料和受到人类活动显著影响的资料两部分。通过建立未受人类活动显著影响时期的降水径流之间的关系，修正因受人类活动显著影响而改变的径流量值，得到天然径流量，该值与实测径流量的差值即为还原水量。

4. 分区地表水资源量评价

分区地表水资源数量是指区内降水形成的河流径流量，不包括入境水量。分区地表水资源量评价应在求得年径流系列的基础上，计算各分区和全评价区同步系列的统计参数和不同频率的年径流量。针对不同的情况，采用不同的方法计算分区年径流量系列。

（1）区内河流有水文站控制　按水资源分区，选择控制站或代表站，分析实测及天然径流量，根据控制站（或代表站）天然年径流量系列，按面积比修正为该分区天然年径流量系列。

若区内控制站上下游降水量相差较大，可按上下游的单位面积平均降雨量与面积之比，加权计算分区的年径流量。计算式为

$$Q_{ab} = Q_a\left(1 + \frac{\bar{P}_b F_b}{\bar{P}_a F_a}\right) \tag{3-41}$$

式中　Q_{ab}——分区年径流量（m^3/s）；

Q_a——控制站以上年径流量（m^3/s）；

$\bar{P}_a$、$\bar{P}_b$——分别为控制站以上及以下同一年的单位面积平均降水量［$m^3/(s \cdot km^2)$］；

F_a、F_b——分别为控制站以上及以下的面积（km^2）。

（2）区内河流没有水文站控制

1）利用水文模型计算径流量系列。

2）利用自然地理特征相似的邻近地区的降水、径流关系，由降水系列推求径流系列。

3）借助邻近分区同步期径流系列，利用同步期径流深等值线图，从图中量出本区与邻近分区年径流量系列，再求其比值，然后乘以邻近分区径流系列，得出本区径流量系列，并经合理性分析后采用。

5. 地表水资源时空分布特征

（1）地表水资源的地区分布特征　受年降水量时空分布以及地形、地质条

件的综合影响，年径流量的区域分布既有地域性的变化，又有局部的变化。河流径流的等值线图可以反映地表水资源的地区分布特征。

在水资源评价中可以选择汇水面积为300～5000km^2的水文站（在测站稀少地区可适当放宽要求），根据还原后的天然年径流系列，计算各分区及全评价区的平均年径流深和C_v值，点据不足时可辅以较短系列的平均年径流深和C_v值，绘制平均年径流深和C_v等值线图，以此分析地表水资源的地区分布特征。

（2）径流量的年际变化　年径流量的多年变化主要取决于年降水量的多年变化，此外，还受到径流补给类型及流域内的地貌、地质和植被等条件的综合影响。分析天然径流的年际变化可以采用变差系数、极值比、丰枯周期等。

（3）径流的年内分配　径流量的年内变化，关键取决于河流径流补给来源的性质和变化规律。地下水补给来源的河流，径流量的季节变化相对比较小，而以降水作为主要补给来源的我国大部分河流的径流量，其季节变化取决于降水量的变化。

在河流水文计算中，当有较长期径流资料时，常采用典型年法进行径流的年内分配计算。典型年法又称时序分配法。其选择原则为：

1）选择年径流量接近平均年径流量或对应某一频率的设计年径流量的年份作为典型年。这是因为年径流量与年内分配有一定的联系，年径流量接近的年份，其年内分配一般也比较接近。

2）选择分配情况不利的年份作为典型年。这是因为目前对径流量年内分配的规律研究得还很不够，为安全起见，应选择对工程不利的年内分配作为典型。例如，对灌溉工程来说，应选择灌溉需水期的径流量相对较小、非灌溉期的径流量相对较大的年份。当灌溉面积和设计频率一定时，这种年份的径流量分配需要较大的调节库容。

典型年选定之后，求出平均年径流量或设计年径流量Q与典型年的年径流量Q_d的比值k。即

$$k = \frac{Q}{Q_d} \tag{3-42}$$

k称为放大倍比（又称折算系数）。用典型年的各月径流量乘以k值进行缩放，即得到相应年径流量的分配过程。

缺乏实测径流资料时，一般采用水文比拟法移用参证站的典型年年内分配，也可根据各地区水文手册中的径流量年内典型分配率来确定。

6. 可利用地表水资源量估算

地表水资源可利用量是指在经济合理、技术可能及满足河道内用水并估计下游用水的前提下，通过蓄、引、提等地表水工程可能控制利用的河道一次性最大水量（不包括回归水的重复利用）。

某一分区的地表水资源可利用量，不应大于当地河流径流量与入境水量之和再扣除相邻地区分水协议规定的出境水量，即

$$Q_{可利用} = Q_{当地河流径流} + Q_{入境} - Q_{出} \tag{3-43}$$

各分区可利用地表水资源量可以通过蓄水工程、引水工程和提水工程进行估算。

（1）蓄水工程　大、中型水库一般都有实测资料，实测放水系列能反映水库下游的需水量。在推算这类工程的可利用地表水资源时，应根据水库入库水量进行水库径流调节，确定不同保证率的可供水量。对于小型水库工程，缺少实测资料，可以通过调查分析，确定水库每年放水量与水库库容的比值，以此来估算可利用地表水资源量。

（2）引水工程　一般大型引水工程的引水口都有实测引水记录。无引水泵时，可根据下游用水资料，考虑引水渠道的渗漏后，反推引水量；或根据引水工程的设计过水能力估算引水量。应根据引水量与地表水径流特征值的关系，确定不同保证率下的引水工程利用的水资源量。

（3）提水工程　通常提水工程用于沿江农业灌溉，因此可用提水工程服务的灌溉面积乘以综合灌溉毛定额，得到提水工程利用的水资源。如果提水工程在水库放水渠道上，则不再记入提水工程内，以避免重复计算。

3.2.5 地下水资源量评价

地下水在城市供水中占有重要地位。对地下水资源的数量、质量、时空分布特征和开发利用做出正确、全面地分析和估算，是最大限度地合理利用地下水资源，科学地管理和保护水资源的前提。

1. 地下水资源分类

（1）地下水“资源”与“储量”的基本概念　地下水“储量”和“资源”两词分别来自矿产地质学和水文学，前者以矿产资源论，后者则视为水资源的一部分，仅纯术语方面的差别。如以“开采储量”和“开采资源”为例，都表示在水质符合标准时，利用技术经济合理的引水方法获得的水量，两者是同义词。不同的是将地下水看作矿产时，用“开采储量”；视为水资源时，则用“开采资源”。有时，为了反映地下水量的不同形成特点，也可以见到同一分类中，同时出现“储量”和“资源”的概念。如法国将较长时间内含水层系统中的储存量称“储量”，而“储量”的开采部分则称“资源”。可见，“储量”和“资源”两词在水文地质学中是被兼用的。

（2）国内外地下水资源分类　随着水资源供需矛盾的日趋严重，正确评价地下水的开采资源渐显迫切，在20世纪80年代的一些研究中，提出了有关开采资源组成及其与开采方案相联系的讨论，为日后的地下水资源国家标准的制定，

奠定了理论基础。其中具有代表性的意见有：

1）只有地下水补给量和储存量方可称为“资源”，开采量只是对前两者作用的结果，不应看作“资源”。

2）地下水的天然资源一般可用一个水文地质单元内多年平均的各项补给量的总和或各项排泄量的总和来表示。地下水的开采资源是与一定的开采方案相联系的。

3）评价地下水资源，必须是在计算地下水的补给量、储存量和消耗量的基础上。

1995年，国家技术监督局发布实施的《地下水资源分类分级标准》（GB/T15218—1994）将地下水资源进一步划分为能利用的资源（允许开采资源）和尚难利用的资源两类。该国家标准的最大特点是将地下水开采的技术经济与环境方面的可行性，作为地下水资源评价时必须考虑的一个因素，并首次提出了尚难利用的资源类型，表明国家要求在地下水资源评价中加强安全意识，并与国际接轨，提高了地下水开发利用的水平。

（3）地下水资源分类的国家标准 现将国家标准《地下水资源分类分级标准》（GB 15218—1994）列表3-8说明如下：

表3-8 地下水资源分类分级

分类	分级				
	地下水资源总量				
	探明资源量			推断资源量	预测资源量
能利用资源（允许开采资源）	A	B	C	D	E
尚难利用资源			Cd	Dd	Ed

补给量：指天然或开采条件下，单位时间进入含水层（带）中的水量。包括：①地下水的流入；②降水渗入；③地表水渗入；④越流补给；⑤人工补给。

储存量：指储存于含水层内的重力水体积。

可利用资源（允许开采量）指具有现实意义的地下水资源，即通过技术经济合理的取水构筑物，在整个开采期内水量不会减少，动水位不超过设计要求，水质和水温变化在允许范围内，不影响已建水源的正常开采，不发生危害性的环境地质问题，并符合现行法规规定的前提下，（单位时间）从水文地质单元或水源的范围内能够取得的地下水资源（水量）。

尚难利用的资源：指具有潜在经济意义的地下水资源。但在当前的技术经济条件下，在一个地区开采地下水，将在技术、经济、环境或法规方面出现难以克服的问题和限制，目前难以利用的地下水资源。

（4）允许开采量分级 勘察研究程度的不同，决定了地下水资源量的级别及应用范围。根据勘察阶段，水文地质条件研究程度，地下水资源量研究程度（包括：动态观测时间长短、计算引用的原始数据和参数的精度、计算方法和公式的合理性、补给保证程度等），开采技术及经济条件等4项要素，将允许开采量（能利用的资源）划分为A、B、C、D、E等5个等级。

A级：扩建勘探。用于水源地合理开采以及改建、扩建工程设计。要求掌握连续三年以上开采动态观测资源，具有解决水源地具体问题所进行的专门研究和试验成果，如对地下水允许开采量进行系统的多年水均衡计算，相关分析和评价；对开采过程中的环境地质问题进行的专题研究；对经济条件的评价等。

B级：勘探阶段。作为水源地及其具体工程建设设计的依据。要求根据一个水文年以上的地下水动态观测资料和互阻抽水试验或试验性开采抽水试验，结合不同开采方案和枯水年组合系列，对允许开采量进行对比计算，预测地下水开采期间地下水水位、水量、水质的变化。根据多年降水量的变化和含水层的调蓄能力，按要求的供水保证率（B级采用97%），评价水源地的允许开采量。提出并论证最佳开采方案，预测可能出现的环境地质问题，评价经济条件。

C级：详查阶段。用于水源地及其主体工程的可行性研究。在需水量明显小于允许开采量的情况下，也可作为水源地建设设计的依据。要求根据带观测孔的抽水试验和枯水期半年以上地下水动态观测资料，结合开采方案初步计算允许开采量，论证拟建水源地的可靠性，评价可能出现的环境地质问题，建议合理的开采方案和开采量。

D级和E级：分属普查和区调阶段。分别用于水源地规划和大区远景规划，对地下水允许开采量只要求概算。

2. 地下水资源评价的内容

（1）地下水资源量评价　根据水文地质条件和需水量要求，拟定开采方案，计算开采条件下的补给量、消耗量和可用于调节的储存量，分析开采期内补给量与储存量对开采量的平衡、调节作用，评价开采的稳定性；根据气象、水文资料论证地下水补给的保证程度，确定合理的允许开采量。

（2）地下水水质评价　在掌握地下水水质时空规律的基础上，按不同用户对水质的要求，对地下水的物理性质、化学成分与卫生条件进行综合评价；分析论证开采过程中水质、水温的变化趋势，提出卫生保护和水质管理措施。在水质可能发生明显变化的情况下，建立地下水溶质浓度场的数学模型进行水质预测。

（3）开采技术条件评价　允许水位降是重要的开采条件，也是地下水开发保护的重要参数。要在计算开采量的同时，计算整个开采过程中，境内不同地段地下水水位的最大下降值是否满足允许值要求。

（4）开采后果评价　评价地下水开采对地区生态、环境的影响，分析由于区域地下水的下降，是否会引发地面沉降、地裂、塌陷等环境地质问题，以及海水或污水入侵、泉水干枯、水源地相互影响等不良后果，提出并论证相应的技术措施。

3. 地下水资源评价的原则

地下水资源评价中的一些共性问题，应作为评价原则予以重视。

（1）“三水”转化，统一考虑与评价的原则　天然水循环中，地下水、地表水和降水（简称“三水”）是互相转化的。在开采条件下，地下水将获得更多的地表水和降水的补给，并减少向地表水和大气的排泄蒸发，甚至出现地表水的反补给。“三水”统一考虑的宗旨是：充分利用含水层中的水量，合理夺取外部水的转化。后者是指不干扰国家的水资源规划，不使地表水的用户受到经济损失。

对地下水与地表水的统一评价，既可避免长期存在的水资源重复计算问题，并有利于水资源合理开发。如我国干旱、半干旱地区的一些第四系沉积盆地，作为大、中型地下水水源地，其地质环境较脆弱，长期集中开采地下水，难免会出现地面沉降等负面影响。而地表水径流量又极不稳定，在一年中有一定时期的断流，如能通过统一评价实施联合开发，即在分期供水的前提下，雨季尽可能的使用地表水，旱季集中开采地下水，过渡期实行地下水与地表水的联合调度，既可避免环境地质问题，又可确保稳定供水，取得地下水与地表水优势互补的效果。

（2）利用储存量以丰补欠的调节平衡原则　在补给量极不稳定的地区，维持地下水的持续稳定开采，储存量调节作用是不可忽视的。我国降水的时空分布差异极大，造成地下水的补给量有季节和多年气象周期变化，不同季节和水文年的补给量相差悬殊，尤其是以降水补给为主，或有季节性地表水补给的地区更是如此。这时，充分发掘储存量的调节作用，在满足允许水位降的前提下，采用枯水期“借丰水期‘补’”，以丰补欠多年调节平衡的方法，可扩大地下水的允许开采量。

（3）考虑人类活动，化害为利的原则　在地下水资源评价中，或多或少会受到人类活动的影响，如水库、运河、灌渠等地表水利工程，它既可对地下水起人工补给作用，也可起截流阻渗作用。此外，矿山等疏干工程，则与地下水水源地“争水”，其中矿井的疏干水位远低于可供水的允许水位降，影响极大。化害为利的宗旨就是一方面通过优化地下水开采的布局及其允许水位降，更多地截取流向矿井的地下水；另一方面重视矿井水回收与利用。

（4）不同目的和不同水文地质条件区别对待的原则　不同供水目的对水量、水质和水温的要求各异，评价时应按不同标准区别对待。

不同水文地质条件其评价的方法和要求也不相同。如补给充足、水交替积极的开放系统，可用稳定流方法；而水交替滞缓的封闭系统，适宜非稳定流方法。又如地下水盆地，可利用储存量的调节作用，以丰补欠，评价开采资源；而山区阶地，则可利用夺取地表水的转化量，评价开采资源。此外，地质环境稳定的基岩地区，可根据水均衡条件，评价最大允许开采量；而地质环境脆弱的第四系平原地区，必须考虑“环境容量”，限制水位降与开采量；将一部分地下水资源列入尚难利用的水资源中。

（5）技术、经济、环境综合考虑的原则　地下水资源评价必须综合考虑技术、经济、环境三个方面的利弊，要求确定的开采量和开采方案，既有良好的技术经济效益，又使开采带来的负面影响降到最低限度，具有合理的环境效益。

4. 地下水资源补给量和储存量计算

（1）地下水流流入量（侧向补给量）

$$Q_b = KJBH \text{ 或 } Q_b = KJBM \tag{3-44}$$

式中　Q_b——侧向补给量（m^3/d）；

K——含水层渗透系数（m/d）；

J——地下水水力坡度；

B——计算断面宽度（m）；

H（或 M）——潜水（或承压水）含水层厚度（m）。

（2）降水渗入补给量

$$Q_b = \frac{\alpha A x}{365} \tag{3-45}$$

式中　Q_b——日均降水渗入补给量（m^3/d）；

α——年均降水入渗系数；

A——降水渗入面积（m^2）；

x——年降水量（m/a）。

降水入渗系数 α 是指降水渗入量与降水总量的比值。α 的大小取决于地表岩性和结构、地形坡度、植被覆盖及降水量大小与降水强度等。确定 α 值的方法较多，目前多采用动态观测法计算 α 值

$$\alpha = \frac{\mu \Sigma(\Delta h + \Delta h' t)}{\Sigma x_i} \tag{3-46}$$

式中　Δh——年内各次降雨的地下水位升幅（m）；

$\Delta h'$——各次降雨前地下水位的降速（m/d）；

t——各次水位上升的时间（d）；

x_i——各次水位上升期间的降雨总量（m）；

μ——给水度。

此外，降水入渗系数 α 值也可用水均衡法计算，或选用经验数据，但要注意不同岩性、植被、不同地下水位埋深、不同降雨量时的 α 值是不尽相同的。

（3）河、渠渗入补给量　可根据开采区河、渠的上下游断面的流量差确定，也可用有关的渗流公式计算。当两岸的渗漏条件不同，需要分别计算两岸不同的渗漏补给量时，可利用潜水含水层的平面渗流公式

$$Q_b = KB\frac{(h_1 - h_w)(h_1 + h_w)}{2L} \tag{3-47}$$

式中 B——河、渠的补给宽度（m）；

h_1、h_w——分别为沿渗流补给方向岸边与开采井群的动水位高度（m）；

L——岸边至井群的直线水平距离（m）；

其他符号同前。

（4）灌溉水渗入补给量

1）采用地下水位资料计算

$$Q_b = \frac{\mu A\Delta h}{365} \tag{3-48}$$

式中 μ——给水度；

Δh——灌溉引起的年地下水升幅（m/a）；

A——灌溉面积（m^2）。

2）利用灌溉定额计算

$$Q_b = \alpha Am/365 \tag{3-49}$$

式中 m——灌溉定额（m^3/a）；

其他符号同前。

（5）相邻含水层垂向越流补给量

$$Q_b = A\eta(h_2 - h_1) = A\frac{k'}{m'}(h_2 - h_1) \tag{3-50}$$

式中 A——越流补给面积（m^2）；

η——越流系数（1/d）；

k'——越流层垂向渗透系数（m/d）；

m'——越流层厚度（m）；

h_1——开采层的水位或开采漏斗的平均水位（m）；

h_2——相邻含水层的水位（m）。

（6）容积储存量

$$W_v = \mu V \tag{3-51}$$

式中 W_v——含水层的容积储存量（m^3）；

V——含水层体积（m^3）。

（7）承压含水层的弹性储存量

$$W_c = SAh_p \tag{3-52}$$

式中 W_c——承压含水层的弹性储存量（m^3）；

S——储存系数（释水系数）；

h_p——承压含水层自顶板算起的压力水头高度（m）。

5. 地下水资源允许开采量计算

（1）地下水允许开采量计算的主要特点　地下水允许开采量计算，在广义上也称地下水资源评价。其主要特点是：

1）随着水文地质学学科的发展，近代数学方法和模型技术的引入，各学科之间的相互交叉渗透，地下水勘察新技术、新方法的应用，使得勘探信息越来越丰富，地下水资源评价方法日趋完善和多样化。地下水资源量评价的数学模型已远远超过教科书所讨论的范围，诸如确定性与非确定性模型、集中参数与分布参数系统模型、线性与非线性模型、单一与耦合模型等都已得到广泛采用。

2）系统理论和模型技术的引用，使得对地下水资源评价的认识，不再停留在数量的多少上，还必须把数量计算与水资源特性的整体认识相结合，利用模型技术的反馈调节机制，使定量计算的成果反馈到定性认识，检验原先对地下水资源特性的认识，这一对研究实体的定性—定量—定性的过程，既是对数学模型及勘察成果的认可过程，也是对水文地质条件不断深化认识和定量化的过程，它有利于减少计算过程中存在的各种人为的随意性，以及数学方法本身存在的不唯一性问题。

3）水文地质概念模型的应用，起到了将地质实体转化为数学模型这一过程的中介桥梁作用，它促进了数值法等现代数学方法的应用，大大提高了勘探信息的利用率和计算精度。水文地质概念模型可以理解为是将复杂的地质体，按不同数学模型的表达形式要求，构造一种被抽象的数学语言接受的理想化系统模式，这一模式反映了地下水系统的内部结构和外部环境。水文地质概念示意图是它的一种表达形式，它集不同类型的有关数据（水量、水质、水位、物理特征参数及几何量等），按时空分布形式定量的表达水文地质条件，包括水量（水质）的输入、输出和储存的规律。它既是选择数学模型，按数学模型要求分析整理数据资料的依据，又是计算结果的一种完整的表达形式。

（2）地下水允许开采量的计算方法　由于水文地质条件的差异和不同勘察阶段所取得的水文地质资料数据的程度不一，以及对精度的要求不同，所选取的计算方法也不同，表3-9中归纳并选其中最常用的评价方法给予简要阐述。

1）解析法。解析法是用相应的井（渠）流解析公式计算允许开采量。应用解析法的关键所在是如何正确处理解析公式建立过程中的严格理想化要求与实际问题复杂性、不规则性之间的差异。众所周知，并非任何函数关系都可以用解析公式表达，为了满足各种井流模型的解析解存在的条件，要求泛定方程和定解条件简单，计算区与布井方案的几何形态规则。这等于对含水层的物理和几何特征、布井方案及模型方程提出了极苛刻的要求，例如：要求含水层均质、等厚、各向同性；渗流区和开采区形状规则；补给边界的水量转化机制简单，不存在非确定性随机因素的影响；不产生潜水的大降深，不出现承压水和潜水同时并存，不存在初始水位的降落漏斗，没有不均匀的越流以及天窗或河、渠的入渗等。完全满足这些条件的理想化井流模型实际是不可能存在的。因此，采用解析法时，不可避免地要将复杂不规则的实际问题，通过简化纳入各种理想化的特定模式中。当一个实际问题与某个理想化模型相近似，则解析解的应用既经济又快捷。但多数情况下这种差异甚大，这样按解析公式要求作出的种种严格理想化处理，难免出现差错。此外，一些形式复杂的解析公式，其求解的繁琐程度不亚于数值法，实用意义也就不大了。实践证明，弄清解析公式的“建模”条件及其局限性，科学地处理实际问题与理想化模型之间的差异，做出合理的概化，是用好解析法的关键。

表 3-9　地下水允许开采量计算方法一览表

模型特征	评价方法	所需资料	适用条件
确定性渗流型	解析法	渗流场水文地质参数，初始条件，边界条件，开采条件	适用于含水层均质程度高，结构、边界简单，开采井分布规则等接近解析解的条件
	数值法	数值法和电网络模拟法需要一个水文年以上的水位、流量观测资料和大流量、长时间群井抽水试验资料	适用于水文地质条件复杂，研究程度和精度要求较高的大中型水源地
	电网络模拟		
	系统分析	需要抽水试验或水位、流量、降水量等长期动态观测资料	不受复杂的含水层结构与边界条件的限制，适用于泉源水源地或旧水源地的扩建与调整
随机型	数理统计分析		
	水文分析		
经验型	开采试验法		
	补偿疏干法		补偿疏干法适用于调节型水源地
	相似比拟法	需要相似水源地的勘探、开采统计资料	适用于勘探水源地与已知水源地的水文地质条件相似的情况
	水均衡法	需测定均衡区各项水量均衡要素	适用于均衡要素单一，易于测定的地区

解析法由于可以考虑取水建筑物的类型、结构、布局和井距等开采条件，并能为水井设计提供各种参数，所以是允许开采量评价中常用的基本方法。但它必须用水均衡法计算补给量，以论证其保证程度，避免理想化处理可能导致水文地质条件的“失真”，特别是在处理复杂的边界条件时，因此解析法一般用于边界条件简单的地区。

一种试算逼近法，这种反复拟合的识别过程，是在地质人员的控制下由计算机自动执行的。地质人员的指导作用，是根据水文地质条件提出最优化方法及约束条件，如：给出待求参数的初值与变化范围、选择边界类型、按时间步长给出相应的水位与单宽流量值、确定水位计算值与实测值的允许拟合误差、限制每组参数优选的循环次数等。

对于拟合误差的精度要求，由于实际情况各异，难以制定一个统一的标准，一般用相对误差小于时段水位变幅的5% ~10%。结合水头拟合曲线态势变化的同步性和一致性，以及水文地质条件和水均衡条件的合理性，作为综合判断的依据。

模型识别与检验的成果，通常用各控制节点计算水头与实测水头值的拟合对照表及地下水水头时空态势拟合图表示。后者指各控制节点水头降（升）速场和不同时段水头梯度场的拟合，它反映了点与面、时间与空间的整个拟合精度。

上述模型识别过程，实质上是对水文地质条件及地下水补给、径流、调蓄与排泄作用的全面量化过程，其结果将直接为最佳取水地段选择与允许开采量评价提供科学依据。

e. 允许开采量的数值预报。允许开采量计算是利用经过多层次反复校正和检验的地下水模型，结合选定的开采方案，用正演计算模拟不同开采方案的地下水流场，以最大允许水位降作为约束条件，进行开采量的数值预报，在反复模拟调试中，优化开采方案和开采量，直到满足为止。

计算时要求：

a）规划取水地段和布井方案，确定最大允许水位降，计算时按需水量大小给出不同布井方案各井的开采量初值，并赋予一组在最大允许水位降约束下，按一定增减比例自动调整井距和开采量的调试（修正）系数。

b）初始条件，给出各节点初始水位值。

c）预测边界的变化规律，按不同保证率的气象水文资料，给出开采条件下各边界的水位和流量变化值。

数值预报的精度，主要取决于对边界下推规律的预测与概化。为了避免边界预测和概化的随意性，应根据动态资料和模型识别的成果，在水均衡条件的制约下，建立相应的随机模型，概化边界的变化规律。

3）开采实验法。开采试验法指用探采结合的办法，直接开凿勘探生产井，按开采条件（包括布井方案、开采降深和开采量）进行一至数月的抽水试验，以其稳定的抽水量（即补给量）直接确定开采量，它适用于需水量不大，水文地质条件复杂，一时难以查清补给条件，又急需做出评价的地区。广义地说，凡根据抽水试验的结果直接评价或外推的方法，均属此类。采用这种方法关键在于正确判断抽水过程中地下水的稳定状态和水位恢复情况，其结果可能出现稳定和非稳定状态两种情况：

a. 稳定状态。在长期抽水过程中，动水位达到设计水位降值并趋近稳定状态，抽水量大于或等于需水量；停抽后，水位能较快地恢复到原始水位。这表明抽水量小于开采条件下的补给量，其开采量是有补给保证的，可作为允许开采量。这种抽水试验应在旱季进行，但确定的允许开采量是偏保守的。

由于旱季地下水流场处于入不敷出，水位不断下降的非稳定状态，因此只有排除天然疏干流场的干扰，才能判断抽水试验的叠加流场是否达到稳定状态，如图 3-7 所示。

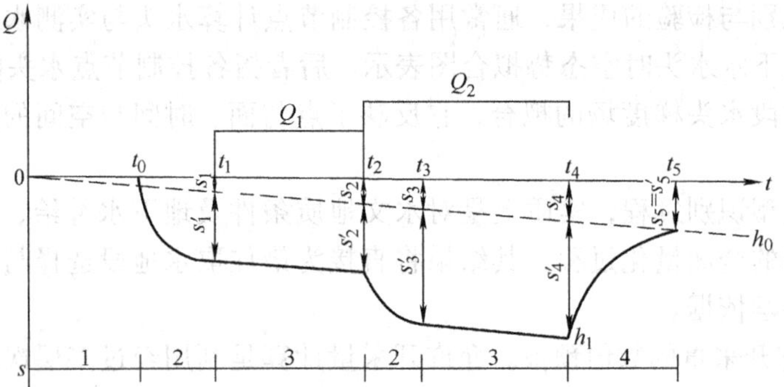

图 3-7 稳定开采试验状态动水位历时曲线图

1—天然状态 2—抽水非稳定阶段 3—抽水稳定阶段 4—抽水恢复阶段

h_0 为旱季天然流场动水位，可按抽水前实测的日降幅推算；h_1 为叠加流场的动水位。抽水由 t_0 时刻开始，地下水位急速下降后，至 t_1 和 t_3 时刻动水位 s_1 和 s_3 开始呈均匀下降，其下降速度与天然流场趋于一致。此时，叠加流场和天然流场的水位降过程线将保持平行，斜率保持不变，$\Delta s/\Delta t$ 为常数，表明抽水已达到稳定状态。同理，水位恢复以 t_4 时刻开始，至 t_5 时刻恢复水位 s_5' 与天然流场水位 s_5 重合，表明动水位已恢复到天然状态。由此可见，旱季抽水试验稳定状态的判断，有赖于对抽水前天然流场水位降速的确定。

b. 非稳定状态。在按需水量长期抽水过程中，动水位已超过设计水位下降值，仍未稳定，停抽后水位有所恢复，但达不到天然水位，表明抽水量已超过开采条件下的补给量，按需水量开采没有保证。这时，可按下列方法评价开采量。

为了便于讨论，假设抽水时天然流场基本处于稳定状态，地下水位降幅很小，可不予考虑，如图 3-8 所示。

在非稳定状态下，任一 Δt 时段抽水产生的水位降 Δs，若没有其他的消耗项，则其水平衡关系为

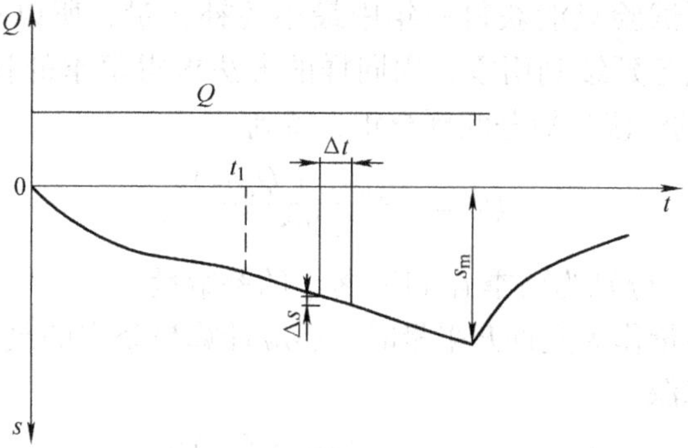

图3-8　定状态动水位历时曲线图

$$\mu A\Delta s = (Q_k - Q_b)\Delta t \tag{3-55}$$

$$Q_k = Q_b + \frac{\mu A\Delta s}{\Delta t} \tag{3-56}$$

式中　Q_k——抽水量（m^3/d）；

Q_b——抽水条件下地下水补给量（m^3/d）；

μA——水位升、降1m时单位储存量变化值（m^2）；

Δs——Δt 时段的水位降（m）。

从式（3-55）和式（3-56）可知，从含水层中抽出的水量是由补给量和储存量组成，将两项分解便可用补给量评价开采量。

对此，首先应计算 μA 值。μA 值可用两次不同流量的抽水试验（Q_{k1}、Q_{k2}）和相应的 $\Delta s_1/\Delta t_1$、$\Delta s_2/\Delta t_2$ 资料，通过联立方程求解

$$\begin{cases} Q_{k1} = Q_b + \dfrac{\mu A\Delta s_1}{\Delta t_1} \\ Q_{k2} = Q_b + \dfrac{\mu A\Delta s_2}{\Delta t_2} \end{cases} \tag{3-57}$$

得
$$Q_k = Q_b + \mu A = \frac{Q_{k2} - Q_{k1}}{\Delta s_2/\Delta t_2 - \Delta s_1/\Delta t_1} \tag{3-58}$$

则
$$Q_b = Q_{k1} - \frac{(Q_{k2} - Q_{k1})}{\Delta s_2/\Delta t_2 - \Delta s_1/\Delta t_1} \cdot \frac{\Delta s_1}{\Delta t_1} \tag{3-59}$$

为了核对 Q_b 的可靠性，可按恢复水位资料进行检查。停抽后，抽水量 Q_k 为零，于是有

$$Q_b = \pm\frac{\mu A\Delta s}{\Delta t} \tag{3-60}$$

用式（3-59）和式（3-60）计算的 Q_b，结合水文地质条件和需水量即可评价开采量。

采用旱季抽水试验只能获得一年中最小的补给量，所以求得的 Q_b 是偏小的。最好将抽水试验延续到雨季，用同样的方法求得雨季的补给量，再分别按雨季 t_1 和旱季 t_2 的时段长短分配到全年，得到

$$Q_b = \frac{(Q_{b1}t_1 + Q_{b2}t_2)}{365} \tag{3-61}$$

式中 Q_{b1}、Q_{b2}——分别为雨季 t_1 和旱季 t_2 的补给量。

用这样的补给量作为允许开采量时，还应计算旱季末的最大水位降 s_{max} 看是否超过最大允许降深

$$s_{max} = s_0 + \frac{(Q_k + Q_{b2})t_2}{\mu A} \tag{3-62}$$

式中 s_0——雨季的水位降；

Q_k——允许开采量。

4）补偿疏干法。补偿疏干法适用于季节性调节型水源地。在半干旱地区，降雨的季节性分布极不均匀，旱季漫长，雨季短暂，降雨集中，地下水开采在旱季依赖消耗含水层的储存量，雨季以回填被疏干的地下库容的形式进行补给。开采量多少，在补给有保证的情况下，取决于允许降深范围内，如何最大限度地利用储存量的调节库容，即旱季“空库”的大小。补偿疏干法是通过对旱季“空库”与雨季“回填”的含水层机制进行模拟，以此评价最大允许开采量。它要求具备两个条件，一是可借用的储存量必须满足旱季的连续稳定开采；二是雨季补给必须在平衡当时开采的同时，保证能全部补偿借用的储存量，而不是部分补偿。

补偿疏干法也属于开采试验法范畴，由于两者的应用条件不同，对抽水试验的要求也不一样。补偿疏干法要求抽水试验始于无补给的旱季，跨越旱季与雨季的连续稳定抽水试验来提供计算所需的资料，如图 3-9 所示。

具体步骤如下：

a. 求 μA 值。要求根据无补给条件下抽水试验的地下水位等速下降时段的资料计算。这时地下水位下降漏斗的影响范围已基本形成，其下降速度应等于出水量与下降漏斗面积的比值。即

$$\frac{\Delta s}{\Delta t} = \frac{Q_1}{\mu A} \tag{3-63}$$

则

$$\mu A = \frac{Q_1 \Delta t_1}{\Delta s_1} = \frac{Q_1(t_1 - t_0)}{(s_1 - s_0)} \tag{3-64}$$

式中 Q_1——旱季稳定抽水量（m^3/d）；

μA——水位每升、降 1m 时单位储存量变化值（m^2）；

t_0、s_0——分别为抽水时水位出现等速下降的初始时刻（d）及其相应的水位

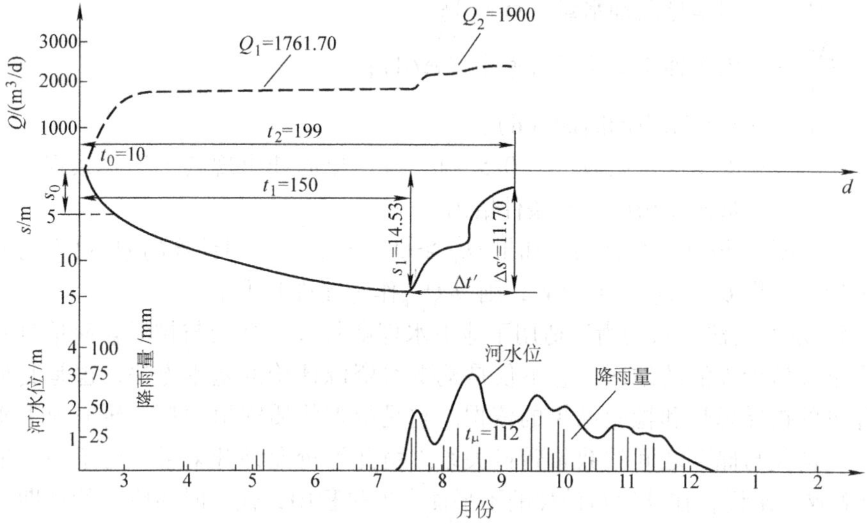

图3-9 抽水时水位、流量过程曲线和补给关系示意图

降（m）；

t_1、s_1——分别为抽水的延续时间（d）及其相应的水位降（m）。

b. 求最大允许开采量与疏干体积

$$Q_k = \frac{\mu A(s_{max} - s_0)}{t} \tag{3-65}$$

$$V_s = Q_k t = \mu A(s_{max} - s_0) \tag{3-66}$$

式中 Q_k——允许开采量（m^3/d）；

V_s——旱季末的疏干体积（m^3）；

s_{max}——最大允许水位降（m）；

t——整个旱季的时间（d）。

c. 求雨季补给量 Q_b。根据抽水试验雨季时段的资料求 Q_b、Q_{bcp}、V_b

$$Q_b = \left(\frac{\mu A \Delta s_1}{\Delta t'} + Q_2\right) t_x \tag{3-67}$$

$$Q_{bcp} = \frac{Q_b}{365} = \frac{t_x r\left(\frac{\mu A \Delta s'}{\Delta t'} + Q_2\right)}{365} \tag{3-68}$$

$$V_b = Q_b - Q_2 = \mu A \frac{\Delta s'}{\Delta t'} t_x r \tag{3-69}$$

式中 Q_b——雨季补给量（m^3）；

Q_{bcp}——全年平均补给量（m^3/d）；

V_b——雨季对含水量的补偿体积（m^3）；

Q_2——雨季稳定抽水量（m^3/d）；

$\frac{\Delta s'}{\Delta t'}$——雨季抽水水位回升速率（m/d）；

t_x——整个雨季的时间（d）；

r——安全修正系数，$r=0.5\sim1$，按气象周期出现的干旱年系列，结合抽水年份的气象条件给出。

d. 评价。根据计算结果，如果 $Q_{bcp}\geqslant Q_k$，$V_b\geqslant V_s$，则计算的 Q_k 可作为允许开采量；如果 $Q_{bcp}<Q_k$，$V_b<V_s$，则以 Q_{bcp} 作为允许开采量。

5）水均衡法。水均衡法适用于地下水埋藏较浅，补给与排泄较简单且水文地质条件易于查清的地区。它不仅是地下水资源评价的基本方法，也是其他方法评价的指导思想和检验结果的依据。它是根据物质守恒原理，研究地下水的补给、消耗与储存之间的数量转换关系，由此评价允许开采量。对于一个地区（均衡域）来说，在补给与消耗的不平衡发展过程中，任一时间段（均衡期）内补给量 Q_b 与消耗量 Q_P 之差，应等于该均衡区 A 内水体积 $\mu A\frac{\Delta h}{\Delta t}$（即储存量）的变化量，据此开采条件下的水均衡方程可表示为

$$Q_k = Q_b - Q_P \pm \mu A\frac{\Delta h}{\Delta t} \tag{3-70}$$

在长期开采条件下，随着地下水位的下降，出现袭夺排泄量，以及蒸发量减少 ΔQ_P，产生补给的增量 ΔQ_b。因此，如果以补给量作为评价依据的稳定型开采动态，则最大允许开采量为

$$Q_k = Q_b + \Delta Q_P + \Delta Q_b \tag{3-71}$$

如果是合理的消耗型开采动态，则为

$$Q_k = Q_b + \Delta Q_P + \Delta Q_b + \frac{As_{max}\mu}{365t} \tag{3-72}$$

式中 s_{max}——最大允许降深；

t——开采年限，一般取 50～100a。

按水均衡法计算的开采量是整个均衡区的极限值，一般大于将来的实际开采量。要使计算结果与实际开采量接近，应根据具体的水文地质条件和均衡要素测定的精度，乘以小于1的开采系数。

应用此法时，首先要划分均衡区，确定均衡区，然后根据水均衡条件建立水均衡方程，并测定各项均衡要素。均衡区一般取完整的水文地质单元或含水层（组），均衡期一般以年为单位。均衡要素的组成随水文地质条件和气候的周期变化而不同。为了提高计算精度，常常需要在均衡区内进一步按不同含水介质成因类型的不同地下水类型进行分区，按均衡要素存在的季节（如旱季、融冻、农灌、雨季等）进行分期，并建立相应的子方程，以简化水均衡，保证各

单项均衡要素的计算精度。此外，为取得较准确的计算数据，最好在每个均衡分区内选择有代表性地段做小范围的均衡试验，实测各均衡要素计算所需的参数。最后。要根据多年的动态资料，计算不同保证率典型年的水均衡，评价允许开采量的保证程度。

6）相关分析法。相关分析法主要用于稳定型和调节型开采动态的水源地，或补给有余的旧水源地扩大开采时的地下水资源评价。计算时根据抽水试验资料或开采历史资料，用数理统计方法找出开采量和水位降等因素之间的相关关系（即统计规律），建立相关程度密切的回归方程，在不改变其物理背景（如补给条件、开采条件等）的前提下，外推未来开采时允许开采量，但外推范围不能太大。相关分析法也常用于泉源水源地的水资源评价。通过分析泉水流量与降水等各种影响因素之间的相关关系。

由于相关分析法是建立在数理统计理论基础上的，直接以现实物理背景下得到的统计规律分析和解决问题，因此可以避开各种复杂的地质问题，并考虑各种非确定性随机因素的影响，同时能依据逐年增加的资料，随时修正预报成果。它的主要缺点是不能与开采方案相结合，又受到样本容量不能太少的限制，否则会影响外推精度。

为了避免重复，其具体计算方法，可见河流水文计算中有关相关分析的内容。

对城市供水水文地质勘察，要求相关系数 γ 大于 0.80，即表示相关密切。当相关程度符合要求时，把设计水位下降值代入相应的回归方程，直接计算设计开采量。也可根据需水量预测水位下降值，但不得超过允许下降值。

7）地下水文分析法。地下水文分析法是依照水文学，采用测流方法计算某一区域一年内地下水的总流量。它如果接近补给量或排泄量，可作为该区域的允许开采量。由于地下水直接测流的困难，地下水文分析法只适于一些特定地区，如岩溶管流区、基岩山区等地。而这些地区常常也是其他方法难以应用的地区。

a. 岩溶管道截流总和法。我国西南岩溶山地多管道流，地下水资源大部分集中于岩溶管道中，而管外岩层的裂隙和溶隙中储存的水量甚微。因此，岩溶管道中的地下径流量，可作为该地区地下水的可开采量。在这种地区，只要能测得各暗河出口处枯季的径流量 Q_i，加起来便是该区地下水的可开采量 Q_k，即

$$Q_k = \sum_{i=1}^{n} Q_i \tag{3-73}$$

b. 地下径流模数法。当暗河管道埋藏很深无法测流时，可利用地下径流模数法。这是一种借助间接测流的近似计算方法，即认为一个地区地下暗河的流

量与其补给面积成正比，且在条件相似的地区地下径流模数 M 是相近似的。因此只要在调查区选择其中的一二条暗河，测得其枯季流量 Q_i 和相应的补给面积 A_i，求得地下径流模数 M，再乘以全区的补给面积 A，便可求得整个调查区的地下径流量 $\sum Q_i$，以此作为地下水的允许开采量

$$M = \frac{Q_i}{A_i} \tag{3-74}$$

$$Q_k = MA \tag{3-75}$$

c. 流量过程线分割法。山区河流枯季的地下径流量（即基流量），基本上代表了地下水的排泄量，可以作为评价允许开采量的依据。利用水文站的河流水文图（即流量过程图），结合水资源量评价具体的水文地质条件，对全区地表水流量过程线进行深入分析，把补给河水的地下水排泄量分割出来，即可获得全区的地下径流量，作为评价地下水允许开采量的依据。

d. 水文分析法中的频率分析。地下径流量受气候变化影响较大，如果所用资料是丰水年的，会得出偏大的结果，在平水年和枯水年就没有保证。如果利用枯水年资料，又过于保守。因此需要进行频率分析，获得不同保证率的数据。如果地下径流量观测数据较少，观测系列较短时，可以与观测数据较多、系列较长的气象资料进行相关分析，用回归方程来外推和插补，再作频率分析。其具体内容也可见河流水文统计的有关章节。

在地下水允许开采量计算中，不同计算方法和数学模型具有各自的特点与适用条件。确定性渗流型模型具有全面刻画含水层内部水量分布和与外部环境的水量转化及不同开采方案的能力，可以结合不同开采方案计算相应的允许开采量，是允许开采量计算的基本方法。其中数值法和电网络模拟法对水文地质条件的适应性强，一般用于高级别资源量的计算。其他方法大多着重表达地下水与周围某环境因素之间的特殊联系（如降水、地表水、地下水水位降等），由于不能与具体开采条件结合，一般作为辅助性计算，用于对允许开采量计算成果的检验或补充，或在特殊情况下用于允许开采量评价。如：扩建水资源地，因具备丰富的实际开采数据，采用开采试验推断法或回归分析模型更合理。在地下暗河发育的岩溶地区，地下水资源大部分集中在岩溶管道中，并为管流，采用水文分析的管道截流法，经济可靠。分水岭地区，地下水运动以垂向入渗为主，地下径流发育不完善，与渗流的基本原理不符，宜用地下径流模数等水文分析法。泉源水源地，在掌握泉水流量长期动态资料时，常用系统理论或泉水流量分析等方法集中参数模型。

（3）地下水资源评价的一般程序 地下水资源评价的一般程序体现在根据设计水量的要求、资料收集、条件勘察、模型选择、参数准备、水量评价等全过程。具体参见图 3-10。

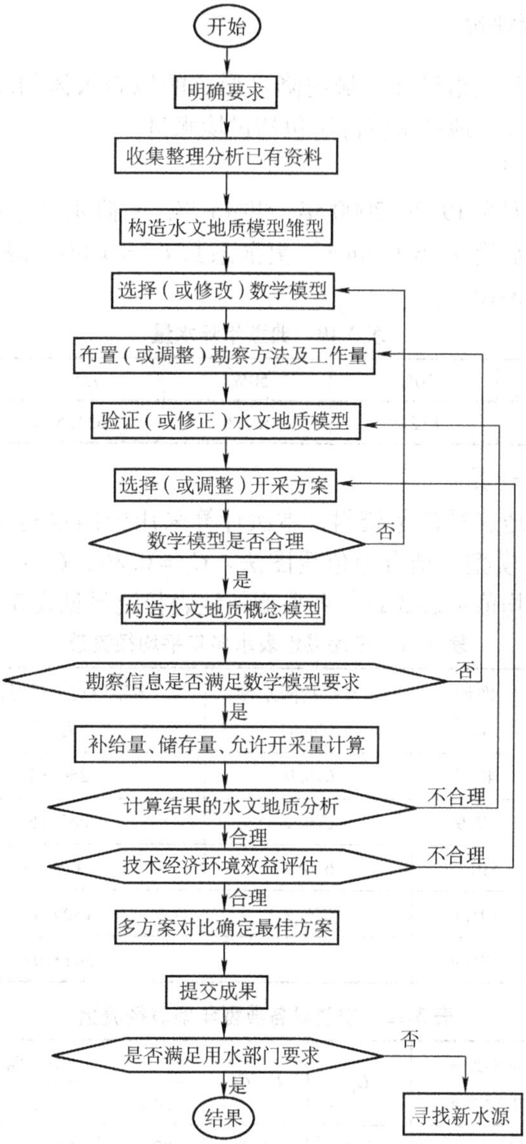

图 3-10 地下水资源评价的一般程序框图

3.3 区域水资源评价实例

区域水资源评价分为区域地表水资源评价和地下水资源评价。下面以河南省宁陵县为例进行水资源评价。

3.3.1 地表水资源评价

区域地表水资源是指设计区域内降水形成的地表水体的动态水量，用天然河川径流量表示。区域地表水资源不包括过境水量。

1. 降水量分析计算

降水量资料序列为1952—2000年，共48年。对降水量序列作频率分析，计算得：多年平均降水量 $\bar{p}=679.6\text{mm}$，离散系数 $C_v=0.80$，偏态系数 $C_s=0.35$。典型年降水量见表3-10。

表3-10 典型年降水量

典型年	20%	50%	75%	95%
年降水量/mm	832.9	626.6	551.5	415.5

2. 径流量分析计算

因无当地实测地表径流量资料，本次计算采用中国水利水电科学研究院提出的“四水”转换模型，结合等值线图法。$C_v=0.80$，$C_s/C_v=2.5$，各分区地表径流量的多年平均值见表3-11，各典型年地表径流量见表3-12。

表3-11 宁陵县地表水多年平均径流量

分区	面积/km^2	多年平均降水量/mm	多年偏均天然径流量/万 m^3	径流系数
堤北高滩区	40.8	676.9	256.84	0.093
堤南背河洼地	42.9	676.9	267.16	0.092
大沙河流域区	510.5	676.9	3179.13	0.092
惠济河流域区	191.6	676.9	1309.91	0.101
合计	785.8		5013.04	

表3-12 宁陵县各典型年地表径流量 （单位：万 m^3）

分区	多年平均地表水资源量	C_v	C_s/C_v	典型年地表水资源量			
				20%	50%	75%	95%
堤北高滩区	256.84	0.8	2.5	382.18	193.14	110.95	61.64
堤南背河洼地	267.16	0.8	2.5	397.53	200.90	115.41	64.12
大沙河流域区	3179.13	0.8	2.5	4730.54	2390.71	1373.38	762.99
惠济河流域区	1309.91	0.8	2.5	1949.15	985.05	565.88	314.38
合计	5013.04			7459.40	3769.80	2165.62	1203.13

3. 入境水量计算

宁陵县入境水主要来源于睢县的中家沟、中家东沟、废黄河、洮河和民权的大沙河、上清河、古宋河、朱到沟等。入境水量的多年平均值为2512万m^3，其各典型年计算成果见表3-13。

表3-13　宁陵县入境水量　（单位：万m^3）

多年平均径流总量	典型年径流总量			
	20%	50%	75%	95%
2512	3738	1437	1085	603

宁陵县引黄工程属商丘三义寨引黄灌溉工程的一部分。年引黄河水190万m^3。

3.3.2　浅层地下水资源评价

由于地下水资源具有可恢复性、活动性和调节性等特点，为能较准确地表达地下水资源量，必须对地下水资源进行评价。

1. 地下水有限单元模拟模型

（1）数学模型　根据评价目的（浅层地下水）的水文地质特征和水动力条件，计算区域边界全部概化为第一类边界条件，区内河道处理成自由入渗的线源。计算区采用非均质、各向同性二维非稳定流潜水模型，采用迦辽金有限单元法求解。

（2）模型参数的识别　对计算模型，采用1995年01月01日~1998年12月31日的地下水长观资料及相应的降水量、蒸发量和地下水开采量等资料进行模型识别，具体方法和结果见参考文献［36］中的有关章节。

2. 浅层地下水资源计算

根据计算区的水文地质条件、气象水文条件，以及需水量要求和地下水开采方式，确定地下水在开发利用条件下地下水位埋深应控制在3~10m为宜（沙丘、沙岗地区除外）。评价按典型年进行，以月为计算时段，计算评价结果见表3-14和表3-15。

表3-14　宁陵县浅层地下水补给量（按水利分区）计算

（单位：万m^3）

分区	面积/km^2	补给项	多年平均(676.9)	50%频率年(636.6)	75%频率年(551.5)
堤北高滩区	40.8	降水入渗	414.26	389.60	337.52
		河道入渗	8.35	8.35	7.23
		渠灌入渗	61.00	61.00	61.00
		补给量小计	483.61	458.95	405.75
		可开采量	459.43	435.43	385.46

（续）

分区	面积/km²	补给项	多年平均(676.9)	50%频率年(636.6)	75%频率年(551.5)
堤南背河洼地	42.9	降水入渗	638.86	600.82	520.51
		河道入渗	17.92	17.92	15.52
		渠灌入渗	92.00	92.00	92.00
		补给量小计	748.78	710.74	628.03
		可开采量	636.46	604.13	533.83
大沙河流域区	510.5	降水入渗	7946.26	7473.17	6474.17
		河道入渗	124.60	124.60	107.91
		渠灌入渗	1022.00	1022.00	1022.00
		补给量小计	9092.86	8619.77	7604.08
		可开采量	7728.93	7326.80	6463.47
惠济河流域区	191.6	降水入渗	2593.88	2439.45	2113.35
		河道入渗	33.39	33.39	28.92
		渠灌入渗	181.00	181.00	181.00
		补给量小计	2808.27	2653.84	2323.27
		可开采量	2387.03	2255.76	1974.78
合计	785.8	降水入渗	11593.26	1093.04	9445.55
		河道入渗	184.26	184.26	159.58
		渠灌入渗	1356.00	1356.00	1356.00
		补给量小计	13133.52	12443.30	10961.13
		可开采量	11211.85	10622.12	9357.54

表3-15 浅层地下水资源计算结果 （单位：万 m³）

分区	面积/km²	多年平均地下水资源可开采量	典型年地下水资源可开采量			
			20%	50%	75%	95%
堤北高滩区	40.8	459.43	536.64	435.43	385.46	334.21
堤南背河洼地	42.9	636.46	724.88	604.13	533.83	446.74
大沙河流域	510.5	7728.93	8579.23	7326.80	6463.47	5489.12
惠济河流域	191.6	2387.03	2810.55	2255.76	1974.78	1525.47
合计	785.8	11211.85	12651.30	10622.12	9357.54	7795.54

3.3.3 水资源总量计算

宁陵县多年平均水资源总量为19307万 m³，各典型年水资源总量见表3-16。

表 3-16　宁陵县各典型年水资源总量　　（单位：万 m^3）

频率（%）	地表水资源量				浅层地下水资源量	重复计算量	水资源总量
	地表径流量	入境水量	引黄水量	小计			
20	7459	3738	190	11387	15878	1541	25724
50	3769	1437	190	5396	12443	1541	16298
75	2165	1085	190	3440	10961	1516	12885
95	1203	603	190	1996	9195	1485	9706
平均	5013	2512	190	7715	13133	1541	19307

3.3.4　浅层地下水资源调控预测

将浅层地下水含水层作为地下水库，进行调控运行，以丰补欠，以提高雨水资源的利用率，增加地下水资源的可开采量。通过选取 75%、95%、50%、20% 频率年组进行调控计算，地下水位埋深控制在 12m 内，计算结果见表 3-17。结果表明：调控运行比非调控运行典型年组的地下水资源可开采量增加 3.2%，并可更好地满足需水要求。

表 3-17　典型年组地下水可开采量计算

频率年（%）	75	95	50	20
年降水量/mm	524.4	464.5	607.1	694.0
年地下水开采量/万 m^3	2.517	2.563	2.327	2.029

复 习 思 考 题

1. 为什么要进行水资源量的计算？
2. 区域降水量有几种计算方法？各自使用于什么条件？
3. 地表水资源量如何计算？
4. 地下水资源量如何计算？
5. 地表水资源量和地下水资源量为什么有重复计算问题？
6. 为什么要进行水资源量的评价？
7. 水资源量评价的基本方法是什么？
8. 典型年的选择原则是什么？
9. 频率与重现期的关系如何？

4

第4章 水资源水质评价

水的质量又称水质，是指水体中所有含物理成分、化学成分、生物成分的总和。天然的水质是自然界水循环过程中各种自然因素综合作用的结果，人类活动对现代水质有着重要的影响。水的质量决定着水的用途和水的利用价值，优质的淡水可作为人类生活饮用水、工业生产用水和农业灌溉用水；盐分含量饱和、超饱和的卤水可作为盐矿开采；高温地下水可用来发电和取暖；优质的地下水可用作酿酒和制作饮料；含对人体有益的微量元素的优质淡水可用来生产饮用矿泉水等。

水资源的质量和数量是一个问题的两个方面，是研究、利用和保护水资源的中心内容。从供水的角度来讲，要求水资源既要有充足的水量，又要具备符合要求的水质。本章将重点阐述水资源水质评价的定义、方法，以及地表、地下、生活饮用水、工业、农业水质标准与评价。

4.1 水质评价的定义、步骤及方法

4.1.1 水质评价的定义及分类

水质评价是根据水体的用途，按照一定的评价参数、水质标准和评价方法，对水体质量进行定性或定量评定的过程。

水资源用途广泛，而且水又是一种环境要素，所以，水质评价的目标及要求也是多种多样的。一般来说，水质评价一般可分为以下几类：

1）按评价对象可分为大气降水水质评价、地表水水质评价、地下水水质评价。

由于地下水和地表水是目前开发利用且能够实施人工调整的主要对象，所以，供水实践中，主要是针对这两种水开展水质评价工作。

2）按评价时段可分为回顾评价、现状评价、影响评价。

回顾评价是利用积累的历史水质数据，揭示水质演化的过程；现状评价是根据近期水质监测数据，阐明水质的目前状况；影响评价又称预测评价，是针对拟建工程在运行以后对水质的可能影响做出预测分析。

3）按水的用途可划分为供水水质评价（包括生活饮用水、工业用水、农业灌溉用水等方面的水质评价）、养殖业用水（渔业）水质评价、风景游览水体的水质评价以及为水环境保护而进行的水环境质量评价等。

4）按评价的划分范围可分为局部地段的水质评价和区域性的水质评价。

在实际工作中，以上分类往往是互相交叉的，例如，为供水服务的地下水水质评价，既应进行回顾评价，又应突出现状评价的内容，同时还应对水源地投产后水质的可能变化做出预测分析。

4.1.2 水质评价的步骤

水质评价的一般步骤是：

1）水环境背景值调查。指在未受人为污染影响的状况下，确定水体在自然发展过程中原有的化学组成。因目前难以找到绝对不受污染影响的水体，所以测得的水环境背景值实际上是一个相对值，可以作为判别水体受污染影响程度的参考比较指标。进行一个区域或河段的评价时，可将对照断面的监测值作为背景值。

2）污染源调查评价。污染源是影响水质的重要因素，通过污染源调查与评价，可确定水体的主要污染物质，从而确定水体监测及评价项目。

3）水质监测。根据水质调查和污染源评价结论，结合水质评价目的，评价水体的特征和影响水体水质的重要污染物质，制定水质监测方案，进行取样分析，获取进行水质评价必需的水质监测数据。

4）确定评价标准。水质标准是水质评价的准则和依据。对于同一水体，采用不同的标准会得出不同的评价结果，甚至对水质是否污染结论也不同。因此应根据评价水体的用途和评价目的选择相应的评价标准。

5）按照一定的数学模型进行评价。

6）评价结论。根据计算结果进行水质优劣分级，提出评价结论。为了更直观地反映水质状况，可绘制水质图。

4.1.3 常用水质评价方法

1. 单项水质指数法

它是以待评价水体某项水质指标实测值与评价标准中相应的背景值或对照值的比值作为水质指数。一般指数值小于1时，水质满足标准要求，指数值越低水质越好，反之越差。单项水质指数评价法常用于水体中含有某种有毒有害

物质时水质的评价，用式（4-1）计算

$$I_d = \frac{C}{C_0} \tag{4-1}$$

式中 I_d——单项水质指数；

C——某单项水质指标实测值；

C_0——水质标准中相应背景值或对照值。

当背景为一区间值时，采用下式计算 I_d 值

$$I_d = |C - \overline{C}_0| / (C_{0\max} - \overline{C}_0) \tag{4-2}$$

或

$$I_d = |C - \overline{C}_0| / (\overline{C}_0 - C_{0\min}) \tag{4-3}$$

式中 $C_{0\max}$、$C_{0\min}$——分别为背景值或对照值的区间最大值和最小值；

$\overline{C}_0$——背景值或对照值的区间中值；

其他符号意义同前。

这种方法可以对各种污染组分在不同时段分别进行评价。当 $I_d < 1$ 时为未污染水；$I_d > 1$ 时为污染水，并可根据 I_d 值进行污染程度分级。该方法因直观、简便，被广泛应用。

2. 综合水质指数法

它是以待评价水体各项水质指标实测值与评价标准中相应的背景值或对照值的比值之和作为水质指数。指数值越低水质越好，反之越差。其水质指数用式（4-4）计算

$$I_z = \sum_{i=1}^{n} \frac{C_i}{C_{0i}} \tag{4-4}$$

式中 I_z——综合水质指数；

C_i——水体某项水质指标实测值；

C_{0i}——水质标准中相应指标标准值；

n——水体水质指标总项数。

3. 平均水质指数法

它是以待评价水体各项水质指标实测值与评价标准中相应的背景值或对照值的比值的均值作为水质指数。一般指数值小于 1 时，水质满足标准要求，指数值越低水质越好，反之越差。其水质指数用式（4-5）计算

$$I_p = \frac{1}{n}\sum_{i=1}^{n} \frac{C_i}{C_{0i}} \tag{4-5}$$

式中 I_p——平均水质指数；

其他符号同前。

4. 加权平均水质指数法

它是将水质指标按其对水质的影响程度赋予权值，水体各项水质指标实测值

与评价标准中相应的背景值或对照值的比值和相应权的乘积之和的均值作为水质指数。指数值突出了对水质影响程度较大的水质指标项在总指数的比重。其水质指数用式（4-6）计算

$$I_q = \frac{1}{\sum_{i=1}^{n} W_i} \sum_{i=1}^{n} W_i \cdot \frac{C_i}{C_{0i}} \tag{4-6}$$

式中 I_q——加权平均水质指数；

W_i——水体某项水质指标权值；

其他符号同前。

5. 直接评分法

按照一定的水质指标体系及评分标准，根据水体各项水质指标实测值，逐项进行打分，评分越高水质越好，地表水水质分级评分标准见表4-1。水质评价总分计算得到后，按表4-2评定水质等级。

根据表4-1的评分标准，采用式（4-7）进行计分

$$M = \sum A_i \tag{4-7}$$

式中 M——水质评价总分；

A_i——各单项水质指标评分，$i=1, 2, 3, \cdots, 10$。

表4-1 地表水水质分级标准

指标项目		优良级		良好级		过度级		重污染级		严重污染级	
名称	单位	标准	分值	标准	分值	标准	分值	标准	分值	标准	分值
COD	mg/L	<3	10	<8	8	<10	6	<50	4	≥50	2
DO	mg/L	>6	10	>5	8	>4	6	>3	4	≤3	2
氰	mg/L	<0.01	10	<0.05	8	<0.1	6	<0.25	4	≥0.25	2
酚	mg/L	<0.001	10	<0.01	8	<0.02	6	<0.05	4	≥0.05	2
油	mg/L	<0.01	10	<0.3	8	<0.6	6	<1.2	4	≥1.2	2
铅	mg/L	<0.01	10	<0.05	8	<0.1	6	<0.2	4	≥0.2	2
汞	mg/L	<0.0005	10	<0.002	8	<0.005	6	<0.025	4	≥0.025	2
砷	mg/L	<0.01	10	<0.04	8	<0.08	6	<0.25	4	≥0.25	2
镉	mg/L	<0.001	10	<0.005	8	<0.01	6	<0.05	4	≥0.05	2
铬	mg/L	<0.01	10	<0.05	8	<0.1	6	<0.25	4	≥0.25	2

注：COD为化学耗氧量；DO为溶解氧。

表4-2 水质分级表

水质评价总分 M	100~96	95~76	75~60	59~40	<40
水质等级	优良级	良好级	过度级	重污染级	严重污染级

6. 内梅罗（N. L. Nemerou）指数法

N. L. Nemerou 于 1974 年发表了一种计算地面水污染指数的方法，其特点在于既考虑了影响水质的一般指标，还考虑了对水质污染最严重的水质指标状况。计算公式如下

$$P_{ij} = \sqrt{\frac{(C_i/C_{ij})^2_{\max} + (C_i/C_{ij})^2_{\text{av}}}{2}} \tag{4-8}$$

当 $C_i/C_{ij} > 1$ 时

$$C_i/C_{ij} = 1 + p'\log(C_i/C_{ij}) \tag{4-9}$$

当 $C_i/C_{ij} \leqslant 1$ 时，用当 C_i/C_{ij} 实际计算值

$$PI = \sum_{j=1}^{m} W_j P_{ij} \tag{4-10}$$

式中 i——水质项目数（$i=1, 2, 3, \cdots, n$）；

j——水质用途数（$j=1, 2, 3, \cdots, m$）；

P_{ij}——j 用途 i 项目的内梅罗指数；

C_i——水中 i 项目的监测浓度；

C_{ij}——j 用途 i 项目的最大允许浓度；

p'——常数，内梅罗采用 5；

PI——常数，内梅罗采用 5；

W_j——不同用途权重，$\sum W_j = 1$。

内梅罗法的水体用途分为三类：①人类直接接触（$j=1$），包括饮用、游泳、饮料制造等用水；②间接接触（$j=2$），养鱼、农业用水等；③不接触（$j=3$），工业用水冷却水、航运等。内梅罗将第一和第二类用途的权重各定为 0.4，第三类是为 0.2。式（4-10）表示了如下函数关系

$$P_{ij} = f\left[\left(\frac{C_i}{C_{ij}}\right)_{\max}, \left(\frac{C_i}{C_{ij}}\right)_{\text{av}}\right] \tag{4-11}$$

式中，下角标 av 表示平均值，$\left(\frac{C_i}{C_{ij}}\right)_{\max}$ 或 $\left(\frac{C_i}{C_{ij}}\right)_{\text{av}}$ 值越大，水质状况愈差。

依计算结果，将水质分为三级：$P_{ij} > 1$，水质污染严重；$0.5 \leqslant P_{ij} \leqslant 1$，水质已受到污染；$P_{ij} \leqslant 0.5$，水质未收到污染。

该法反映了多项污染物的污染规律，兼顾了污染影响最高的一个水质参数，综合考虑了水体的综合用途，因而具有一定的实用价值，但因忽略了次高值，导致结果偏高。

7. 地下水综合评价法

这是水资源质量综合评价的常用方法。其具体要求与步骤如下：

1）首先进行各单项组分评价，划分组分所属质量类别。

2）对各类别分别确定单项组分评价分值 F_i，如表 4-3 所示。

表 4-3 各类别分值 F_i 表

类别	Ⅰ	Ⅱ	Ⅲ	Ⅳ	Ⅴ
F_i	0	1	3	5	10

3）按下式计算综合评价分值 F：

$$F = \sqrt{\frac{\overline{F}^2 + F_{max}^2}{2}}$$

$$\overline{F} = \frac{1}{n}\sum_{i=1}^{n} F_i \qquad (4\text{-}12)$$

式中 $\overline{F}$——各单项组分评分值 F_i 的平均值；

F_{max}——单项组分评分值 F_i 中的最大值；

n——项数。

4）根据 F 值，按表 4-4 的规定划分水资源质量级别，如“优良（Ⅰ类）”、“较好（Ⅱ类）”等。

表 4-4 F 值与水质级别的划分

级别	优良	良好	较好	较差	极差
F	<0. 80	0. 80 ~ <2. 50	2. 50 ~ <7. 20	4. 25 ~ <7. 20	≥7. 20

4.2 水质评价的指标

水中物质组分按其存在状态可分为三类：悬浮物、溶解物和胶体物质。悬浮物是由大于分子尺寸的颗粒组成，它们靠浮力和粘滞力悬浮于水中。溶解物质则由分子或离子组成，它们被水的分子结构所支承。胶体物质介于悬浮物质与溶解物质之间（图 4-1）。

为了评价供水资源质量状况，全面反映水的物理、化学和生物方面的性质，仅仅根据水中物质颗粒大小还不够，必须建立水质和水质指标的概念。

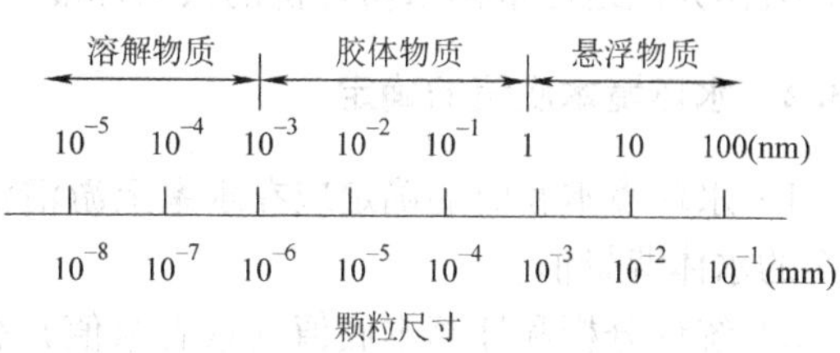

图 4-1 水中物质按颗粒大小分类

水质是指水和其中所含的物质组分所共同表现的物理、化学和生物学的综合持性。各项水质指标则表示水中物质的种类、成分和数量，是判断水质的具体衡量标准。

水质指标项目繁多，总共可有上百种。它们可分为物理的、化学的和生物学的三大类。

1. 物理性水质指标

属于这一类的水质指标主要有：

1）感官物理性状指标，如温度、色度、嗅和味、浑浊度、透明度等。

2）水的物理性水质指标，如总固体、悬浮固体、可沉固体、电导率（电阻率）等。

2. 化学性水质指标

1）一般的化学性水质指标，如 pH 值、硬度、碱度、各种阳离子、各种阴离子、总含盐量、一般有机物质等。

2）有毒的化学性水质指标，如：各种重金属、氰化物、多环芳烃、卤代烃、各种农药。

3）氧平衡指标，如：溶解氧（DO）、化学需氧量（COD）、生化需氧量（BOD）、总需氧量（TOD）等。

3. 生物学水质指标

它一般包括细菌总数、总大肠菌数、各种病原细菌、病毒等。

4.3 依水环境本底值的天然标准评价水质

4.3.1 水环境本底值的概念

水体本底值是水体未受人为活动直接影响或未受污染时的各种化学组分值，它所表述的是一种没有污染的天然生态环境下的水质状况。由于目前水体都有不同程度的污染，所以，水环境本底值在许多情况下是指水环境背景值，即指未受或少受人为活动影响区域内的天然水体的物质组成与基本含量。将水环境背景值作为该地区水体水质评价的天然标准，用以评价该地区水环境的改变。

4.3.2 水环境本底值的确定

1）水环境本底值的确定应在水系上游清洁段设置背景断面，以便得到水系真实的水体背景值。

2）统计分析和计算本底值（或背景值）公式

$$\bar{\rho}_0 = \rho + \sqrt{\frac{\sum(\bar{\rho} - \rho_i)^2}{n-1}} \tag{4-13}$$

式中 ρ_0——某种化学元素的水环境本底值；

ρ_i——本底值调查或水质监测中某点（某样本）该种化学元素的实际含量；

ρ——本底值调查中按样本总量（总点数）计算的该种化学元素的实际

含量平均值 $\left(\bar{\rho}_0 = \frac{1}{n}\sum_{i=1}^{n}\rho_i\right)$；

n——调查的背景数量或样本总数。

4.3.3 水环境本底值作为水质评价天然标准的建立

1）确定本底值大致范围的公式

$$\rho_{1、2} = \bar{\rho} \pm \frac{\sqrt{\sum_{i=1}^{n}(\bar{\rho} - \rho_i)^2}}{n-1} \tag{4-14}$$

式中 $\rho_{1、2}$——本底值的上限（ρ_1）、下限（ρ_2）；

ρ_i，n——符号意义同前。

2）列表建立不同水体环境的本底值系列。

4.3.4 依水环境本底值做天然标准评价水质

表4-5可作为该地水体环境水质评价的天然标准。凡在背景值范围以内，反映了人类活动对水体环境的改变尚处在天然状态，否则，水环境向水质恶化的趋势发展，应引起人们的警戒。

表4-5 ××平原地表水常量和微量化学组分背景值概略表

化学组分	背景值范围/（mg/L）	化学组分	背景值范围/（mg/L）
SO_4^{2-}	9.8~129.6	Cr	0~0.0075
矿化度	186.2~686.4	CN^-	0~0.003
Cl	3.2~124.9	F^-	0.04~1.08
硬度	5.5~21.2（德国度）	NH_4^+	0~0.217
COD	1.03~15.94	Mn	0.012~0.148
NO_3^-	0~9.01	Fe	0.072~1.112
NO_2^-	0~0.119	Zn	0~0.135
Pb	0~0.008	Hg	0
Cu	0~0.0187	C_6H_5OH	0~0.013
As	0~0.0073		

4.4 地表水及地下水水质标准与评价

4.4.1 地表水水质标准与评价

1. 地表水水域功能分类及水质标准

地表水域包括江河、湖泊、运河、渠道、水库等具有使用功能的地表水，依据地表水水域环境功能和保护目标，按功能高低依此划分为五类：

Ⅰ类：主要适用于源头水，国家自然保护区。

Ⅱ类：主要适用于集中式生活饮用水地表水源地一级保护区、珍稀水生生物栖息地、鱼虾类产卵场、仔稚幼鱼的梭饵场等。

Ⅲ类：主要适用于集中式生活饮用水地表水源地二级保护区、鱼虾类越冬场、洄游通道、水产养殖区等渔业水域及游泳区。

Ⅳ类：主要适用于一般工业用水区及人体非直接接触的娱乐用水区。

Ⅴ类：主要适用于农业用水区及一般景观要求水域。

为保护和合理开发地表水资源，防止和控制地表水污染，保障人民身体健康，促进经济建设，我国制订了《地表水环境质量标准》（GB 3838—2002），包括地表水环境质量标准基本项目标准限值（表 4-6），集中式生活饮用水地表水源地补充项目标准限值（表 4-7），集中式生活饮用水地表水源地特定项目标准限值（表 4-8）。

2. 水质评价

水质评价应根据要实现的水域功能类别，选取相应类别标准，进行单因子评价，评价结果应说明水质达标情况，超标的应说明超标项目和超标倍数。丰、平、枯水期特征明显的水域，应分水期进行水质评价。

集中式生活饮用水地表水源地水质评价的项目应包括表 4-6 中的基本项目、表 4-7 中的补充项目以及由县以上人民政府环境保护行政主管部门从表 4-8 中选择确定的特定项目。

表 4-6　地表水环境质量标准基本项目标准限值　（单位：mg/L）

序号	标准值 分类 项目	Ⅰ类	Ⅱ类	Ⅲ类	Ⅳ类	Ⅴ类
	基本要求	所有水体均不应有非自然原因导致的下列物质： a. 凡能沉淀而形成令人厌恶的沉淀物 b. 漂浮物，诸如破片、浮渣、油类和其他一些引起感官不快的物质 c. 产生令人厌恶的色、嗅、味或浑浊的 d. 对人类、动物、植物有破坏、毒性或不良生理反应的 e. 易滋生令人厌恶的水生生物				
1	水温	人为造成的环境水温变化应限制在：周平均最大温升≤1℃，周平均最大温降≤2℃				
2	pH 值	6 ~ 9				

(续)

序号	标准值 分类 项目	Ⅰ类	Ⅱ类	Ⅲ类	Ⅳ类	Ⅴ类
3	溶解氧≥	饱和率90%(或7.5)	6	5	3	2
4	高锰酸盐指数≤	2	4	6	10	15
5	化学需氧量(COD)≤	15	15	20	30	40
6	五日生化需氧量(BOD5)≤	3	3	4	6	10
7	氨氮(NH_3-N)≤	0.15	0.5	1.0	1.5	2.0
8	总磷(以P计)≤	0.02(湖、库0.01)	0.1(湖、库0.025)	0.2(湖、库0.05)	0.3(湖、库0.1)	0.4(湖、库0.2)
9	总氮(湖、库以N计)≤	0.2	0.5	1.0	1.5	2.0
10	铜 ≤	0.01	1.0	1.0	1.0	1.0
11	锌 ≤	0.05	1.0	1.0	2.0	2.0
12	氟化物(以F计)≤	1.0	1.0	1.0	1.54	1.5
13	硒 ≤	0.01	0.01	0.01	0.02	0.02
14	砷 ≤	0.05	0.05	0.05	0.1	0.1
15	汞 ≤	0.00005	0.00005	0.0001	0.001	0.001
16	镉 ≤	0.001	0.005	0.005	0.005	0.01
17	铬(六价) ≤	0.01	0.05	0.05	0.05	0.1
18	铅 ≤	0.01	0.01	0.05	0.05	0.1
19	氰化物 ≤	0.005	0.05	0.2	0.2	0.2
20	挥发酚 ≤	0.002	0.002	0.005	0.01	0.1
21	石油类 ≤	0.05	0.05	0.05	0.5	1.0
22	阴离子表面活性剂≤	0.2	0.2	0.2	0.3	0.3
23	硫化物 ≤	0.05	0.1	0.2	0.5	1.0
24	粪大肠菌群(个/L)≤	200	2000	10000	20000	40000

表4-7 集中式生活饮用水地表水水源地补充项目标准限值

(单位:mg/L)

序号	项 目	标准值
1	硫酸盐(以SO_4^{2-}计)	250
2	氯化物(以Cl^-计)	250

（续）

序号	项　目	标准值
3	硝酸盐(以N计)	10
4	铁	0.3
5	锰	0.1

表4-8　集中式生活饮用水地表水水源地特定项目标准限值

（单位:mg/L）

序号	项　目	标准值	序号	项　目	标准值
1	三氯甲烷	0.06	21	乙苯	0.3
2	四氯化碳	0.002	22	二甲苯①	0.5
3	三溴甲烷	0.1	23	异丙苯	0.25
4	二氯甲烷	0.02	24	氯苯	0.3
5	1,2-二氯乙烷	0.03	25	1,2-二氯苯	1.0
6	环氧氯丙烷	0.02	26	1,4-二氯苯	0.3
7	氯乙烯	0.005	27	三氯苯②	0.02
8	1,1-二氯乙烯	0.03	28	四氯苯③	0.02
9	1,2-二氯乙烯	0.05	29	六氯苯	0.05
10	三氯乙烯	0.07	30	硝基苯	0.017
11	四氯乙烯	0.04	31	二硝基苯④	0.5
12	氯丁二烯	0.002	32	2,4-二硝基苯	0.0003
13	六氯丁二烯	0.0006	33	2,4,6-三硝基苯	0.5
14	苯乙烯	0.02	34	硝基氯苯⑤	0.05
15	甲醛	0.9	35	2,4-二硝基氯苯	0.5
16	乙醛	0.05	36	2,4-二氯苯酚	0.093
17	丙稀醛	0.1	37	2,4,6-三氯苯酚	0.2
18	三氯乙醛	0.01	38	五氯酚	0.009
19	苯	0.01	39	苯胺	0.1
20	甲苯	0.7	40	联苯胺	0.0002

① 二甲苯：指对-二甲苯、间-二甲苯、邻-二甲苯。

② 三氯苯：指1，2，3-三氯苯、1，2，4-三氯苯、1，3，5-三氯苯。

③ 四氯苯：指1，2，3，4-四氯苯，1，2，3，5-四氯苯，1，2，4，5-四氯苯。

④ 二硝基苯：指对-二硝基苯、间-二硝基苯、邻-二硝基苯。

⑤ 硝基氯苯：指对-硝基氯苯、间-硝基氯苯、邻-硝基氯苯。

4.4.2　地下水水质标准与评价

1. 地下水质量分类标准及水质指标

依据我国地下水水质现状、人体健康基准值及地下水质量保护目标，并参照了生活饮用水、工业、农业用水水质最高要求，将地下水质量划分为五类。

Ⅰ类：主要反映地下水化学组分的天然低背景含量，适用于各种用途。

Ⅱ类：主要反映地下水化学组分的天然背景含量，适用于各种用途。

Ⅲ类：以人体健康基准值为依据，主要适用于集中式生活饮用水水源及工农业用水。

Ⅳ类：以农业和工业用水要求为依据，除适用于农业和部分工业用水外，适当处理后可作生活饮用水。

Ⅴ类：不宜饮用，其他用水可根据使用目的选用。

为了保护和合理开发地下水资源，防止和控制地下水污染，保障人民身体健康，促进经济建设，我国制订了《地下水质量标准》（GB/T 14848—1993），如表4-9所示。标准是地下水勘查评价、开发利用和监督管理的依据，适用于一般地下水，不适用于地下热水、矿水、盐卤水。

表4-9　地下水质量分类指标

序号	类别 / 标准值 / 项目	Ⅰ类	Ⅱ类	Ⅲ类	Ⅳ类	Ⅴ类
1	色(度)	≤5	≤5	≤15	≤25	>25
2	嗅和味	无	无	无	无	有
3	浑浊度(度)	≤3	≤3	≤3	≤10	>10
4	肉眼可见物	无	无	无	无	有
5	pH		6.5~8.5		8.5~9	>9
6	总硬度以 $CaCO_3$ 计/(mg/L)	≤150	≤300	≤450	≤550	>550
7	溶解性总固体/(mg/L)	≤300	≤500	≤1000	≤2000	>2000
8	硫酸盐/(mg/L)	≤50	≤150	≤250	≤350	>350
9	氯化物/(mg/L)	≤50	≤150	≤250	≤350	>350
10	铁(Fe)/(mg/L)	≤0.1	≤0.2	≤0.3	≤1.5	>1.5
11	锰(Mn)/(mg/L)	≤0.05	≤0.05	≤0.1	≤1.0	>1.0
12	铜(Cu)/(mg/L)	≤0.01	≤0.01	≤1.0	≤1.5	>1.5
13	锌(Zn)/(mg/L)	≤0.05	≤0.5	≤1.0	≤5.0	>5.0
14	钼(Mo)/(mg/L)	≤0.001	≤0.01	≤0.1	≤0.5	>0.5
15	钴(Co)/(mg/L)	≤0.005	≤0.05	≤0.05	≤1.0	>1.0
16	挥发性酚类(以苯酚计)/(mg/L)	≤0.001	≤0.001	≤0.002	≤0.01	>0.01
17	阴离子合成洗涤剂/(mg/L)	不得检出	≤0.1	≤0.3	≤0.3	>0.3
18	高锰酸盐指数/(mg/L)	≤1.0	≤2.0	≤3.0	≤10	>10

（续）

序号	类别 标准值 项目	Ⅰ类	Ⅱ类	Ⅲ类	Ⅳ类	Ⅴ类
19	硝酸盐（以N计）/（mg/L）	≤2.0	≤5.0	≤20	≤30	>30
20	亚硝酸盐（以N计）/（mg/L）	≤0.001	≤0.01	≤0.02	≤0.1	>0.1
21	氨氮（NH4）/（mg/L）	≤0.02	≤0.02	≤0.2	≤0.5	>0.5
22	氟化物/（mg/L）	≤1.0	≤1.0	≤1.0	≤2.0	>2.0
23	碘化物/（mg/L）	≤0.1	≤0.1	≤0.2	≤1.0	>1.0
24	氰化物/（mg/L）	≤0.001	≤0.01	≤0.05	≤0.1	>0.1
25	汞（Hg）/（mg/L）	≤0.00005	≤0.00005	≤0.001	≤0.001	>0.001
26	砷（As）/（mg/L）	≤0.005	≤0.01	≤0.05	≤0.05	>0.05
27	硒（Se）/（mg/L）	≤0.01	≤0.01	≤0.01	≤0.1	>0.1
28	镉（Cd）/（mg/L）	≤0.0001	≤0.001	≤0.01	≤0.01	>0.01
29	铬（六）（Cr6+）/（mg/L）	≤0.005	≤0.01	≤0.05	≤0.1	>0.1
30	铅（Pb）/（mg/L）	≤0.005	≤0.01	≤0.05	≤0.1	>0.1
31	铍（Be）/（mg/L）	≤0.00002	≤0.0001	≤0.0002	≤0.001	>0.001
32	钡（Ba）/（mg/L）	≤0.01	≤0.1	≤1.0	≤4.0	>4.0
33	镍（Ni）/（mg/L）	≤0.005	≤0.05	≤0.05	≤0.1	>0.1
34	滴滴滴/（μg/L）	不得检出	≤0.005	≤1.0	≤1.0	>1.0
35	六六六/（μg/L）	≤0.005	≤0.05	≤5.0	≤5.0	>5.0
36	总大肠菌群/（个/L）	≤3.0	≤3.0	≤3.0	≤100	>100
37	细菌总数/（个/L）	≤100	≤100	≤100	≤1000	>1000
38	总σ放射性/（Bq/L）	≤0.1	≤0.1	≤0.1	>0.1	>0.1
39	总β放射性/（Bq/L）	≤0.1	≤1.0	≤1.0	>1.0	>1.0

2. 地下水质量评价及要求

1）地下水质量评价以地下水水质调查分析资料或水质监测资料为基础，可分为单项组分评价和综合评价两种。

2）地下水质量单项组分评价，按本标准所列分类指标，划分为五类，代号与类别代号相同，不同类别标准值相同时，从优不从劣。例如：挥发性酚类Ⅰ、Ⅱ类标准值均为0.001mg/L，若水质分析结果为0.001mg/L时，应定为Ⅰ类，不定为Ⅱ类。

3）地下水质量综合评价，采用加附注的评分法。具体要求与步骤如下：

a. 参加评分的项目，应不少于本标准规定的监测项目，但不包括细菌学指标。

b. 首先进行各单项组分评价，划分组分所属质量类别。

c. 按地下水综合评分法进行评价。

4）使用两次以上的水质分析资料进行评价时，可分别进行地下水质量评价，也可根据具体情况，使用全年平均值和多年平均值或分别使用多年的枯水期、丰水期平均值进行评价。

5）在进行地下水质量评价时，除采用本方法外，也可采用其他评价方法进行对比。

6）为防止地下水污染和过量开采、人工回灌等引起的地下水质量恶化，保护地下水水源，必须按《中华人民共和国水污染防治法》和《中华人民共和国水法》有关规定执行。

7）利用污水灌溉、污水排放、有害废弃物（城市垃圾、工业废渣、核废料等）的堆放和地下处置，必须经过环境地质可行性论证及环境影响评价，征得环境保护部门批准后方能施行。

4.5 生活饮用水和水源水质标准与评价

4.5.1 生活饮用水水质标准和水质评价

1. 生活饮用水水质标准

生活饮用水是供人生活的饮水和生活用水，其水质直接影响着人体健康和人民生命安全，因此，对水质要求较严格。对生活饮用水源进行评价时，首先要按照规定进行取样，对常规指标（能反映生活饮用水水质基本状况的水质指标）及非常规指标（根据地区、时间或特殊情况需要的生活饮用水水质指标）进行检测分析，分析项目应不少于生活饮用水水质标准中所列的项目。其次要对分析结果和采用的分析方法进行全面的复查，然后再根据复查的结果按照《生活饮用水卫生标准》（GB 5749—2006）中规定的指标逐项进行对比评价。只有全部项目符合标准要求时，才能作为生活饮用水。

生活饮用水水质应符合下列基本要求，保证用户饮用安全：

1）生活饮用水中不得含有病原微生物。

2）生活饮用水中化学物质不得危害人体健康。

3）生活饮用水中放射性物质不得危害人体健康。

4）生活饮用水的感官性状良好。

5）生活饮用水应经消毒处理。

6）生活饮用水水质应符合表4-10和表4-12中所列的卫生要求。集中式供水出厂水中消毒剂限值、出厂水和管网末梢水中消毒剂余量均应符合表4-11中要求。自水源集中取水，通过输配水管网送到用户或者公共取水点的供水方式，包括自建设施供水。为用户提供日常饮用水的供水站和为公共场所、居民社区提供的分质供水也属于集中式供水。

7）农村小型集中式供水（日供水在1000m^3以下或供水人口在1万人以下的供水方式）和分散式供水（用户直接从水源取水，未经任何设施或仅有简易设施的供水方式）的水质因条件限制，部分指标可暂时按照表4-13执行，其余指标仍按表4-10、表4-11和表4-12执行。

8）当发生影响水质的突发性公共事件时，经市级以上人民政府批准，感官性状和一般化学指标可适当放宽。

9）当饮用水中含有表4-14所列的指标时，可参考此表限值评价。

表4-10 水质常规指标及限值

指标	限值
1. 微生物指标①	
总大肠菌群/（MPN/100mL或CFU/100mL）	不得检出
耐热大肠菌群/（MPN/100mL或CFU/100mL）	不得检出
大肠埃希氏菌/（MPN/100mL或CFU/100mL）	不得检出
菌落总数/（CFU/mL）	100
2. 毒理指标	
砷/（mg/L）	0.01
镉/（mg/L）	0.005
铬（六价）/（mg/L）	0.05
铅/（mg/L）	0.01
汞/（mg/L）	0.001
硒/（mg/L）	0.01
氰化物/（mg/L）	0.05
氟化物/（mg/L）	1.0
硝酸盐（以N计）/（mg/L）	10 地下水源限制时为20
三氯甲烷/（mg/L）	0.06
四氯化碳/（mg/L）	0.002
溴酸盐（使用臭氧时）/（mg/L）	0.01
甲醛（使用臭氧时）/（mg/L）	0.9
亚氯酸盐（使用二氧化氯消毒时）/（mg/L）	0.7
氯酸盐（使用复合二氧化氯消毒时）/（mg/L）	0.7
3. 感官性状和一般化学指标	
色度（铂钴色度单位）	15

（续）

指　　标	限　　值
浑浊度（NTU-散射浊度单位）	1 水源与净水技术条件限制时为3
臭和味	无异臭、异味
肉眼可见物	无
pH	不小于6.5且不大于8.5
铝/（mg/L）	0.2
铁/（mg/L）	0.3
锰/（mg/L）	0.1
铜/（mg/L）	1.0
锌/（mg/L）	1.0
氯化物/（mg/L）	250
硫酸盐/（mg/L）	250
溶解性总固体/（mg/L）	1000
总硬度（以 $CaCO_3$ 计）/（mg/L）	450
耗氧量（CODMn法，以 O_2 计）/（mg/L）	3 水源限制，原水耗氧量 >6mg/L 时为5
挥发酚类（以苯酚计）/（mg/L）	0.002
阴离子合成洗涤剂/（mg/L）	0.3
4. 放射性指标②	指导值
总 α 放射性/（Bq/L）	0.5
总 β 放射性/（Bq/L）	1

① MPN表示最可能数；CFU表示菌落形成单位。当水样检出总大肠菌群时，应进一步检验大肠埃希氏菌或耐热大肠菌群；水样未检出总大肠菌群，不必检验大肠埃希氏菌或耐热大肠菌群。

② 放射性指标超过指导值，应进行核素分析和评价，判定能否饮用。

表4-11 饮用水中消毒剂常规指标及要求

消毒剂名称	与水接触时间	出厂水中限值	出厂水中余量	管网末梢水中余量
氯气及游离氯制剂（游离氯）/（mg/L）	至少30min	4	≥0.3	≥0.05
一氯胺（总氯）/（mg/L）	至少120min	3	≥0.5	≥0.05
臭氧（O_3）/（mg/L）	至少12min	0.3		0.02 如加氯，总氯≥0.05
二氧化氯（ClO_2）/（mg/L）	至少30min	0.8	≥0.1	≥0.02

表 4-12 水质非常规指标及限值

指标	限值	指标	限值
1. 微生物指标		2. 毒理指标	
贾第鞭毛虫/(个/10L)	<1	对硫磷/(mg/L)	0.003
隐孢子虫/(个/10L)	<1	灭草松/(mg/L)	0.3
2. 毒理指标		甲基对硫磷/(mg/L)	0.02
锑/(mg/L)	0.005	百菌清/(mg/L)	0.01
钡/(mg/L)	0.7	呋喃丹/(mg/L)	0.007
铍/(mg/L)	0.002	林丹/(mg/L)	0.002
硼/(mg/L)	0.5	毒死蜱/(mg/L)	0.03
钼/(mg/L)	0.07	草甘膦/(mg/L)	0.7
镍/(mg/L)	0.02	敌敌畏/(mg/L)	0.001
银/(mg/L)	0.05	莠去津/(mg/L)	0.002
铊/(mg/L)	0.0001	溴氰菊酯/(mg/L)	0.02
氯化氰 (以 CN^- 计)/(mg/L)	0.07	2,4-滴/(mg/L)	0.03
一氯二溴甲烷/(mg/L)	0.1	滴滴涕/(mg/L)	0.001
二氯一溴甲烷/(mg/L)	0.06	乙苯/(mg/L)	0.3
二氯乙酸/(mg/L)	0.05	二甲苯/(mg/L)	0.5
1,2-二氯乙烷/(mg/L)	0.03	1,1-二氯乙烯/(mg/L)	0.03
二氯甲烷/(mg/L)	0.02	1,2-二氯乙烯/(mg/L)	0.05
三卤甲烷(三氯甲烷、一氯二溴甲烷、二氯一溴甲烷、三溴甲烷的总和)	该类化合物中各种化合物的实测浓度与其各自限值的比值之和不超过1	1,2-二氯苯/(mg/L)	1
		1,4-二氯苯/(mg/L)	0.3
		三氯乙烯/(mg/L)	0.07
		三氯苯(总量)/(mg/L)	0.02
1,1,1-三氯乙烷/(mg/L)	2	六氯丁二烯/(mg/L)	0.0006
三氯乙酸/(mg/L)	0.1	丙烯酰胺/(mg/L)	0.0005
三氯乙醛/(mg/L)	0.01	四氯乙烯/(mg/L)	0.04
2,4,6-三氯酚/(mg/L)	0.2	甲苯/(mg/L)	0.7
三溴甲烷/(mg/L)	0.1	邻苯二甲酸二(2-乙基己基)酯/(mg/L)	0.008
七氯/(mg/L)	0.0004		
马拉硫磷/(mg/L)	0.25	环氧氯丙烷/(mg/L)	0.0004
五氯酚/(mg/L)	0.009	苯/(mg/L)	0.01
六六六/(总量,mg/L)	0.005	苯乙烯/(mg/L)	0.02
六氯苯/(mg/L)	0.001	苯并(a)芘/(mg/L)	0.00001
乐果/(mg/L)	0.08	氯乙烯/(mg/L)	0.005

（续）

指　标	限　值	指　标	限　值
2. 毒理指标		3. 感官性状和一般化学指标	
氯苯/(mg/L)	0.3	氨氮(以N计)/(mg/L)	0.5
微囊藻毒素-LR/(mg/L)	0.001	硫化物/(mg/L)	0.02
		钠/(mg/L)	200

表4-13　农村小型集中式供水和分散式供水部分水质指标及限值

指　标	限　值	指　标	限　值
1. 微生物指标		3. 感官性状和一般化学指标	
菌落总数/(CFU/mL)	500	pH	不小于6.5且不大于9.5
2. 毒理指标			
砷/(mg/L)	0.05	溶解性总固体/(mg/L)	1500
氟化物/(mg/L)	1.2	总硬度（以 $CaCO_3$ 计)/(mg/L)	550
硝酸盐(以N计)/(mg/L)	20	耗氧量(COD_{Mn} 法，以 O_2 计)/(mg/L)	5
3. 感官性状和一般化学指标			
色度(铂钴色度单位)	20	铁/(mg/L)	0.5
浑浊度(NTU-散射浊度单位)	3 水源与净水技术条件限制时为5	锰/(mg/L)	0.3
		氯化物/(mg/L)	300
		硫酸盐/(mg/L)	300

表4-14　生活饮用水水质参考指标及限值

指　标	限　值	指　标	限　值
肠球菌/(CFU/100mL)	0	甲基异莰醇-2/(mg/L)	0.00001
产气荚膜梭状芽孢杆菌/(CFU/100mL)	0	石油类(总量)/(mg/L)	0.3
二(2-乙基己基)己二酸酯/(mg/L)	0.4	石棉(>10μm)/(万/L)	700
二溴乙烯/(mg/L)	0.00005	亚硝酸盐/(mg/L)	1
二噁英(2,3,7,8-TCDD)/(mg/L)	0.00000003	多环芳烃(总量)/(mg/L)	0.002
土臭素(二甲基萘烷醇)/(mg/L)	0.00001	多氯联苯(总量)/(mg/L)	0.0005
五氯丙烷/(mg/L)	0.03	邻苯二甲酸二乙酯/(mg/L)	0.3
双酚A/(mg/L)	0.01	邻苯二甲酸二丁酯/(mg/L)	0.003
丙烯腈/(mg/L)	0.1	环烷酸/(mg/L)	1.0
丙烯酸/(mg/L)	0.5	苯甲醚/(mg/L)	0.05
丙烯醛/(mg/L)	0.1	总有机碳(TOC)/(mg/L)	5
四乙基铅/(mg/L)	0.0001	萘酚-β/(mg/L)	0.4
戊二醛/(mg/L)	0.07	黄原酸丁酯/(mg/L)	0.001

（续）

指　标	限　值	指　标	限　值
氯化乙基汞/(mg/L)	0.0001	镭226和镭228/(pCi/L)	5
硝基苯/(mg/L)	0.017	氡/(pCi/L)	300

2. 生活饮用水水质评价

生活饮用水水质评价方法与地下水质量评价方法相同，各类指标分述如下：

（1）微生物指标　受生活污染的水中，常含有各种细菌、病原菌和寄生虫等，同时有机物质含量较高，这类水体对人体十分有害。因此，饮用水中不允许有病原菌和病毒的存在。然而由于条件的限制，对水中的细菌、特别是病原菌不是随时都能检出的，因此为了保障人体健康和预防疾病，以及便于随时判断致病的可能性和水受污染的程度。将细菌总数和大肠杆菌作为指标，确定水体受生活及粪便污染的程度。

细菌学指标主要指细菌总数（指水在相当于人体温度（37℃）下经24h培养后，每毫升水中所含各种细菌的总个数）和总大肠杆菌数，它们对人体的危害主要是引起肠道传染病。评价饮用水质时，细菌学指标一般都由卫生防疫部门分析检测。当细菌学指标超出标准时，则需要进行消毒处理。由于通常采用氯和氯素化合物对饮用水进行消毒，故把游离余氯也列在细菌学指标内。

（2）毒理学指标　水中的有毒物质种类很多，包括有机的和无机的。目前，各国对有毒物质限定的数量各不相同，主要基于对有毒物质的毒理性研究程度和水平。除了在饮用水水质标准中所限定的之外，仍有众多的有毒物质由于现有研究水平无法确认其毒理性水平而不能给出明确的限定指标。随着研究水平的不断提高，分析监测能力的不断加强与提高，越来越多的有毒物质的限定指标将在饮用水水质标准中体现出来。

毒理学指标主要包括：氟化物、氰化物、砷、硒、汞、镉、铬、铅、银、硝酸盐、氯仿、四氯化碳、苯并（a）芘、滴滴涕、六六六等。当水中这些化学物质含量达到一定浓度时，就会对人体健康造成危害。一般而言，在未受污染的水源中，有毒物质的含量是极少的（氟水源，一些重金属矿区的水源除外），对人体健康基本没有影响。一旦水源受到污染，尤其是遭受工业“三废”污染和农药污染，则有毒性物质随饮用水进入人体，对人体健康产生危害。有毒物质对人体的毒害主要表现为：氟骨症、骨质损害、骨疼病、破坏中枢神经、伤害记忆、造成新陈代谢紊乱、血红细胞变性、皮肤色素沉淀、脱发、破坏人体器官的正常功能、致癌等，中毒严重者会导致快速死亡。因此，饮用水中对毒性化学指标有严格的限制。

（3）感官性状和一般化学指标　感官性状也称物理性状，包括色、浑浊、嗅、味及肉眼可见物等，它们与水的化学组分含量及类型密切相关，是反映水质状况的直接指标。感官性状指标虽然不属于危害人体健康的直接指标，但它们不符合要求时使人产生厌恶感，也可能是水中含有致病物质和毒性物质的标志。因此，饮用水首先要求无色、清澈、无嗅、无味、无肉眼可见物及清凉可口（7~11℃）。其主要原因是不良水的物理性质，直接影响人的感官对水体的忍受程度，同时它也反映了一定的化学成分。如：水中含腐殖质呈黄色，含低价铁呈淡蓝色，含高价铁或锰呈黄色至棕黄色，悬浮物呈混浊的浅灰色，硬水呈浅蓝色，含硫化氢有臭蛋味，含有机物及原生动物有腐物味、霉味、土腥味等，含高价铁有发涩的锈味，含硫酸铁或硫酸钠的水呈苦涩味，含钠则有咸味等，均可严重影响水资源作为饮用水源的利用。

一般化学指标包括pH值、总硬度、铁、锰、铜、锌、硫酸盐、氯化物、溶解性总固体等。自然水体中存在这些化学物质，一般情况下虽然对人体健康不造成直接危害，但在金属硫化物矿区和煤矿所在地区，铁、锰、铜、锌及硫酸盐会出现异常高值而严重影响人体的正常生长发育。因此，饮用水对这些化学物质的含量有严格的限制。需要指出的是，我国《生活饮用水卫生标准》中对溶解性总固体只规定了上限不超过1000mg/L，对下限未做规定。其实，人体所需的矿物质和微量元素大多源于饮用水，若长期饮用溶解性固体含量过低（如<100mg/L）的水，如纯净水、超纯水、蒸馏水、雨水等，会对身体产生不良影响，使人体产生疲乏感，减弱人体免疫力，引发某些疾病。美国和西欧一些国家都明确规定不能长期饮用超纯水或蒸馏水。

（4）放射性指标　放射性指标包括总 α 放射性和总 β 放射性，饮用水中规定的标准等效采用了世界卫生组织的推荐值。这是基于假设每人每天摄入2L水时所摄入的放射性物质，按成人的生物代谢参数估算出一年内产生的剂量确定的。由于公众的年龄差异和各地不同饮用水的影响，推荐值留有较大的安全系数。我国的地面水总放射性水平为：总 α 放射性0.001~0.01Bq/L；总 β 放射性0~0.26Bq/L。地下水的总放射性0.004~0.4Bq/L，最高可达2.2Bq/L,，总 β 放射性0.19~1.0Bq/L，最高可达2.9Bq/L。可见，我国的水源放射性指标一般是符合饮用水标准的。

4.5.2 饮用水水源水质标准及水质评价

1. 饮用水水源水质标准

中华人民共和国建设部制订了适用于城乡集中或分散式生活饮用水的水源水质量标准（包括自备生活饮用水水源）：《生活饮用水水源水质标准》（CJ 3020—1993）（表4-15），该标准对生活饮用水水源的水质指标、水质分级、标准限值、水质检验以及标准给出了明确的规定。

目前，国内外所制定和颁布的“生活饮用水水质量标准”作为生活用水源供水质量保证与评价的重要依据。饮用水水源水质量评价主要参照饮用水水质标准，利用简单对比的方法，并按照建设部所制订的“饮用水水源水质量级别”划分饮用水水源地的水质量级别。

生活饮用水水源水质分为二级，其两极标准的限值见表 4-15。

一级水源水：水质良好。地下水只需消毒处理，地表水经简易净化处理（如过滤）、消毒后即可供生活饮用者。

二级水源水：水质受轻度污染。经常规净化处理（如絮凝、沉淀、过滤、消毒等），其水质即可达到《生活饮用水卫生标准》（GB5749—2006）的规定，可供生活饮用者。

水质浓度超过二级标准限值的水源水，不宜作为生活饮用水的水源。若限于条件需加以利用时，应采用相应的净化工艺进行处理。处理后的水质应符合 GB 5749—2006 的规定，并取得省、市、自治区卫生厅（局）及主管部门批准。

表 4-15 生活饮用水水源水质标准（CJ 3020—1993）

项目	标准限值	
	一级	二级
色	色度不超过 15 度，并不得呈现其他异色	不应有明显的其他异色
浑浊度（度）	≤3	
嗅和味	不得有异臭、异味	不应有明显的异臭、异味
pH 值	6.5～8.5	6.5～8.5
总硬度（以碳酸钙计）/（mg/L）	≤350	≤450
溶解铁/（mg/L）	≤0.3	≤0.5
锰/（mg/L）	≤0.1	≤0.1
铜/（mg/L）	≤1.0	≤1.0
锌/（mg/L）	≤1.0	≤1.0
挥发酚（以苯酚计）/（mg/L）	≤0.002	≤0.004
阴离子合成洗涤剂/（mg/L）	≤0.3	≤0.3
硫酸盐/（mg/L）	<250	<250
氯化物/（mg/L）	<250	<250
溶解性总固体/（mg/L）	<1000	<1000
氟化物/（mg/L）	≤1.0	≤1.0
氰化物/（mg/L）	≤0.05	≤0.05
砷/（mg/L）	≤0.05	≤0.05
硒/（mg/L）	≤0.01	≤0.01
汞/（mg/L）	≤0.001	≤0.001

（续）

项目	标准限值	
	一级	二级
镉/(mg/L)	≤0.01	≤0.01
铬(六价)/(mg/L)	≤0.05	≤0.05
铅/(mg/L)	≤0.05	≤0.07
银/(mg/L)	≤0.05	≤0.05
铍/(mg/L)	≤0.0002	≤0.0002
氨氮(以氮计)/(mg/L)	≤0.5	≤1.0
硝酸盐(以氮计)/(mg/L)	≤10	≤20
耗氧量($KMnO_4$ 法)/(mg/L)	≤3	≤6
苯并(α)芘/(μg/L)	≤0.01	≤0.01
滴滴涕/(μg/L)	≤1	≤1
六六六/(μg/L)	≤5	≤5
百菌清/(mg/L)	≤0.01	≤0.01
总大肠菌群/(个/L)	≤1000	≤10000
总 α 放射性/(Bq/L)	≤0.1	≤0.1
总 β 放射性/(Bq/L)	≤1	≤1

2. 饮用水水源水质评价

1）采用地表水为生活饮用水水源时应符合《地表水环境质量标准》（GB 3838—2002）要求，见表4-6和表4-7。

2）采用地下水为生活饮用水水源时应符合《地下水质量标准》（GB/T 14848—1993）的要求，见表4-8。

3）当水源水质不符合要求时，不宜作为供水水源。若限于条件需加以利用时，水源水质超标项目经自来水厂净化处理后，应达到本标准的要求。

4）城市公共集中式供水企业应建立水质检验室，配备与供水规模和水质检验项目相适应的检验人员和仪器设备，并负责检验水源水、净化构筑物出水、出厂水和管网水的水质，必要时应抽样检验用户受水点的水质。

5）自建设施供水和二次供水单位应按本标准要求做水质检验。若限于条件，也可将部分项目委托具备相应资质的监测单位检验。

6）采样点的选择：采样点的设置要有代表性，应分别设在水源取水口、水厂出水口和居民经常用水点及管网末梢。管网的水质检验采样点数，一般应按供水人口每两万人设一个采样点计算。供水人口在20万以下，100万以上时，可酌量增减。

7）水质检验项目和检验频率参见表4-16。

表 4-16 水质检验项目和检验频率

水样类别	检验项目	检验频率
水源水	浑浊度、色度、臭和味、肉眼可见物、COD_{Mn}、氨氮、细菌总数、总大肠菌群、耐热大肠菌群	每日不少于一次
	GB 3838—2002 中有关水质检验基本项目和补充项目	每月不少于一次
出厂水	浑浊度、色度、臭和味、肉眼可见物、余氯、细菌总数、总大肠菌群、耐热大肠菌群、COD_{Mn}	每日不少于一次
	表 4-11 全部项目，表 4-12 和表 4-13 中可能含有的有害物质	每月不少于一次
	表 4-12 和表 4-13 全部项目	以地表水为水源：每半年检测一次 以地下水为水源：每一年检测一次
管网水	浑浊度、色度、臭和味、余氯、细菌总数、总大肠菌群、COD_{Mn}（管网末梢点）	每月不少于两次
管网末梢水	表 4-11 全部项目全部项目，表 4-12 和表 4-13 中可能含有的有害物质	每月不少于一次

注：当检验结果超出表 4-11 和表 4-13 水质指标限值时，应立即重复测定，并增加检测频率。水质检验结果连续超标时，应查明原因，采取有效措施，防止对人体健康造成危害。

7）水质检验项目合格率见表 4-17。

表 4-17 水质检验项目合格率

水样检验项目 出厂水或管网水	综合	出厂水	管网水	表 4-11 中项目	表 4-12 和表 4-13 中项目
合格率（%）	95	95	95	95	95

注：1. 综合合格率为：表 4-10 中 42 个检验项目的加权平均合格率。

2. 出厂水检验项目合格率：浑浊度、色度、臭和味、肉眼可见物、余氯、细菌总数、总大肠菌群、耐热大肠菌群、COD_{Mn}共 9 项的合格率。

3. 管网水检验项目合格率：浑浊度、色度、臭和味、余氯、细菌总数、总大肠菌群、COD_{Mn}（管网末梢点）共 7 项的合格率。

4. 综合合格率按加权平均进行统计

计算公式：

（1）综合合格率(%) = [（管网水 7 项各单项合格率之和 +42 项扣除 7 项后的综合合格率）/(7 +1)] ×100%

（2）管网水 7 项各单项合格率(%) = （单项检验合格次数/ 单项检验总次数）×100%

（3）42 项扣除 7 项后的综合合格率(35 项)(%) = [35 项加权后的总检验合格次数/（各水厂出厂水的检验次数 ×35 × 各该厂供水区分布的取水点数）] ×100%。

4.5.3 饮用天然矿泉水水质评价

饮用天然矿泉水作为特殊的饮用水体具有广泛的医疗保健价值，同时又具有广泛的市场需求和经济价值。因此在地下水源勘察过程中，对于饮用天然矿泉水的水质评价占有十分重要的地位。现仅对饮用天然矿泉水的水质评价标准及其有关指标进行简要说明。

天然矿泉水是一种矿产资源，是指"从地下深处自然涌出的或经人工揭露的、未受污染的地下水。它以含有一定量的矿物盐、微量元素或二氧化碳气体为特征，在通常情况下，其化学成分、流量、温度等动态要相对稳定。在保证原水卫生细菌学指标安全的条件下开采和罐装，在不改变饮用天然矿泉水的特征和主要成分条件下，允许曝气、倾析、过滤和除去或加入二氧化碳。

饮用矿泉水的水质标准如下：

（1）饮用矿泉水的的界限指标　见表4-18。

表4-18　饮用矿泉水的界限指标　（单位：mg/L）

项　目	指　标	项　目	指　标
锂	≥0.2	偏硅酸	≥25
锶	≥0.2	硒	≥0.01
锌	≥0.2	游离二氧化碳	≥250
溴	≥1	矿化度	≥1000
碘	≥0.2		

注：凡符合上表各项指标之一者，可称为饮用天然矿泉水，但锶含量在0.2～0.4mg/L范围和偏硅酸含量在25～30mg/L范围，各自都必须具有水温在20℃以上或水的同位素测定年龄在10年以上的附加条件，方可称为饮用天然矿泉水。

（2）感官要求

1）色：色度不超过15度，并不得呈现其他异色。

2）浑浊度：不超过5度。

3）臭和味：不得有异臭、异味，应具有矿泉水的特征性口味。

4）肉眼可见物：不得含有异物，允许有极少量的天然矿物盐沉淀。

（3）某些元素和组分的限量指标　见表4-19。

表4-19　某些元素和组分的限量指标　（单位：mg/L）

项　目	指　标	项　目	指　标
锂	<5	汞	<0.001
锶	<5	银	<0.05
碘	<1	硼（以 H_3BO_3 计）	<30
锌	<5	硒	<0.05
铜	<1	砷	<0.05
钡	<5	氟化物（以 F^- 计）	<2.5
镉	<0.01	耗氧量（以 O_2 计）	<3
铬（Ⅵ）	<0.05	硝酸盐（以 NO_3^- 计）	<45
铅	<0.05	镭266放射性（Bq/L）	<1.1

(4) 污染物指标　见表4-20。

表4-20　污染物指标

项　　目	指　　标/(mg/L)
酚类化合物(以苯酚计)	<0.002
氰化物(以CN^-计)	<0.001
亚硝酸盐(以$NO2^-$计)	<0.005
总β活性/(Bq/L)	<1.5

(5) 微生物指标　其标准与饮用水质标准一致。

4.6　工业和农业用水水质标准与评价

4.6.1　工业用水水质标准及评价

1. 锅炉用水水质评价

绝大多数的工矿企业,都需要使用各种类型的锅炉,如各种工业锅炉、电站锅炉以及采暖锅炉等。在各种工业用水中,锅炉用水是基本组成部分。不论各种工业的具体要求如何,首先必须对锅炉用水进行全面评价。

蒸汽锅炉的运转是在高温、高压的条件下进行的。因此,水在锅炉中可以发生各种不良的化学反应:主要有成垢作用、腐蚀作用和成泡作用等。这些作用对锅炉的正常使用会带来非常有害的影响,而这些作用的发生与水质有关。

(1) 成垢作用　水煮沸时,水中的一些离子、化合物可以相互作用而生成沉淀,附着在锅炉壁上形成锅垢,这种作用称为成垢作用。锅垢厚了会影响传热,浪费燃料,降低锅炉的效用。有时可使炉壁厚度不均匀,炉壁过热引发炉壁融化烧蚀,甚至引起锅炉爆炸。锅垢的成分通常有CaO、$CaCO_3$、$CaSO_3$、$Mg(OH)_2$、$MgSiO_3$、Al_2O_3、Fe_2O_3和悬浊物沉淀而成。例如:

$$Ca^{2+}+2HCO^{3-}=CaCO_3\downarrow+H_2O+CO_2\uparrow$$

$$Mg^{2+}+2HCO^{3-}=MgCO_3+H_2O+CO_2\uparrow$$

$MgCO_3$再分解,则沉淀出镁的氢氧化合物:

$$MgCO_3+H_2O=Mg(OH)_2\downarrow+H_2O+CO_2\uparrow$$

与此同时还可以沉淀出$CaSiO_3$以及$MgSiO_3$,同时还沉淀出$CaSO_4$等,所有这些沉淀物在锅炉中形成了锅垢。

1)按锅垢总质量评价

$$H_0=S+C+36\gamma_{Fe^{2+}}+17\gamma_{Al^{3+}}+20\gamma_{Mg^{2+}}+59\gamma_{Ca^{2+}}$$

式中　H_0——锅垢的总质量(mg/L);

S——悬浮物质量(mg/L);

C——胶体质量($SiO_2 + Al_2O_3 + Fe_2O_3 + \cdots$)(mg/L);

$\gamma_{Fe^{2+}}$、$\gamma_{Al^{3+}}$、$\gamma_{Mg^{2+}}$——各离子的浓度(meq/L,1meq/L = 1mmol/L × 离子价数);

以下各式相同。

按锅垢总量对成垢作用进行评价时,水可分为:

$H_0 < 125$mL,为沉淀物很少的水;$H_0 = 125 \sim 150$mL,为沉淀物较少的水;$H_0 = 250 \sim 500$mL,为沉淀物较多的水;$H_0 > 500$mL,为沉淀物很多的水。

2)按硬垢系数进行评价。在锅垢总量中含有硬质的垢石(硬垢)及软质的垢泥(软垢)两部分。硬垢主要是由碱土金属的碳酸盐、硫酸盐等构成,附壁牢固,不易清除。软垢主要是由悬浮物及胶体物质构成,易于洗刷清除。故在评价锅垢时还要计算硬垢数量以评价锅垢性质。硬垢量通常采用下式计算

$$H_h = SiO_2 + 20\gamma_{Mg^{2+}} + 68(\gamma_{Cl^-} + \gamma_{SO_4^{2-}} - \gamma_{Na^+} - \gamma_{k^+})$$

式中 H_h——硬垢总量(mg/L);

SiO_2——二氧化硅质量(mg/L);

如果括号内出现负值,可忽略不计。

对锅垢的性质进行评价时,可采用硬垢系数(K_n),即

$$K_n = H_h / H_0 \tag{4-15}$$

当 $K_n < 0.25$ 时,为软垢水;当 $K_n = 0.25 \sim 0.5$ 时为软硬垢水;当 $K_n > 0.5$ 时为硬垢水。

(2)腐蚀作用 由于水中氢置换铁的作用,可使炉壁遭到腐蚀,氢离子可以是水中原有的,也可以由锅炉中水温增高某些盐类水解而成。此外,溶解于水中的气体成分,如氧、硫化氢及二氧化碳等也是造成腐蚀的重要因素。温度的增高以及增高后炉中所产生的局部电流均可促进腐蚀作用。炉中随着蒸汽压力的加大,水中铜的危害也随之加重,往往在蒸汽机叶片上会形成腐蚀。腐蚀作用对锅炉的危害极大,它不仅减少锅炉的使用寿命,还有可能发生爆炸事故。

水的腐蚀性可以按腐蚀系数(K_k)进行评价。

对酸性水:

$$K_k = 1.008(\gamma_{H^+} + \gamma_{Al_4^{3-}} + \gamma_{Fe^{2+}} + \gamma_{Mg^{2+}} - \gamma_{CO_3^{2-}} - \gamma_{HCO_3^-}) \tag{4-16}$$

对碱性水:

$$K_k = 1.008(\gamma_{Mg^{2+}} - \gamma_{HCO_3^-}) \tag{4-17}$$

按腐蚀系数 K_k 将水分为:$K_k > 0$,为腐蚀性水;$K_k < 0$ 且 $K_k + 0.0503Ca^{2+} > 0$ 为半腐蚀性水(式中 Ca^{2+} 的浓度以 mg/L 表示);$K_k + 0.0503Ca^{2+} < 0$ 时为非腐蚀性水。

(3)成泡作用 水煮沸时在水面上产生大量气泡,如果气泡不能立即破裂,就会在水面上形成极不稳定的泡沫层,泡沫太多时,将使锅炉内的水汽化作用极不均匀和水位急剧升降,致使锅炉不能正常运转。产生这种现象的原因是由于水

中易溶解的钠盐、钾盐以及油脂和悬浮物质受炉水的碱度作用发生皂化的结果。钠盐中,促使水起泡的物质为苛性钠和磷酸钠。苛性钠除了可使脂肪和油质皂化外,还促使水中的悬浮物变成胶体状悬浮物。磷酸根与水中钙、镁离子作用也能形成高度分散的悬浮物。水中胶体状态的悬浮物增强了气泡膜的稳固性,因而加剧了成泡作用。

成泡作用可用成泡系数(F)来评价,成泡系数按钠、钾的含量计算

$$F = 62\gamma_{Na^+} + 78\gamma_{K^+} \tag{4-18}$$

当 $F<60$ 时,为不起泡水;当 $F=60\sim200$ 时,为半起泡水;当 $F>200$ 时,为起泡水。

对锅炉用水进行水质评价时,应从上述三方面进行评价。此外,各部门还对工业锅炉用水的水质作了其他的一些规定,如不同压力的锅炉用水标准见表 4-21,在实际工作中也可查阅相关标准。

表 4-21 锅炉用水水质评价

项目	锅炉			
	火管锅炉 (5~15 个大气压①)	水管锅炉 (15~25 个大气压)	大容量的锅炉 (25~50 个大气压)	高压锅炉 (50~125 个大气压)
总碱度/(mg/L)	400~100	200~600	100~300	20~80
SiO_2/(mg/L)	②	②	②	5
P_2O_5/(mg/L)			10~50	10~50
消耗氧 $KMnO_4$/(mg/L)		200	100	50
消耗氧 $KMnO_4$/(meq/L)③	0.713	0.0178	0.0534	0.0356
总硬度/德国度	<2	0.5	0.15	0.1④
溶解氧/(mg/L)	1	0.5	0	0
游离二氧化碳/(mg/L)	0	0	0	0
石油(煤油、汽油)/(mg/L)	10	5	2	1

① 1 个大气压力 = 101 325Pa。

② 如果硬度系数不小于上述时,则在低于 50 个大气压的锅炉中,SiO_2 不做规定。

③ 1meq/L = 1mmol/L × 离子价数。

④ 当压力大于 80 个大气压时,总硬度应降到 0.05,在短时间内不得超过 0.1。

2. 工程建设用水水质评价

天然水的水质对工程建设的危害主要表现在对金属构件的腐蚀和对混凝土

的侵蚀破坏。

关于水对铁的腐蚀作用，在评价锅炉用水时已作过介绍，其原则同样适用于钢筋、铁管。但应指出，对铁管有腐蚀作用的水，主要是含氢离子和酸性坑矿水、硫化氢水和碳酸矿水。引用这些水的管材，一般不用铁管，而采用耐酸钢管、石棉水泥管及塑料管等。

大量的实践表明，水中的氢离子、腐蚀性 CO_2、SO_4^{2-} 及弱盐基阳离子的存在，对混凝土有一定的腐蚀作用，特别是在水工建筑以及浸没在水中的各种混凝土构件，水的侵蚀尤为明显。侵蚀方式有分解侵蚀、结晶侵蚀和分解结晶复合侵蚀等。

（1）分解性侵蚀　分解性侵蚀分为一般酸性侵蚀和碳酸侵蚀两种。

一般酸性侵蚀是指水中的氢离子与混凝土中的氢氧化钙反应使混凝土破坏，其化学反应式为

$$Ca(OH)_2 + 2H^+ = Ca^{2+} + 2H_2O$$

水中 H^+ 浓度越高，即 pH 值越低，水的侵蚀性就越强。

碳酸侵蚀是由水中侵蚀性 CO_2 与水泥中的碳酸钙反应，形成易溶于水的重碳酸钙。从而使混凝土遭到破坏，其化学反应式

$$CaCO_3 + CO_2 + H_2O \Leftrightarrow Ca^{2+} + 2H_2CO_3$$

这是一个可逆反应，碳酸钙溶于水后，要求水中必须含有一定数量的游离 CO_2 以保持平衡。如果水中游离 CO_2 减少，反应向方程左侧进行，发生碳酸钙沉淀，水中这部分 CO_2 称为平衡 CO_2。若水中游离 CO_2 大于维持化学平衡所需的 CO_2，化学反应向方程右侧进行，碳酸钙被溶解。与 $CaCO_3$ 反应所消耗的 CO_2 称为侵蚀性 CO_2。

水是否具有分解性侵蚀能力的判断指标有三个：

1）分解性侵蚀指数 PHs

$$PHs = \frac{HCO_3^-}{0.15HCO_3^- - 0.025} - K_1 \tag{4-19}$$

式中　HCO_3^-——水中 HCO_3^- 浓度（meq/L，1meq/L = 1mmol/L × 离子价数）；

K_1——按表4-22查得的数值选取。

当水的实际 pH > = PHs 时，水无分解性侵蚀；当实际 pH < PHs 时，则有酸性侵蚀。

2）pH 值。当水的实际 pH 小于表4-22所列数值时，有酸性侵蚀。

3）游离 CO_2 指标。当水中游离 CO_2 浓度（mg/L）大于表4-22中的公式计算数值（[CO_2]）时，存在碳酸侵蚀。式中 Ca^{2+} 表示水中 Ca^{2+} 的浓度（mg/L）；表4-22中 a 和 b 为计算系数可查表4-23。

（2）结晶性侵蚀　结晶性侵蚀又称硫酸盐侵蚀，是指水中的 SO_4^{2-} 进入混凝土孔洞，形成石膏和硫酸铝盐（揭瓦尔盐）晶体。这些新化合物结晶时，体积增大

（例如，石膏可增大 1～2 倍，硫酸铝盐可增大 2.5 倍），其膨胀作用可导致混凝土强度降低。石膏是生成硫酸铝盐的中间产物，其形成硫酸铝盐的化学反应式为

$$4CaCO\cdot Al_2O_3\cdot 12H_2O+3CaSO_4\cdot nH_2O\rightarrow 3CaO\cdot Al_2O_3\cdot 3CaSO_4\cdot 30H_2O+Ca(OH)_2$$

表 4-22　水对混凝土的侵蚀鉴定标准

侵蚀性类型	侵蚀性指标		大块碎石类土				砂类土				粘性土			
			水泥类											
			A		B		A		B		A		B	
			普通的	抗硫酸盐的	普通的	抗硫酸盐的	普通的	抗硫酸盐的	普通的	抗硫酸盐的	普通的	抗硫酸盐的	普通的	抗硫酸盐的
分解性侵蚀	分解性侵蚀指数 pHs		$pH<pHs$ 有侵蚀性 $pHs=\dfrac{HCO_3^-}{0.15HCO_3^- -0.025}-K_1$								无规定			
			$K_1=0.5$		$K_1=0.3$		$K_1=1.3$		$K_1=1.0$					
	pH		<6.2		<6.4		<5.2		<5.5					
	游离 CO_2/(mg/L)		游离时 $[CO_2]>a[Ca^{2+}]+b+K_2$ 有侵蚀性											
			$K_1=20$		$K_1=15$		$K_1=80$		$K_1=60$					
结晶性侵蚀	SO_4^{2-}/(mg/L)	Cl/(mg/L)<1000	>250		>250		>300		>300		>400		>400	
		Cl/(mg/L) 1000～6000	>100+0.15Cl⁻	>3000	>100+0.15Cl⁻	>4000	>150+0.15Cl⁻	>3500	>150+0.15Cl⁻	>3500	>250+0.15Cl⁻	>4000	>250+0.15Cl⁻	>5000
		Cl/(mg/L⁻¹)>6000	>1050		>1050		>1100		>1100		>1200		>1200	
分解结晶复合性侵蚀	弱盐基硫酸盐阳离子[Me]		$[Me]>1000$　$[Me]>K_3-SO_4^{2-}$											
			$K_3=7000$		$K_3=6000$		$K_3=9000$		$K_3=8000$		无规定			

SO_4^{2-} 的浓度（mg/L）是结晶性侵蚀评价指标。当水中 SO_4^{2-} 浓度分别大于表 4-22 中的数值时，便有结晶侵蚀作用。应当指出，结晶性侵蚀还与水中氯离子浓度及混凝土建筑物在地下所处的位置有关，如建筑物处于水位变动带，干湿条件

变化明显,结晶性侵蚀作用就会增强。为了防止 SO_4^{2-} 浓度高的水对混凝土的侵蚀,水下建筑物应采用抗硫酸盐水泥。

(3) 分解结晶复合性侵蚀 分解结晶复合性侵蚀又称为镁盐侵蚀,其侵蚀机理主要是水中弱盐基阳离子如 Mg^{2+}、Fe^{2+}、Fe^{3+}、Cu^{2+}、Zn^{2+}、NH_4^+ 等与水泥发生反应使混凝土强度降低,甚至破坏。例如,水中 $MgCl_2$ 与混凝土中的 $Ca(OH)_2$ 反应,形成 $Mg(OH)_2$ 和易溶于水的 $CaCl_2$。

分解结晶复合性侵蚀的评价指标为弱盐基硫酸盐离子 Me,主要用于被工业废水污染的侵蚀性鉴定。计算方法见表4-22中公式,式中 Me 表示水中弱盐基阳离子总量(mg/L);SO_4^{2-} 表示水中 SO_4^{2-} 的浓度(mg/L);K_3 在表4-22中查得。当满足式(4-20)时

$$Me > K_3 SO_4^{2-} \tag{4-20}$$

即有侵蚀性。若 Me < 1000mg/L 时,不论 SO_4^{2-} 浓度大小,均不具此侵蚀性。

表4-23 系数 *a* 和 *b* 的值

酸性碳酸盐浓度 HCO_3^- (meq/L)	Cl^- 和 SO_4^{2-} 的总含量/(mg/L)											
	0~200		201~400		401~600		601~800		801~1000		>1000	
	a	*b*	*a*	*b*	*a*	*b*	*a*	*b*	*a*	*b*	*a*	*b*
1.4	0.01	16	0.01	17	0.07	17	0.00	17	0.00	17	0.00	17
1.8	0.04	17	0.04	18	0.03	17	0.02	18	0.02	18	0.02	18
2.1	0.07	19	0.08	19	0.05	18	0.04	18	0.04	18	0.04	18
2.5	0.10	21	0.09	20	0.07	19	0.06	18	0.06	18	0.05	18
2.9	0.13	23	0.11	21	0.09	19	0.08	18	0.07	18	0.07	18
3.2	0.16	25	0.14	22	0.11	20	0.10	19	0.09	18	0.08	18
3.6	0.20	27	0.17	23	0.14	21	0.12	19	0.11	18	0.10	18
4.0	0.24	29	0.20	24	0.16	22	0.15	20	0.13	19	0.12	19
4.3	0.28	32	0.24	26	0.19	23	0.17	21	0.16	20	0.14	20
4.7	0.32	34	0.28	27	0.22	24	0.20	22	0.19	21	0.17	21
5.0	0.36	36	0.32	29	0.25	25	0.23	23	0.22	22	0.19	22
5.4	0.40	38	0.36	30	0.29	26	0.26	24	0.24	23	0.22	23
5.7	0.44	41	0.40	32	0.32	27	0.29	25	0.27	24	0.25	24
6.1	0.48	43	0.43	34	0.36	28	0.33	26	0.30	25	0.28	25
6.4	0.54	46	0.47	37	0.40	30	0.36	28	0.33	27	0.31	27
6.8	0.61	48	0.51	39	0.44	32	0.40	30	0.37	29	0.34	28
7.1	0.67	51	0.55	41	0.48	33	0.44	31	0.41	30	0.38	29
7.5	0.74	53	0.60	43	0.53	35	0.48	33	0.45	31	0.41	31
7.8	0.81	55	0.65	45	0.58	37	0.53	34	0.49	33	0.44	32
8.2	0.88	58	0.70	47	0.63	38	0.58	35	0.53	34	0.48	33
8.6	0.96	60	0.76	49	0.68	40	0.63	37	0.57	36	0.52	35
9.0	1.04	63	0.81	51	0.73	44	0.67	39	0.61	38	0.56	37

(注:本表引自《水文地质手册》,地质出版社,1978年4月出版)

3. 其他工业用水水质评价

不同工业生产用水水质有着不同的要求。其中织纺、造纸及食品等工业对水质的要求比较严格。水质既直接影响到工业产品的质量,又影响着产品的生产成本。如水的硬度过高,对于使用肥皂、染料、酸、碱生产的工业都不太适宜,硬水不利于纺织品着色,并使纤维变脆,使皮革质量受损,糖类不结晶。

如果水中的亚硝酸盐存在,可使糖制品大幅度减产。水中存在过量的铁、锰盐类时,能使纸张、淀粉及糖类等出现色斑。食品工业用水首先要考虑符合生活饮用水水质标准,然后还要考虑影响产品质量的其他成分。

虽然不同工业生产用水水质还没有统一的标准,但各部门已根据自己的生产特点和用水经验,对其用水水质作出相应的要求和规定。表4-24 列出了13 种工业用水的水质要求,可供工业用水水质评价时参考。

表4-24 某些企业生产用水对水质的要求

项目	造纸(上等纸)	人造纤维用水	粘液涤生产用水	纺织用水	印染工业用水	制革工业用水	制糖用水	制淀粉用水	造酒用水	粘胶纤维用水	胶片制造用水	备注
浑浊度/(mg/L)	2~5	0	5	5	5	10	0	0		2		
色度/度	5	15	0	10~20	5~10		10~20	10~20				
总硬度/德国度	12~16	2	0.5	4~6	0.4~4	10~20	<20	<20	2~6	2.7	3	硬水妨碍染色,使皮革柔性变坏
耗氧量/(mg/L)	10	6	2		8~10	8~10	<10	<10	<10	<5		
氯/(mg/L)					50	30~40	50	60	30~60	30	10	使皮革具吸水性,糖不易结晶
硫酐/(mg/L)					50	60~80	50	60		10		$CaSO_4$,$NaSO_4$妨碍染色,制糖起不良影响
亚硝酐/(mg/L)		0	0		0	0	0	0	5~25(NO_2)	0.002	0	N_2O_3 存在可使糖大量减产
硝酐/(mg/L)		0	0		痕迹	痕迹	痕迹	0	0.3	0.2	0	

（续）

项目	造纸（上等纸）	人造纤维用水	粘液涤生产用水	纺织用水	印染工业用水	制革工业用水	制糖用水	制淀粉用水	造酒用水	粘胶纤维用水	胶片制造用水	备　注
氨/(mg/L)		0	0		痕迹	0	0	0	0.1	0	0	
铁/(mg/L)	0.1	0.2	0.03	0.2	0.1	0.1	痕迹	0.5	0.1	0.05	0.07	使染色物、纸张起斑点，淀粉糖着色
锰/(mg/L)	0.05		0.03	0.3	0.1	0.1	痕迹	0.05	痕迹			使染色物、纸张起斑点，淀粉糖着色
碳酸/(mg/L)								100				
硫化氢/(mg/L)						1.0						
氧化钙/(mg/L)								120				
氧化镁/(mg/L)								20				使淀粉灰分增多，Ca 和 Mg 过多使纤维物变硬变脆
氧化硅/(mg/L)	20										25	
固形物/(mg/L)	300		100			300 ~ 600	200 ~ 300	400 ~ 600		80	100	
pH 值	7 ~ 7.5	7 ~ 7.5		7 ~ 8.5	7 ~ 8.5				6.5 ~ 7.5			硬水碱水妨碍染色

4.6.2　农业用水的水质评价

1. *农业灌溉用水的水质要求*

农业灌溉用水水质的好坏主要由水温、水的矿化度及溶解盐类的成分三个方面对农作物和土壤的影响决定的。有时也应考虑水的 pH 值和水中有毒元素的含量。

灌溉用水必须要有适宜的温度。在我国北方一般要求为 10 ~ 15℃或更高一些，而南方水稻生长地区以 15 ~ 25℃为宜。但有些地区地下水的温度一般较低，可将水取出后采用地表水池晾晒或加长渠道等措施来提高水温。利用温泉灌溉时，也应用同样的方法降温后再灌溉。

水的矿化度不能太高，太高对农作物生长和土壤都不利。农作物是依靠其根系从土壤溶液中吸收水分和营养以维持其生长。据测定，只有在作物体液的渗透压大于土壤溶液的渗透压 2 ~ 5 个大气压，既平均约 3 个大气压时，作物的根系方能从土壤中吸收水分。而溶液的渗透压是与溶液的浓度大小成正比的，也就是作物体液浓度必须大于土壤溶液浓度一定程度后，才能保证作物根系吸收水分。如果土壤溶液的浓度过大，则要抑制作物吸收水分。严重时甚至使水分从作物体内排出，造成作物的缺水，以至枯萎。因此灌溉水的矿化度一定要保证土壤溶液的浓度能维持作物根系吸收水分的正常进行。但是土壤溶液的浓度并不完全取决于灌溉水的含盐量，还与土壤原有的含盐量、气候条件、土壤性质、潜水埋深、排水条件、灌溉及耕作方法等一系列影响土壤积盐和脱盐的因素有关，同时也与作物的耐盐程度有关，要因地因时而定。如河北地质部门把矿化度 2g/L 的定为咸淡水的界限；在河北沧州地区矿化度 1.5 ~ 2.4g/L 是较好的灌溉水的上限；前苏联有的学者曾提出这个上限是 1.1 ~ 1.7g/L。不同作物的抗盐能力也也不同。例如，我国华北平原不同作物对地下水的抗盐能力为：矿化度小于 1 g/L 的水，一般作物生长正常；矿化度 1 ~ 2g/L 的水，水稻、棉花生长正常，小麦受抑制；矿化度 5 g/L 的水，水量充足时水稻可以生长，棉花受显著抑制，小麦不能生长；矿化度 20 g/L 的水，作物不能生长，可长少量耐盐牧草，大部分为光板地。

水中所含盐类不同对作物的影响也不同，对农作物生长最有害的是钠盐。钠盐对作物的危害又以 Na_2CO_3 为最强，NaCl 次之，Na_2SO_4 又次之。钠盐对作物的危害有两个方面：一是使土壤溶液恶化。以钠盐为主的水一般其浓度都较大，碳酸钠或碳酸氢钠为主的水其浓度可以不高，但对作物具有腐蚀性，使作物烂根。二是使土壤发生盐碱化，对耕地产生更为长远和广泛的危害。盐碱土不仅具有不良化学性质性质，而且溶液中的钠离子与土壤颗粒作用，可破坏土壤的团粒结构，使土壤在干燥时非常密实坚硬，湿润时粘成一团，这就是所谓的土壤板结。土壤板结的结果，使其透气、保水及耕作性能变得很差，导致作物减产甚至绝收。对于易透水的土壤来说，钠盐的允许含量为：Na_2CO_3——1g/L，NaCl——2g/L，Na_2SO_4——5g/L，如果这些盐类在土壤中同时存在时，其允许含量应降低。水中有些盐类对作物生长并无害处，如 $CaCO_3$ 和 $MgCO_3$。还有一些盐类不但无害，反而有益，如硝酸盐和磷酸盐具有肥效，有利于作物生长。

根据以上情况在评价灌溉用水的水质时，必须要考虑水的含盐量和盐类成分两个方面。但是，水中含盐量和盐类成分对作物的影响又受许多因素控制，所以制定出适合各种条件的灌溉用水水质标准是困难的。

2. 农业用水的水质评价

为防止土壤、地下水和农产品污染，保障人体健康，维护生态平衡，确保农业持续发展，各国都制定了农业灌溉用水标准，作为评价灌溉用水的依据。目前我国农业用水水质评价在执行农田灌溉用水水质标准的同时，也采用单项指标的评价方法。

（1）水质标准法 我国现行的《农田灌溉水质标准》（GB 5084—1992）见表4-25。不论灌溉水源是地表水、地下水，还是处理后的城市污水以及与城市污水水质相近的工业废水，都以表4-26所列标准来进行评价。但是，医药、生物制品、化学药剂、农药、石油炼制、焦化和有机化工处理后的废水，因其所含成分复杂而特殊，不宜用现行灌溉水质标准评价。

我国的农田灌溉水质标准根据农作物的生长习性及需水情况将灌溉水质按作物分为三类：一类为水作物，如水稻，灌溉水量一般为8000m³/（亩·a）；二类指旱作物，如小麦、玉米、棉花等，灌溉水量一般为300m³/（亩·a）；三类指蔬菜作物，如大白菜、韭菜、洋葱、卷心菜等，蔬菜作物的需水量差异较大，一般为200~500m³/（亩·a）。

农田灌溉用水质量的评价，除了遵照表4-26所列标准外，还必须考虑温度的下限、盐分的类型、有机物类型、灌溉方式问题。在水资源十分缺乏的干旱灌溉区灌溉水的含盐量可适当放宽。

表4-25 农田灌溉水质标准（GB 5084—1992） （单位：mg/L）

序号	分类＼作物		水作	旱作	蔬菜
1	生化需氧量	≤	80	150	80
2	化学需氧量	≤	200	300	150
3	悬浮物	≤	150	200	100
4	阴离子表面活性剂LAS	≤	5.0	8.0	5.0
5	凯氏氮	≤	12	30	30
6	总磷（以P计）	≤	5.0	10	10
7	水温/℃	≤	35		
8	pH值	≤	5.5~8.5		
9	全盐量	≤	1000（非盐碱土地区），2000（盐碱土地区），视条件可适当放宽		
10	氯化物	≤	250		
11	硫化物	≤	1.0		

（续）

序号	分类 \ 作物		水作	旱作	蔬菜
12	总汞	≤	0.001		
13	总镉	≤	0.005		
14	总砷	≤	0.05	0.1	0.05
15	铬（六价）	≤	0.1		
16	总铅	≤	0.1		
17	总铜	≤	1.0		
18	总锌	≤	2.0		
19	总硒	≤	0.02		
20	氟化物	≤	2.0（高氟区），3.0（一般区）		
21	氰化物	≤	0.5		
22	石油类	≤	5.0	10	1.0
23	挥发苯	≤	1.0		
24	苯	≤	2.5		
25	三氯乙醛	≤	1.0	0.5	0.5
26	丙烯醛	≤	0.5		
27	硼	≤	1.0（对硼敏感作物，如马铃薯、笋瓜、洋葱、柑橘等） 2.0（对硼耐受较强的作物，如小麦、青椒、小白菜、葱等） 3.0（对硼耐受性强的作物，如水稻、萝卜、油菜、甘蓝等）		
28	大肠菌群数/（个/L）	≤	1000		
29	蛔虫卵数/（个/L）	≤	2		

（2）灌溉系数法　灌溉系数是根据钠离子与氯离子、硫酸根的相对浓度采用不同的经验公式计算的，它反映了水中的钠盐值，但忽略了全盐的作用。其计算公式见表4-26。

表4-26　灌溉系数计量表

水的化学类型	灌溉系数 K_a 计算公式
$\gamma_{Na^+} < \gamma_{Cl^-}$，只有氯化钠存在时	$K_a = 288/(5\gamma_{Cl^-})$
$\gamma_{Cl^-} + \gamma_{SO_4^{2-}} > \gamma_{Na^+} > \gamma_{Cl^-}$ 有氯化钠及硫酸钠存在时	$K_a = 288/(\gamma_{Na^+} + 4\gamma_{Cl^-})$
$\gamma_{Na^+} > \gamma_{Cl^-} + \gamma_{SO_4^{2-}}$ 有氯化钠、硫酸钠及碳酸钠存在时	$K_a = 288/(10\gamma_{Na^+} - 5\gamma_{Cl^-} - 9\gamma_{SO_4^{2-}})$

灌溉系数 $K_a > 18$ 时，为完全适用的水；$K_a = 18 \sim 16$ 时，为适用的水；$K_a = 5.9 \sim 1.2$ 时，为不太适用的水；$K_a < 1.2$ 时，为不能用的水。

灌溉用水水质评价是件复杂的工作，不能简单的用某一特定标准或指标替代全面的分析论证工作，还必须具体考虑当地的气候、水文地质条件、土壤性质、农作物分类、灌溉制定、灌溉方式等一系列因素才能提出适合当地情况的用水标准和利用方案。

灌溉系数（K_a）评价方法主要缺陷在于仅反映了水中的钠盐值，忽略了全盐的作用，评价结果不全面。

（3）钠吸附比值法　钠吸附比值（A）法是美国农田灌溉水质评价所采用的一种方法，它是根据水中钠离子与钙、镁离子的相对浓度来判断水质的优劣。钠吸附比值（A）采用下式计算

$$A = \frac{\gamma_{Na^+}}{\sqrt{(\gamma_{ca^{2+}} + \gamma_{Mg^{2+}})/2}} \tag{4-21}$$

式中　γ_{Na^+}、$\gamma_{Ca^{2+}}$、$\gamma_{Mg^{2+}}$——表示各离子的浓度（meq/L，1mgq/L = 1mmol/L × 离子价数）。

当 $A>20$ 时，为有害的水；$A=15\sim20$ 时，为有害边缘水；$A<8$ 时，为相当安全的水。

钠吸附比值也反映了钠盐含量的相对值，因此，应用这种方法评价水质时，还应与全盐量、水化学形成条件相结合。

（4）盐度和碱度的评价法　钠吸附比值（A）与灌溉系数类似也是反应钠盐的，应用时还应与总溶解固体含量结合进行评价，其评价过程极为烦琐，应用并不十分广泛。多年来，我国在对豫东地区的主要农作物和水质状况研究的基础上，提出盐度和碱度的评价方法，确定灌溉用水的盐害、碱害和综合危害，也是目前比较广泛应用的评价方法。具体评价指标见表4-28和表4-29。

1）盐害。主要是指氯化钠和硫酸钠这两种盐分对农作物和土壤的危害。

盐分过高可造成农作物的死亡和土壤的盐化。水质的盐害程度主要用盐度来表示。盐度就是水中氯化钠和硫酸钠的最大危害浓度，单位为meq/L。计算方法为

当 $\gamma_{Na^+} > \gamma_{Cl^-} + \gamma_{SO_4^{2-}}$ 时，盐度 $= \gamma_{Cl^-} + \gamma_{SO_4^{2-}}$；

当 $\gamma_{Na^+} < \gamma_{Cl^-} + \gamma_{SO_4^{2-}}$ 时，盐度 $= \gamma_{Na^+}$

2）碱害。也称苏打害。主要是指碳酸钠和重碳酸钠对农作物的危害。

地下水的碱害程度用碱度来表示。其计算方法为

碱度 $= (\gamma_{HCO_3^-} + \gamma_{CO_3^{2-}}) - (\gamma_{Ca^{2+}} + \gamma_{Mg^{2+}})$ 计算结果为负值时，盐害起主导作用。

3）盐碱害。当盐度大于10，并有碱度存在时称为盐碱害。盐碱害的作用结果是造成土壤迅速盐碱化和农作物的死亡。

4）综合危害。水中的氧化钙、氧化镁等其他有害成分与盐害碱害一起，对农作物和土壤产生的危害称之为综合危害。综合危害的程度主要取决于水中所

含各种可溶盐的量。

表4-27 和表4-28 主要是根据河南省的基本条件规定的评价指标，各地区在实际应用时，应根据当地的条件适当加以修正。

表 4-27 灌溉用水水质评价指标

危害盐类 \ 评价指标 \ 水质类型		好水	中等水	盐碱水	重盐碱水
盐害	碱度为零时盐度/（meq/L）	<15	15~25	25~40	>40
碱害	盐度小于10时碱度/（meq/L）	<4	4~8	8~12	>12
综合危害	总溶解固体/（g/L）	<2	2~3	3~4	>4
灌溉水质评价		长期浇灌对主要作物生长无不良影响，还能把盐碱地浇成好地	长期浇灌或灌溉不当时，对土壤和主要作物有影响，但合理浇灌能避免土壤发生盐碱化	灌溉不当时，土壤盐碱化，主要作物生长不好。必须注意浇灌方法，用的得当，作物生长良好	浇灌后土壤迅速盐碱化，对作物影响很大，即使特别干旱时，也尽量避免过量使用
说明		本指标适用于非盐碱化土壤。已盐碱化土壤可视盐碱化程度调整使用 本表根据豫东地区主要作物，如小麦、高粱、玉米、棉花、黄豆等被灌溉后的反映程度确定的			

注：1meq/L=1mmol/L×离子价数。

表 4-28 盐碱害类型双项灌溉水质评价指标

盐度/（meq/L）	碱度/（meq/L）	水质类型
10~20	4~8	盐碱水
	>8	重盐碱水
20~30	<4	盐碱水
	>4	重盐碱水
>30	微量	重盐碱水

同时，还应注意到，由于近几年来水体的工业污染严重，灌溉水中有毒有害的微量金属等元素含量升高，利用这部分水体进行农田灌溉时，尽管不产生上述的盐害、碱害或盐碱害，但有毒元素在农作物中的积累，已对农作物的产品质量及人体健康造成了极大的危害，这种危害是潜在的、长期的。因此，在进行农田灌溉用水水质评价时，不仅要对可能造成的盐害、碱害或盐碱害进行细致的评价与说明，同时还应特别注意有毒微量元素的危害，严格控制灌溉用水的水质，保证农作物的产品质量。

复习思考题

1. 为什么要进行水资源水质的评价？
2. 什么是水质？什么是水质指标？什么是水质标准？
3. 什么是水环境本底值？如何确定？
4. 什么是水环境的背景值？
5. 了解饮用水、工业用水和水源水的水质标准。
6. 水质评价有哪几种基本方法？
7. 什么是成垢作用？锅垢的成分通常有哪些？锅垢对锅炉用水有什么影响？
8. 为什么要对硬垢进行评价？评价公式是什么？
9. 什么是起泡作用？如何评价？
10. 什么是腐蚀作用？如何评价？
11 简述农业用水的水质评价方法？

5

第5章 水资源供需平衡

5.1 水资源供需平衡分析的目的和意义

城市水资源供需平衡分析是指在一定范围内（行政、经济区域或流域）不同时期的可供水量和需水量的供求关系分析。其目的：一是通过可供水量和需水量的分析，弄清楚水资源总量的供需现状和存在的问题；二是通过不同时期、不同部门的供需平衡分析，预测未来，了解水资源余缺的时空分布；三是针对水资源供需矛盾，进行开源节流的总体规划，明确水资源综合开发利用保护的主要目标和方向，以实现水资源的长期供求计划。因此，水资源供需平衡分析是国家和地方政府制定社会经济发展计划和保护生态环境必须进行的行动，也是进行水源工程和节水工程建设，加强水资源、水质和水生态系统保护的重要依据。

5.2 水资源供需平衡分析的原则

水资源供需平衡分析涉及社会、经济、环境生态等方面，不管是从可供水量还是需水量方面分析，牵涉面广且关系复杂。因此，水资源供需平衡分析必须遵循以下原则：长期与近期相结合，宏观与微观相结合，科技、经济、社会三位一体统一考虑，水循环系统综合考虑。

1. 长期与近期相结合原则

水资源供需平衡分析实质上就是对水的供给和需求进行平衡计算。水资源的供与需不仅受自然条件的影响，更重要的是受人类活动的影响。在社会不断发展的今天，人类活动对供需关系的影响已经成为基本的因素，而这种影响又随着经济条件的不断改善而发生阶段性的变化。因此，在进行水资源供需平衡分析时，必须把长期与近期结合起来考虑。

在对水资源供需平衡作具体分析时，根据长期与近期原则，可以分成几个分析阶段：①现状水资源供需分析，即对近几年来本地区水资源实际供水、需水的平衡情况，以及在现有水资源设施和各部门需水的水平下，遇不同保证率的来水年时，对本地区水资源的供需平衡情况进行分析；②今后五年内水资源供需分析，它是在现状水资源供需分析的基础上，结合国民经济五年计划对供水与需求的变化情况进行供需分析；③今后10年或20年内水资源供需分析，这项工作必须紧密结合本地区的长远规划来考虑，同样也是本地区国民经济远景规划的组成部分。

下面以河北省唐山市城市节水规划为例来论述城市水资源供需平衡分析。

1）新增水源供水规划。根据《河北省城市供水水源规划》中的唐山市供水水源规划，唐山市新增水源供水规划见表5-1。

表5-1 唐山市供水水源工程规划

工程名称	工程地点	供水水源	工程规模 ($10^4m^3/d$)	可供水量（10^4m^3）	
				$P=75\%$	$P=95\%$
南堡开发区输水二期工程	南堡开发区	陡河水库	8.22	3000	3000
京唐港开发区输水二期工程	京唐港开发区	地下水	8.22	3000	3000
新区管线输水工程	新区	陡河水库	4.11	1500	1500
唐钢扩建	老市区	陡河水库	13.7	5000	5000
王家楼水厂	丰润城关	地下水	2.2	803	803
小陈庄水厂	丰润城关	地下水	1.5	548	548
卑家店水厂扩建	东矿区	地下水	1.9	594	594
林西水厂扩建	东矿区	地下水	2.5	949	949
东矿区管线输水工程	东矿区	陡河水库	5.48	2000	2000

a. 南堡开发区陡河水库引水工程。该项工程现已完成初步设计。它于陡河水库东南侧设置取水泵站，通过管道送至开发区。二期工程年可增加供水量3000万吨。

b. 京唐港开发区管线输水工程。京唐港开发区内水资源条件先天不足，无地表水源，浅层地下水为微咸水，按城市发展要求，只有采取外调水源。二期工程计划在乐亭县徐家店乡附近采取地下水，年供水3000万吨。

c. 新区管线输水工程。新区地下水超采日趋严重，目前已形成漏斗区，考虑到随着城市发展，必须补充新水源。新区管线输水工程于陡河水库西北侧设置取水泵站，以管道形式送至开发区，总供水量1500万吨。

d. 唐钢扩建管线输水工程。到2000年唐山钢铁集团公司钢产量将达到500万吨，需增加供水量5000万吨，以管道形式自陡河水库引水。

e. 丰润城关王家楼水厂、小陈庄水厂工程。至2000年，丰润城关将归属新区。由于城市人口陡然增加，故必须建设新水厂。新建王家楼水厂设计日供水2.2万吨，小陈庄水厂设计日供水1.5万吨。

f. 东矿区卑家店水厂、林西水厂扩建工程。东矿区至2000年城区人口将增加3万人，生活用水量增大，需对现有两座水厂实施扩建。卑家店水厂扩建后增加日供水1.9万吨，林西水厂扩建后增加日供水2.5万吨。

g. 东矿区管线输水工程。东矿区是唐山的老矿区，在市区开滦八大煤矿中东矿区就占五个，其地下水超采现象尤为严重，已对地下水动态及环境生态造成恶劣影响，而东矿区的需水量又与日剧增，基于这种考虑，计划建设输水工程。输水工程于陡河水库东南侧设置取水泵站，通过管道送至东矿区，年供水量为2000万吨。

2）外调水源规划

a. 外调新水源——自青龙河桃林口水库调水。至2000年，唐山市城市需水量将增至8.98亿m^3，仅靠唐山市现有水资源条件是根本无法解决的，必须增加外调新水源。增加外调新水源唯一可行的途径就是从白青龙河桃林口水库调水。桃林口水库在保证率为$P=50\%$、$P=75\%$、$P=95\%$的情况下，年调节水量皆为7.02亿m^3，计划从中调配1.5亿m^3的水量供给唐山市城市用水。

b. 外调水源——自大黑汀水库调水。滦河大黑汀水库的年调节水量为2.17亿m^3，解决唐山市城市外调水源的办法是自大黑汀水库调剂1.5亿m^3的水量由引滦入唐输水工程供给唐山市区。分析可知，至2000年唐山市城市外调引滦水量将增至3.75亿m^3。

c. 至2020年，唐山市城市需水量将增至55.27m^3，需水量增加如此之大，已大大超出海滦河流域给唐山市的供水条件。当务之急的缓解办法是自潘家口水库分配给天津市的10亿m^3水量指标中调剂3亿m^3，供给唐山市城市用水。

3）污水、矿井疏干水处理回用计划。城市污水处理厂规划情况见表5-2。

表5-2 唐山市城市污水处理厂规划 （单位：万t）

分区	厂名	1995年处理量	2000年处理量
中心区	东郊污水处理厂	1314	5475
	西郊污水处理厂		1314
东矿区	唐家庄污水处理厂		1095
	林西污水处理厂		730
	赵各庄污水处理厂		1095
新区	新区污水处理厂	1204	1204
南堡开发区	南堡污水处理厂		2190
总计		2518	13103

据此规划，并适当考虑工厂内部污水处理设施的污水回用，1995 年废污水可利用量为 3000 万 m^3，预计 2000 年废污水可利用 5000 万 m^3。

对矿井疏干水通过广泛采用清污分流，净化处理及直接利用等方式开发利用，1995 年矿井疏干水的可利用量将达 5000 万 m^3，2000 年可利用量将达 7000 万 m^3。

综上所述，1995 年废污水及矿井疏干水的可利用量为 8000 万 m^3，2000 年可利用量为 12000 万 m^3。

至 2020 年，虽然废污水的可利用量将比 2000 年大有增加，但由于市区开滦一些煤矿的煤炭储量开采殆尽，矿井疏干水的可利用量势必显著减少。因此，2020 年废污水及矿井疏干水的可利用量还保持 2000 年的 12000 万 m^3。唐山市水资源供需平衡见表 5-3。

表 5-3 唐山市水资源供需平衡分析

年份		2005 年	2010 年	2020 年	2030 年
可供水量	地表水	1.23	1.23	1.23	1.23
	市区地下水	2.0	2.0	2.0	2.0
可供水量	污水回用	0.25	0.67	1.01	1.25
	合计	3.48	3.90	4.24	4.48
需水量	城市工业	3.16	3.54	4.12	4.80
	城市生活				
	郊区农业	3.04	4.57	6.84	6.84
	合计	6.20	8.11	10.96	11.64
缺水量		2.72	4.21	6.72	7.16
供需比		0.56	0.48	0.39	0.38

唐山市城市供水目前已相当紧张，地下水超采现象尤为严重，未来城市发展需水量将大大增加，如继续开采地下水，对城市的环境生态影响将不堪设想。“八五”期间建设了四项水源工程，但仍有缺口。“九五”期间，尽管又增加九项水源工程，又经区城性调水，水资源还有较大缺口。这些缺口只能通过改进工艺流程、调整产业结构、降低万元产值取水量、加强节水工作等措施加以解决。

2. *宏观与微观相结合原则*

即大区域与小区域相结合，单一水源与多个水源相结合，单一用水部门与多个用水部门相结合。

水资源具有区域分布不均匀的特点，在进行全省或全市（县）的水资源供需平衡分析时，往往以整个区域内的平衡值来计算，这就势必造成全局与局部的矛盾。大区域内水资源平衡了，各小区域内可能有亏有盈。因此，在进行大区域的水资源供需平衡分析后，还必须进行小区域的供需平衡分析，只有这样才能反映各小区的真实情况，从而提出切实可行的措施。

在进行水资源供需平衡分析时，除了对单一水源地（如水库、河闸和机井群）的供需平衡加以分析外，更应重视对多个水源地联合起来的供需平衡进行分析，这样可以最大程度地发挥各水源地的调解能力和提高供水保证率。

由于各用水部门对水资源的量与质的要求不同，对供水时间的要求也相差较大。因此，在实践中许多水源是可以重复交叉使用的。例如，内河航运与养鱼、环境用水相结合，城市河湖用水、环境用水和工业冷却水相结合等。一个地区水资源利用得是否科学，重复用水量是一个很重要的指标。因此，在进行水资源供需平衡分析时，除考虑单一用水部门的特殊需要外，本地区各用水部门应综合起来统一考虑，否则往往会造成很大的损失。这对一个地区的供水部门尚未确定安置地点的情况尤为重要。这项工作完成后可以提出哪些部门设在上游，哪些部门设在下游，或哪些部门可以放在一起等合理的建议，为将来水资源合理调度创造条件。

3. 科技、经济、社会三位一体统一考虑原则

对现状或未来水资源供需平衡的分析都涉及到技术和经济方面的问题，行业间的矛盾，以及省市之间的矛盾等社会问题。在解决实际的水资源供需不平衡的许多措施中，被采用的可能是技术上合理，而经济上并不一定合理的措施；也可能是矛盾最小，但技术与经济上都不合理的措施。因此，在进行水资源供需平衡分析时，应统一考虑以下三种因素，即社会矛盾最小、技术与经济都较合理，并且综合起来最为合理（对某一因素而言并不一定是最合理的）。

4. 水循环系统综合考虑原则

水循环系统指的是人类利用天然的水资源时所形成的社会循环系统。人类开发利用水资源经历三个系统：供水系统、用水系统、排水系统。这三个系统彼此联系、相互制约。从水源地取水，经过城市供水系统净化，提升至用水系统；经过使用后，受到某种程度的污染，流入城市排水系统；经过污水处理厂处理后，一部分退至下游，一部分达到再生水回用的标准，重新返回到供水系统中，或回到用户再利用，从而形成了水的社会循环。

5.3 水资源供需平衡分析方法

水资源供需平衡分析必须根据一定的雨情、水情来进行，主要有二种分析方法：一种为系列法，一种为典型年法（或称代表年法）。系列法是按雨情、水情的历史系列资料进行逐年的供需平衡分析计算；而典型年法仅是根据具有代表性的几个不同年份的雨情、水情进行分析计算，而不必逐年计算。这里必须

强调，不管采用何种分析方法，所采用的基础数据（如水文系列资料、水文地质的有关参数等）的质量是至关重要的，其将直接影响到供需分析成果的合理性和实用性。下面介绍两种方法：一种叫典型年法，另一种叫水资源系统动态模拟法（属系列法的一种）。

5.3.1 典型年法

1. 典型年法的含义

典型年（又称代表年）法，是指对某一范围的水资源供需关系，只进行典型年份平衡分析计算的方法。其优点是可以克服资料不全（如系列资料难以取得时）及计算工作量太大的问题。首先，根据需要来选择不同频率的若干典型年。我国规范规定：平水年频率 $P=50\%$，一般枯水年频率 $P=75\%$，特别枯水年频率 $P=90\%$（或95%）。在进行区域水资源供需平衡分析时，北方干旱和半干旱地区一般要对 $P=50\%$ 和 $P=75\%$ 两种代表年的水供需进行分析；而在南方湿润地区，一般要对 $P=50\%$、$P=75\%$ 和 $P=90\%$（或95%）三种代表年的水供需进行分析。实际上，选哪几种代表年，要根据水供需的目的来确定，可不必拘泥于上述的情况。如北方干旱缺水地区，若想通过水供需分析来寻求特枯年份的水供需对策措施，则必须对 $P=90\%$（或95%）代表年进行水供需分析。

2. 供需平衡分区和时段划分

水资源供需分析，就某一区域来说，其可供水量和需水量在地区上和时间上分布都是不均匀的。如果不考虑这些差别，在大尺度的时间和空间内进行平均计算，往往使供需矛盾不能充分暴露出来，那么其计算结果不能反映实际的状况，这样的供需分析不能起到指导作用。所以，必须进行分区和确定计算时段。

分区进行水资源供需分析研究，便于弄清水资源供需平衡要素在各地区之间的差异，以便针对不同地区的特点采取不同的措施和对策。另外，将大区域划分成若干个小区后，可以使计算分析得到相应的简化，便于研究工作的开展。在分区时一般应考虑以下原则：

1）尽量按流域、水系划分，对地下水开采区应尽量按同一水文地质单元划分。

2）尽量照顾行政区划的完整性，便于资料的收集和统计，更有利于水资源的开发利用和保护的决策和管理。

3）尽量不打乱供水、用水、排水系统。

分区的方法是应逐级划分，即把要研究的区域划分成若干个一级区，每一个一级区又划分为若干个二级区，依此类推，最后一级区称为计算单元。分区面积的大小应根据需要和实际的情况而定。分区过大，往往会掩盖水资源在地区分布的差异性，无法反映供需的真实情况。而分区过小，不仅增加计算工作量，而且同样会使供需平衡分析结果反映不了客观情况。因此，在实际的工作中，在供需矛盾比较突出的地方，或工农业发达的地方，分区宜小；对于不同的地貌单元（如山区和平原）或不同类型的行政单元（如城镇和农村），宜划为不同的计算区。对于重要的水利枢纽所控制的范围，应专门划出进行研究。

1981 年进行全国水资源供需分析时，将全国十大领域（片），按水系划分为 69 个分区，各省又进一步划分为若干小区，作为供需平衡计算的基本单元，进行水资源供需平衡的计算。表 5-4 即为按来水保证率 $P=75\%$ 条件下的供需分析结果。

表 5-4　全国分片远景（2000 年）供需分析（$P=75\%$）

（单位：$\times 10^8 m^3$）

流域（片）	供水能力预估			需水量预测						余缺水量	
	地表水	地下水	合计	灌溉	工业	城镇生活	农村人畜	牧业及其他	合计	余	缺
黑龙江片	442	103	645	279	89	8	20	105	501	86	43
辽河片	172	76	248	213	57	12	16	36	334	2	88
海滦河片	202	137	339	411	76	13	14		514		175
黄河流域	191	99	290	269	31	7	12	4	323	9	44
淮河片	481	191	672	694	56	10	51	38	849		177
长江流域	1821	72	1893	1791	249	42	84		2166	207	480
浙闽诸河	499	1	500	335	37	12	16		400	111	12
珠江片	1371		1371	866	99	15	72	18	1070	301	
西南诸河	74		74	59	8	1	4	6	78	10	14
内陆河片	428	113	541	479	32	2	15	26	554	20	30
额尔齐斯	26	0	26	22	0	0	0	3	25	1	0
全国	5707	792	6499	5418	734	122	304	236	6814	747	1063

注：各省在预测各部门需水时，有的省、市、自治区对火电厂用水未加估计，该表汇总需水量数字偏小。引自《中国水资源初步评价》，1981 年 12 月出版。

时段划分也是供需平衡分析中一项基本的工作，目前，分别采用年、季、月、旬和日等不同的时段。从原则上讲，时段划分得越小越好，但实践表明，时段的划分也受各种因素的影响，究竟按哪一种时段划分最好，应对各种不同情况加以综合考虑。

由于城市水资源供需矛盾普遍尖锐，管理运行部门为了最大限度地满足各地区的需水要求，将供水不足所造成的损失压缩到最低程度，需要紧密结合需水部门的生产情况，实行科学供水。同时，也需要供水部门实行准确计量，合理收费。因此，供水部门和需水部门都要求把计算时段分得小一些，一般以旬、日为单位进行供需平衡分析。

在做水资源规划（流域水资源规划、地区水资源规划、供水系统水资源规划）时，应着重方案的多样性，而不宜对某一具体方案做得过细，所以在这个阶段，计算时段一般不宜太小，以“年”为单位就可以。

对于无水库调节的地表水供水系统，特别是北方干旱、半干旱地区，由于来水年内变化很大，枯水季节水量比较稳定，在选取时段时，枯水季节可以选得长些，而丰水季节应短些。如果分析的对象是全市或与本市有关的外围区域，由于其范围大、情况复杂，分析时段一般以年为单位，若取小了，不仅加大工作量，而且也因资料差别较大而无法提高精度。

如果分析对象是一个卫星城镇或一个供水系统，范围不大，则应尽量将时段选得小一些。

3. 典型年和水平年的确定

（1）典型年来水量的选择及分布　典型年的来水需要用统计方法推求。首先根据各分区的具体情况来选择控制站，以控制站的实际来水系列进行频率计算，选择符合某一设计频率的实际典型年份，然后求出该典型年的来水总量。可以选择年天然径流系列或年降雨量系列进行频率分析计算。如北方干旱半干旱地区，降雨较少，供水主要靠径流调节，则常用年径流系列来选择典型年。南方湿润地区，降雨较多，缺水既与降雨有关，又与用水季节径流调节分配有关，故可以有多种的系列选择。例如在西北内陆地区，农业灌溉取决于径流调节，故多采用年径流系列来选择代表年，而在南方地区农作物一年三熟，全年灌溉，降雨量对灌溉用水影响很大，故常用年降雨量系列来选择典型年。至于降雨的年内分配，一般是挑选年降雨量接近典型年的实际资料进行缩放分配。

典型年来水量的分布常采用的一种方法是按实际典型年的来水量进行分配，但地区内降雨、径流的时空分配受所选择典型年所支配，具有一定的偶然性，为了克服这种偶然性，通常选用频率相近的若干个实际年份进行分析计算，并从中选出对供需平衡偏于不利的情况进行分配。

（2）水平年　水资源供需分析是要弄清研究区域现状和未来的几个阶段的水资源供需状况，这几个阶段的水资源供需状况与区域的国民经济和社会发展有密切关系，并应与该区域的可持续发展的总目标相协调。一般情况下，需要研究分析四个发展阶段的供需情况，即所谓的四个水平年的情况，分别为现状水平年（又称基准年，系指现状情况以该年为标准），近期水平年（基准年以后5年或10年），远景水平年（基准年以后15年或20年），远景设想水平年（基准年以后30～50年）。一个地区的水资源供需平衡分析究竟取几个水平年，应根据有关规定或当地具体条件以及供需分析的目的而定，一般可取前三个水平年即现状、近期、远景三个水平年进行分析。对于重要的区域多有远景水平年，而资料条件差的一般地区，也有只取两个水平年的。当资料条件允许而又需要时，也应进行远景设想水平年的供需分析的工作，如长江、黄河等七大流域，为配合国家中长期的社会经济可持续发展规划，原则上都要进行四种阶段的供需分析。

4. 可供水量和需水量的分析计算

（1）可供水量　可供水量是指不同水平年、不同保证率或不同频率条件下通过工程设施可提供的符合一定标准的水量，包括区域内的地表水、地下水、外流域的调水，污水处理回用和海水利用等。它有别于工程实际的供水量，也有别于工程最大的供水能力，不同水平年意味着计算可供水量时，要考虑现状、近期和远景的几种发展水平的情况，是一种假设的来水条件。不同保证率或不同频率条件表示计算可供水量时，要考虑丰、平、枯几种不同的来水情况，保证率是指工程供水的保证程度（或破坏程度），可以通过系列调算法进行计算求得。频率一般表示来水的情况，在计算可供水量时，既表示要按来水系列选择代表年，也表示应用代表年法来计算可供水量。

可供水量的影响因素：

1）来水条件。由于水文现象的随机性，将来的来水是不能预知的，因而将来的可供水量是随不同水平年的来水变化及其年内的时空变化而变化。

2）用水条件。由于可供水量有别于天然水资源量，例如只有农业用户的河流引水工程，虽然可以长年引水，但非农业用水季节所引水量则没有用户，不能算为可供水量；又例如河道的冲淤用水、河道的生态用水，都会直接影响到河道外的直接供水的可供水量；河道上游的用水要求也直接影响到下游的可供水量。因此，可供水量是随用水特性、合理用水和节约用水等条件的不同而变化的。

3）工程条件。工程条件决定了供水系统的供水能力。现有工程参数的变化，不同的调度运行条件以及不同发展时期新增工程设施，都将决定出不同的供水能力。

4）水质条件。可供水量是指符合一定使用标准的水量，不同用户有不同的标准。在供需分析中计算可供水量时要考虑到水质条件。例如从多沙河流引水，高含沙量河水就不宜引用；高矿化度地下水不宜开采用于灌溉；对于城市的被污染水、废污水在未经处理和论证时也不能算作可供水量。

总之，可供水量不同于天然水资源量，也不等于可利用水资源量。一般情况下，可供水量小于天然水资源量，也小于可利用水资源量。对于可供水量，要分类、分工程、分区逐项逐时段计算，最后还要汇总成全区域的总供水量。

另外，需要说明的是所谓的供水保证率是指多年供水过程中，供水得到保证的年数占总年数的百分数，常用下式计算

$$P=\frac{m}{n+1}\times 100\% \tag{5-1}$$

式中 P——供水保证率；

m——保证正常供水的年数；

n——供水总年数。

在供水规划中，按照供水对象的不同，应规定不同的供水保证率。例如居民生活供水保证率 $P=95\%$ 以上，工业用水 $P=90\%$ 或 95%，农业用水 $P=50\%$ 或 75% 等。保证正常供水是指通常按用户性质，能满足其需水量的 90% ~98%（即满足程度），视作正常供水。对供水总年数，通常指统计分析中的样本总数，如所取降雨系列的总年数或系列法供需分析的总年数。

根据上述供水保证率的概念，可以得出两种确定供水保证率的方法：

1）上述的在今后多年供水过程中有保证年数占总供水年数的百分数。今后多年是一个计算系列，在这个系列中，不管哪一个年份，只要有保证的年数足够，就可以达到所需的保证率。

2）规定某一个年份（例如 2000 年这个水平年），这一年的来水可以是各种各样的。现在把某系列各年的来水都放到 2000 年这一水平年去进行供需分析，计算其供水有保证的年数占系列总年数的百分数，即为 2000 年这一水平年的供水遇到所用系列的来水时的供水保证率。

有了上述概念，水资源供需平衡分析中典型年法的供水保证率可以这样来理解和计算：从表面现象看，典型年法只进行了个别水平年的供需计算，不能统计出供水保证率。但所选择的典型年，其来水具有不同的频率；这样，其供需分析也有保证率的概念。$P=50\%$ 的来水就是指年来水总量大于或等于那一年（$P=50\%$）的年数占统计样本总年数的 50%。既然来水总量等于那一年（$P=50\%$）的能保证，则大于那一年（$P=50\%$）的一般也应该能保证（当然还有来水的时间分配问题）。所以，在典型年法中，若 $P=50\%$ 供需能平衡，则其供水保证率为 $P=50\%$。对于 $P=95\%$ 的年份，供需分析得出不平衡，还缺水，说明其供水保证率不足 95%。但这样的结论太笼统，并不说明各用水部门供需的矛盾，实际上对生活、工业、农业供水应区别对待；有时生活、工业部门仍可保证供水（只要供水系统有保证），而所缺水主要应由农业等部门来承担。所以，在典型年法中，不要因为 $P=95\%$ 年份总供需水量不平衡，就笼统地认为生活、工业供水保证率不够，更不能按 $P=95\%$ 的年份去进行全区的供水规划。对一个区域来说，按此规划，无疑是大多数年份供大于需，必然会造成水资源的浪费。因此，应具体分析区域内哪些用水部门真正缺水及其缺水程度和影响，

然后做出科学的分析评价和提出解决的具体措施。

（2）需水量　需水量可分为河道内用水和河道外用水两大类。河道内用水包括水力发电、航运、放木、冲淤、环境、旅游等。河道内用水一般并不耗水，但要求有一定的流量、水量和水位，其需水量应按一水多用原则进行组合计算。河道外用水包括城市用水和农业用水。城市用水又分工业用水、生活用水和环境用水。

1）工业用水

a. 工业用水的计算：工业用水一般指工矿企业在生产过程中，用于制造、加工、冷却、空调、净化和洗涤等方面的用水，是城市用水的一个重要的组成部分。根据1993年统计，我国工业用水量占总用水量的17.4%。由于工业部门内不同的行业的用水量相差很大，所以工业用水要按行业划分，利用水平衡法进行统计和计算

$$Q_1 = Q_C + Q_D + Q_R \tag{5-2}$$

式中　Q_1——总用水量，在设备和工艺流程不变时，为一定值（m^3/a）；

Q_C——耗水量，工矿企业生产过程中消耗掉的水量，包括蒸发、渗漏等损失水量，以及产品带走的水量（m^3/a）；

Q_D——排水量，经过工矿企业使用后，向外排放的水，多指未重复利用的废污水量（m^3/a）；

Q_R——重复用水量，生产过程中二次以上的用水，包括循环用水量和二次以上的用水量（m^3/a）；

耗水量和排水量必须加以补充，二者之和称为取用水量，以 Q_2 记之。故总用水量 Q_1 又可表示为补充水量和重复用水量之和：$Q_1 = Q_2 + Q_R$

工业用水水平一般以单位产量或产值所需的补充水量和重复利用率这两个指标来衡量，重复利用率 R 以重复利用水量 Q_R 占总用水量 Q_1 的百分数表示

$$R = \frac{Q_R}{Q_1} \times 100\% \tag{5-3}$$

工业用水重复利用率 R 越高，表示工业用水的有效利用程度越高。我国2004年万元GDP用水量为 $399m^3$，约为世界平均水平的4倍，是美国等先进国家的8倍。2004年万元工业增加值用水量为 $196m^3$，工业用水重复利用率约为60%～65%。国外发达国家万元工业增加值用水量一般在 $50m^3$ 以下，工业用水重复利用率一般在80%～85%以上。如美国2000年万元工业增加值用水量不到 $15m^3$，工业水重复利用率约为94.5%，日本万元工业增加值用水量也仅为 $18m^3$，工业用水重复利用率达到80%以上。总体来看，我国现状工业用水重复利用率仅相当于先进国家20世纪80年代初的水平，节约用水还有较大潜力。

b. 工业用水的预测：为了对将来不同水平年的供需进行分析，有必要对工

业用水进行预测。工业用水预测是一项比较困难的工作，涉及国民经济发展的长远规划、布局、结构和技术设备、工艺水平及节水技术等因素。工业用水的预测方法原则上应分行业对产量、用水量、重复利用率及发展趋势进行估算，一般有以下两种方法：

一种是分行业重复利用率提高法：对于资料比较齐全的地方，一般采用按冶金、电力、煤炭、石化、化工、机械、建筑、食品、纺织、缝纫、皮革、造纸、文教、木材等14个行业或部门推算工业用水量，该法采用万元产值用水量和重复利用率这两个指标来推算工业发展用水，用下式计算

$$q_2 = q_1 \frac{1 - \eta_1}{1 - \eta_2} \tag{5-4}$$

式中　q_2、q_1——分别为起始年和预测年的万元产值取用水量（m^3/万元）；

η_1、η_2——分别为起始年和预测年的工业用水重复利用率（%）。

一个行业如果已知现有的用水重复利用率和万元产值用水，根据工业用水的水平等条件，如能提出将来可达到的用水重复利用率，便可推算出将来的工业用水量。随着生产水平发展、设备工艺的改进、更新，万元产值的总用水量会逐渐减少，故式（5-4）可修改为

$$q_2 = (1 - \alpha)^n \frac{1 - \eta_1}{1 - \eta_2} q_1 \tag{5-5}$$

式中　α——考虑到设备工艺改进使得万元产值的总用水量平均下降率（%），α 值愈大，则万元产值用水量愈少；

n——起始年与预测年的相距的时间（a）。

另一种预测法是趋势法：用历年工业用水量增长率来推算未来工业用水量，按下式进行计算

$$S_i = S_0 (1 + d)^n \tag{5-6}$$

式中　S_i——某一年所预测的工业需水量（m^3）；

S_0——起始年的工业用水量（m^3）；

d——工业用水量年平均增长率（%）；

n——从起始年份到预测年份所间隔的时间（a）。

采用趋势法预测的关键是对工业用水平均增长率的确定是否准确合理，它与工业结构、用水水平、水源条件等有关。随着用水水平的提高，单位产值耗水量降低，重复利用率的提高，工业用水呈下降趋势。趋势法是一种较为简便快捷的需水预测方法，对资料的要求不高，但该方法由于所考虑的因素较少，预测结果往往与实际的偏差很大，故一般不宜单独使用，应配合其他的方法进行预测。

2）生活用水。在城市中扣除工业用水（包括生产区的生活用水）之外所有

的用水，它包括城市居民住宅用水，公共建筑用水，市政用水，环境、景观与娱乐用水，供热及消防用水。居民住宅用水主要指家庭中的日常生活用水，包括饮用、洗涤等室内用水及庭院绿化、洗车和其他用水；公共建筑用水包括机关、学校、医院、商店、宾馆旅店、文化娱乐场所及商贸服务行业用水；市政、环境、景观与娱乐用水包括浇洒街道与公共场所用水，绿化用水、补充河湖以保持景观和水体自净能力的用水，以及人工瀑布和喷泉用水、划船滑水（冰）与游泳等娱乐用水。上述的公共建筑用水和市政用水统称公共市政用水。随着经济与城市化进程发展，我国用水人口相应增加，城市居民生活水平不断提高，公共市政设施范围不断扩大与完善，用水量不断增加（表 5-5）。2000 年全国总生活用水量、用水总人口、人均日生活用水量分别是 1994 年的 1.88、1.71、1.10 倍，其中 2000 年城市人均日生活用水量是 1986 年的 1.39 倍，与 1986 年 158.45L 相比，14 年中增长了 39%。城市规模越大用水越多，南方较北方用水量大（表 5-6）。北方城市人均综合生活用水量平均 157.8L/（人·d），而南方城市人均综合生活用水量平均 215L/（人·d），是北方的 1.36 倍。不同地域的人均日生活用水量差异较大，其中最高的是我国南方海南三亚，人均日生活用水量高达 522L/（人·d），而最低的是我国北方的内蒙额尔古纳，人均日生活用水量仅为 20.55L/（人·d），两者相差达 25 倍之多。

表 5-5　1991—2000 年我国城市生活用水量

年份/年	城市总数/个	统计城市数/个	城市生活用水量/$10^8 m^3$	用水人口数/亿人	人均城市生活用水量［L/（人·d）］
1991	476	410	75.08	1.17	125.81
1992	514	383	82.62	1.29	175.47
1993	567	488	94.25	1.42	181.84
1994	622	535	106.26	1.46	199.40
1997	668		175.12	2.26	213.49
2000			200.00	2.49	220.24

注：1991—1994 年、1997 年数据来自《中国给水五十年回顾》. 北京：中国建筑工业出版社，1999；2000 年数据来自《中国统计年鉴》. 北京：中国统计出版社，2000、2001。

表 5-6　我国人均城市生活用水量结构［单位：L/（人·d）］

城市规模	北方			南方		
	综合用水	居民住宅用水	公共市政用水	综合用水	居民住宅用水	公共市政用水
特大（>100 万）	177	102.9	74.2	260.8	166.8	94.0
大（50~100 万）	178	98.8	80.4	204	103.0	101

（续）

城市规模	北方			南方		
	综合用水	居民住宅用水	公共市政用水	综合用水	居民住宅用水	公共市政用水
中（20~50万）	136	96.8	39.9	208	148.9	59.1
小（<20万）	138	79.3	58.7	187.6	148.5	39.1
人均生活用水量平均值	160	94.5	—	210	141.8	—

注：资料引自《中国城市节水2010年技术进步发展规划》，上海，文汇出版社，1998。

城市生活用水量的预测方法有：定额分析法、趋势分析法和分类分析权重法。最常用的是定额分析法，其计算公式为

$$Q_{生活} = 365qm/1000 \tag{5-7}$$

式中　$Q_{生活}$——生活用水需求量（m^3/a）；

q——人均生活用水定额［L/（人·d）］；

m——预测期用水人口数（人）。

该方法预测的结果正确与否与人均生活用水定额的选择有极大的关系，该指标又受到多种因素的影响，如居民居住条件、居民生活水平、给排水及卫生设施条件、气候条件以及生活方式等，同时又与供水条件、水价等有关。因此，该指标随时空的变化而变化，确定该指标应充分考虑上述各因素，以符合当时当地的实际情况。

至于城市环境用水则要具体情况具体分析，有的城市地处江河之滨，一部分环境用水计入河道内用水，另一部分则计入公共设施用水；有的城市远离大江大河，需要有一定的水量用于保持各河湖一定的径流量、蓄水量以使河湖景点的环境美化以及稀释冲污、湿润空气等。

3）农业用水。占总用水量的70.4%的农村用水主要包括农、林、牧、副、渔业的用水，农村居民的生活用水、农村工业、企业用水等。其中农田灌溉用水是农业的主要用水和耗水对象，占农业总用水量的比例始终保持在90%以上水平。其中种植业灌溉用水、林业和牧业灌溉用水，是通过水利工程设施输送到农田、林地和牧场。与城市工业和生活用水相比，具有面广量大、一次性消耗的特点，而且受气候的影响较大，同时也受作物的组成和生长期的影响。农业灌溉用水的保证率要低于城市工业用水和生活用水的保证率，因此，当水资源短缺时，一般要减少农业用水以保证城市工业用水和生活用水的需要。区域水资源供需平衡分析研究所关心的是区域的农业用水现状和对未来不同水平年、不同保证率需水量的预测，因为它的大小和时空分布极大地影响到区域水资源的供需平衡。

a. 农业灌溉用水量的计算和预测。对一个地区而言，为了进行农业灌溉用水量的计算和预测，首先需要弄清以下几个概念：

a）作物需水量：作物在全生育期或某一时段内正常生长所需的水量，它包括消耗于作物蒸腾量和株间蒸发量（合称为腾发量）。农作物需水量可以通过田间实验来确定，它是决定灌溉用水量、灌溉引水量的重要的参数，也是进行地区水资源平衡分析计算的重要依据。

b）灌溉制度：是指作物播种前及全生育期内，进行适时适量灌水的一种制度。它包括灌水定额、灌水时间、灌水次数和灌溉定额。灌水定额为一次灌水在单位面积上的灌水量（m^3/亩），灌溉定额则是全生育期内各次灌水定额之和。

c）灌溉用水量：是指灌溉面积上需要提供给作物的水量，其大小及其在年内的变化情况与各种作物的灌溉制度、灌溉面积以及渠系水利用系数等因素有关。

以下简要介绍一种直接推算灌溉用水量的方法，计算过程见下表5-7。

一种作物一次田间灌水量（称净灌溉用水量）$M_{净}$ 可用下式求得

$$M_{净} = mA \tag{5-8}$$

式中 m——作物某次灌水的灌水定额（m^3/亩）；

A——该作物的灌溉面积（亩）。

对于每一种作物，在某代表年的灌溉面积、灌溉制度确定后［如表5-7中的（1）~（6）项］，则可求出各次灌水的净灌溉水量［如表5-7中的（7）~（11）项］。由于灌溉制度已确定各次灌水的时期，则将各相同时期的不同作物灌溉用水量相加，即可得到灌区灌溉用水量及其用水量过程线［表5-7中的（12）项］。

表5-7 ××灌区中旱年灌溉用水过程推算表（直接推算法）

项目 作物及灌溉面积/10^4亩 时间/（月、旬）		各种作物各次灌水定额/（m^3/亩） 双季早稻 m_1=44.1	中稻 m_2=12.6	一季稻 m_3=6.3	双季稻 m_4=37	旱作 m_5=27	各种作物各次净灌溉用水量/（10^4m^3） 双季早稻	中稻	一季稻	双季稻	旱作	全灌区净灌溉用水量/10^4m^3	全灌区毛灌溉用水量/10^4m^3
（1）		（2）	（3）	（4）	（5）	（6）	（7）	（8）	（9）	（10）	（11）	（12）	（13）
4	上	—	—	—	—	—	—	—	—	—	—	—	—
	中	—	80(泡)	—	—	—	3540	—	—	—	—	3540	5450
	下	—	—	—	—	—	—	—	—	—	—	—	—
5	上	20	90(泡)	—	—	—	880	1130	—	—	—	2010	3090
	中	—	—	—	—	—	—	—	—	—	—	—	—
	下	73.5	100	—	—	—	3250	1260	—	—	—	4510	6940

（续）

项目		各种作物各次灌水定额/（m^3/亩）					各种作物各次净灌溉用水量/（$10^4 m^3$）					全灌区净灌溉用水量/$10^4 m^3$	全灌区毛灌溉用水量/$10^4 m^3$
作物及灌溉面积/10^4亩 时间/（月、旬）		双季早稻 m_1 =44.1	中稻 m_2 =12.6	一季稻 m_3 =6.3	双季稻 m_4 =37	旱作 m_5 =27	双季早稻	中稻	一季稻	双季稻	旱作		
（1）		（2）	（3）	（4）	（5）	（6）	（7）	（8）	（9）	（10）	（11）	（12）	（13）
6	上	26.7	50	—	—	—	1180	630	—	—	—	1810	2790
	中	66.7	120	80（泡）	—	—	2950	1510	500	—	—	4960	7650
	下	40.0	70	—	—	—	1770	880	—	—	—	2650	4070
7	上	—	—	60	40（泡）	—	—	—	—	1500	—	2760	4250
	中	—	70	—	60	50	—	—	380	2240	1350	3970	6120
	下	—	—	60	80	—	—	—	380	3000	—	3000	4620
8	上	—	—	—	—	—	—	—	—	—	—	—	—
	中	—	—	100	60	—	—	—	630	2240	—	630	970
	下	—	—	—	—	—	—	—	—	—	—	2240	3450
9	上	—	—	—	—	—	—	—	—	—	—	—	—
	中	—	—	—	—	—	—	—	—	—	—	—	—
	下	—	—	—	—	—	—	—	—	—	—	—	—
全年内		307	500	300	240	50		6290	1890	8980	1350	32080	49400

灌溉水要经过各级渠道输送到田间，由于在渠道输水过程中的各种损失（渗漏、蒸发等），因此引水量（亦可称作毛灌溉水量）必然大于田间的净灌溉水量。通常已知净灌溉水量后，可用下式求出毛灌溉水量 $Q_{毛}$

$$Q_{毛} = \frac{Q_{净}}{\eta_{水}} \tag{5-9}$$

式中 $Q_{净}$——净灌溉水量（m^3）；

$\eta_{水}$——灌溉水利用系数，它的大小与各级渠道的长度、沿线的土质和水文地质条件、渠道工程状况（配套、衬砌等）以及灌溉管理的水平有关，$\eta_{水}$ 可以通过实测求得，我国目前已建灌溉区 $\eta_{水}$ 值一般为0.45～0.6。

推求到各个灌区的用水量后，则各个灌区的用水量之和即为全区域的农业用水。由于不同灌区的灌溉条件各不相同，因此，农业用水量的确定须按灌区进行。

b. 农业的其他用水。除了农业灌溉用水外，还包括农村居民生活用水、牲畜用水、渔业用水以及乡镇企业用水。这些用水虽然在整个农业用水中所占的比例不大，但一般都要求保证供水。一般采用下述方法进行估算。

a）农村居民生活用水。可通过调查人均生活用水标准，按下式进行估算

$$W_{居} = 0.365\Sigma n_i m_i \tag{5-10}$$

式中 $W_{居}$——农村居民生活用水量（m^3/a）；

m_i——人均生活用水标准［m^3/（人·d）］；

n_i——农村居民用水人数（人）。

b）牲畜用水。同理，可通过调查到或实测到的牲畜用水定额，按下式进行估算

$$W_{牲} = 0.365\Sigma n_i m_i \tag{5-11}$$

式中 $W_{牲}$——全部的牲畜用水量（m^3/a）；

n_i——各种牲畜或家禽头数或只数（头）；

m_i——各种牲畜或家禽用水定额（调查或实测值）［L/（头·d）］。

c）渔业用水。渔业用水指养殖水面蒸发和渗漏所消耗水的补充量，按下式估算

$$W_{渔} = \omega[\alpha E - P + S] \tag{5-12}$$

式中 ω——养殖水面积（m^3 或 km^2）；

E——水面蒸发量，可通过实验求得（mm）；

α——蒸发器折算系数；

P——年降雨量（mm）；

S——年渗漏量（mm）；

β——单位换算系数，视具体情况而定。

d）村办企业用水。村办企业用水量的估算与工业用水的估算方法类似，在调查的基础上，分行业进行估算。

供需分析中的需水量分析一般要作现状调查和未来预测，在典型年法中就是要计算分析现状年和未来若干个水平年的需用水量，其中灌溉需水量还分不同的频率年。需水量分析和经济发展规划关系密切，要使分析符合实际，一是要和经济部门密切配合，二是多作调查和采用合理的预测计算方法。

关于其他用水部门需水量的确定方法，可参阅有关书籍。如图5-1所示，将需水量计算的项目列出框图，供分析计算时参考。

5. 供需平衡分析的分类

区域水资源供需分析的内容是相当丰富和复杂的，需要从以下几个方面进行：

1）从分析的范围考虑，可划分为：①计算单元的供需分析；②整个区域的供需分析；③河流流域的供需分析。

计算单元是供需分析的基础，属于区域或流域内的一个面积最小的小区。区域往往是一个行政区域，如县、市、省，也可以是某个经济区，如京津唐地

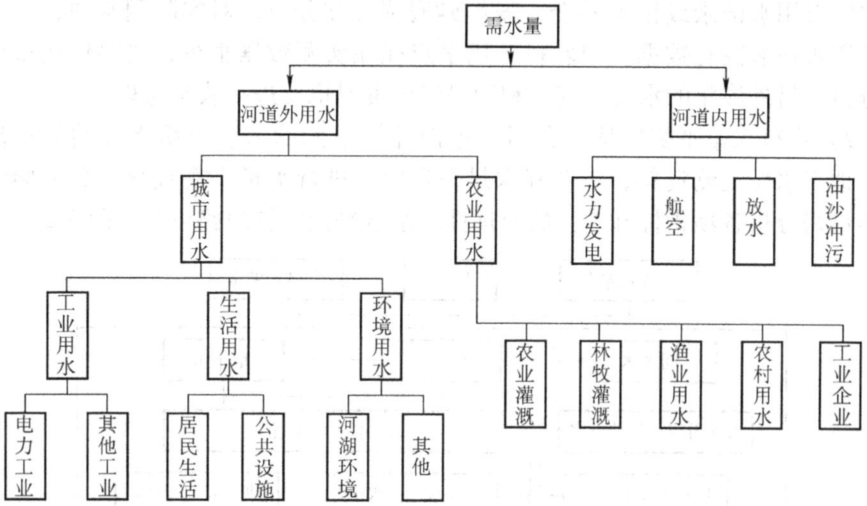

图5-1　需水量计算项目汇总

区、华北平原地区。区域又可根据情况再分为若干个亚区，如京津唐地区再分为北京、天津、唐山、秦皇岛、廊坊等五个亚区。流域则属某水系的流域范围，这两种范围是互相交叉的，如一个较小的行政区，一般只是某流域的一部分，而大的区域则可能分属几个流域，至于大江大河的全流域必然包括多个省市。区域或流域的供需分析应包括若干个计算单元的供需分析的综合。

2）从可持续发展观点，可划分为：①现状的供需分析；②不同发展阶段（不同水平年）的供需分析。

现状的供需分析仅仅是针对当前的情况，而不同发展阶段的供需分析是对未来情况的，含有展望和预测的性质，但要做好不同发展阶段（不同水平年）的供需分析，必须以现状的供需分析的成果为依据，因此，现状的供需分析是不同发展阶段供需分析的基础。

3）按用水的性质，可划分为：①河道外用水的供需分析；②河道内用水的供需分析。

河道外用水为消耗性用水，河道内用水为非消耗性用水，在分析过程中应分别进行考虑或综合在一起协调考虑。

6. 计算单元的供需分析

计算单元的供需分析应包括以下几方面的内容：

（1）现状供需分析

1）调查统计现阶段年份计算单元内各水源的实际供水量和各部门的实际用水量。许多水源工程，如水库工程、引水工程和供水水源工程都有供水记录，可以收集整理，但有许多分散的水源工程，如农村的机井和各单位的自备井等，往往没有用水记录或记录不全，需作典型调查和分析。对实际用水项，一般城市各用水户多数有数据。但农村各用水户往往实测数据很少，也要作典型调查和分析。另外该年的水文、气象和国民经济资料也要进行收集整理。

2）进行水量平衡校核。利用该年份计算单元的入、出境水文站的径流资料，地下水位观测资料，以及降水量等资料，进行水量平衡校核，分析验证现状年供需分析各项指标和参数的合理性。水量平衡校核思路可参见图5-2。

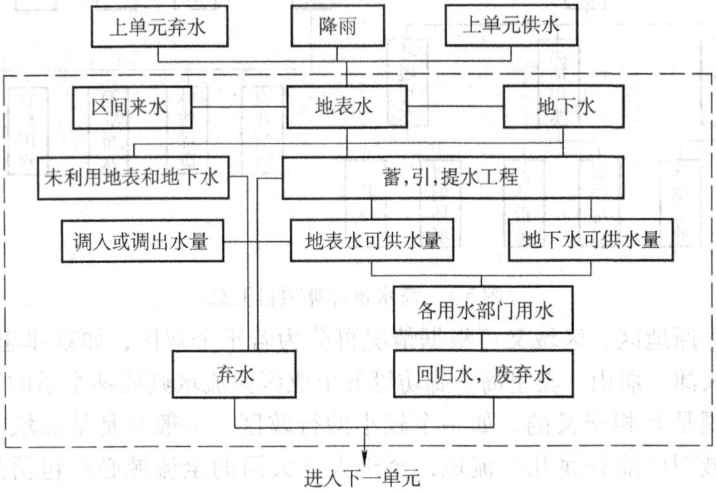

图5-2 计算单元水量平衡分析示意图

对于某一计算单元、某一水平年、某种保证率的供需平衡计算式为

$$\sum_{i=1}^{n_1} W_{供i} - \sum_{i=1}^{n_2} W_{需i} = \pm \Delta W \tag{5-13}$$

式中 $W_{供i}$——计算单元内的分项供水量（m^3/a）；

n_1——计算单元内可供水量的分项数；

$W_{需i}$——计算单元内的分项需水量（m^3/a）；

n_2——计算单元内需水量的分项数；

ΔW——余缺水量，“+”为余，“-”为缺（m^3/a）。

3）现状供需状况及分析。对现状年的实际供、用水情况和不同频率来水情况下的供需平衡状况，可进行如表5-8和表5-9所示的分析。

表5-8 现状年（××年）实际供、用水量

年份		年降雨量		频率 P（%）		
实际供水量			实际用水量			平衡情况
地面水	地下水	合计	城市	农业	合计	

表5-9 现阶段水资源供需状况

可供水量						需水量						平衡情况	
$P=50\%$			$P=75\%$			$P=50\%$			$P=75\%$			$P=50\%$	$P=75\%$
地面	地下	合计	地面	地下	合计	城市	农业	合计	城市	农业	合计		

实际使用中，表5-8和表5-9可根据实际需要增加或减少项目。例如，用水项目可进一步按工业、农业、生活等项进行细分，有地面水库的可列出专项进行分析。平衡情况一栏，可根据现阶段不同频率来水的条件，从可供水量和需水量对比分析中作出分析评价；也可从地下水位和水库储水变化等方面分析其平衡状况。

计算单元之间往往存在着水利关系，对有水利关系的计算单元进行供需分析时，应按照自上而下、先支流后干流的原则，逐个单元地进行，上单元的弃水退水或供水应传递到下单元参加供需计算，根据具体情况进行分析。

7. 整个区域的水资源供需分析

整个区域的水资源供需分析是在计算单元供需分析的基础上进行的，应该汇总和协调所有计算单元供需分析的成果，能够全面地反映整个区域的水资源供需分析关系和供需平衡矛盾的状况，以及该范围内供水的规模及其相应的水资源利用程度和效果。汇总和协调各计算单元供需分析的方法有典型年法和同频率法两种：

1）典型年法。先根据全区域的雨情和水情情况，选定代表年，然后根据该代表年的来水情况，自上而下，先支流后干流逐个计算各个单元的供需情况，最后将各个单元的供需成果进行汇总，即得整个区域的水资源供需情况。

2）同频率法。其一般的步骤是，根据实际情况先把整个区域划分为若干个流域，每个流域根据各自的雨情、水情选择各自的代表年。然后采用同典型年法相同的方法，逐个进行计算单元水资源供需分析，并将同一流域的计算单元水资源供需分析成果相加，最后，再把各流域同频率的计算成果汇总即得到整个区域的水资源供需分析的成果。

8. 不同发展阶段（水平年）的供需分析

对今后不同发展阶段的可供水量进行分析时，要注意研究区域上游用水的变化，如上游新建水库或河道引水工程，则会减少来水量，必然造成可供水量的减少。因此，计算今后的可供水量要与水源工程的长远规划结合起来。在需水量预测分析中，则要与研究区域的社会经济的可持续发展规划配合，做出切合实际的需水预测，既要满足可持续发展对水的长期要求，又要做到水资源不受到破坏。

分析不同来水保证率条件下的水资源供需情况，应分别计算出余缺水量和各项水资源开发利用的指标，并作出相应的评价。在供需分析不平衡的情况下，要反馈分析实现平衡的措施、方案和计划。供需平衡分析表和现状年分析表类似。

5.3.2 动态模拟分析法

1. 水资源系统

一个区域的水资源供需系统可以看成是由来水、用水、蓄水和输水等子系统组成的大系统。供水水源有不同的来水、储水系统，如地面水库、地下水库等，有本区产水和区外来水或调水，而且彼此互相联系，互相影响。用水系统由生活、工业、农业、环境等用水部门组成，输、配水系统既相对独立于以上的两个子系统，又起到相互联系的作用。水资源系统可视为由既相互区别又相互制约的各个子系统组成的有机联系的整体，它既考虑到城市的用水，又要考虑到工农业和航运、发电、防洪除涝和改善水环境等方面的用水。水资源系统是一个多用途、多目标的系统，涉及社会、经济和生态环境等多项的效益，因此，仅用传统的方法来进行供需分析和管理规划，是满足不了要求的。应该应用系统分析的方法，通过多层次和整体的模拟模型和规划模型以及水资源决策支持系统，进行各个子系统和全区水资源多方案调度，以寻求解决一个区域水资源供需的最佳方案和对策。下面介绍一种水资源供需平衡分析动态模拟的方法。

2. 水资源系统供需平衡的动态模拟分析方法

该方法的主要内容包括以下几方面：

1）基本资料的调查收集和分析：基本资料是模拟分析的基础，决定了成果的好坏，故要求基本资料准确、完整和系列化。基本资料包括来水系列、区域内的水资源量和质、各部门用水（如城市生活用水、工业用水、农业用水等）、水资源工程资料、有关基本参数资料（如地下含水层水文地质资料、渠系渗漏、水库蒸发等）以及相关的国民经济指标的资料等。

2）水资源系统管理调度。包括水量管理调度（如地表水库群的水调度、地表水和地下水的联合调度、水资源的分配等）、水量水质的控制调度等。

3）水资源系统的管理规划。通过建立水资源系统模拟来分析现状和不同水平年的各个用水部门（城市生活、工业和农业等）的供需情况（供水保证率和可能出现的缺水状况）；解决各种工程和非工程的水资源供需矛盾的措施，并进行定量分析；对工程经济、社会和环境效益的分析和评价等。

与典型年法相比，水资源供需平衡动态模拟分析方法有以下特点：

1）该方法不是对某一个别的典型年进行分析，而是在较长的时间系列里对一个地区的水资源供需的动态变化进行逐个时段模拟和预测，因此可以综合考虑水资源系统中各因素随时间变化及随机性而引起的供需的动态变化，例如，当最小计算时段选择为天，则既能反映水均衡在年际间的变化，又能反映在年内的动态变化。

2）该方法不仅可以对整个区域的水资源进行动态模拟分析，而且由于采用不同子区和不同水源（地表水与地下水、本地水资源和外域水资源等）之间的联合调度，能考虑它们之间的相互联系和转化，因此该方法能够反映水在时间上的动态变化，也能够反映地域空间上的水供需的不平衡性。

3）该方法采用系统分析方法中的模拟方法，仿真性好，能直观形象地模拟复杂的水资源供需关系和管理运行方面的功能，可以按不同调度及优化的方案进行多方案模拟，并可以对不同方案的供水的社会经济和环境效益进行评价分析，便于了解不同时间、不同地区的供需状况以及采取对策措施所产生的效果，使得水资源在整个系统中得到合理的利用，这是典型年法不可比的。

3. 模拟模型的建立、检验和运行

由于水资源系统比较复杂，涉及的方面很多，诸如水量和水质，地表水和地下水的联合调度，地表水库的联合调度，本地区和外区水资源的合理调度，各个用水部门的合理配水，污水处理及其再利用等。因此，在这样庞大而又复杂的系统中有许多非线性关系和约束条件在最优化模型中无法解决，而模拟模型具有很好的仿真性能，这些问题在模型中就能得到较好地模拟。但模拟并不能直接解决规划中的最优解问题，而是要给出必要的信息或非劣解集。可能的水供需平衡方案很多，需要决策者来选定。为了使模拟给出的结果接近最优解，往往在模拟中规划好运行方案，或整体采用模拟模型，而局部采用优化模型。也常常将这种两种方法的结合起来，如区域水资源供需分析中的地面水库调度采用最优化模型，使地表水得到充分的利用，然后对地表水和地下水采用模拟模型联合调度，来实现水资源的合理利用。水资源系统的模拟与分析，一般需要经过模型建立、调参与检验、运行方案的设计等几个步骤。

（1）模型的建立　建立模型是水资源系统模拟的前提。建立模型就是要把实际问题概化成一个物理模型，按照一定的规则建立数学方程来描述有关变量间的定量关系。这一步骤包括有关变量的选择，以及确定有关变量间的数学关系。模型只是真实事件的一个近似的表达，并不是完全真实，因此，模型应尽可能的简单，所选择的变量应最能反映其特征。以一个简单的水库的调度为例，其有关变量包括水库蓄水量、工业用水量、农业用水量、水库的损失量（蒸发量和水库渗漏量）以及入库水量等，用水量平衡原理来建立各变量间的数学关系，并按一定的规则来实现水库的水调度运行，具体的数学方程如下所示

$$W_t = W_{t-1} + WQ_t - WI_t - WA_t - WEQ_t \tag{5-14}$$

式中　W_t、W_{t-1}——时段末、初的水库蓄水量（m^3）；

WI_t、WA_t——时段内水库供给工业、农业的水量（m^3）；

WEQ_t——时段内水库的蒸发、渗漏损失（m^3）；

WQ_t——时段内水库水量（m^3）。

当然要运行这个水库调度模型，还要有水库库容—水位关系曲线，水库的工程参数和运行规则等，且要把它放到整个水资源系统中去运行。

（2）模型的调参和检验　模拟就是利用计算机技术来实现或预演某一系统的运行情况。水资源供需平衡分析的动态模拟就是在制定各种运行方案下重现现阶段水资源供需状况和预演今后一段时期水资源供需状况。但是，按设计方案正式运行模型之前，必须对模型中有关的参数进行确定以及对模型进行检验来判定该模型的可行性和正确性。

一个数学模型通常含有称为参数的数学常数，如水文和水文地质参数等，其中有的是通过实测或试验求得的，有的则是参考外地凭经验选取的，有的则是什么资料都没有。往往采用反求参数的方法取得，而这些参数必须用有关的历史数据来确定，这就是所谓的调参计算或称为参数估值。就是对模型实行正运算，先假定参数，算出的结果和实测结果比较，与实测资料吻合就说明所用（或假设的）参数正确。如果一次参数估值不理想，则可以对有关的参数进行调整，直至达到满意为止。若参数估值一直不理想，则必须考虑对模型进行修改。所以参数估值是模型建立的重要一环。

所建的模型是否正确和符合实际，要经过检验。检验的一般方法是输入与求参不同的另外一套历史数据，运行模型并输出结果，看其与系统实际记录是否吻合，若能吻合或吻合较好，反映检验的结果具有良好的一致性，说明所建模型具有可行性和正确性，模型的运行结果是可靠的。若和实际资料吻合不好，则要对模型进行修正。

模型与实际吻合好坏的标准，要作具体分析。计算值和实测值在数量上不需要也不可能要求吻合得十分精确。所选择的比较项目应既能反映系统特性又有完整的记录，例如有地下水开采地区，可选择实测的地下水位进行比较，比较时不要拘泥于个别观测井个别时段的值，根据实际情况，可选择各分区的平均值进行比较；对高离散型的有关值（如地下水有限元计算结果）可绘出地下水位等值线图进行比较。又如，对整个区域而言，可利用地面径流水文站的实测水量和流量的数据，进行水量平衡校核。该法在水资源系统分析中用得最多，它可作各个方面的水量平衡校核，这里不再一一叙述。

在模型检验中，当计算结果和实际不符时，就要对模型进行修正。若发现模型对输入没有响应，比如地下水模型在不同开采的输入条件下，所计算的地下水位没有什么变化，则说明模型不能反映系统的特性，应从模型的结构是否正确，边界条件处理是否得当等方面去分析并加以相应的修正，有时则要重新建模。如果模型对输入有所响应，但是计算值偏离实测值太大，这时也可以从输入量和实际值两方面进行检查和分析，总之，检验模型和修正模型是很重要也是很细致的工作。

(3) 模型运行方案的设计　在模拟分析方法中，决策者希望模拟结果能尽量接近最优解，同时，还希望能得到不同方案的有关信息，如高、低指标方案，不同开源节流方案的计算结果等。所以，就要进行不同运行方案的设计。在进行不同的方案设计时，应考虑以下的几个方面：

1）模型中所采用的水文系列，既可用一次历史系列，也可用历史资料循环系列。

2）开源工程的不同方案和开发次序。例如，是扩大地下水源还是地面水源；是开发本区水资源还是区外水资源；不同阶段水源工程的规模等，都要根据专题研究报告进行运行方案设计。

3）不同用水部门的配水或不同小区的配水方案的选择。

4）不同节流方案、不同经济发展速度和用水指标的选择。

在方案设计中要根据需要和可能，主观和客观等条件，排除一些明显不合理的方案，选择一些合理可行的方案进行运行计算。

4. 水资源系统的动态模拟分析成果的综合

水资源供需平衡动态模拟的计算结果应该加以分析整理，即称作成果综合。该方法能得出比典型年法更多的信息，其成果综合的内容虽有相似的地方，但要体现出系列法和动态法的特点。

(1) 现状供需分析　现状年的供需分析和典型年法一样，都是用实际供水资料和用水资料进行平衡计算的，可用列表表示。由于模拟输出的信息较多，对现状供需状况可作较详细和分析，例如各分区的情况，年内各时段的情况以及各部门用水情况等。

(2) 不同发展时期的供需分析　动态模拟分析计算的结果所对应的时间长度和采用的水文系列长度是一致的。对于宏观决策者来说不一定需要逐年的详细资料，而制定发展计划则需要较为详尽的资料。所以在实际工程中，应根据模拟计算结果，把水资源供需平衡整理成能满足不同需要的成果。

结合现状分析，按现有的供水设施和本地水资源，并借助于数学模型及计算机高速计算技术，对研究区域进行一次今后不同时期的供需模拟计算，通常叫第一次供需平衡分析。通过这次供需平衡分析，可以发现研究区域地面水和地下水的相互联系和转化，区域内不同用水部门用水及各地区用水之间的合理调度，以及由于各种制约条件发生变化而引起的水资源供需的动态变化，并可以预测水资源供需矛盾的发展趋势，揭示供需矛盾在地域上的不平衡性等。然后制定不同方案，进行第二次供需平衡分析，对研究区水资源动态变化作出更科学的预测和分析。对不同的方案，一般都要分析如下几方面的内容：

1）若干个阶段（水平年）的可供水量和需水量的平衡情况。

2）一个系列逐年的水资源供需平衡情况。

3）开源、节流措施的方案规划和数量分析。

4）各部门的用水保证率及其他评价指标等。

总之，水资源动态模拟模型可作为水资源动态预测的一种基本工具，可根据实际情况的变更、资料的积累及在研究工作深入的基础上加以不断完善，并可进行重复演算，长期为研究区水资源规划和管理服务。

复习思考题

1. 水资源供需平衡分析的目的是什么？
2. 水资源供需平衡分析的原则有哪些？
3. 简述典型年和水平年是如何确定的？
4. 区域可供水量的影响因素有哪些？
5. 区域需水量包括哪几部分？
6. 简述水资源系统供需平衡的动态模拟分析方法？
7. 简述水资源系统的模拟与分析的方法步骤？

第6章 地表水取水工程

6

6.1 地表水取水工程概述

在地表水取水工程中，地表水水源一般指江河、湖泊等天然水体和水库、运河等人工建造的淡水水体。由于地表水水体所处的地理环境各异，受自然因素的影响不尽相同，加之人为因素的影响，使得地表水水体也都具有各自的特性。要使取水构筑物能从地表水水体中按所需的水质、水量安全可靠地取水，了解地表水取水构筑物分类、地表水取水构筑物运行的主要因素、取水构筑物的设计原则及位置的选择、各取水构筑物的构造和设计、施工和管理等十分必要，且意义深远。

6.1.1 地表水取水工程系统和取水构筑物分类

1. 地表水取水工程系统

由人工构筑物从地表水水体获取水源的工程系统称为地表水取水工程系统。系统组成有：地表水水源、取水构筑物、送水泵站与管路系统。其中，地表水水源为系统提供满足一定水质、水量的原水；取水构筑物的任务就是安全可靠地从水源取水；送水泵房与管路系统的任务是将所取的原水安全可靠地向后续工艺送水。

2. 取水构筑物分类

由于地表水种类、性质和取水条件的差异，地表水取水构筑物有多种类型。

按地表水的种类分为：江河地表水源取水构筑物、湖泊地表水水源取水构筑物、水库地表水水源取水构筑物、山溪地表水水源取水构筑物、海水地表水水源取水构筑物。

按取水构筑物的构造分为：固定式取水构筑物和移动式取水构筑物。固定式取水构筑物包括岸边式、河床式、斗槽式、底坝和低栅式。移动式取水构筑物包括浮船式、缆车式和潜水泵直接取水。

固定式取水构筑物适用于各种取水量和各种地表水源。固定式取水构筑物具有取水可靠，维护管理简单，适应范围广等优点，但投资较大，水下工程量较大，施工期长。固定式取水构筑物设计时应考虑远期发展的需要，土建工程一般按远期设计，一次建成；水泵机组设备可分期安装。

活动式取水构筑物适用于水源水位变幅大，且中小取水量的情况，多用于江河、水库和湖泊取水。移动式取水构筑物具有投资小、施工期短、见效快、水下工程量小、对水源水位变化适应性强、便于分期建设等优点，但维护管理复杂，易受水流、风浪、航运的影响，取水可靠性差。

在对取水构筑物的类型进行选择时，应根据取水量和水质要求，结合河床地形、河床冲淤、水位变幅、冰冻和航运等情况以及施工条件，在保证取水安全可靠的前提下，通过技术经济比较确定。

6.1.2 影响地表水取水构筑物运行的主要因素

影响地表水取水构筑物运行的主要因素有：径流变化、泥沙运动、河床演变、漂浮物及冰冻、人类活动等。

1. 径流变化

径流变化是指江河中的水位、流量及流速的变化，它是江河的重要特征。径流变化对取水构筑物安全取水产生重大影响。河流径流处于最大洪峰流量时，相应的最高水位可能高于取水构筑物，使其淹没而无法运行；处于枯水流量时、相应的最低水位可能导致取水构筑物无法取水。因此，河流历年来的径流资料及其统计分析数据是设计取水构筑物的重要依据。

在设计江河取水构筑物时必须掌握以下特征值：①江河历年的最高和最低水位、逐月平均水位和常水位；②江河历年的最大和最小流量；③江河历年的最大、最小和平均流速等。

取水构筑物的设计最高水位应按百年一遇频率确定。设计枯水位的保证率，应根据水源情况和供水重要性选定，一般可采用90% ~99%。用地表水作为城市供水水源时，其设计枯水流量的保证率，应根据城市规模和工业大用水户的重要性选定，一般可采用90% ~96%；用地表水作为工业企业供水水源时，其设计枯水流量的保证率，应按各有关部门的规定执行。

根据江河历年最高、最低水位和最大、最小流量，按照水文频率计算法，便可计算出上述设计频率时的最高、最低水位和最大、最小流量，用以确定取水构筑物的形式和高程，以及判断江河取水量是否能够满足要求等。

2. 泥沙运动及河床演变

河流的泥沙运动与河床演变对取水构筑物运行安全产生着巨大的影响。河流泥沙运动是引起河床演变的主要原因，长期的冲刷和淤积，轻者使河床变形，严重者将使河流改道。如果河流取水构筑物位置选择不当，泥沙的淤积会使取水构筑物取水能力下降，严重的会使整个取水构筑物完全报废。

（1）泥沙运动　江河中的泥沙，按其运动状态分为推移质（俗称底沙）和悬移质（俗称轻沙）两类。

推移质在水流作用下沿河底滚动、滑动或跳跃式前进，这类泥沙粒径一般较粗，通常只占河流总挟沙量的5%～10%，但对河床演变起着重要作用。沙波运动是推移质运动的主要形态，如果沙波推移至取水构筑物附近，则有可能堵塞取水构筑物，影响取水安全。

悬移质在水中一方面受重力作用下沉，另一方面受水流垂直向上的紊动作用上浮，两者结合在一起，使悬移质在水中浮游前进。这类泥沙一般粒径较小，在冲积平原的江河中，约占总挟沙量的90%～95%。悬移质运动直接影响河水含沙量（单位体积河水挟带泥沙的质量，单位：kg/m^3）。对于悬移质运动，与取水最为密切的问题是含沙量沿水深的分布和水流的挟沙能力。

由于江河中各处水流脉动强度不同，沙在水流横断面上的分布也不均匀。一般说来，沿断面横向分布比沿水深的变化小；在横向分布上，河心的含沙量略高于两侧；泥沙则是靠近河底部的粒径大，越接近水面越细小。

在一定的水流作用下，静止的泥沙开始由静止状态转变为运动状态，叫做“起动”，此时的水流速度称为起动流速。当计算取水构筑物的局部冲刷时，需要知道泥沙的起动流速，对于一般泥沙，可根据其粒径 d 和水深 h 按下式计算

$$u_0 = \left(\frac{h}{d}\right)^{0.14}\left(17.69\frac{\rho_s-\rho}{v}d + 0.00000605\frac{10+h}{d^{0.72}}\right)^{0.5} \tag{6-1}$$

式中　u_0——泥沙颗粒的起动流速（m/s）；

h——水深（m）；

d——河床面泥沙粒径（m）；

ρ_s、ρ——沙粒和水的密度（kg/m^3）；

v——河水流速（m/s）。

当计算取水构筑物周围河床的局部冲刷深度，需要知道泥沙的起动流速时，可根据河床泥沙平均粒径和水深，用式（6-1）进行计算。该公式的适用范围，粒径为0.1～100mm，水深为0.2～17m，流速为0.1～6m/s。当河水流速逐渐减小到泥沙的起动流速时，河床上运动着的泥沙并不静止下来。当流速继续减到某个数值时，泥沙才停止运动。这时的水流平均流速，称为泥沙的止动流速。根据实验结果，泥沙的止动流速为$0.7u_0$（m/s）。在用自流管或虹吸管取水时，为避免水中的泥沙在管中沉积，设计流速应不低于不淤流速。不同颗粒的不淤流速可以参照其相应颗粒的止动流速。

（2）河床演变　河床形态的变化称为河床演变。河床演变是水流与河床相互作用的结果。水流与河床的相互作用是通过泥沙运动来体现的。一定的水流条件具有一定的挟沙能力。挟沙能力是指水流能够挟带泥沙的饱和数量。水流条件改变时，挟沙能力也随着改变。如果上游来沙量与本段水流挟沙能力相适应，则水流处于输沙平衡状态，河床既不冲刷，也不淤积。相反，则水流处于输沙不平衡状态，河床将发生冲刷或淤积。因此，水流输沙的不平衡是河床演变的根本原因。影响河床演变的主要因素有：

1）河段的来水量及其变化：来水量变化使水力条件改变，影响水流挟沙能力。

2）河段的来沙量、来沙组成及其变化：来沙量大，泥沙粒径粗，则河床淤积；来沙量量少，泥沙粒径细，则河床冲刷。

3）河段的水面比降及河床地质情况：水面比降影响水流挟沙能力。水面比降小，将减少河床的冲刷或使河床发生淤积；水面比降增大，将减少淤积或使河床发生冲刷。河床地质情况不同，河床抵抗冲涮的能力也不同。疏松的土质河床容易冲刷变形，坚硬的岩石河床甚难冲刷，不易变形。

此外，水土保持和水土建筑物的修建也会影响河床的冲淤变形。

河床变形可分为单向变形和往复变形两种。单向变形是在长时间内，河床缓慢地朝一个方向冲刷或淤积，不出现冲淤交错。往复变形是指河道周期性往复发展的演变现象，如洪水期河床冲刷，枯水期河床淤积，冲淤交替进行。

河床变形分为纵向变形和横向变形两种。纵向变形是河床沿纵深方向的变化，表现为河床纵剖面和横剖面上的冲淤变化。河床纵向变形是由于水流纵向输沙不平衡所引起。纵向输沙不平衡是由来沙量随时间变化和沿程的变化，河流比降和河谷宽度的沿线变化及拦河坝等的兴建所造成。横向变形是河床在与流向垂直的两侧方向上的变化，表现为河岸的冲刷或淤积，使河床平面位置发生摆动。一般两种变化是交织在一起进行的。

河流横向变化主要是由横向输沙不平衡引起的横向环流所致，其中最常见的是弯曲河段的横向环流。此外，水流绕过河道中的各种沙滩或障碍物时，也能形成环流。河湾产生环流与河湾水流条件有关。当水流进入弯道后，即作旋转运动，故水流质点受重力 G 和离心 F 力两力的合力作用，使水面发生倾斜，产生横比降，表层水流流向凹岸，底层水流流向凸岸，在河湾横断面内形成横向环流，如图 6-1 所示。

由于合成的横向力的作用，因为水面含沙量少，河底含沙量多，流向凹岸的表层水流挟带的沙量小于流向凸岸的底层水流挟带的沙量，因此产生横向施沙不平衡。其结果是凹岸冲刷，形成深槽。凸岸淤积，形成浅滩。

在横向环流与纵向主流作用下，河湾水流实际上呈螺旋形前进。江河弯道

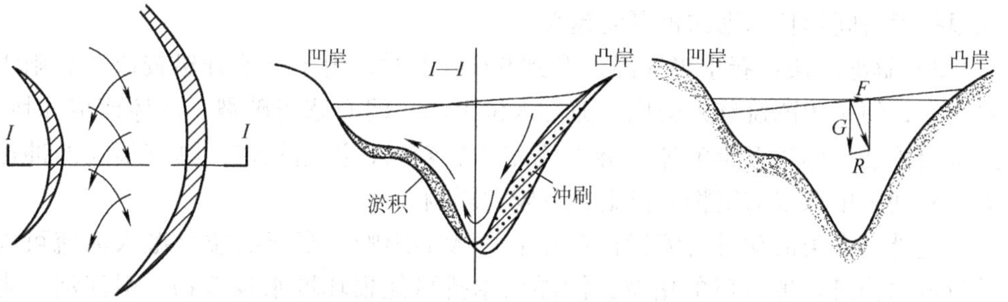

图 6-1　河弯横向环流

凹岸往往能形成窄长的深槽，水较深，主流近岸，洪水期水流挟沙能力较大，河床底的泥沙由凹岸运向凸岸：在冬季，由于深梢处流速较大，又有利于河中流冰与水流分层。因此，在弯曲河段的凹岸处取水一般是有利的。当然，该处的水流冲刷是比较强烈的，故对护岸工程的要求较高。

（3）漂浮物、冰冻　河流中的漂浮物包括：水草、树枝、树叶、废弃物、泥沙、冰块甚至山区河流中所放的木排等。泥沙、水草等杂物会使取水头部淤积堵塞，阻断水流；水中冰絮、冰凌在取水口处冻结，堵塞取水口；冰块、木排等会撞损取水构筑物，甚至造成停水。

河流中的漂浮杂质，一般汛期较平时更多，这些杂质不仅分布在水面，而且同样存在于深水层中。南方江河还应考虑青苔和沼贻贝等水生生物的影响，这些水生生物常粘附在取水口和管内繁殖，造成阻塞和危害。北方大多数江河在冬季均有冰冻现象，应充分重视冰凌对取水构筑物的影响，特别是水内冰、流冰和冰坝等对取水构筑物的安全有很大影响。

河流的冰冻可分为结冻、封冻和解冻三个阶段。

1）结冻阶段：冬季当河水温度降至0℃时，开始结冻。若河水水流缓慢时，首先在岸边结成岸冰，随着水温的进一步降低，逐渐扩展至河心，形成整个冰盖，全河封冻。若河水流速较大时，由于水的紊动作用，使河水过度冷却，水中出现细小的冰晶。冰晶结成海绵状的冰屑、冰絮，称为水内冰。在河底聚结的冰屑、冰絮，称为底冰。悬浮在水中的冰屑、冰絮，称为浮冰。水内冰沿水深的分布与泥沙相反，越接近水面数量越多。水内冰极易粘附在进水口的格栅上，造成进水口堵塞，严重时甚至中断取水。

悬浮在水中的冰块顺流而下，形成流冰。流冰在河流急弯和浅滩处积累起来，形成冰坝，使上游水位抬高。当浮冰数量增多，便逐渐聚集冻结，形成冰盖，使河流封冻。

2）封冰阶段：河流封冻后，随着气温下降，冰盖逐渐变厚。气温越低，低气温持续时间越长，则冰盖厚度越大。

3）解冻阶段：春季当气温上升到0℃以上时，由于土壤升温较快和有雨雪水流入，使岸边冰盖首先融化。随着水位上涨，河心冰盖破裂、解体而成冰块，随水流流动，称为春季流冰。春季流冰冰块较大，流速较快，具有很大的冲击力，对河床中取水构筑物的稳定性有较大影响。

此外，人类活动对河流特征产生着巨大的影响。废弃的垃圾抛入河流可能导致取水构筑物进水口的堵塞；漂浮的木排可能损坏取水构筑物；引江河水灌溉农田、大量从江河中取水、修建堤坝拦截河水、修建水库蓄水、围堤造田、水土保持、设置护岸、疏导河流等人为因素，都将影响河流的径流变化规律与河床变迁的趋势。因此，取水构筑物在设计与运行时，不应忽视人为因素对河流特征及对取水构筑物的影响。

6.1.3 取水构筑物设计的一般原则及位置的选择

1. 设计的一般原则

地表水取水构筑物应遵循以下设计原则：

1）取水构筑物必须保证在各种季节，都能按规范要求取足相应保证率的设计水量，设计最高水位应按百年一遇频率确定。城市供水水源的设计枯水流量保证率一般采用90%～97%；设计枯水位的保证率一般可采用90%～99%。

2）取水水质应符合有关水质标准要求。

3）取水构筑物应根据水源情况，采取防止如下情况发生的相应保护措施：漂浮物、泥沙、冰凌、冰絮和水生生物的阻塞；洪水冲刷、淤积、冰冻层挤压和雷击的破坏；冰凌、木筏和船只的撞击。

4）取水构筑物的布置应符合城市近远期总体规划要求。取水工程的兴建必须得到有关部门的认可和批准。

5）取水构筑物的布置必须结合河流的综合利用，取水构筑物不得影响河流航运，必须满足防洪规范要求。

6）在取水工程设计中，应尽量设计成节能型（如重力流输水）。输水管的敷设应尽量减少穿过天然（河流、谷地等）或人工（铁路、公路等）障碍物。

7）在各方面条件比较接近的情况下，应尽可能选择近点取水，以便管理和节省投资。

8）对于大型的取水构筑物，当河道及水文条件复杂或取水量占河道的最枯流量比例较大时，在设计前应进行水工模型试验。

2. 位置的选择

取水口位置的选择是否恰当，直接影响取水的水质和水量、取水的安全可靠性、投资、施工、运行管理以及河流的综合利用。因此，在选择取水构筑物位置时必须根据河流水文、水力、地形、地质、卫生等条件综合研究，提出几个可能的取水位置方案，进行技术经济比较，在条件复杂时，还需进行水工模型试验，从中选择最优的方案，选择最合理的取水构筑物位置。

（1）水质因素

1）取水水源应选在污水排放出口上游100m以上或1000m以下的地方，当江、河边水质不好时，取水口宜伸入江、河中心水质较好处取水，并应划出水源保护范围。

2）受潮汐影响的河道中污水的排放和稀释很复杂，往往顶托来回时间较长，因此，在这类河道上兴建取水构筑物时，应通过调查论证后确定。

3）在泥沙较多的河流，应根据河道横向环流规律中泥沙的移动规律和特性，避开河流中含沙量较多的河流地段。在泥沙含量沿水深有变化的情况下，应根据不同深度的含沙量分布，选择适宜的取水高程。

4）取水口选择在水流畅通和靠主流深水地段，避开河流的回流区或“死水区”，以减少水中漂浮物、泥沙等的影响。

（2）河床与地形　取水河段形态特征和岸形条件是选择取水口的重要因素，取水口位置应根据河道水文特征和河床演变规律，选在比较稳定的河段，并能适应河床的演变。不同类型河段取水位置的选择见表6-1。

表6-1　不同类型取水河段选址参考表

河段类型		示意图	说　明
平原河段	顺直微变段	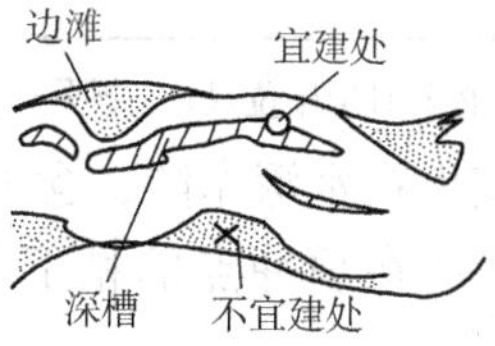	（1）应选在深槽稍下游处 （2）应注意边滩是否会下移动
	有限弯曲段	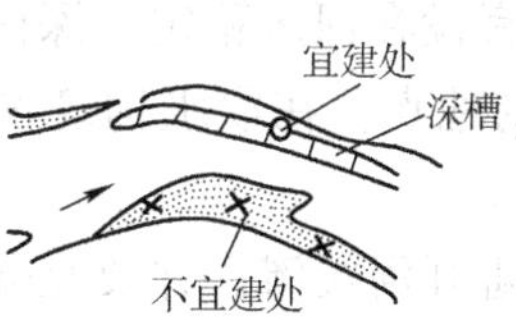	（1）宜选在凹岸弯顶稍下游处 （2）不应选在凸岸
	蜿蜒弯曲段	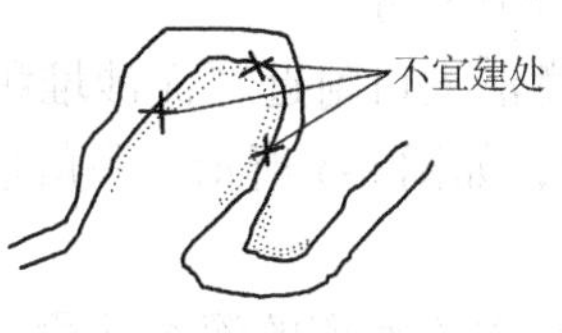	（1）不宜建址 （2）必须建址时，参照平原河段的有限弯曲段 （3）谨防自然裁弯或切滩

（续）

河段类型		示意图	说明
平原河段	分汊段	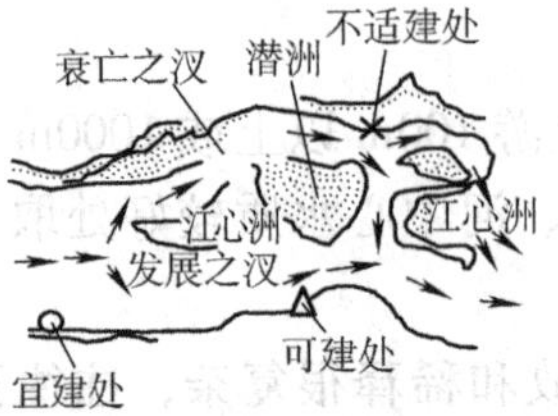	（1）宜选在较稳定或发展的汊，不应选在衰亡之汊 （2）分汊口门前建址，应注意汊道变迁影响
山区河段	非冲积性段	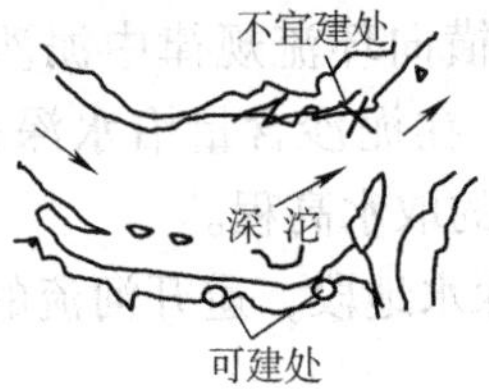	（1）宜选在急流卡口上游缓水段及水深流稳的沱内 （2）妥善布置头部，避免破坏沱内流态
	半冲积性段	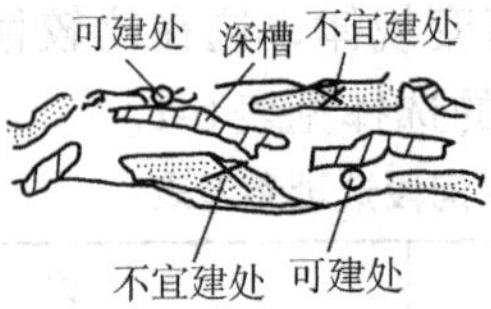	（1）图为顺直微弯段 （2）弯曲段参照有限弯曲段、山区河的非冲积性段 （3）分汊段参照平原河段的分汊段、山区河的非冲积性段

注：O—宜建处；Δ—可建处；×—不宜建处；H—必要时护岸位置； —深槽

1）在弯曲河段上，取水构筑物位置宜设在水深岸陡，含泥沙量少的河流的凹岸，并避开凹岸主流的顶冲点，一般宜选在顶冲点的稍下游处，即（0.3～0.4）L内，见图6-2。

2）在顺直河段上，取水构筑物位置宜设在河床稳定、深槽主流近岸处，通常也就是河流较窄、流速较大，水较深的地点。在取水构筑物处的水深一般要求不小于2.5～3.0m。

3）在有河漫滩的河段上，应尽可能避开河漫滩，并要充分估计河漫滩的变化趋势。在有沙洲的河段上，应离开沙洲500m以外，当沙洲有向取水方向移动趋势时，这一距离还需适当加大，如图6-3所示。

4）在有支流汇入的河段上，应注意汇入口附近“泥沙堆积堆”的扩大和影响，取水口应与汇入口保持足够的距离，如图6-3所示，一般取水口多设在汇入口干流的上游河段。

5）在分岔的河段，应将取水口选在主流河道的深水地段；在有潮汐的河道

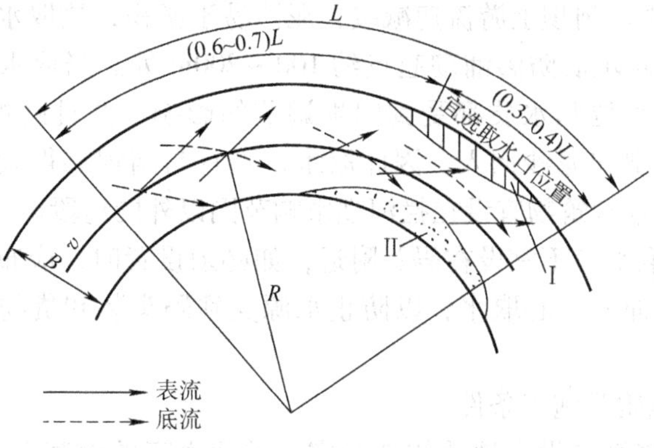

图 6-2　凹岸河段取水位置

Ⅰ—泥沙最小区　Ⅱ—泥沙淤积区

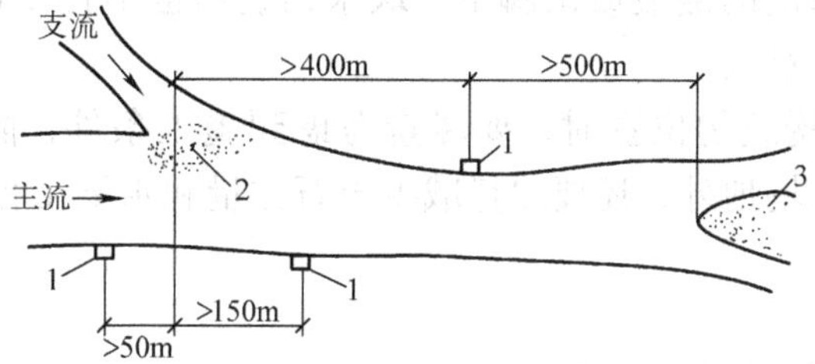

图 6-3　取水口位置示意

1—取水口　2—堆积堆　3—沙洲

上，取水口宜选在海潮倒灌影响范围以外。

（3）人工构筑物或天然障碍物　河流上常见的人工构筑物（如桥梁、丁坝、码头等）和天然障碍物，往往引起河流水流条件的改变，从而使河床产生冲刷或淤积，故在选择取水构筑物位置时，必须加以注意。

1）桥梁。由于桥孔缩减了水流断面，而使上游水流滞缓，造成淤积，抬高河床，冬季产生冰坝，因此，取水口应设在桥前滞流区以上 0.5 ~ 1.0km 或桥后 1.0km 以外的地方。

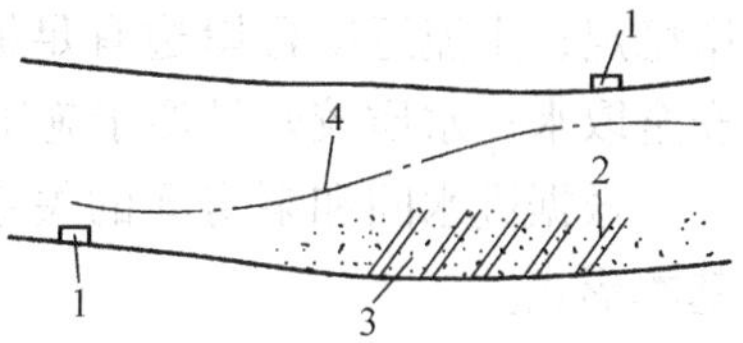

图 6-4　取水口与丁坝布置示意

1—取水口　2—丁坝系统

3—淤积区　4—主流线

2）丁坝。由于丁坝将主流挑离本岸，逼向对岸，在丁坝附近形成淤积区（图 6-4）。因此，取水构筑物如与丁坝同岸时，则应设在丁坝上游，与坝前浅滩起点相距不小于 150m。取水构筑物也可设在丁坝的对岸（需要有护岸设施），但不宜设在丁坝同一岸侧的下游，因主流已经偏离，容易产生淤积。此外残留的施工围堰、突出河岸的施工弃土、陡崖、石嘴对河流的影响类似丁坝。

3）拦河闸坝。闸坝上游流速减缓，泥沙易于淤积，故取水口设在上游时应选在闸坝附近，距坝底防渗铺砌起点约100～200m处。当取水口设在闸坝下游时，由于水量、水位和水质都受到闸坝调节的影响，并且闸坝泄洪或排沙时，下游可能产生冲刷和泥沙拥入，因此取水口不宜与闸坝靠得太近，应设在其影响范围以外。取水构筑物宜设在拦河坝影响范围以外的地段。

4）码头。取水口不宜设在码头附近，如必须设置时，应布置在受码头影响范围以外，最好伸入江心取水，以防止水源受到码头装卸货物和船舶停靠时污染。

（4）工程地质及施工条件

1）取水构筑物应设在地质构造稳定、承载力高的地基上。不宜设在淤泥、断层、流砂层、滑坡、风化严重的岩层和岩溶发育地段。在地震地区不宜将取水构筑物设在不稳定的陡坡或山脚下。取水构筑物也不宜设在有宽广河漫滩的地方，以免进水管过长。

2）选择取水构筑物位置时，要尽量考虑到施工条件，除要求交通运输方便，有足够的施工场地外，还要尽量减少土石方量和水下工程量，以节省投资，缩短工期。

6.2 固定式取水构筑物

6.2.1 基本形式及其特点

1. *岸边式取水构筑物*

建于河流的一岸，直接从江河岸边取水的构筑物，称为岸边式取水构筑物，由集水井和泵房两部分组成。它适用于江河岸边较陡，但地质条件好且河床河岸稳定；主流近岸且岸边有足够的水深，水位变幅不大且能保证设计枯水位时安全取水；水质较好且便于施工的河段。

根据进水间和泵房间的关系，岸边式取水构筑物分为合建式与分建式两种基本形式。

（1）合建式岸边取水构筑物　岸边地质条件较好，进水间与泵房可合建在一起的取水构筑物称合建式岸边取水构筑物，如图6-5所示。水流从进水孔进入进水间的进水室，再经过格网进入吸水室，然后由水泵抽送至水厂或用户。在进水孔上设有格栅，用以拦截水中粗大的漂浮物。设在进水间中的格网用以拦截水中细小的漂浮物。

特点：进水间与泵房可合建；布置紧凑，总建筑面积小；吸水管路短，运行安全，维护方便。但该构筑物要求岸边水深相对较大、河岸较陡，对地质条件要求相对也较高，土建结构复杂，施工较困难。

适用条件：河岸坡度较陡，岸边水流较深，地质条件较好且水位变幅和流速较大的河流；取水量大，安全性要求较高的取水构筑物。

基本形式：根据地质条件，供水要求及水位变化可将合建式岸边取水构筑物的基础设计成阶梯式或水平式。

1）阶梯式：进水间与泵房的基础可以建在不同的标高上，呈阶梯式布置（图6-5）。阶梯式可以利用水泵吸水高度以减小泵房的基建高度，节省土建投资，有利施工和降低造价。但该布置要求地质条件相对较高，以保证进水间与泵房不会因不均匀沉降而产生裂缝，从而导致渗水或结构的破坏；由于泵轴高于设计最低水位，故水泵起动时需要抽真空。该方式适用于岸边地质条件好（如岩石基础），中小水量的取水情况。

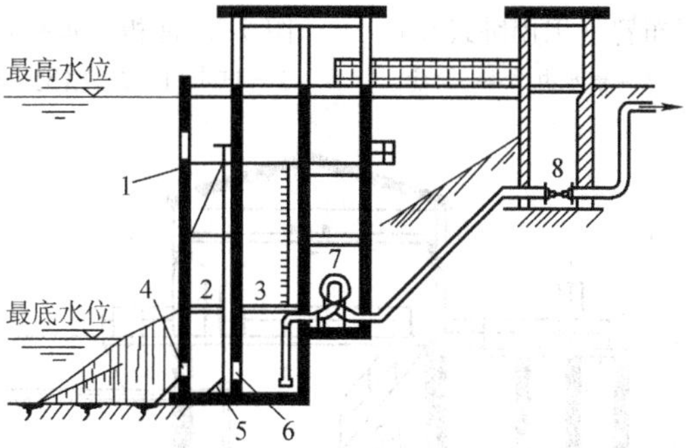

图6-5　合建式岸边取水构筑物

1—进水间　2—进水室　3—吸水室　4—进水孔

5—格栅　6—格网　7—泵房　8—阀门井

2）水平式：进水间与泵房的基础建在相同标高上，呈水平布置（图6-6）。为了避免产生不均匀沉降，或者由于供水安全性要求高，水泵需要自灌起动的情况。该布置对地基要求相对较低，水泵随时可自灌起动，布置方便，运行可靠，供水安全性较高。但由于泵房间建筑面积和深度都较大，土建费用增加，因而造价高，检修不便，通风及防潮条件差，操作管理不甚方便。水平式适宜于地基条件较差，不宜作阶梯布置以及安全性要求较高，取水量较大，可采用开挖或深井施工。

为了缩小泵房面积，减小泵房深度，降低泵房造价，可采用立式泵或轴流泵取水（图6-7）。在水位变化较大的河流上，水中漂浮物不多，取水量不大时，也可采用潜水泵取水。

（2）分建式岸边取水构筑物　当岸边地质条件较差，进水间不宜与泵房合建，或者分建对结构和施工有利时，宜采用分建式岸边取水构筑物（图6-8）。

特点：进水间设在岸边，泵房则建于岸内地质条件较好的地点，但不宜距进水间太远，以免吸水管过长；进水间与泵房之间常采用引桥连接，有时也采用堤坝连接；土建结构简单，施工较容易。但该布置操作管理不便，吸水管路较长，增加了水头损失，运行安全性不如合建式。

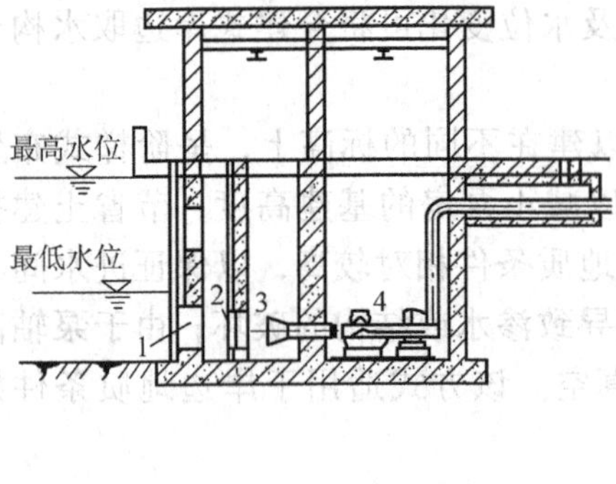

图 6-6　底板呈水平布置（采用卧式泵）
1—进水口　2—格网　3—集水井　4—泵房

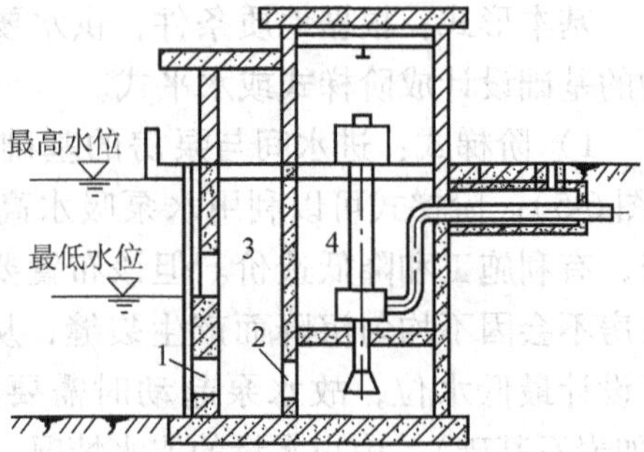

图 6-7　底板呈水平布置（采用立式泵）
1—进水口　2—格网　3—集水井　4—泵房

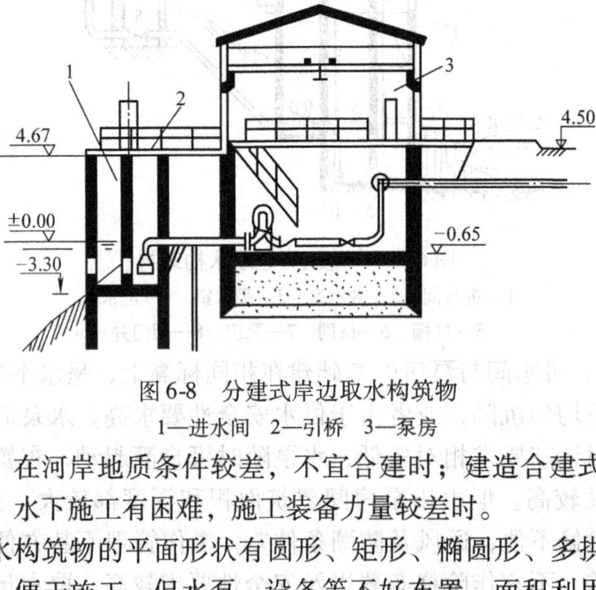

图 6-8　分建式岸边取水构筑物
1—进水间　2—引桥　3—泵房

适用条件：在河岸地质条件较差，不宜合建时；建造合建式对河道端面及航道影响较大；水下施工有困难，施工装备力量较差时。

岸边式取水构筑物的平面形状有圆形、矩形、椭圆形、多拱形等。圆形平面结构性能好，便于施工，但水泵、设备等不好布置，面积利用率不高；矩形构筑物结构性能不及圆形，但便于机组、设备布置；椭圆形平面介于两者之间，兼有前两者的优点，但结构要求较高；对于需要较大平面尺寸的取水构筑物，还可以考虑采用多拱形平面。

2. 河床式取水构筑物

利用伸入江河中心的进水管和固定在河床上的取水头部取水的构筑物，称为河床式取水构筑物。河床式取水构筑物与岸边式基本相同，取水构筑物由取水头部、进水管、集水间和泵房等部分组成。河水经取水头部的进水孔流入，沿进水管流至集水间，然后由泵抽走。集水间与泵房可以合建（图6-9），也可以分建（图6-10）。当河床稳定，河岸较平坦，枯水期主流离岸较远，岸边水深不够或水质不好，而河中心具有足够水深或较好水质时，适宜采用河床式取水构筑物。

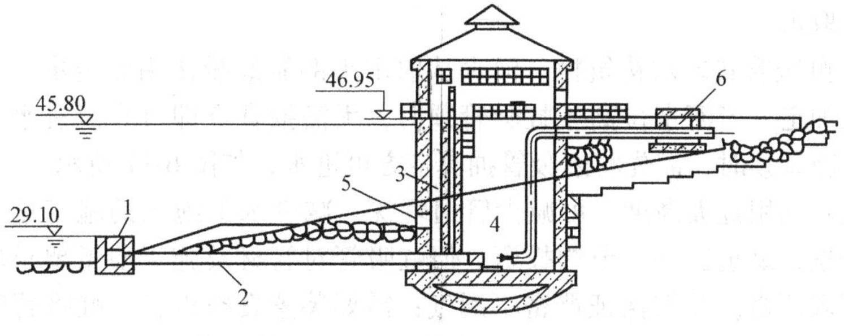

图6-9 合建的河床式取水构筑物

1—取水头部 2—自流管 3—集水井 4—泵房 5—进水孔 6—阀门井

按照进水管形式的不同，河床式取水构筑物有自流管取水、虹吸管取水、水泵直接吸水和桥墩式取水等类型：

（1）自流管取水 河水在重力作用下，从取水头部流入集水井，经格网后进入水泵吸水间，然后水泵抽走。这种取水方式可合建或分建，图6-9和图6-10分别表示集水间与泵房合建和分建的自流管取水构筑物。在河流水位变幅较大，洪水期历时较长，水中含沙量较高时，为了避免在洪水期引入底层含沙量较多的水，可在集水间壁上开设进水孔（图6-9），或设置高位自流管（图6-10），以便在洪水期取上层含沙量较少的水。

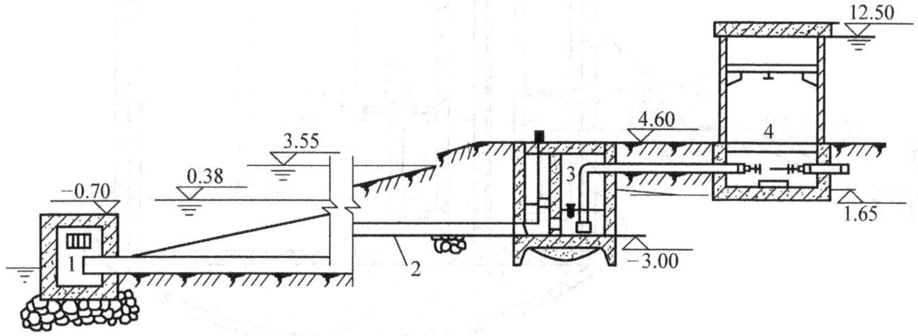

图6-10 分建的河床式取水构筑物

1—取水头部 2—进水管 3—集水井 4—泵房

特点：集水井设于河岸，可不受水流冲击和冰凌碰击，也可不影响河床水流；自流管淹没在水中，河水靠重力自流，工作较可靠；在非洪水期，利用自流管取得河心较好的水而在洪水期利用集水间壁上的进水孔或设置的高位自流管取得上层水质较好的水；冬季保温、防冻条件比岸边式好。但取水头部伸入河床，检修和清洗不便；敷设自流管时，开挖土石方量较大；洪水期河底易发生淤积、河水主流游荡不定，从而影响取水。

适用条件：河床较稳定，河岸平坦，主流距离河岸较远；河岸水深较浅且岸边水质较差；自流管埋深不大或者在河岸可以开挖隧道以敷设自流管等情况下从河中取水。

（2）虹吸管式取水构筑物　河水从取水头部靠虹吸作用流至集水井中，然后由水泵抽走。当河水位高于虹吸管顶时，无需抽真空即可自流进水；当河水位低于虹吸管顶时，需先将虹吸管抽真空方可进水，如图 6-11 所示。

特点：利用虹吸高度，可减少管道埋深，减少水下施工的施工量和自流管的大量开挖，缩短工期，节约投资。但虹吸管对管材及施工质量要求较高，运行管理要求严格，并需保证严密不漏气；需要装置真空设备；虹吸管管路相对较长，容积也大，真空引水水泵起动时间较长，工作可靠性不如自流管。

适用条件：河水水位变幅较大，河滩宽阔，河岸较高，自流管埋设较深；枯水期主流离岸较远而水位较低；管道需要穿越防洪堤等情况时，从河中引水。

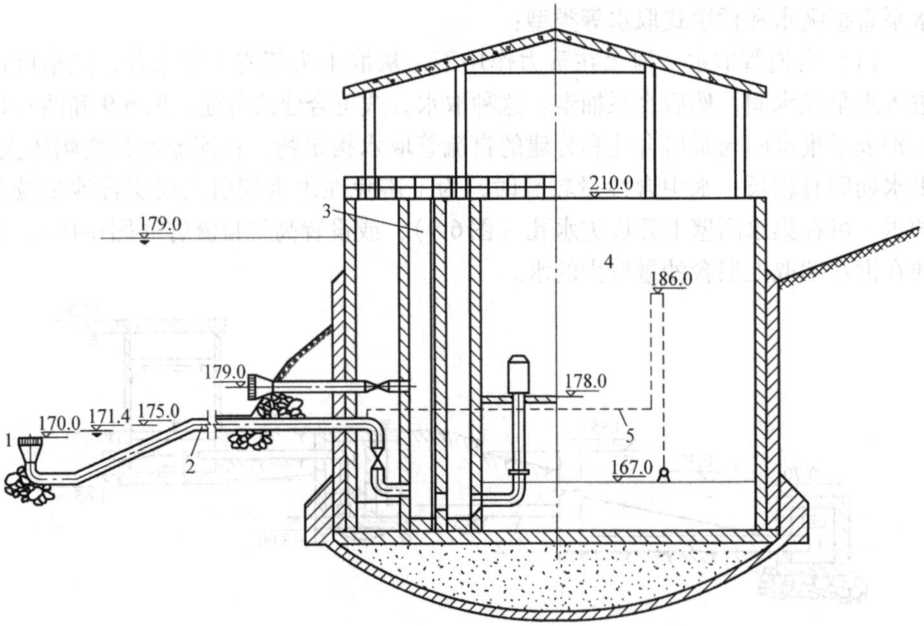

图 6-11　虹吸管式取水构筑物

1—取水头部　2—虹吸管　3—集水井　4—泵房　5—真空系统

（3）直接吸水式取水构筑物　不设集水间，水泵吸水管直接伸入河中取水，如图 6-12 所示。该取水在高于取水水位时，情形与自流管相似；低于取水水位时，则与虹吸管引水相似，设计应考虑按自流管或虹吸管处理。

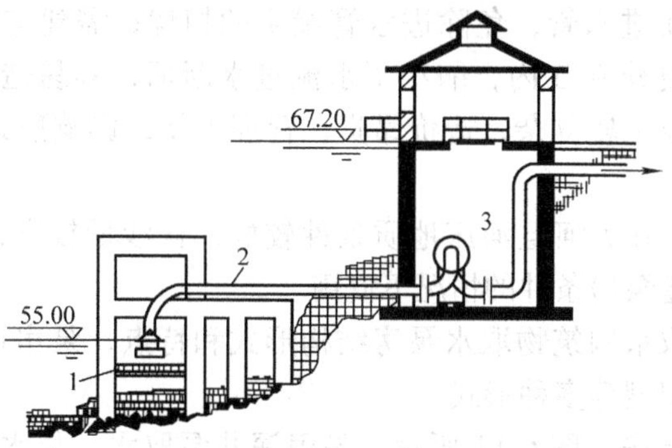

图6-12　直接吸水式取水构筑物

1—取水头部　2—水泵吸水管　3—泵房

特点：不设集水间，利用水泵吸高，可以减少水泵房埋深，结构简单，施工方便，造价较低。但要求施工质量较高，不允许吸水管漏气；在河流泥沙颗粒较大，易受堵塞且对水泵叶轮磨损较快。

适用条件：宜在河水水质较好，水中漂浮杂质少，水位变幅不大，取水量小，吸水管不长且不需设格网的中小型取水泵房使用。

（4）桥墩式取水构筑物　桥墩式取水构筑物也称江心式或岛式取水构筑物，整个取水构筑物建在水中，在进水间的壁上设置进水孔，如图6-13所示。

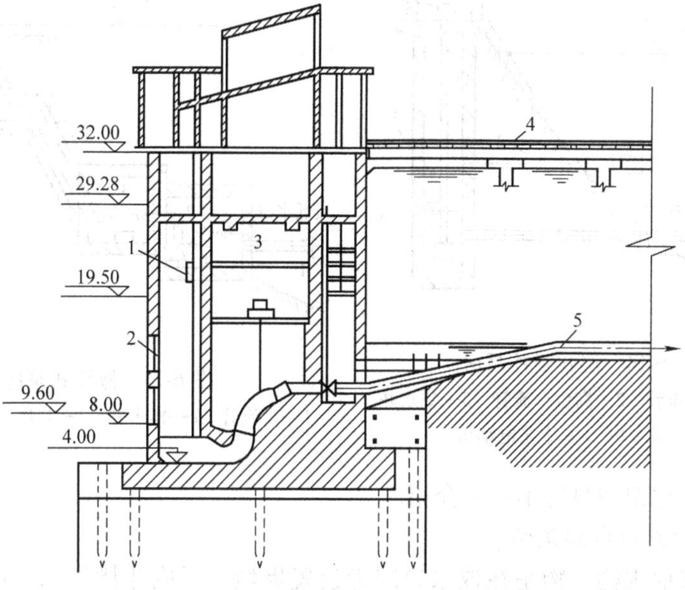

图6-13　桥墩式取水构筑物

1—集水井　2—进水孔　3—泵房　4—引桥　5—出水管

特点：取水构筑物建在河心，集水井与泵房合建，河水通过井壁上的进水孔流入集水井；无进水管，免除进水管淤塞的担忧；需建与岸边联系的引桥。但由于取水构筑物建在江内，缩小了水流过水断面，容易造成附近河床冲刷；基础埋深较大，施工较复杂，造价昂贵，管理不便，影响航运，非特殊情况一般不采用。

适用条件：宜在大河且河床地质条件较好，含沙量较高，取水量较大，岸坡平缓，岸边无建泵房条件的情况下使用。

根据桥墩式取水构筑物取水泵房结构形式和特点，泵房可分为湿井型、掩没型、瓶型、框架型等多种形式。

湿井型取水泵房如图6-14所示，采用深井泵取水，集水井设在泵房下部，其优点是结构简单，面积较小，造价较低，操作条件较好，但检修水泵时需吊装全部泵管，拆卸及安装工作量甚大，而且目前大型深井泵规格尚不多，价格较高。

淹没型取水泵房如图6-15所示，因在常年洪水期处于淹没状态，故称淹没型泵房。它的优点是交通廊道沿岸坡地形修建、比较隐蔽，土石方量较少，构筑物所受浮力小，结构简单，造价较低，适宜在水位变幅较大，河岸平缓，岸坡稳定，洪水期历时不长，漂浮物较少时采用。泵房的通风和采光条件差，操作管理，设备检修以及运输不便，结构防渗要求高。

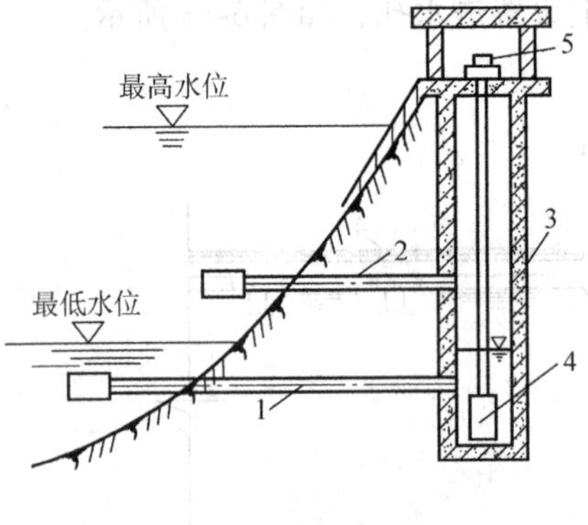

图6-14 湿式竖井泵房

1—低位自流管 2—高位自流管 3—集水井 4—深水井 5—水泵电动机

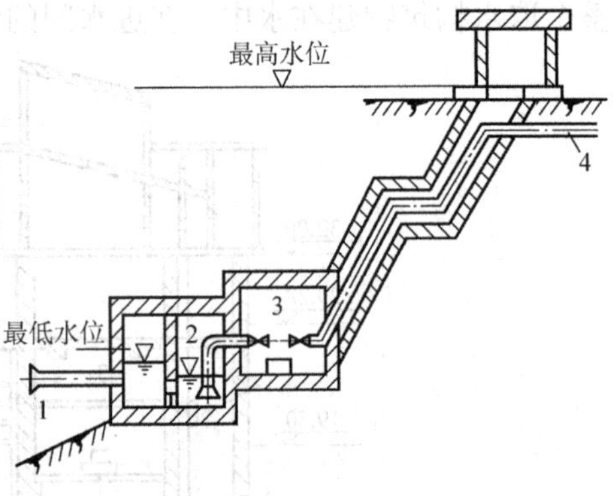

图6-15 淹没式泵房

1—自流管 2—集水井 3—泵房 4—出水管

瓶型和框架型泵房不一一介绍。

3. 斗槽式取水构筑物

斗槽式取水构筑物是在取水口附近设置堤坝，形成斗槽进水，由进水斗槽和岸边式取水构筑物组成。

特点：斗槽中流速较小、水中泥沙易于沉淀、潜冰易于上浮，从而减少泥沙和冰凌进入取水口，进一步改善水质。

适用条件：当河流含沙量大、冰凌严重，取水量要求大时宜采用该取水构筑物。

按斗槽中水流方向与河水方向的关系有顺流式、逆流式、双流式斗槽之分（图6-16）。

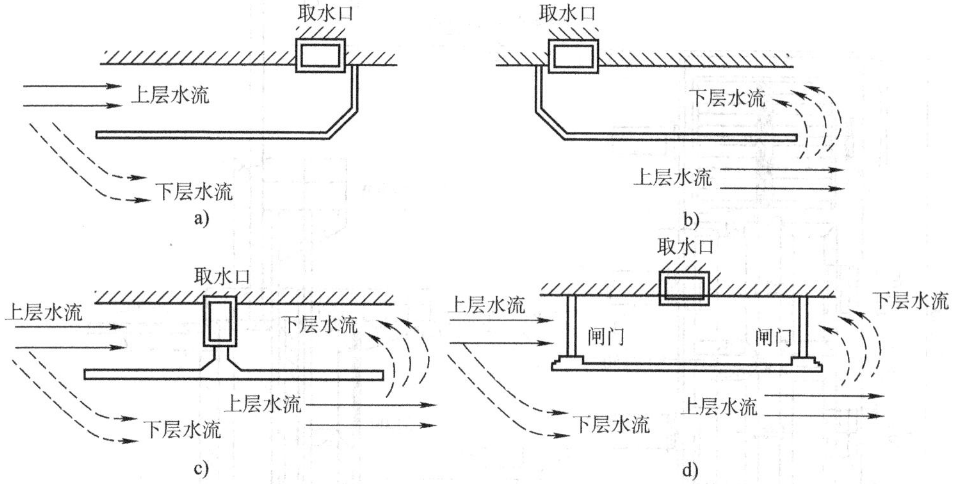

图6-16 斗槽式取水构筑物

a）顺流式斗槽 b）逆流式斗槽 c）双流式斗槽 d）用闸门控制进水的双流式斗槽

由于斗槽中水流流速变缓，泥砂易于沉降，而水内冰则上浮，因此泥沙多分布于斗槽底部，冰凌多集中于表层。在各种斗槽形式中，顺流式斗槽适用于含泥砂多而冰凌不严重的河流；逆流式适用于冰凌严重而泥砂较少的河流；双流式斗槽经控制进水方向后，可作为顺流式或逆流式使用，既可在夏秋季防泥砂，又可在冬季防冰凌。

斗槽式取水构筑物要求岸边地质稳定，河水主流近岸，并应设在河流凹岸处。斗槽式取水构筑物施工量大，造价高，槽内排泥困难，一般采用不多。

6.2.2 固定式取水构筑物的构造

固定式取水构筑物由进水间（岸边式和河床式）、取水头（河床式）、进水管（河床式）、泵站（岸边式和河床式）等部分组成。现分别介绍各部分的结构。

1. 集水井

河床式取水构筑物和岸边式取水构筑物的集水井的形状、构造及尺寸基本相同，其差别是岸边式取水构筑物集水井的进水间前壁设有进水孔，而河床式取水构筑物集水井的进水间前壁不设进水孔或只设高水位进水孔，代之以进水管。

集水井一般由进水间、格网和吸水间三部分组成，进水间和吸水间用纵间隔墙分开，在分隔墙上可以设置平板格网。集水井顶部设操作平台，安装格栅、格网、闸门等设备的起吊装置。岸边分建式集水井的布置如图6-17所示。

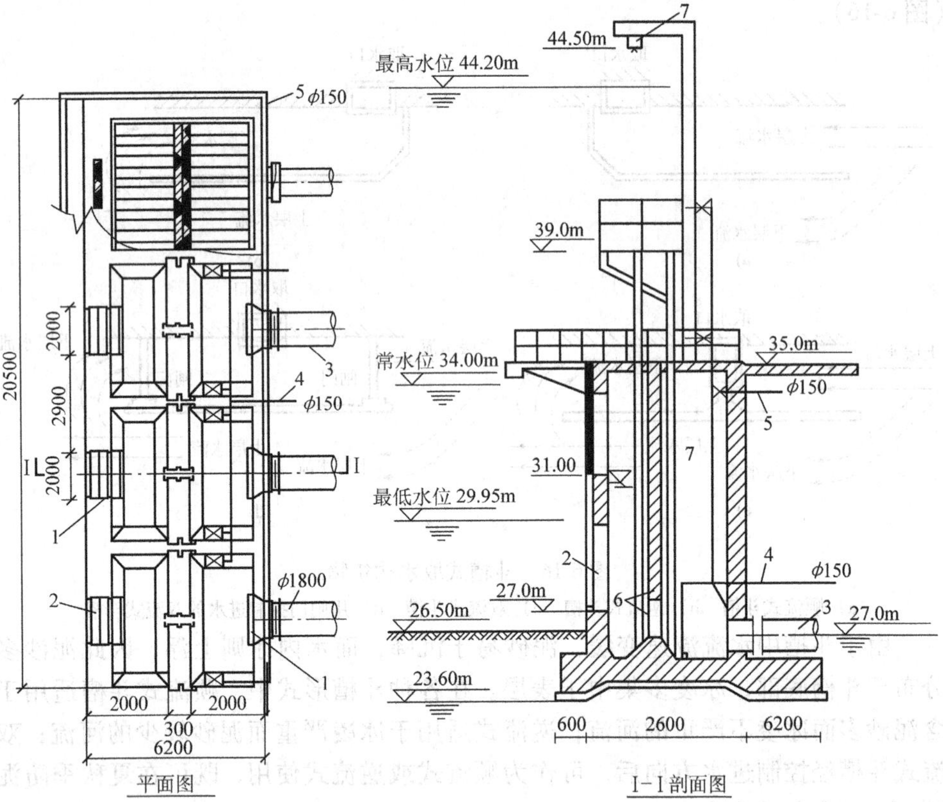

图6-17 岸边分建式集水井布置

1—闸板 2—格栅 3—吸水管 4—排水管 5—冲洗管 6—格网 7—起吊架

集水井有半淹没式和非淹没式两种。非淹没式集水井在最高洪水位时仍露出水面，操作管理方便，在漂浮物多的洪水期可以及时清洗格网，供水较安全，因此采用较多。这种集水井的平台上缘应在设计最高水位以上0.5m。

集水井和取水泵房可以合建，也可以分建。分建时，集水井的平面形状可为圆形、矩形、椭圆形等。圆形集水井结构合理，水流阻力小，便于沉井施工，但不便于布置设备；矩形集水井安装滤网、吸水管、分格及布置水泵和管线较为方便，但造价较高。通常当集水井深度不大，可用大开槽施工时，采用矩形集水井，否则宜用圆形。

（1）进水间 岸边式取水构筑物集水井的进水间，其外壁开有进水孔，孔上设有格栅及闸门槽。进水孔一般做成矩形，其面积应根据设计流量和进水流速进行计算（详见格栅计算部分）。

根据运行的安全性以及检修、清洗、排泥等要求，进水间通常用隔墙分成可独立工作的若干分格，其分格数应按水泵的台数和容量大小以及格网的类型确定。一般不少于两格。大型取水工程可采用一台泵一个分格，小型取水工程可采用数台泵一个分格。一般每一分格布置一个进水孔。进水孔的高宽比应尽量符合标准设计的格栅和闸门尺寸。进水孔的下缘应高出河底0.5m以上，上缘应在设计最低水位以下，不小于0.3m（有冰盖时，从冰盖下缘算起，不小于0.2m）。当孔口高度受河流最低水位和进水间底板标高限制时，可将孔口宽度加大，也可并列布置两个或两个以上进水孔。

当河水水位变幅大于6m时，可采用两层或三层的分层进水孔，以便在洪水时能取得表层含泥沙较少的水。下层进水孔的上缘一般应在设计最低水位以下0.3m，下缘高于河底0.5m以上；上层进水孔的上缘一般在设计洪水位以下1.0~1.25m。

进水间的平面尺寸应根据进水孔、格网和闸板的尺寸、安装、检修和清洗等要求确定。

（2）吸水间　吸水间用来安装水泵吸水管，其设计要求与泵房吸水井基本相同。吸水间的平面尺寸按水泵吸水管的直径、数目和布置要求确定。进入吸水间内的水流要求顺畅、速度小、分布均匀、不产生旋涡。

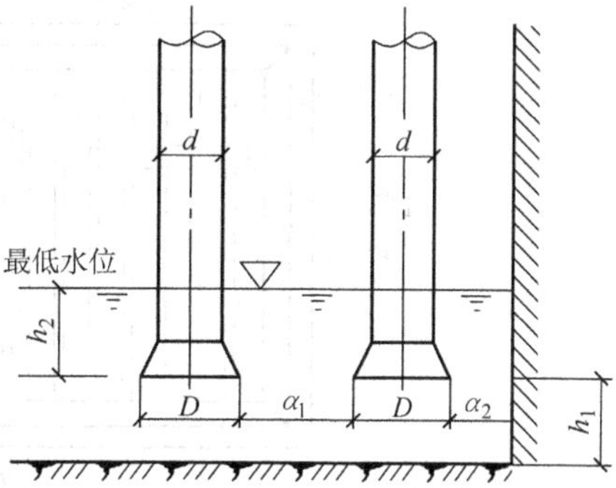

图6-18　离心泵吸水间布置

离心泵吸水间的尺寸通常按吸水喇叭口间距决定，如图6-18所示。各部分尺寸确定如下：

1）吸水喇叭口直径D一般采用

$$D = (1.3 \sim 1.5)d$$

式中　d——吸水管直径（mm）。

2）喇叭口净间距α_1与喇叭口井壁间的净间距α_2可采用

$$\alpha_1 = (1.5 \sim 2.0)D$$

$$\alpha_2 = (0.75 \sim 1.0)D$$

3）吸水喇叭口的最小悬空高度（喇叭口与井底间距）h_1和最小淹没深度h_2可采用

$$h_1 = (0.6 \sim 0.8)D, 且\ h_1 \geqslant 0.5\text{m} \quad h_2 = 0.5 \sim 1.0\text{m}$$

4）吸水间进水长度l的确定：多台水泵的吸水间应有一定的进水流程以便调整水流，使其顺直、均匀地流向各吸水管。因此，格网出水至吸水喇叭口中

心的流程长度 l 应不小于吸收喇叭口直径 D 的3倍。

(3) 附属设备

1) 格栅。设于进水孔上（或取水头部）的入口处，用以拦截水中粗大的漂浮物及鱼类。格栅由金属框架和栅条组成（图16-19），框架外形与进水孔形状相同。栅条断面有矩形、圆形等。格栅的栅条厚度或直径一般采用10mm，栅条净距视河中漂浮物情况而定，通常采用30~120mm。

格栅栅条可以直接固定在进水孔上，或者放在进水孔外侧的导槽中，一般按可拆卸设计，并考虑有人工或机械清除的措施，以便清洗和检修。栅条断面形状有矩形、扁圆形和圆形等多种。如图6-19所示为格栅标准图，图中 B、B_1、H、H_1 根据设计要求按S321格栅标准设计的规格确定。格栅的水头损失一般采用0.05~0.10m。

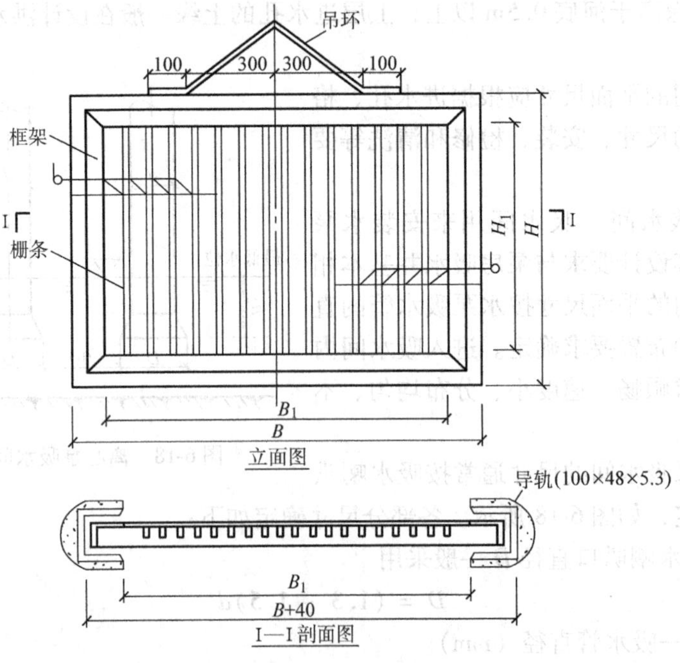

图6-19 格栅

格栅的面积可按下式计算

$$F_0 = \frac{Q}{v_0 K_1 K_2} \tag{6-2}$$

式中 F_0——进水孔或格栅的面积（m^2）；

Q——进水孔的设计流量（m^3/s）；

v_0——进水孔设计流速，当江水有冰絮时，采用0.2~0.6m/s；无冰絮时采用0.4~1.0m/s。当取水量较小，江河水流速度较小、泥沙和漂浮物较多时，可取较小值。反之，可取较大值；

K_1——栅条引起的面积减少系数，$K_1=\frac{b}{b+s}$，b 为栅条净距，一般采用30 ~120mm；s 为栅条厚度（或直径），一般采用10mm；

K_2——格栅阻塞系数，采用0.75。

2）格网。格网设在进水间和吸水间之间，用以拦截水中细小的漂浮物。格网有平板格网和旋转格网两种形式，应根据水中漂浮物数量，每台水泵的出水量等因素加以选择。通常，当每台泵出水量小于1.5m^3/s时，采用平板格网；出水量大于3.0m^3/s时，采用旋转格网；出水量在1.5 ~3.0m^3/s之间时，两种格网均可采用。

a. 平板格网：设在进水间和吸水间的隔墙上，隔墙上安装有专门放置格网的导轨。平板格网由框架和金属网构成，框架用槽钢或角钢制成，金属网用铜丝、镀锌钢丝或不锈钢丝等耐腐蚀材料制成，导轨用槽钢或钢轨制成。

平板格网一般设一层金属网。当格网面积较大时,需设两层金属网。其中一层为工作网,起拦截水中漂浮物的作用,网眼尺寸一般为4mm×4mm ~10mm×10mm,网丝直径为1 ~2mm;另一层是支撑网,用以增加工作网的强度,网眼尺寸为25mm×25mm,金属网丝直径为2 ~3mm。平板格网标准图如图6-20所示。

平板格网具有构造简单、不单独占用面积、可缩小集水井的尺寸等优点，在中小水量、漂浮物不多时采用较广。但平板格网冲洗麻烦、网眼尺寸不能太小，因而不能拦截较细小的漂浮物。

平板格网的面积可按下式计算

$$F_1=\frac{Q}{\varepsilon v_1 K_1 K_2} \tag{6-3}$$

式中　F_1——平板格网的面积（m^2）；

Q——通过格网的流量（m^3/s）；

v_1——通过格网的流速，一般采用0.2 ~0.4m/s；

K_1——网丝引起的面积减少系数，$K_1=\frac{b^2}{(b+s)^2}$；

b——网眼尺寸（mm）；

s——金属丝直径（mm）；

K_2——格网阻塞后面积减少系数，一般采用0.5；

ε——水流收缩系数，一般采用0.64 ~0.8。

b. 旋转格网：当采用旋转格网时，应在进水间和吸水间之间设置格网室。

旋转格网是绕在上下两个旋转轮上，由电动机带动的连续网板。网板包括金属框架和金属网。网眼尺寸视水中漂浮物数量和大小而定，一般为4mm×

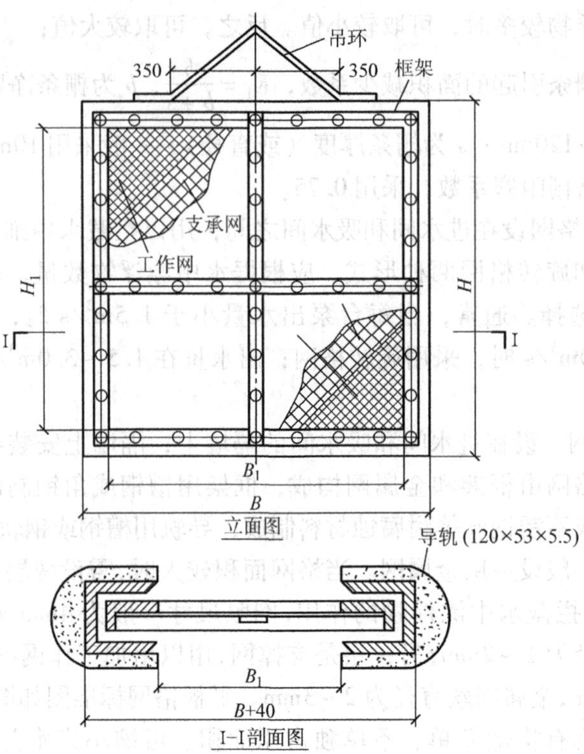

图 6-20　平板网格

4mm ~ 10mm × 10mm；网丝直径为 0.8mm ~ 1.0mm。因为旋转格网是连续清洗的，因此其转动速度也应根据河中漂浮物的多少决定，一般采用 0.2 ~ 0.6m/s。旋转格网采用压力水通过穿孔管或喷嘴冲洗，冲洗后的污水沿排水槽排走。

旋转格网的布置有直流进水、网内进水和网外进水三种方式，如图 6-21 所示。直流进水方式水力条件较好，格网上水流分配均匀，水经过两次过滤，水质较好，与其余两种布置方式相比，占地面积较小；但格网工作面积利用率低，网上未冲净的污物有可能带入吸水室。

旋转格网构造较复杂，占地大，但冲洗较方便，拦污效果好，可以拦截较细小的杂质，故适宜在水中漂浮物较多、取水量较大时采用。

旋转格网的面积可按下式计算

$$F_2 = \frac{Q}{\varepsilon v_2 K_1 K_2 K_3} \tag{6-4}$$

式中　F_2——旋转格网的有效过水面积（m^2）；

v_2——过网的流速，一般采用 0.7 ~ 1.0m/s；

K_2——格网阻塞系数，一般采用 0.75；

K_3——由于框架引起的面积减少系数，一般采用 0.75；

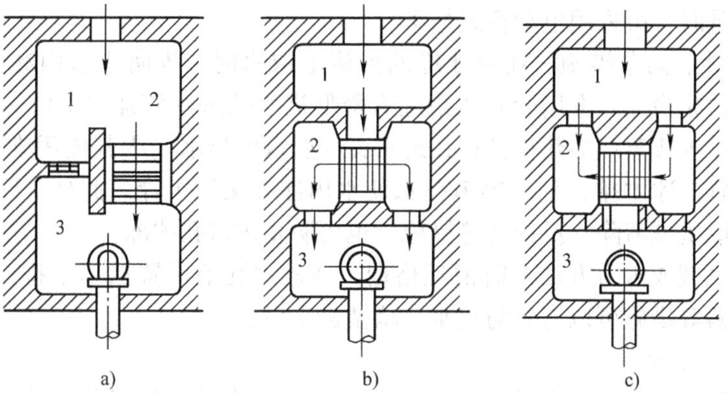

图6-21 旋转格网布置

a）直流进水 b）网内进水 c）网外进水

——→水流方向 1—进水间 2—旋转网格 3—吸水间

其余符号同前式。

旋转格网在水中的深度（图13-13），当为网外或网内双面进水时，可按下式计算

$$H = \frac{F_2}{2B} - R \tag{6-5}$$

式中 H——格网在水下部分的深度（m）；

B——格网宽度（m）；

F_2——旋转格网有效过水面积（m^2）；

R——格网下部弯曲半径，目前使用的标准滤网的值为0.7m。

当为直流进水时，可用B代替上式中的$2B$来计算H。水流通过旋转格网的水头损失一般采用0.15～0.3m。

c. 排泥、启闭及起吊设备。进水间和吸水间中的水流速度较小，当河水中含泥沙较多时，集水井中会沉积泥沙。为了不影响正常取水，需及时排除。常用的排泥设备有排沙泵、排污泵、射流泵、压缩空气提升器等。大型进水间多用排沙泵或排污泵排泥，也可采用压缩空气提升器排泥，排泥效果都较好。小型进水间或积泥不严重时，可用高压水带动的射流泵排泥。为了提高排泥效果，一般在井底设有穿孔冲洗管或冲洗喷嘴，利用高压水边冲洗、边排泥。

在进水间的进水孔、格网和横向隔墙的连通孔上须设置闸阀、闸板等启闭设备，以便在进水间冲洗和设备检修时使用。为了减小所占地位，常用平板闸阀、滑阀及蝶阀等。

为便于格栅、格网的清洗和检修及闸门的启闭和检修，需在操作平台上设置起吊设备。常用的起吊设备有电动绞车、电动和手动单轨吊车等，其中以单轨吊车采用较多。当泵房较深，平板格网冲洗次数频繁时，采用电动绞车起吊；

当设备较重时，可采用电动桥式吊车。

d. 防冰、防草措施。在有冰冻的河流上取水时，为防止水内冰堵塞格栅，必须采取防冰措加。常用的防冰措施有降低进水孔进水流速（0.05 ~0.1m/s）；利用电、热水或蒸汽加热格栅；在进水孔前引入废热水（无其他污染），在进水孔上游设置挡冰木排；利用渠道引水使水内冰在渠道上浮。此外，降低栅条导热性，采取机械清除、反冲洗等措施，也可防止进水孔冰冻。

采用机械或水力方法及时清理格栅，在进水孔前设置挡草木排，在压力管中设除草器等措施可以有效防止水草堵塞进水口。

2. 取水泵站

取水泵站又称一级泵站或水源泵站，可与集水井、闸门井合建或分建。合建时集水井可放在泵房内、外或底部，但需尽量减小泵房面积和吸水管长度，由于河流水位经常变化，所以取水泵房常常建得较深，洪水位时不被淹没。

（1）水泵选择　水泵选择包括水泵型号选择和水泵台数确定。水泵型号及台数不宜过多，否则将增大泵房面积，增加土建造价。但水泵台数过少，又不利于调度，一般常采用3 ~4 台（包括备用泵）。水泵型号应尽量相同，以便互为备用。当供水量变化较大时，可考虑大小水泵搭配，以利调节，但也应型号整齐，便于备用。选泵时应以近期水量为主，适当考虑远期发展。

（2）泵房布置　泵房的平面形状有圆形、矩形、椭圆形、半圆形等。矩形便于布置水泵、管路和起吊设备，常用于水泵台数较多（4 台以上）、泵房深度小于10m 的情况；圆形泵房受力条件较好，便于沉井施工，当水位变幅较大、泵房较深时，比矩形泵房更经济，因此当深度大于10m 时，常采用圆形泵房，但水泵台数宜少于4台。

水泵机组、管路及附属设备的布置，既要满足安装、操作、检修的方便，为远期发展留有余地，又要尽量减小泵房面积、降低造价。特别是泵房较深时，缩小泵房面积，具有较大的经济意义。通常减小泵房面积的措施有：卧式水泵机组呈顺倒转双行排列，进出水管直进直出布置；一台水泵的进出水管加套管穿越另一台水泵的基础；大中型泵房水泵压水管上的单向阀和转换阀布置在泵房外的阀门井内；尽量采用小尺寸管件；充分利用空间，将真空泵、配电设备、检修平台等设在不同高度的平台上。

（3）泵房地面层的设计标高　泵房地面层（又称泵房顶层进口平台）的设计标高，应分别按下列情况确定：当泵房位于渠道边时，为设计最高水位加0.5m；当泵房位于江河边时，为设计最高水位加浪高再加0.5m；当泵房位于湖泊、水库或海边时，为设计最高水位加浪高再加0.5m，并应设有防止浪爬高的措施。

（4）泵房的通风、采暖及附属设备　在深井泵房中，因电动机散热以致使泵房温度升高，为了改善操作条件，须考虑通风设施。通风方式有自然通风与机械通风两种。深度不大的大型泵房，可采用自然通风；深度较大、气候炎热的泵房宜采用机械通风；大型泵站可采用机械进风、机械排风装置。

寒冷地区，泵房应考虑采暖。小型泵房可用火炉取暖，大中型泵站采用集中供暖。采暖室内计算温度：人员经常逗留处（值班室、控制室等）取16～18℃；其他房间（水泵间）取5℃。

泵房的附属设备包括起吊、引水、排水、交通、通信和自动控制等设施。

取水泵房内的起吊设备应根据泵房布置、设备质量、泵房跨度等情况确定。常有一级起吊和二级起吊两种。中小型泵房和深度不大的大型泵房，一般采用一级起吊。深度较大（大于20～30m）的大中型泵房，宜采用二级起吊，即在泵房顶层设置电动葫芦或电动绞车作为一级起吊设备，在泵房底层设置桥式吊车作为二级起吊设备。在布置一、二级起吊设备时，应注意两者的衔接和二级起吊设备的位置，以保证主机重件不产生偏吊现象。

当水泵在起动时不能自灌时，必须引水。引水设备主要有真空泵和水射器两种。真空泵引水，运行可靠，易于实现自动化，采用较为普遍。为了不增加泵站的面积，引水设备和管路应靠边或在不同的平面上布置。

取水泵房均为地下或半地下式，因此泵房内须设置集水沟和排水泵，以及时排除水泵闸阀和管道接口的漏水，以及检修时泄放的存水及渗水等。此外，地下或半地下式泵房应设置楼梯，深度较大时（大于25m）应设置电梯。

为了便于调度，泵房内还应设置通信、遥控等自动化设施。

（5）泵房的防渗和抗浮　取水泵房的井壁及底部，要求在水压作用下不产生渗漏，所以必须注意混凝土的级配、抗渗标号和施工质量，

取水泵房设于岸边，要受到河水或地下水的浮力作用，因此在设计时必须考虑抗浮。设计中可以依靠自重或增加重物来抗浮，也可将泵房底板与基岩嵌固或锚固在一起来抗浮。通常采取的抗浮措施有：依靠泵房自重抗浮；在泵房顶部或侧壁增加重物来抗浮；将泵房底板扩大嵌固于岩石地基内，以增加抗浮力；在泵房底部打入锚桩与基岩锚固来抗浮；利用泵房下部井壁和底板与岩石之间的粘结力，抵消一部分浮力。

3. 取水头部

取水头部是河床式取水构筑物的组成部分之一，有多种形式。

（1）取水头部设计的一般要求

1）取水头部应设在稳定河床的主流深槽处，有足够的取水深度。

2）取水头部的形状对取水水质及河道水流有较大的影响，因此应选择合理的外形和较小的体积，以避免对周围水流产生大的破坏和扰动，同时防止取水头部受冲刷，甚至被冲走。

3）任何形式的取水头部均不同程度地使河道水流发生变化，引起局部冲

刷，因此应在可能的冲刷范围内抛石加固，并将取水头部的基础埋在冲刷深度以下。

4）取水头部至少应分成两格，或分设两个取水头部，以便清洗和检修。在漂浮物或泥沙多的河流中，相邻的取水头部应有较大的间距，一般沿水流方向的间距应不小于取水头部最大尺寸的3倍。

5）取水头部应防止冰块堵塞和冲击，并防止船只、木筏碰撞。

（2）取水头部的形式和构造　取水头部的形式很多，常用的有喇叭管、蘑菇形、鱼形罩、箱式、桥墩式等，其适用条件见表6-2。

表6-2　取水头部的形式和适用条件

形式	图　示	特点及适用条件
管式取水头部（喇叭管取水头部）	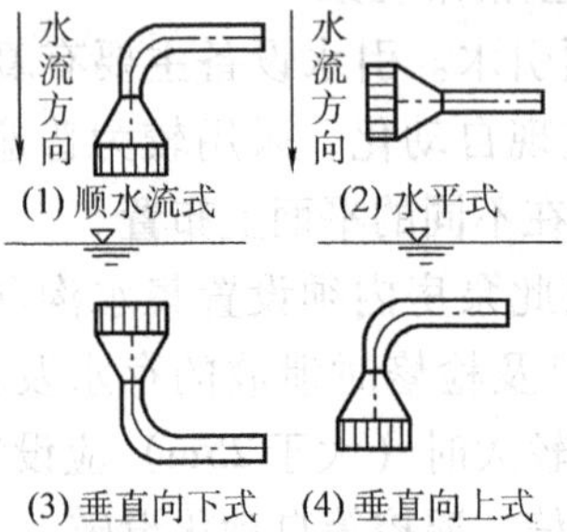	特点： ①构造简单；②造价较低；③施工方便；④喇叭口上应设置格栅或其他拦截粗大漂浮物的措施；⑤格栅的进水流速一般不考虑有反冲或清洗设施 适用条件： ①顺水流式：一般用于泥砂和漂浮物较多的河流；②水平式：一般用于纵坡较小的河段；③垂直式（喇叭口向上）：一般用于河床较陡、河水较深处，无冰凌、漂浮物较少，而又有较多推移质的河流；④垂直式（喇叭口向下）：一般用于直吸式取水泵房
岸边隧洞式喇叭口形取水头部	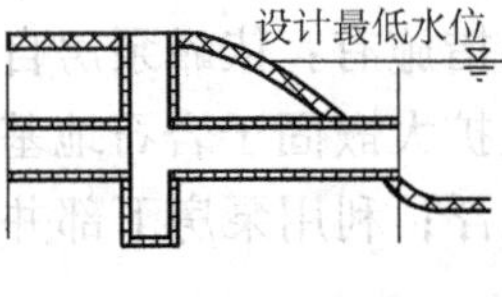	特点： ①倾斜喇叭口形的自流管管口做成与河岸的坡度相一致，进水部分采用插板式格栅；②根据岸坡基岩情况，自流管可采用隧洞掘进施工，最后再将取水口部分岩石进行爆破通水；③可减少水下工作量，施工方便，节省投资 适用条件： 适用于取水量较大，取水河段主流近岸，岸坡较陡，地质条件较好时
蘑菇形取水头部	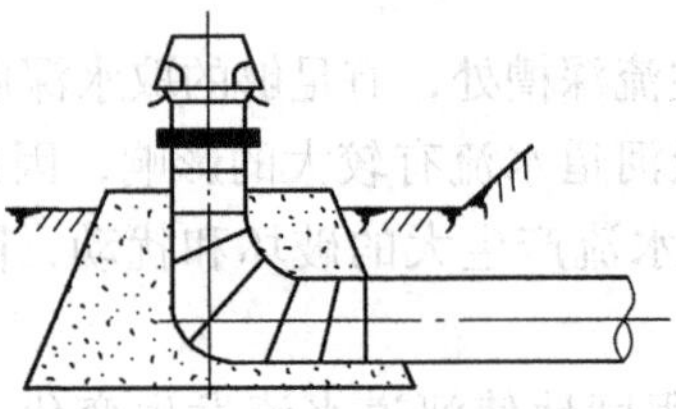	特点： ①头部高度较大，要求在枯水期仍有一定水深；②水是自帽盖底下曲折流入，一般泥砂和漂浮物带入较少；③帽盖可做成装配式，便于拆卸检修；④施工安装较困难 适用条件： 适用于中小型取水构筑物

（续）

形式	图　示	特点及适用条件
鱼形罩及鱼鳞式取水头部	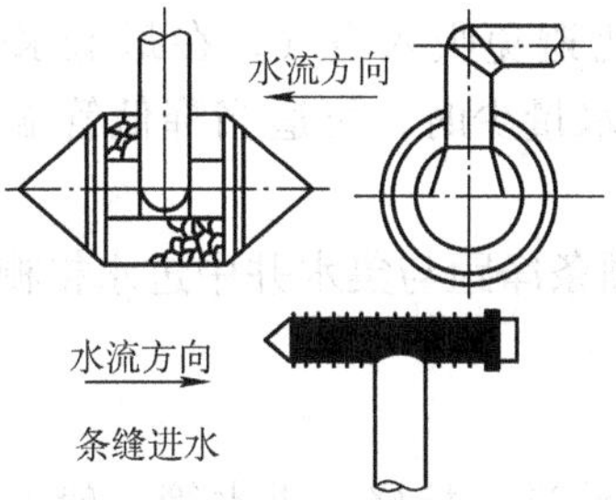	特点： ①鱼形罩为圆孔进水；鱼鳞罩为条缝进水；②外形圆滑，水流阻力小，防漂浮物、草类效果好 适用条件： 适用于水泵直接吸水式的中小型取水构筑物
箱式取水头部	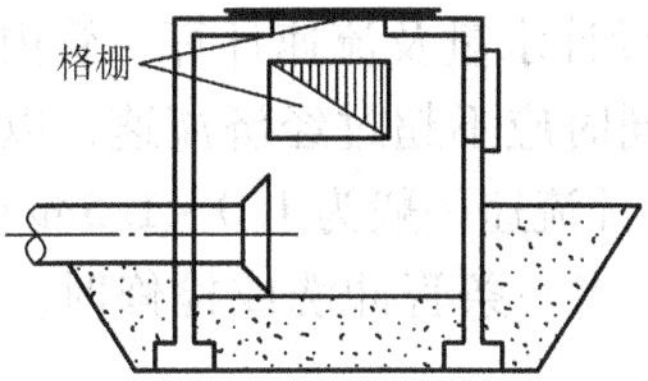	特点： 钢筋混凝土箱体可采用预制构件，根据施工条件作为整体浮运或分几部分在水下拼接 适用条件： 适用于水深较浅，含沙量少，以及冬季潜冰较多的河流，且取水量较大时
桩架式取水头部	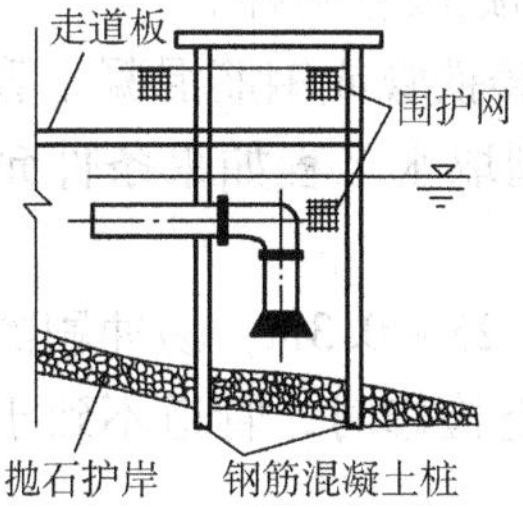	特点： ①可用木桩和钢筋混凝土桩，打入河底桩的深度视河床地质和冲刷条件决定；②框架周围宜加以围护，防止漂浮物进入；③大型取水头部一般水平安装，也可向下弯 适用条件： 适用于河床地质宜打桩和水位变化不大的河流

（3）取水头部进水孔的设计　进水孔的位置和方向应根据水流中含沙、漂浮物及冰凌等情况确定，多朝向下游或与水流方向垂直。漂浮物和泥沙较少的河流，可在取水头部下游侧开进水孔；有漂浮物或流冰的河流，应在侧面设进水孔，以免水面漩涡吸入漂浮物；河床为易冲刷的土壤、含沙量大且竖向分布不均匀的河流，当漂浮物或流冰少时，可在取水头部的顶部设进水孔。一般不宜在迎水面设进水孔。

为了避免吸入推移质泥沙，侧面进水孔的下缘应高出河床0.5m以上，水深较小、水质较清、取水量不大时，可减小到0.3m。淹没的侧面进水孔上缘在设计最低水位时的淹没深度应不小于0.3～0.5m。

流水进水孔应高出河床1.0~1.5m，并在最低水位以下不小于0.5~1.0m，另外，应考虑进水流速大时产生漩涡对淹没深度的影响。斜板式取水头部，进水管口一般应高于河床2.0m以上，浅水河流可降到1.0m。

虹吸管进水和水泵直接吸水时，为避免吸入空气，在最低水位时的淹没深度一般不宜小于1.0m。水体封冻或取水量少时，可适当降低管端的淹没深度至0.5m。

进水孔处需设格栅，过栅流速及栅条净距与集水井中进水格栅相同。

4. 进水管

(1) 进水管设计的一般要求

1) 为了提高进水的安全性和便于清洗、检修，进水管一般不少于两根。当一根停止工作时，其余管仍能保证70%的设计流量。

2) 进水管的管径应按正常供水的设计水量及流速计算。管内流速应低于泥沙的不淤泥流速，即不小于0.6m/s；同时应不超过经济流速，以免水头损失过大，增加集水井泵站的深度。进水管设计流速一般为1.0~1.5m/s，水量大、含沙量大、进水管短时，可采用较大值。当一条管冲洗或检修时，管中流速允许达到1.5~2.0m/s。

3) 进水管内易产生淤积，因此应考虑采取冲洗措施，冲洗流速采用1.5~2.0m/s。

(2) 进水管类型　进水管分自流管和虹吸管两种。

1) 自流管。自流管一般采用钢管、铸铁管或钢筋混凝土管。钢管应有防腐措施，铸铁管内应有水泥砂浆衬涂。大型取水工程如果条件允许，可采用钢筋混凝土暗渠。

自流管管顶应在河床冲涮深度以下0.25~0.3m，易冲刷的河床，管顶最小埋深应在河床以下0.5m。另外，考虑放空检修时，管道不致于因减少质量而上浮，因此其埋没深度必须满足抗浮要求。

2) 虹吸管。虹吸管宜采用钢管，以保证密封不漏气。埋在地下部分的管道也可用铸铁管。虹吸管应有能迅速形成真空的抽气系统，且每条管线设单独的抽真空系统，以免相互影响。抽真空多采用真空泵。

虹吸管的进水端设计最低水位下的淹没深度应不小于最低动水位以下1.0m。虹吸管应向集水井方向上升。其坡度一般为0.001~0.005。虹吸管高度可采用4.0~6.0m，最大不超过7.0m。

(3) 进水管的冲洗　由于管中流速较小或管道长期停用以及漂浮物进入等原因，可能使进水管产生泥沙淤积和漂浮物堵塞，因此应进行冲洗。进水管的冲洗有正向冲洗和反向冲洗。正向冲洗指冲洗时管内水流方向与正常运行时的水流方向相同，反向冲洗时管内水流方向与正常运行时方向相反，即泥沙流向河床。

6.3　移动式取水构筑物

6.3.1　浮船式取水构筑物

将取水设备直接安装在浮船上的取水构筑物称浮船式取水构筑物。浮船能随水位涨落而升降，可随河流主航道的变迁而移动（图6-22）。浮船式取水构筑物又分为自航式和非自航式。自航式配备有航行动力设备，可根据需要自行启航至最佳取水位置；非自航式取水构筑物无自航动力，只能借助外力来移动。

特点：工程用材少，投资小；无复杂的水下施工作业，无大量的土石方工程，施工简单，基建费用较低；在河流水文和河床易变化的情况下，能经常取得含沙量较少的表层水，有较强的适应性。但浮船式取水构筑物受风浪、航运、漂木及浮筏、河流流量、水位的急剧变化影响较大，稍一疏忽，就有可能发生安全事故，影响安全供水；取水需随水位的涨落拆换接头，移动船位，紧固缆绳，收放电线电缆，尤其水位变化幅度大的洪水期，操作管理更为频繁；浮船必须定期维护，且工作量大。

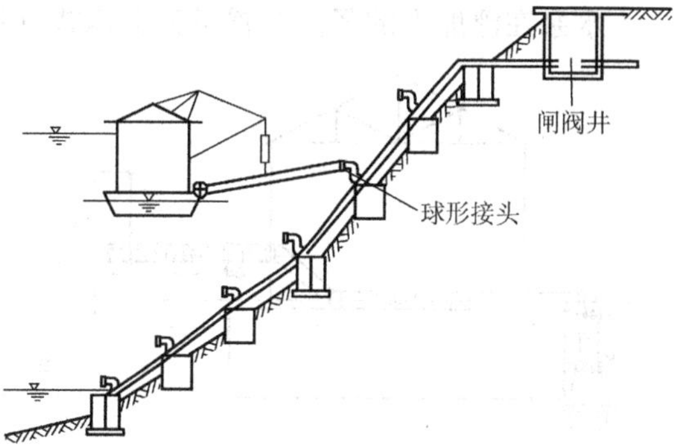

图6-22　浮船式取水构筑物

适用条件：适用于河岸比较稳定，河床冲淤变化不大，岸坡角度在20°~30°左右；水位变化幅度在10~35m左右，枯水期水深不小于1.5~2m，河水涨落速度应在2m/h以内；水流平缓，风浪不大；河流漂浮物少、无冰凌且不易受漂木、浮筏、船只等撞击。

1．浮船式取水构筑物的构造

浮船式取水构筑物一般由浮船、联络管、输水斜管、船与岸之间的交通联络设备、锚固设施等组成。浮船可采用木船、钢板船、钢网水泥船等。浮船一般制造成平底围船式，平面为矩型，横截面可为矩形或梯形。浮船的尺寸应根据设备及管路布置、操作及检修要求、浮船的稳定性等因素而定。目前一般船宽多在5~6m左右，船长与船宽之比为2:1~3:1，吃水深0.5~1.0m．船体深1.2~1.5m，船首、船尾长2~3m。

考虑供水规模、供水安全程度等因素，浮船的数量一般情况下不少于两只，若可间断供水或有足够容积的调节水池时，可考虑设置一只。另外，还应特别注意浮船的稳定性，并应使布置紧凑，操作维修方便。

2. 浮船式取水构筑物体位置的选择

除应符合本章6.1.3有关地表水取水构筑物位置选择的基本要求外，还应注意以下几点：

1）河岸有适宜的坡度。岸坡过于平缓，不仅联络管增长，而且移船不方便，容易搁浅。采用摇臂式连接时，岸坡宜陡些。

2）设在水流平缓、风浪小的地方，以利于浮船的锚固和减小颠簸。在水流湍急的河流上，浮船位置应避开急流和大回流区，并与航道保持一定距离。

3）尽量避开河漫滩和浅滩地段。

3. 浮船式取水构筑物的平面布置

水泵在浮船上的竖向布置可为上承式（图6-23a）和下承式（图6-23b）。

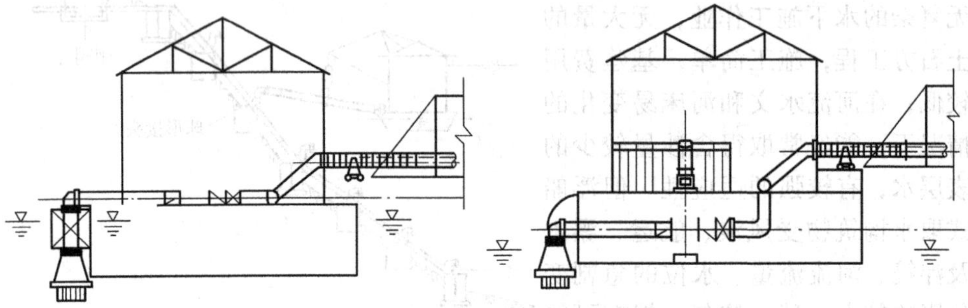

图6-23 浮船的竖向布置

a）上承式浮船布置 b）下承式浮船布置

上承式布置，水泵机组安装在甲板上。设备安装和操作方便，船体结构简单，通风条件较好，可适于各种船体，但重心偏高，不利于船的稳定。

下承式布置，水泵机组安装在甲板以下的船体骨架上，其重心低且稳定性好，可降低水泵的吸水高度。但下承式通风条件差，操作管理不便，船体结构也较复杂，只适于钢结构船体。

水泵机组布置形式有纵向和横向布置。若水泵各机组轴线平行，为纵向布置；水泵各机组轴线成一条直线布置，为横向布置。一般双吸泵多布置成纵向，单吸泵多布置成横向。机组布置时应考虑重心的位置，一般机组布置重心偏于吸水侧。浮船的平面布置如图6-24所示。

水泵的选择应考虑水位变化的影响，应选择在较大扬程范围内仍处于高效运行状态的水泵，一般可选 $Q—H$ 曲线较陡的水泵。

4. 浮船的平衡与稳定

为了保证运行安全，浮船应在各种情况下（正常运转、风浪作用、移船、

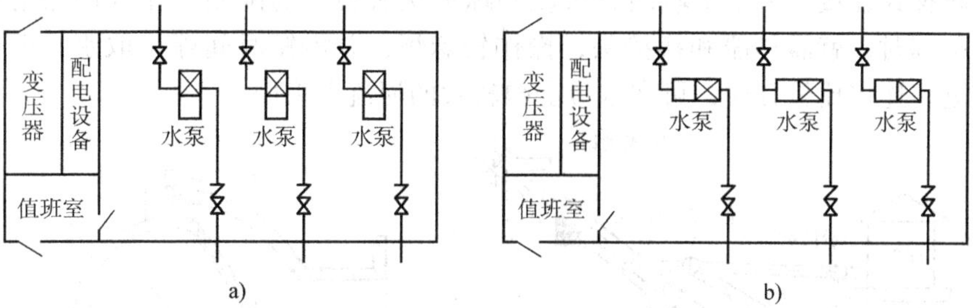

图6-24　泵房布置

a）纵向布置泵房　b）横向布置泵房

设备装运时）均能保持平衡与稳定。首先应通过设备布置使浮船在正常运转时接近平衡。在其他情况如不平衡，可用平衡水箱或压舱重物来调整平衡。为保证操作安全，在移船和风浪作用时，浮船的最大横倾角以不超过7°～8°为宜。浮船的稳定与船宽关系很大。为了防止沉船事故，应在船舱中设水密隔舱。

5．联络管和输水管

浮船随河水涨落而升降，随风浪而摇摆，因此，船上的水泵压水管与岸边的输水管之间采用的联络管应当转动灵活。常用的连接方式有阶梯式和套筒式。

（1）阶梯式连接　按选用连接管材的不同，又分为柔性连接和刚性连接。

1）柔性联络管连接。如图6-25所示，采用两端带有法兰接口的橡胶软管作联络管，管长一般6～8m。橡胶软管使用灵活，接口方便，但承压一般不大于490kPa，使用寿命较短，管径较小（一般为350mm以下），故适宜在水压和水量不大时采用。

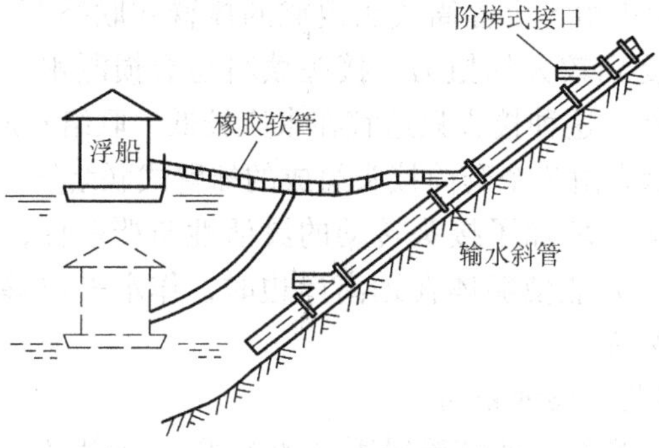

图6-25　柔性联络管连接

2）刚性联络管连接。如图6-26所示，采用两端各有一个球形万向接头的焊接钢管作为联络管，管径一般在350mm以下，管长一般为8～12m。钢管承压高，使用年限长，故采用较多。球形万向接头（图6-27），转动灵活，使用方便，转角一般采用11°～15°，但制造较复杂。

阶梯式连接，由于受联络管长度和球形接头转角的限制，在水位涨落超过一定范围时，就需移船和换接头，操作较麻烦，并需短时间停止取水。但船靠岸较近，连接比较方便，可在水位变幅较大的河流上采用。

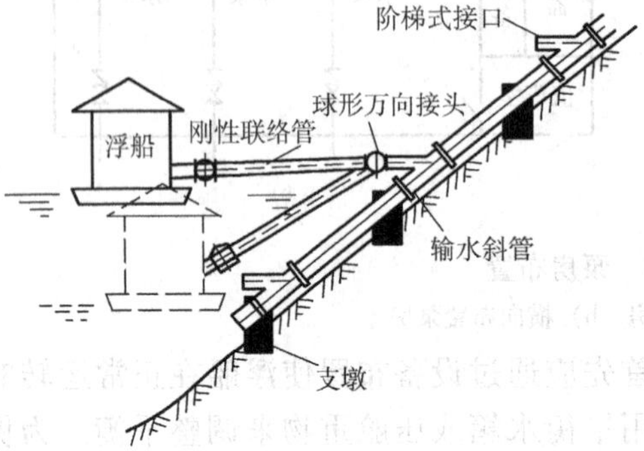

图 6-26 刚性联络管连接

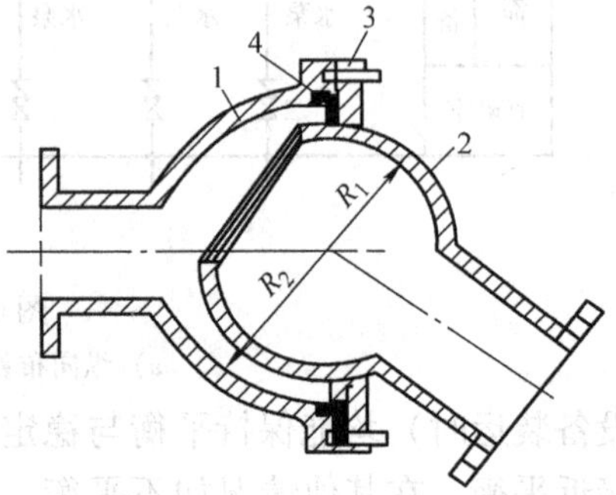

图 6-27 球形万向接头
1—外壳 2—球心 3—压盖 4—油麻填料

（2）套筒式连接 套筒式连接又可称为摇臂式连接。该连接的联络管由钢管和几个套管旋转接头组成。水位涨落时，联络管可以围绕岸边支墩上的固定接头转动。这种连接的优点是不需要拆换接头，不用经常移船，能适应河流水位的猛涨猛落，管理方便，不中断供水，因此采用较广泛。目前已用于水位变幅达 20m 的河流。但洪水时浮船离岸较远，上下交通不便。

由于 1 个套筒接头只能在 1 个平面上转动，因此 1 根联络管上需要设置 5 个或 7 个套筒接头，才能适应浮船上下、左右摇摆运动。

如图 6-28a 所示为由 5 个套筒接头组成的摇臂式联络管。由于联络管偏心，致使两端套筒接头受到较大的扭力，接头填料易磨损漏水，从而降低了接头转动的灵活性与严密性。这种接头只适宜在水压较低，联络管质量不大时采用。

如图 6-28b 所示为由 7 个套筒接头组成的摇臂式联络管。这种连接，由于套筒接头处受力较均匀，增加了接头转动的灵活性与严密性，故能适应较高水压和较大水量的要求，并能使船体在远离岸边时，作水平位移，以避开洪水主流及航运、原木等的冲撞。

6. 浮船式取水构筑物的锚固

浮船需用缆索、撑杆、锚链等锚固（图 6-29）。锚固方式应根据浮船停靠位置的具体条件决定。用系缆索和撑杆将船固定在岸边，适宜在岸坡较陡，江面较窄，航运频繁，浮船靠近岸边时采用。在船首尾抛锚与岸边系留相结合的形式，锚固更为可靠，同时还便于浮船移动，它适用于岸坡较陡，河面较宽，航运较少的河段。在水流急、风浪大，浮船离岸较远时，除首尾抛锚外，尚应增设角锚。

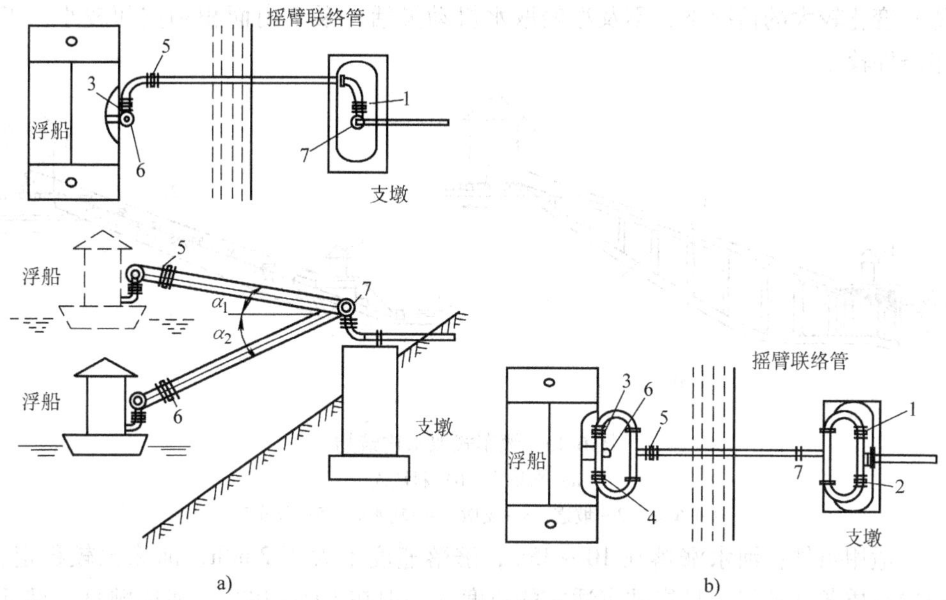

图6-28 套筒式连接

a）单摇臂联络管连接 b）双摇臂联络管连接

1~7—套筒

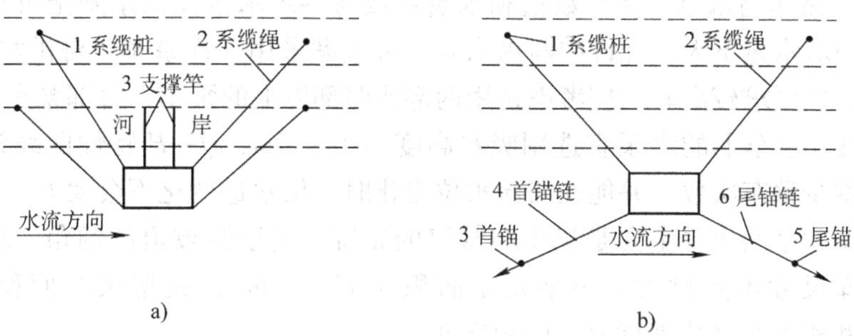

图6-29 浮船式取水构筑物的锚固

a）岸边系留式布置 b）船尾抛锚与岸边系留结合布置

6.3.2 缆车式取水构筑物

缆车式取水构筑物是用卷扬机绞动钢丝绳牵引泵车，使其沿坡道上升或下降以适应河水的涨落，从而取得较好水质的水。该构筑物由泵车、坡道或斜桥、输水管和牵引设备等部分组成。其布置如图6-30所示。

特点：施工较固定式取水构筑物简单，水下施工量小，施工期短；投资小于固定式，但大于浮船式；比浮船式稳定，能适应较大风浪。但只能取岸边表层水，水质较差；生产管理人员较固定式多，移车困难，安全性差；缆车式取水构筑物取水位置固定，需经常按水位涨落拆装接头，在水文情况（洪、枯水位）变化较大的情况下，不及浮船取水机动灵活；泵车内面积和空间较小，工作条件较差。

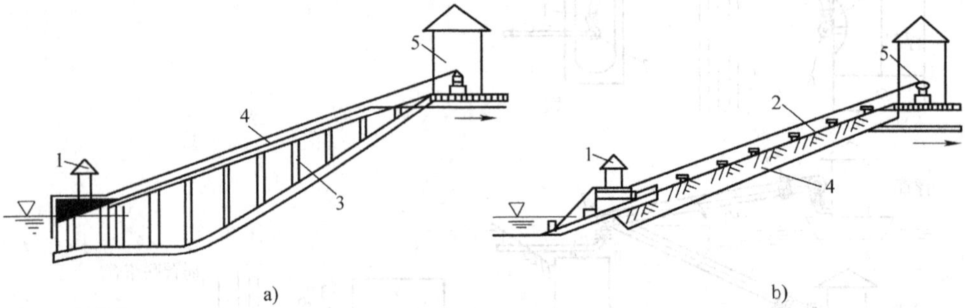

图 6-30 缆车式取水构筑物

a）斜桥式 b）斜坡式

1—泵车 2—坡道 3—支墩 4—输水管 5—绞车房

适用条件：河水涨落在 10～35m，涨落速度不大于 2m/h；河床比较稳定，河岸地质条件较好，且岸坡有适宜的角度（一般在 10°～28°）；河段顺直，靠近主流；河流漂浮物较少、无冰凌且不易受漂木、浮筏、船只等撞击。

1. 缆车式取水构筑物的构造

（1）泵车与水泵 泵车数量和水泵台数与供水水量及供水安全可靠性要求有关。当取水量不大，允许中断供水时，可考虑采用一部泵车。对供水量较大、供水可靠性要求较高时，应考虑选用两部或两部以上的泵车，每部泵车选用 2～3 台水泵。泵车上的水泵宜选用吸水高度不小于 4m，$Q—H$ 特性曲线较陡的水泵，以减少移车次数，并能在河流水位变化时，供水量变化不会太大。

泵车的平面布置主要是机组与管路的布置。由于受坡道的倾角、轨距的影响，泵车尺寸不宜过大。小型泵车面积为 12～20m^2，大型泵车面积为 20～40m^2。机组布置还应考虑泵车的稳定性。

泵车上水泵机组的布置，除满足布置紧凑，操作检修方便外，还应特别注意泵车的稳定和振动问题。小型水泵机组宜采用平行布置（图 6-31），将机组直接布置在泵车的桁架上，使机组重心与泵车轴线重合，运转时振动小，稳定性好。大中型机组宜采用垂直布置（图 6-32），机组重心落在两桁架之间，机组放在短腹杆处，振动较小。

泵车车厢净高，在无起吊设备时采用 2.5～3.0m；有起吊设备时采用 4.0～4.5m。泵车的下部车架为型钢组成的车架结构，在主桁架的下节点处装有 2～6 对滚轮。

（2）坡道 坡道的坡度一般为 10°～25°，有斜坡式和斜桥式（图 6-30）。当岸边地质条件较好，坡度适宜时，可采用斜坡式坡道；当岸坡较陡或河岸地质条件较差时，可采用斜桥式坡道。斜桥式坡道基础可作成整体式、框式挡土墙和钢筋混凝土框格式。坡道顶面应高出地面0.5m左右，以免积泥。斜桥式坡道一般采用钢筋混凝土多跨连续梁结构。

在坡道基础上敷设钢轨，当吸水管直径小于300mm时，轨距采用1.5～2.5m，吸水管直径300～500mm时，轨距采用2.8～4.0m。

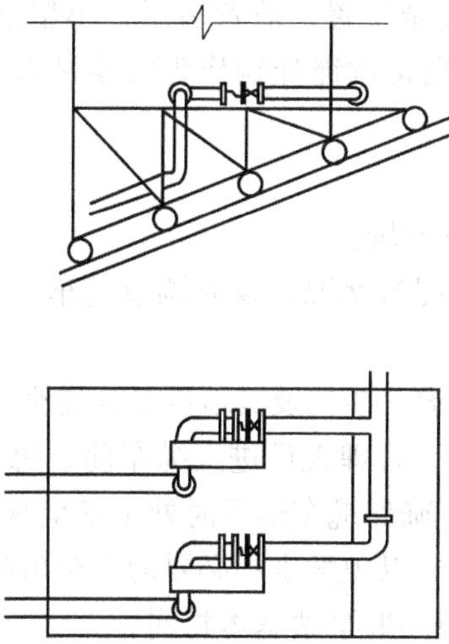

图6-31　水泵平行布置的泵车

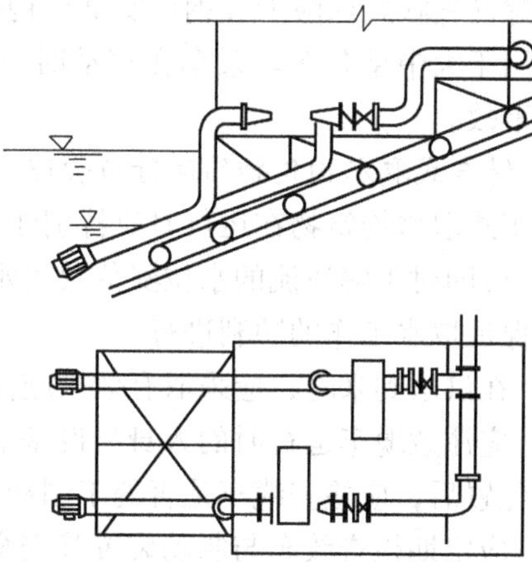

图6-32　水泵垂直布置的泵车

坡道上除设有轨道外，还设有输水管、安全挂钩座、电缆沟、接管平台及人行道等。当坡道上有泥沙淤积时，应在尾车上设置冲沙管及喷嘴。

（3）输水管　通常一部泵车设置一根输水管。输水管沿斜坡或斜桥敷设。管上每隔一定距离设置叉管（正三通或斜三通），以便与联络管相接。叉管的高差主要取决于水泵吸水高度和水位涨落速度，一般采用1～2m。当采用曲臂式联络管时，叉管高差可以更大些（2～4m左右）。

在水泵出水管与叉管之间的联络管上需设置活动接头，以便移车时接口易于对准。活动接头有橡胶软管、球形万向接头、套筒旋转接头和曲臂式活动接头等。橡胶软管使用灵活，但使用寿命较短，一般用于管径300mm以下。套筒接头由1～3个旋转套筒组成（图6-33），装拆接口较方便，使用寿命较长，应用较广。

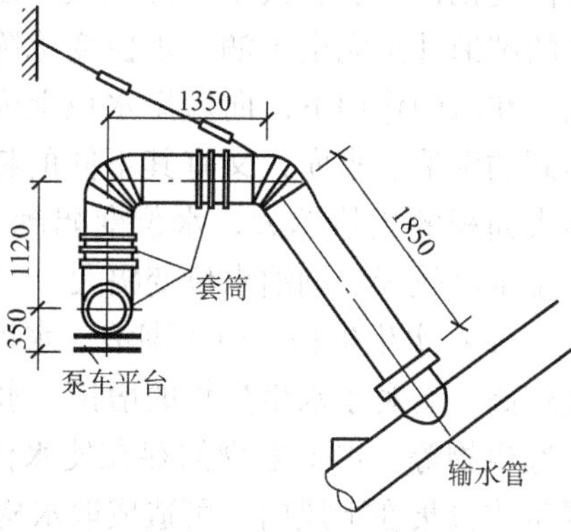

图6-33　套管接头连接

（4）牵引设备及安全装置　牵引设备由绞车及连接泵车和绞车的钢丝绳组成。绞车一般设置在洪水位以上岸边的绞车房内。牵引力在50kN以上时宜用电动绞车，操作既安全，又节省劳动力；绞车的牵引力的计算请参阅《给水排水设计手册》第3册。

为了保证泵车运行安全，在绞车和泵车上都必须设置制动保险装置。绞车制动装置有电磁制动车和手制动车，以两者并用较为安全。泵车在固定时，一般采用螺栓夹板式保险卡或钢杆安全挂钩作为安全装置，前者多用于小型泵车，后者多用于大中型泵车。泵车在移动时一般采用钢丝绳挂钩作为安全装置，以免发生事故。

2. 缆车式取水构筑物的运行与管理

缆车式取水构筑物在运行时应特别注意以下问题：

1）应随时了解河流的水位涨落及河水中的泥沙状况，及时调节缆车的取水位置，保证取水工作的顺利进行。

2）在洪水到来时，应采取有效措施保证车道、缆车及其他设备的安全。

3）应注意缆车运行时的人身与设备的安全，管理人员进入缆车前，每次调节缆车位置后，应检查缆车是否处于制动状态，确保缆车运行时处于安全状态。

4）应定期检查绞车与制动装置等安全设备，以免发生不必要的安全事故。

缆车式取水构筑物运行时，其他注意事项与一般泵站基本相同。

6.4 其他地表水取水构筑物

6.4.1 湖泊和水库取水构筑物

1. 湖泊和水库取水特点

（1）水量与水位　湖泊、水库的水位与其蓄水量有关，而蓄水量一般呈季节性变化，一般夏秋季节出现最高水位，冬末春初则为最低水位，有些干旱地区的湖泊甚至完全干涸。水位变化除与蓄水量有关外，还会受风向与风速的影响。在风的作用下，向风岸水位上升，而背风岸水位则下降。水位的变幅，在不同的湖泊、水库，又有其不同的特点。一般情况下，湖泊流域面积与自身水体表面积的比值越大，水位变幅越大；蓄水构造越窄、越深，水位变幅越大。人工水库较天然湖泊水位变幅大。

（2）水生生物　由于湖泊、水库中的水流动缓慢，阳光照射使水面表层温度较高，有利于水生生物的增长，水生生物十分丰富，有浮游生物、漂浮生物、水底生物等。水生生物的存在使水体产生色、嗅和味。在风的作用下，一些漂浮生物聚集在下风向，可造成取水构筑物的阻塞。

（3）沉淀作用　湖泊、水库具有良好的沉淀作用，水中泥沙含量低，浊度变化不大。但在河流入口处，由于水流突然变缓，易形成大量淤积。河流挟沙量越大，淤积现象越严重。一般取水口应考虑设在淤积影响小的位置。

（4）含盐量　湖泊、水库的水质与补给水水源的水质、水量流入和流出的平衡关系、蒸发量的大小、蓄水构造的岩性等有关。一般用于给水水源的多为淡水湖，水质基本上具有内陆淡水的特点。不同的湖泊或水库，水体的化学成分不同。对同一湖泊或水库，位置不同，水体的化学成分和含盐量也不一样。

（5）风浪　湖泊或水库水面宽广，在风的作用下常会产生较大的浪涌现象。由于水的浸润和浪击作用，可以造成岸基崩塌，在迎风岸这种现象更为明显。

2. 湖泊和水库取水构筑物位置选择

根据湖泊和水库水取水特点，取水构筑物位置选择应注意以下几点。

1）不要选择在湖岸芦苇丛生处附近：一般在这些区域有机物丰富，水生生物较多，水质较差，尤其是螺丝类软体水底动物会吸附在进水孔上，产生严重的堵塞现象。

2）不要选择在夏季主风向的向风面的凹岸处：这些位置有大量的浮游生物集聚，并且死亡的残骸沉人湖底腐烂后，使水质恶化，水的色度增加，且产生臭味。

3）为了防止泥沙淤积取水头部，取水构筑物的位置应远离支流的汇入口，应选在靠近大坝附近，这里水深较大，水的浊度也较小，也不易出现泥沙淤积现象。

4）取水构筑物应建在坡度较小，岸高不大的基岩或植被完整的湖边、水库边，其稳定性较好。

3. 湖泊和水库取水构筑物的类型

湖泊、水库常用的取水构筑物类型应根据水文特征和地形、地貌、气象、地质、施工等条件进行技术经济比较后确定。常见的类型如下：

（1）隧洞式取水和引水明渠取水　在水深大于10m以上的湖泊或水库中取水，可采用引水隧洞或引水明渠取水。隧洞式取水构筑物可采用水下岩塞爆破法施工。就是在选定的取水隧洞的下游端，先挖掘修建引水隧洞，在接近湖底或库底的地方预留一定厚度的岩石——即岩塞，最后采用水下爆破的办法，一次炸掉预留岩塞，从而形成取水口。这一方法，在国内外均采用。图6-34为隧洞式取水岩塞爆破法示意图。

（2）分层取水的取水构筑物

为避免水生生物及泥砂的影响，应在取水构筑物不同高度设置取水窗。这种取水方式适宜于深水湖泊或水库。在不同季节、不同水深，深水湖泊或水库的水质相差较大，例如，在夏秋季节，表层水藻类较多，在秋末这些漂浮生物死亡沉积于库底或湖底，因腐烂而使水质恶化发臭。在汛期、暴雨后的地面径流带有大量泥沙流入湖泊水库，使水的浊度骤增，显然泥沙含量越靠湖底库底越高。采用分层取水的方式，可以根据不同水深的水质情况，取得低浊度、低色度、无嗅的水。如图 6-35 所示为坝内合建式取水塔。

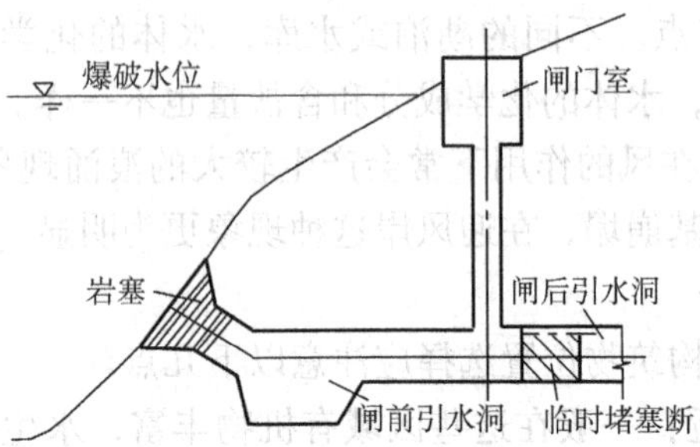

图 6-34 岩塞爆破法示意

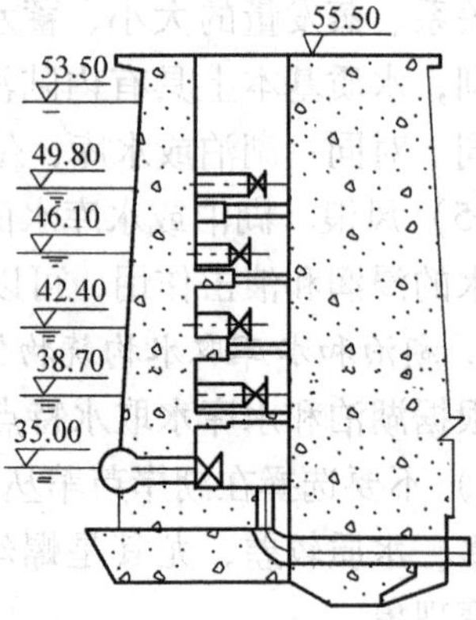

图 6-35 坝内合建式取水塔

（3）自流管式取水构筑物　在浅水湖泊和水库取水，一般采用自流管或虹吸管把水引入岸边深挖的吸水井内，然后水泵的吸水管直接从吸水井内抽水，泵房与吸水井既可合建，也可分建。如图 6-36 所示为自流管合建式取水构筑物。

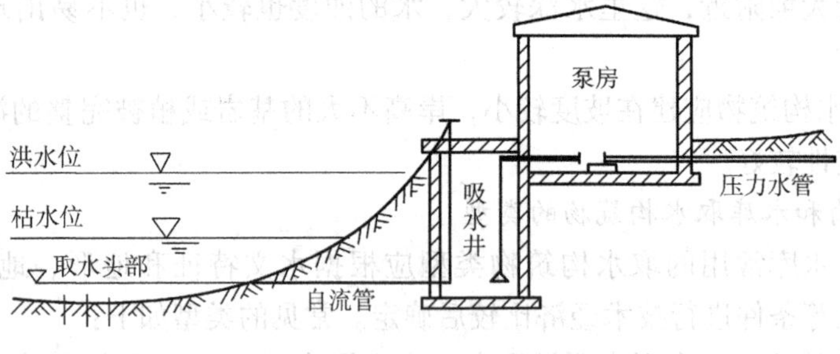

图 6-36 自留管合建式取水构筑物

6.4.2 山区浅水河流取水构筑物

1. 山区河流及取水方式的特点

（1）山区河流的特点

1）流量和水位变化幅度很大，水位猛涨猛落，但洪水持续时间不长。在枯水期内流量很小，水层很浅。有时出现多股细流，甚至地面断流。暴雨之后，山洪暴发，洪水流量可为枯水流量的数十、数百倍或更大。

2）水质变化剧烈。枯水期水流清澈见底。暴雨后，水质骤然浑浊，含沙量大，漂浮物多。雨过天晴，水又恢复清澈。

3）河床常为砂、卵石或岩石组成。河床坡度陡、比降大，有时甚至出现 1m 以上的大滚石。

4）北方某些山区河流潜冰（水内冰）期较长。

（2）山区河流的特点

1）由于山区河流枯水期流量很小，因此取水量所占比例往往很大，有时达70%～90%以上。

2）由于枯水期水层浅薄，因此取水深度往往不足，需要修筑低坝抬高水位，或者采用底部进水等方式解决。

3）由于洪水期推移质多，粒径大，因此修建取水构筑物时，要考虑能将推移质顺利排除，不致造成淤塞或冲击。

2. 山区浅水河流取水构筑物形式

根据山区河流取水的特点，取水构筑物常采用低坝式（活动坝和固定坝）或底栏栅式。当河床为透水性良好的砂砾层，含水层较厚，水量较丰富时，可采用大口井或渗渠取地下渗流水。

（1）低坝式取水　当山区河流枯水期流量特别小、取水深度不足、不通船、不放筏，且推移质不多时，可在河流上修筑低坝来抬高水位和拦截足够的水量，进行低坝式取水。低坝式取水有固定式和活动式两种。低坝式取水适用于小型山区河流。

1）固定式低坝取水。固定式低坝取水枢纽由拦河低坝、冲沙间、进水闸或取水泵站等组成，其布置如图6-37所示。固定式拦河坝一般由混凝土或浆砌块石作成溢流坝形式，坝高1～2m。坝的上游河床应用粘土或混凝土作防渗铺盖，当采用粘土铺盖时，还需在上面铺设30～50cm厚的砌石层加以保护。坝下游一定范围内也需用混凝土或浆砌块石铺筑护坦，有时设有齿槛、消力墩等辅助消能设施，防止河床冲刷。冲沙闸设在溢流坝的一侧，利用坝上下游的水位差将坝上沉积的泥沙排至下游。进水闸的轴线与冲沙闸轴线的夹角为30°～60°，以便在取水的同时进行排沙，使含沙较少的表层水从正面进入进水闸，而含沙较多的底层水则从侧面由冲沙闸泄至下游。

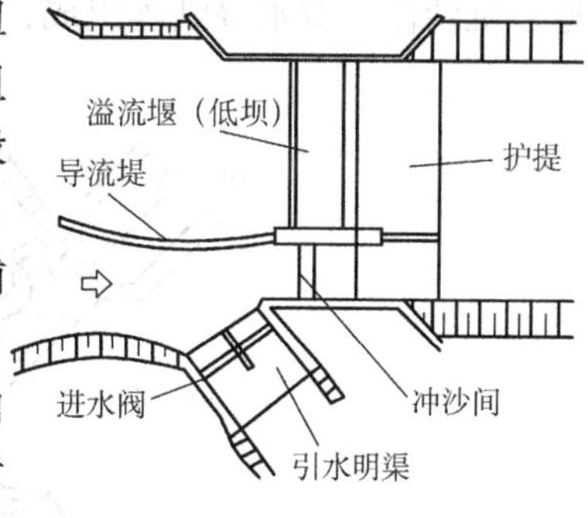

图6-37　固定式低坝取水装置

2）活动式低坝取水。低水头活动坝种类较多，如浮体闸（图6-38）、袋形橡胶坝（图6-39）、设有活动闸门（平板闸门或弧形闸门）的水闸、水力自动翻板闸等。袋形橡胶坝是用合成纤维（尼龙、卡普隆、锦纶、维纶）织成的帆布，布面塑以橡胶，粘合成一个坝袋，锚固在坝基和边墙上，然后用水或空气充胀，形成坝体挡水。当水和空气排除后，坝袋塌落便能泄水，它相当于一个活动闸门。

活动坝既能挡水又能泄水，在洪水期能减少上游淹没面积，又能便于冲走坝前沉积的泥沙，因此采用较多，但维护管理较复杂。

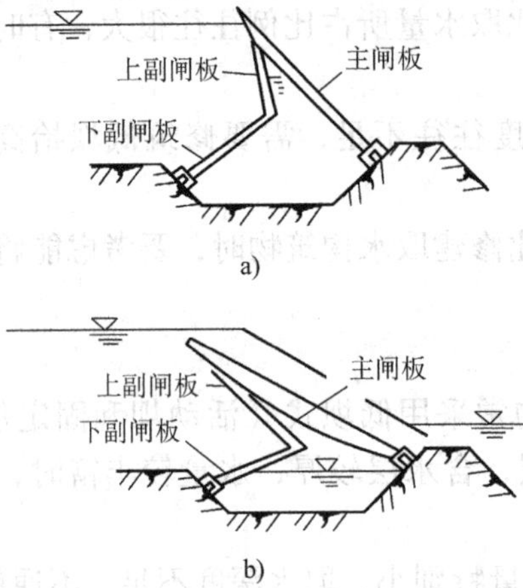

图6-38 浮体闸升闸和降闸示意

a）升闸 b）降闸

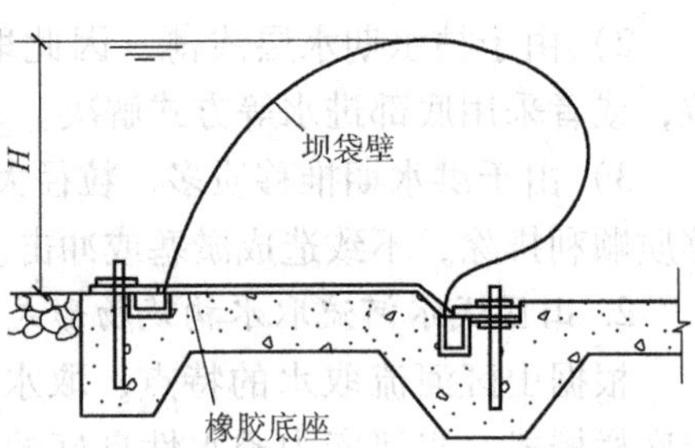

图6-39 袋形橡胶坝断面

（2）底栏栅取水构筑物 底栏栅式取水构筑由拦河低坝、底栏栅、引水廊道、沉沙池、取水泵站等组成，如图6-40所示。

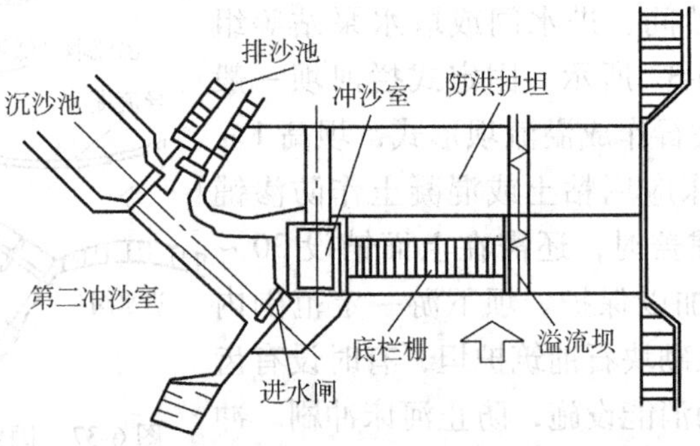

图6-40 底栏栅式取水构筑物布置

1）拦河低坝。用以拦截水流，抬高水位。坝轴与水流垂直布置，坝身用混凝土或浆砌块石筑成。坝顶一般高出河底0.5~1.0m。溢流坝段的顶面应较栏栅坝段的顶面高0.3~0.5m，以便常水位时水流能全部从栏栅上通过。为防止冲刷，坝下游应作陡坡、护坦和消力设施。

2）底栏栅。用以拦截水中大粒径推移质和漂浮物，不使其进入引水廊道。栏栅与前述的格栅基本相同，栅条断面以梯形为好，不易堵塞和卡石。栅条宽度多为8~25mm，栅条净距一般采用6~10mm，最大20mm。为了利于水流带动推移质顺利越过栏栅泄至下游，并减轻大石块对栏栅的冲击，栏栅应向下游以

0.1～0.2的坡度敷设。有关栏栅进水量和栏栅面积的计算，请参阅《给水排水设计手册》第3册。

3）引水廊道：引水廊道一般采用矩形断面。水流按无压考虑，因此廓道内水面以上应留有0.2～0.3m的保护高度。为避免泥沙淤积，廊道内的流速应从起端到末端逐渐增大，并应大于不淤流速。一般起端流速不小于1.2m/s，末端不小于2.0～3.0m/s。有关廊道断面的计算请参阅《给水排水手册》第3册。

4）沉沙池。沉沙池用以去除水中粗颗粒泥沙，可做成直线形或曲线型。直线型沉沙池一般为矩形，采用一格或两格，每格宽1.5～2.0m，长15～20m。起端水深2.0～2.5m，底坡0.1～0.2。池中沉淀的泥沙利用水力定期冲走。

由于在低坝上设有顶部带栏栅的引水廊道，河水流经坝顶时，一部分水通过栏栅流入引水廊道，经过沉沙池去除粗颗泥沙后，再由水泵抽走，其余河水经坝顶溢流，并将大粒径推移质、漂浮物及冰凌带至下游。当取水量大，推移质甚多时，可在底栏栅一侧设置冲沙室和进水闸（或岸边进水口）。冲沙室用以排泄坝上游沉积的泥沙。进水闸用以在栏栅及引水廊道检修时，或冬季河水较清时进水。它通过坝顶带栏栅的引水廊道取水。

底栏栅式取水构筑物适宜河床较窄、水深较浅、河底纵坡较大、大颗粒推移质特别多的山溪河流，且取水量占河水总量比例较大时的情况，一般建议取水量不超过河道最枯流量的1/4～1/3。

6.4.3　海水取水构筑物

1．海水取水的特点

（1）海水含盐量及腐蚀　海水含有较高的盐分，主要是氯化纳，其次是氯化镁和少量的硫酸镁、硫酸钙等，具有较强的腐蚀性和很高的硬度，对金属管件及混凝土构筑物腐蚀严重。因此，取海水时必须采取一定的防腐措施。如采用耐腐蚀的材料及设备：如用青铜、镍铜材质的管道、管件、阀件、泵体、叶轮等；表面涂敷防护：如管内壁涂防腐涂料，采用有内衬防腐材料的管件、阀件等；采用阴极保护；采用标号较高的抗硫酸盐水泥及制品，或采用混凝土表面涂敷防腐技术等。

（2）海生生物的影响与防治　海生生物常会造成取水构筑物的堵塞，不易清除，构成对取水安全可靠性的极大威胁。取海水时必须采取防腐和抑制海水生物繁殖的措施。如加氯法、加碱法、加热法、机械刮除、密封窒息、含毒涂料、电极保护等。其中以加氯法采用最多，效果较好。水中余氯量保持在0.5mg/L左右，即可抑制海生生物的繁殖。

（3）潮汐和海浪　潮汐和海浪不仅会引起水位大幅度变化，而且还会对取水构筑物产生巨大的冲击力。因此取水构筑物宜设于避风的位置，并应对潮汐和风浪造成的水位波动及冲击力有足够的考虑。此外，海水取水构筑物还应避开泥质海滩及漂沙地段，以免造成取水口淤积。海浪则是由于风力引起的。风力大、历时长时，往往会产生巨浪，且具有很大的冲击力和破坏力。海水取水构筑物在设计时，应充分注意到潮汐和海浪的影响。

（4）泥沙淤积　海滨地区，特别是淤泥质海滩，潮汐运动往往使泥沙移动和淤积，可能造成取水口及引水管渠严重淤积。因此，取水口应避开泥沙可能淤积的地方，最好设在岩石海岸、海湾或防波堤内。

2. 海水取水构筑物

海水取水构筑物主要有：引水管渠、岸边式、斗槽式、潮汐式和幕墙式5种。

（1）引水管渠取水构筑物　当海滩比较平缓时，用引水渠或自流管取水。图6-41与图6-42为引水渠和自流管式海水取水构筑物。

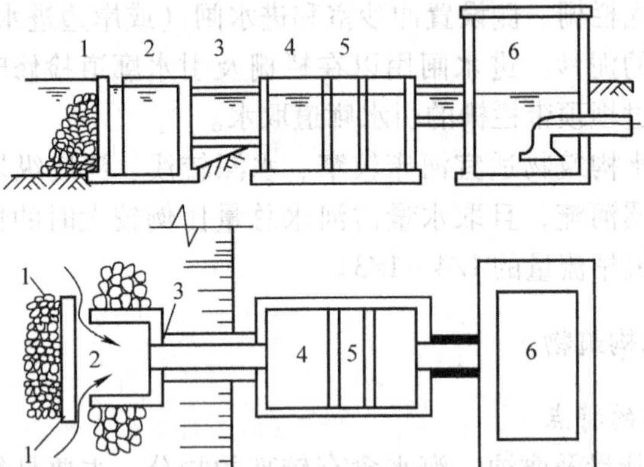

图6-41　引水管渠海水取水构筑物

1—防浪墙　2—进水斗　3—引水渠

4—沉淀池　5—滤网　6—泵房

（2）岸边式取水构筑物　在深水海岸，若地质条件及水质良好，可考虑设置岸边式取水构筑物。

（3）斗槽式海水取水构筑物　斗槽式海水取水构筑物如图6-43所示。斗槽的作用是防止波浪的影响和使泥沙沉淀。

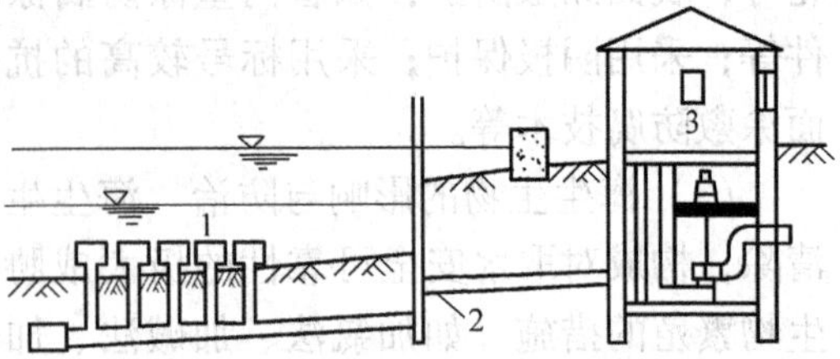

图6-42　海底引水的自流管式海水取水构筑物

1—取水口　2—自流管　3—泵房

（4）潮汐式取水构筑物　如图6-44所示，在海边围堤修建蓄水池，在靠海岸的池壁上设置若干潮门。涨潮时，海水推开潮门，进入蓄水池。退潮时，潮门自动关闭，泵站从蓄水池取水。利用潮汐蓄水，可以节省投资和电耗，但池中沉淀的泥沙清除较麻烦。

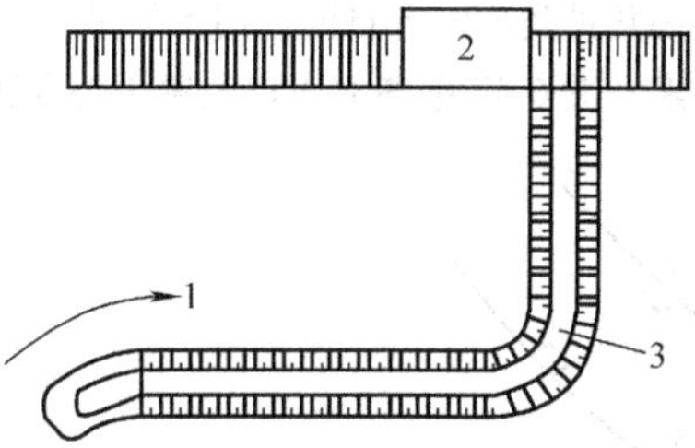

图6-43 斗槽式海水取水构筑物

1—斗槽 2—取水泵房 3—堤

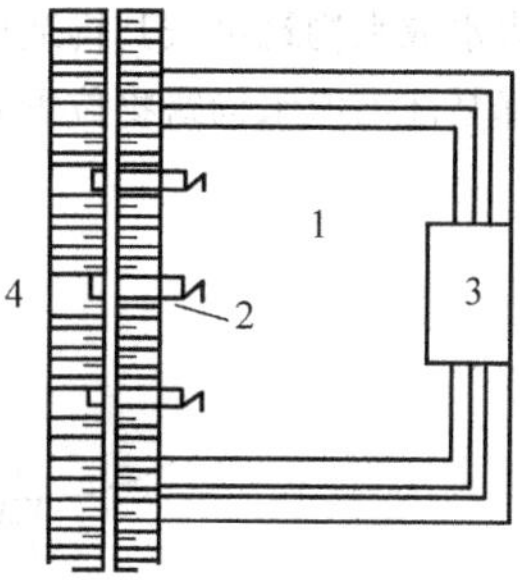

图6-44 潮汐式取水构筑物

1—蓄水池 2—潮门 3—取水泵房 4—海湾

（5）幕墙式取水构筑物 幕墙式取水构筑物是在海岸线的外侧修建一幕墙，海水可通过幕墙进入取水口。幕墙式取水构筑物如图6-45和图6-46所示。

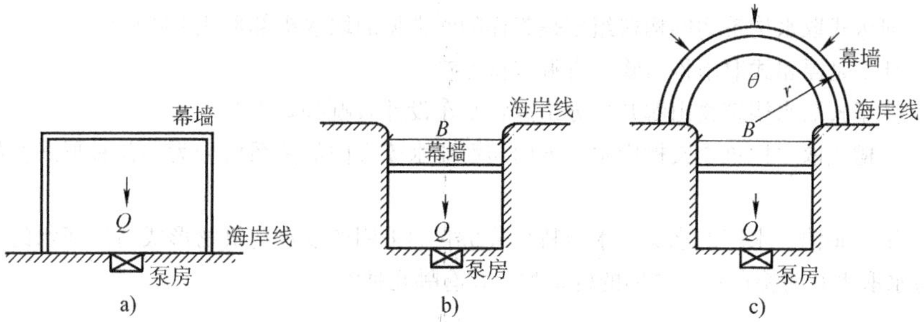

图6-45 幕墙取水口平面布置

a）槽型垂直幕墙 b）垂直平板式幕墙 c）圆弧形幕墙

r—圆弧形幕墙半径 θ—圆弧幕墙中心角 B—幕墙宽度 Q—曲水量

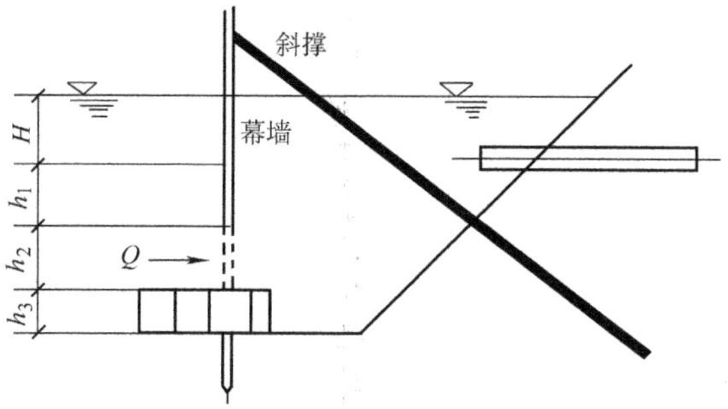

图6-46 幕墙结构端面示意图

H—表层海水厚度 h_1—进水口上端到跃层的距离

h_2—进水口高度 h_3—进水口下端到海底的距离

复 习 思 考 题

1. 地表水取水构筑物按其构造形式不同可分为哪几种类型？各自的适用条件是什么？

2. 选择某江河取水构筑物位置时应考虑哪些因素？图 6-47 中各取水口位置是否合适？

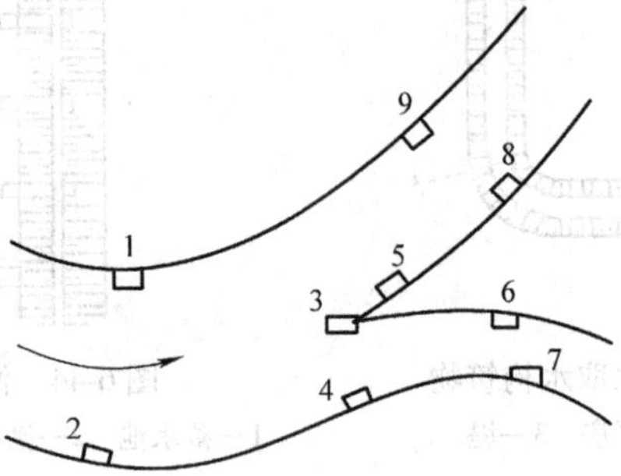

图 6-47 题 2 图

3. 岸边式取水构筑物的基本形式有哪些？各有何特点？适用条件是什么？

4. 河床式取水构筑物的构造组成是怎样的？常见的取水头部形式有哪些？

5. 什么是浮船式取水构筑物？有哪些特点？

6. 揽车式取水构筑物由哪几部分组成？泵车设计有哪些要求？

7. 斗槽式取水构筑物按槽中水流方向与河流水流方向的关系可分为哪几种形式？如何选择？

8. 试从湖泊、水库的水文、水质特征分析它们采用的取水构筑物形式与江河水的不同之处。海水取水有何特点？其常用的构筑物形式有哪几种？

第7章 地下水取水工程

7.1 地下水取水工程概述

7.1.1 地下水水源地的选择

水源地的选择，对于大中型集中供水，关键是确定取水地段的位置与范围；对于小型分散供水而言，则是确定水井的井位。它不仅关系到建设的投资，而且关系到是否能保证取水设施长期经济、安全地运转和避免产生各种不良环境地质作用。水源地选择是在地下水勘察基础上，由有关部门批准后确定的。

1. 集中式供水水源地的选择

进行水源地选择，首先考虑的是能否满足需水量的要求，其次是它的地质环境与利用条件。

（1）水源地的水文地质条件　取水地段含水层的富水性与补给条件，是地下水水源地的首选条件。因此，应尽可能选择在含水层层数多、厚度大、渗透性强、分布广的地段上取水。如选择冲洪积扇中、上游的砂砾石带和轴部，河流的冲积阶地和高漫滩，冲积平原的古河床，厚度较大的层状与似层状裂隙和岩溶含水层，规模较大的断裂及其他脉状基岩含水带。

在此基础上，应进一步考虑其补给条件。取水地段应有较好的汇水条件，应是可以最大限度拦截区域地下径流的地段；或接近补给水源和地下水的排泄区；应是能充分夺取各种补给量的地段。例如在松散岩层分布区，水源地尽量靠近与地下水有密切联系的河流岸边；在基岩地区，应选择在集水条件最好的背斜倾没端、浅埋向斜的核部、区域性阻水界面迎水一侧；在岩溶地区，最好选择在区域地下径流的主要径流带的下游，或靠近排泄区附近。

（2）水源地的地质环境　在选择水源地时，要从区域水资源综合平衡观点出发，尽量避免出现新旧水源地之间、工业和农业用水之间、供水与矿山排水之间的矛盾。也就是说，新建水源地应远离原有的取水或排水点，减少互相干扰。

为保证地下水的水质，水源地应远离污染源，选择在远离城市或工矿排污区的上游；应远离已污染（或天然水质不良）的地表水体或含水层的地段；避开易于使水井淤塞、涌沙或水质长期混浊的流沙层或岩溶充填带；在滨海地区，应考虑海水入侵对水质的不良影响；为减少垂向污水渗入的可能性，最好选择在含水层上部有稳定隔水层分布的地段。此外，水源地应选在不易引起地面沉降、塌陷、地裂等有害工程地质作用地段上。

（3）水源地的经济性、安全性和扩建前景　在满足水量、水质要求的前提下，为节省建设投资，水源地应靠近供水区，少占耕地；为降低取水成本，应选择在地下水浅埋或自流地段；河谷水源地要考虑水井的淹没问题；人工开挖的大口径取水工程，则要考虑井壁的稳固性。当有多个水源地方案可供选择时，未来扩大开采的前景条件，也常常是必须考虑的因素之一。

2. 小型分散式水源地的选择

以上集中式供水水源地的选择原则，对于基岩山区裂隙水小型水源地的选择，也基本上是适合的。但在基岩山区，由于地下水分布极不普遍和均匀，水井的布置将主要取决于强含水裂隙带的分布位置。此外，布井地段的地下水位埋深，上游有无较大的补给面积，地下水的汇水条件及夺取开采补给量的条件也是确定基岩山区水井位置时必须考虑的条件。

7.1.2 地下水的形式及取水构筑物的分类

1. 地下水的形式

地下水存在于土层和岩层中。各种土层和岩层有不同的透水性。卵石层、沙层和石灰岩等组织松散，具有众多的相互连通的孔隙，透水性较好，水在其中的流动属渗透过程，故这些岩层叫透水层。粘土和花岗岩等紧密岩层，透水性极差甚至不透水，叫不透水层。如果透水层下面有一层不透水层，则在这一透水层中就会积聚地下水，故透水层又叫含水层。不透水层则称隔水层。地层构造往往就是由透水层和不透水层彼此相间构成，它们的厚度和分布范围各地不同。埋藏在地面下第一个隔水层上的地下水叫潜水。潜水有一个自由水面。潜水主要靠雨水和河流等地表水下渗而补给。多雨季节，潜水面上升，干旱季节，潜水面下降。我国西北地区气候干旱，潜水埋藏较深，约达50~80m；南方潜水埋深较浅，一般在3~5m以内。

地表水和潜水相互补给。地表水位高于潜水面时，地表水补给地下潜水，相反则潜水补给地表水。

两个不透水层间的水叫层间水。在同一地区，可同时存在几个层间水或含水层。如层间水存在自由水面，称无压含水层；如层间水有压力，称承压含水层。打井时，若承压含水层中的水喷出地面，叫自流水。在适当地形下，在某一出口处涌出的地下水叫泉水。泉水分自流泉和潜水泉，前者由承压地下水补给，这种泉水涌水量稳定，水质好。

地下水在松散岩层中流动称地下径流。地下水的补给范围叫补给区。抽取井水时，补给区内的地下水都向水井方向流动。地下水流动需具备两个条件：岩层透水性和水位差。前者以渗透系数表达，后者以水力坡度表达。地下水流速取决于地层渗透系数和水力坡度，达西定律即表达了这种关系。当地下水流向正在抽水的水井时，其流态也可分为稳定流和非稳定流、平面流和空间流、层流与湍流或混合流等几种情况。

2. 地下水取水构筑物的分类

由于地下水类型、埋藏深度、含水层性质等各不相同，开采和取集地下水的方法和取水构筑物形式也各不相同。取水构筑物有管井、大口井、辐射井、复合井及渗渠等，其中以管井和大口井最为常见。大口井广泛应用于取集浅层地下水，地下水埋深通常小于12m，含水层厚度在5～20m之内。管井用于开采深层地下水，深度一般在200m以内，但最大深度也可达1000m以上。渗渠可用于取集含水层厚度在4～6m，地下水埋深小于2m的浅层地下水，也可取集河床地下水或地表渗透水。渗渠在我国东北和西北地区应用较多。辐射井一般用于取集含水层厚度较薄，不能采用大口井的地下水。辐射井适应性较强，但施工较困难。复合井适用于地下水位较高，厚度较大的含水层。有时在已建大口井中再打入管井成为复合井以增加井的出水量和改善水质。

在规模较大的地下水取水工程中，常由很多取水井（管井或大口井）组成一个井群系统。按取水方法和集水方式，井群系统可分自流井井群、虹吸式井群、卧式泵取水井群、深井泵取水井群。当承压含水层的静水位高出地表时，可以用管道将水直接汇集至清水池、加压泵站或直接送入给水管网，这种井群系统为自流井井群。由虹吸管将各水井水汇入集水井，再由泵输送入清水池或管网，这种井群系统为虹吸式井群。当地下水位较高，井的最低动水位距地面不深时（6～8m），可采用卧式泵取水，且当井距不大时，可不用集水井，直接用吸水管或总连接管与各井相连吸水，这种井群系统称为卧式泵取水井群。当井的动水位低于地面10～12m时，一般不能用虹吸管或卧式泵取水，需要用深井泵（包括深井潜水泵）取水，这种井群系统称为深井泵取水井群。

7.1.3 地下水井群的合理布置

（1）井群的平面布置 水井的平面布置视开采量的组成，地下水的径流条件及含水层的均匀程度而定。在径流条件良好的地区，地下水的开采量以径流量为主要组成，水井布置以充分拦截地下径流为主，并视主径流带过水断面的宽窄和地下径流的多寡，垂直其径流方向布置一至数个井排。若水源地靠近补给边界，应沿边界走向垂直地下水的补给方向布置井群。在地下径流带滞缓的平原区，其开采量以含水层的调节资源或垂向入渗补给为主，故宜用网络状或梅花形、圆形的布置形式。在导水性、贮水性极不均匀的基岩含水层中，水井的平面布局主要受控于含水层富水带的分布，不应拘泥于规则的布置形式。

（2）井群的垂向布置　水井的垂向布置是对平面布置的一种补充，目的是为了更有效的开发地下水资源。对于厚度小于30m的疏松含水层和大多数基岩含水层，一般用完整井取水最合理，不存在垂向布置问题。对于巨厚的多层含水层而言，若采用水井立体布置的分层取水方式，不仅有利于充分开采地下水资源，而且在目前上层含水层普遍因污染水质恶化的情况下，可保护下层含水层的优质地下水免受污染，同时，又有利于实行分层供水、量质而用。对于厚度很大的单层含水层，由于水井抽水对含水层的影响深度有限，过滤器的有效长度一般仅30m，因此当岩石颗粒较粗（中沙以上），透水性强、补给条件好时，可谨慎地采用非完整井组的分段取水方式，井组一般由2~3口井组成，呈直线或三角形布置，井间水平距离5~10m，相邻过滤器垂向间距一般为10~20m，可视岩石颗粒粗细而定。对于补给条件较差的水源地，采用分段取水需谨慎，否则会加大含水层的水位降落值，加剧区域地下水位的下降速度，引发环境地质问题。

（3）井群的井数和井距　水井（或井组）的数量与井距，在应满足需水量要求的前提下，本着技术、经济、安全三原则来确定。井数主要取决于允许开采量（或设计总需水量）、井间距和单井出水量的大小。井间距取决于井间干扰程度，一般要求井间水量减少系数不超过20%~25%。

集中式供水水井的数量和井间距的确定，一般首先根据水源地的水文地质条件、井群的平面布置形式、需水量大小及允许水位降落值等已给定条件，拟定数个不同开采方案，然后选用适宜的公式，计算每一个布置方案的水井总出水量及其水位降落值。最后通过技术经济比较，选取出水量和水位降落值均满足设计要求，井数少、井间干扰强度符合要求，建设投资和开采成本最低的方案。

7.2 管井

管井又称机井，指用凿井机械开凿至含水层中，用井管保护井壁，垂直于地面的直井。管井能用于各种岩性、埋深、含水层厚度和多层次含水层，管井是地下水取水构筑物中应用最为广泛的一种形式。管井按揭露含水层的类型划分，有潜水井和承压井；按揭露含水层的程度划分，有完整井和非完整井（图7-1）。管井直径一般为50～1000mm，井深可达1000m以上。管井常用直径大多小于500mm，井深不超过200m。

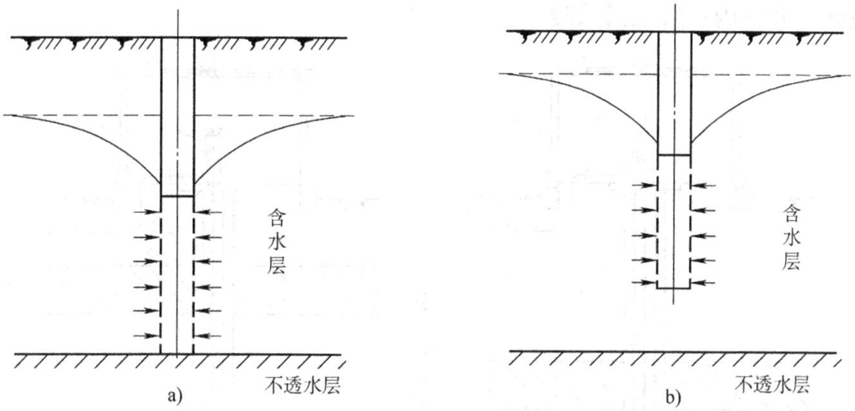

图7-1 管井
a）完整井 b）非完整井

7.2.1 管井的构造与施工

1. 管井的构造

常见的管井由井室、井管、过滤器及沉淀管等组成（图7-2）。当有几个含水层，且各层水头相差不大时，可用如图7-2b所示的多层过滤器管井。当抽取结构稳定的岩溶裂隙水时，管井也可不装井管和过滤器，仅在上部覆盖层和基岩风化带设护口井管。此外在有坚硬覆盖层的沙质承压含水层中，也可采用无过滤器管井。

（1）井室 井室是用以安装各种设备（如水泵、电动机、阀门及控制柜等），保持井口免受污染和进行维护管理的场所。为保证井室内设备正常运行，井室应有一定的采光、采暖、通风、防水和防潮设施；为防止井室积水流入井内，井口应高出井室地面0.3～0.5m。为防止地下含水层被污染，井口一般用优质粘土或水泥等不透水材料封闭，密封高度一般不少于3m。

水泵的选择应满足供水时的流量和扬程要求，一般根据井的出水量、静水位、动水位和井深、井径等因素来决定。管井常用的水泵有深井泵、潜水泵和卧式水泵等。深井泵实际上是一种立式单吸分段式多级离心水泵，可获得较大的扬程，使用时不受地下水位埋深的影响；潜水泵具有结构简单、使用方便、质量轻、运转平稳和无噪声等优点，在小流量管井中得到广泛使用；卧式水泵受其吸水高度的限制，常用于地下水动水位较高的管井中。

井室的形式在很大程度上取决于抽水设备，同时也要考虑到气候、水源地卫生等条件的影响，深井泵房可以建成地面式、地下或半地下式。地面式深井泵房（图7-2）在维护管理、防水、防潮、采光、通风等方面条件均优于地下式泵房，一般大流量深井泵房通常采用地上式，地下式深井泵站较适宜于北方寒冷地区，井室内一般无需采暖。

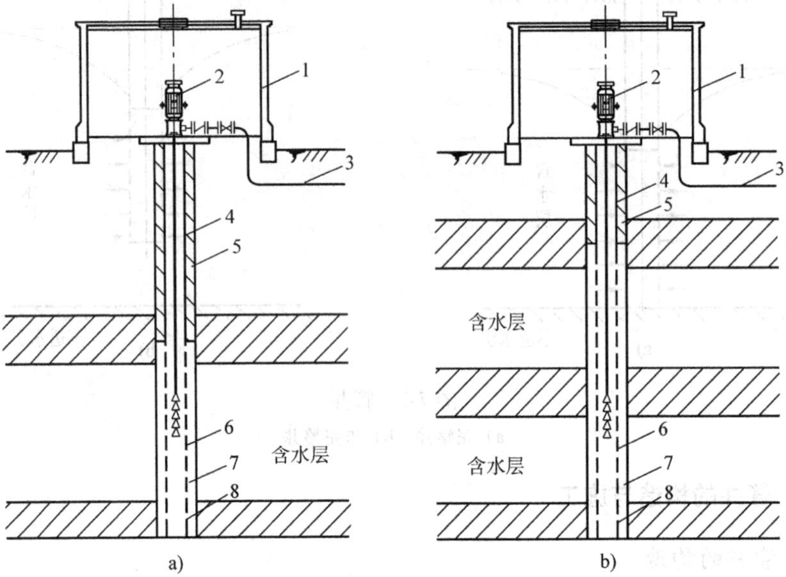

图7-2　管井的一般构造

a）单层过滤器管井　b）双层过滤器管井

1—井室　2—深井泵　3—压水管　4—井管

5—粘土封闭　6—过滤器　7—规格填砾　8—沉淀管

（2）井管　也称井壁管，安装于不需进水的地层（如咸水含水层、出水量小的粘性土层等），用以加固井壁、隔离水质较差或水头较低的含水层。井管应具有足够的强度，不弯曲，内壁平滑、圆整，有较强的抗腐蚀性能。井管可以是钢管、铸铁管、钢筋混凝土管、石棉水泥管、塑料管等。一般情况下，钢管适用的井深范围不受限制；铸铁管一般适用于井深小于250m范围；钢筋混凝土管一般井深不得大于150m；当井深较小时可采用塑料管。井管直径应按水泵类型、吸水管外形尺寸等确定，通常大于或等于过滤器的内径。当采用深井泵或潜水泵时，井管内径应大于水泵下部最大外径100mm。

在井管与井壁间的环状空间应填入不透水的粘土，形成隔水带，称作粘土封闭层。

（3）过滤器　过滤器是管井的重要组成部分，俗称花管。它连接于井管，安装在含水层中，带有孔眼或缝隙，用以集水和保持填砾与含水层的稳定。它的构造、材质、施工安装质量对管井的出水量、含沙量和工作年限有很大影响，所以是管井构造的核心。对过滤器的基本要求是：有足够的强度和抗腐蚀性，具有良好的透水性能，能保持人工填砾层和含水层的稳定性。

过滤器主要由过滤骨架和过滤层组成。过滤骨架主要起支撑作用，也可直接用做过滤器。过滤层起着过滤作用，有分布于骨架外的密集缠丝、带孔眼的滤网及砾石充填层等。

工程上常用的过滤骨架有两种结构形式：即管状骨架和钢筋骨架。管型按其上的孔眼特征又分为圆孔及条孔两种。当用做过滤器时，分别称为圆孔过滤器、条孔过滤器和钢筋骨架过滤器。

不同骨架和不同过滤层可组成各种过滤器。现介绍几种常用的过滤器（图7-3）。

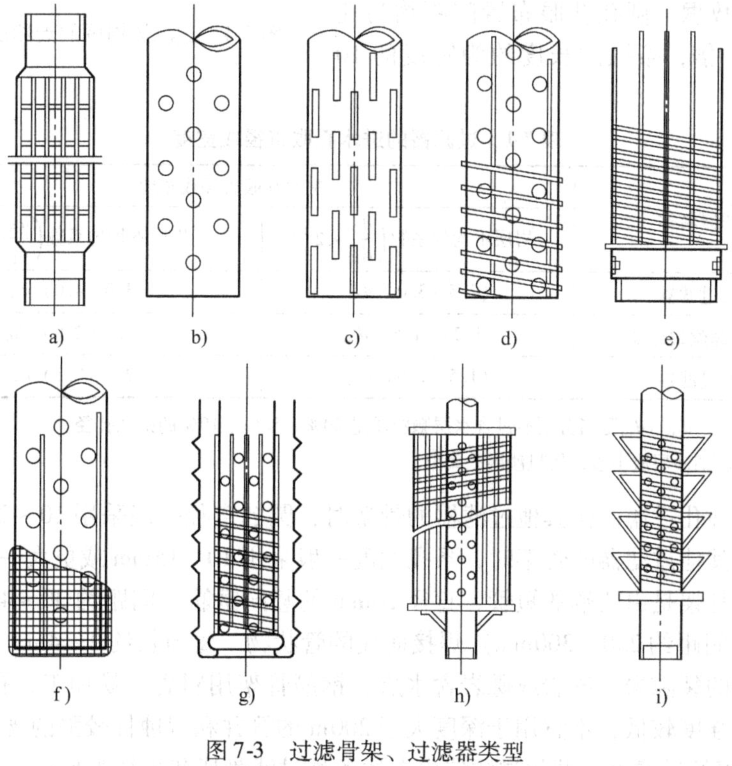

图7-3　过滤骨架、过滤器类型
a）钢筋骨架　b）圆孔　c）条孔　d）钢管骨架缠丝　e）钢筋骨架缠丝
f）包网　g）填砾　h）笼状填砾　i）筐状填砾

1）骨架过滤器。它只由骨架组成，不带过滤层。它仅用于井壁不稳定的基岩井，圆孔、条孔过滤器，可以用钢、铸铁、钢筋混凝土、塑料等材料加工而成。过滤器孔眼的直径或宽度、排列方式及间距与用料强度、含水层的孔隙率及其颗粒粒径有关。按含水层的颗粒粒径选择适宜的孔眼尺寸能使洗井时含水层内细小颗粒通过其孔眼被冲走，而留在过滤器周围的粗颗粒形成透水性良好的天然反滤层，如图 7-4 所示。这种反滤层对保持含水层的渗透稳定性，提高过滤器的透水性，改善管井的工作性能（如扩大管井实际进水面积，减小水头损失），提高管井单位出水量、延长使用年限都有很大作用。同时，受管材强度的制约，各种管材允许孔隙率为：钢管 30% ~ 35%、铸铁管 18% ~ 25%、钢筋混凝土管 10% ~ 15%、塑料管 10%。表 7-1 为不填砾的过滤器进水孔眼直径或宽度与含水层颗粒粒径的关系数据。圆孔孔眼布置间距约为孔径的 1 ~ 2 倍，条孔的长度约为宽度的 10 倍。

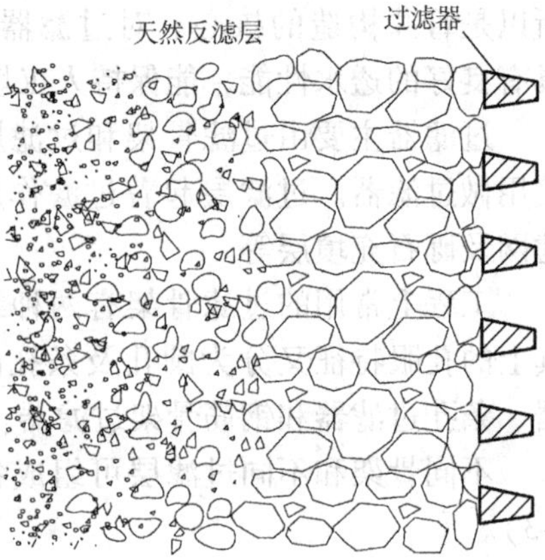

图 7-4　过滤器周围的天然反滤层

表 7-1　过滤器的进水孔眼直径或宽度

过滤器名称	进水孔眼直径或宽度	
	岩层不均匀系数$\left(\frac{d_{60}}{d_{10}}<2\right)$	岩层不均匀系数$\left(\frac{d_{60}}{d_{10}}>2\right)$
圆孔过滤器	(2.5 ~ 3.0) d_{50}	(3.0 ~ 4.0) d_{50}
条孔和缠丝过滤器	(1.25 ~ 1.5) d_{50}	(1.5 ~ 2.0) d_{50}
包网过滤器	(1.5 ~ 2.0) d_{50}	(2.0 ~ 2.5) d_{50}

注：1. d_{60}、d_{50}、d_{10}是指分别通过含水层颗粒质量 60%、50%、10% 的筛孔孔径。

2. 较细沙层取小值，较粗沙层取大值。

当用圆孔过滤器作其他过滤器的骨架时，圆孔直径一般采用 10 ~ 25mm。当用条孔作其他过滤器的骨架时，条孔宽度一般采用 10 ~ 15mm 或更大一些。

钢筋骨架是由两端的短管、直径 16mm 的竖向钢筋（间距约 30 ~ 40mm）和支撑环（间距约 250 ~ 300mm）焊接而成的管状物，每节长约 3 ~ 4m，一般仅用于不稳定的裂隙岩、砂岩或砾岩含水层。钢筋骨架用料省、易加工、孔隙率大，但其抗压强度较低，不宜用于深度大于 200m 的管井和侵蚀性较强的含水层。

2）缠丝过滤器。缠丝过滤器由上述各种过滤骨架和直径为 6mm、间距为 40 ~ 50mm 的竖向垫筋（如为钢筋骨架时，则不需设垫筋）及缠丝组成。缠丝为金属丝或塑料丝。一般采用直径 2 ~ 3mm 的镀锌铁丝；在腐蚀性较强的地下水中宜用不锈钢等抗蚀性较好的金属丝。生产实践中还曾使用尼龙丝、玻璃纤维增强塑料丝等强度高、抗蚀性强的非金属丝代替金属丝，取得较好的效果。缠丝的间距应根据含水层颗粒组成，参照表 7-1 确定。

缠丝的效果较好，且制作简单、经久耐用，适用于中沙、粗沙、砾石和卵含水层。若含水层颗粒太细，要求缠丝间距太小，加工常有困难，此时可在缠丝过滤器外充以砾石。

3）包网过滤器。包网过滤器由骨架、支撑垫筋和滤网组成，滤网外再绕以稀疏的护丝（条）以保护滤网。滤网一般采用直径为0.2～1mm的铜丝网，网眼大小也可根据含水层颗粒组成，参照表7-1确定。过滤器的微小铜丝，易被电化学腐蚀并堵塞，因此也有用不锈钢丝网或尼龙网取代黄铜丝网的。

包网过滤器与缠丝过滤器相同，适用于中沙、粗沙、砾石、卵石等含水层，但由于包网过滤器阻力大，易被细砂堵塞，易腐蚀，因而已逐渐为缠丝过滤器取代。

4）填砾过滤器。以上述各种过滤器或过滤骨架为支撑骨架，在其周围铺填与含水层颗粒有一定级配关系的砾石层而形成的管井过滤器，统称为填砾过滤器。工程中应用较广泛的是在缠丝过滤器外围填砾石组成的缠丝填砾过滤器。

这种人工围填的砾石层又称人工反滤层（图7-5）。过滤器周围能形成天然反滤层的必要条件是含水层中含有骨架颗粒，所以不是所有含水层都能形成效果良好的天然反滤层。因此，工程上常用人工反滤层取代天然反滤层。

填砾过滤器适用于各类沙质含水层和砾石、卵石含水层，过滤器的进水孔尺寸等于过滤器壁上所填砾石的平均粒径。填砾粒径和含水层粒径之比应为

$$\frac{D_{50}}{d_{50}} = 6 \sim 8 \tag{7-1}$$

式中　D_{50}——能通过填砾颗粒总质量50%的筛孔孔径；

d_{50}——能通过含水层颗粒总质量50%的筛孔孔径。

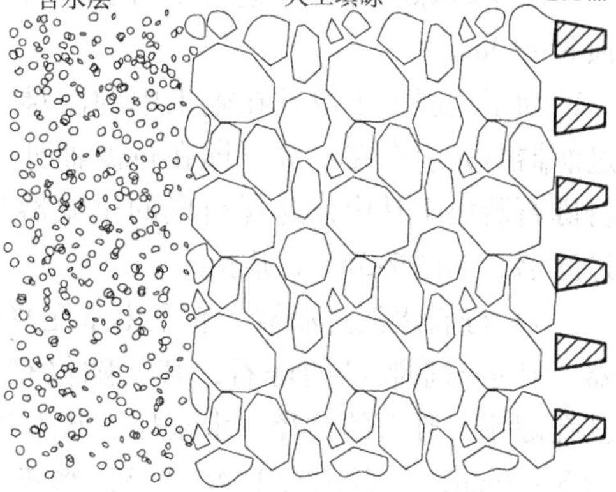

图7-5　过滤器周围的人工反滤层（填砾）

填砾颗粒D_{50}和含水层颗粒d_{50}之比如控制在式（7-1）的范围内时，人工填砾层一般能截留住含水层中的骨架颗粒，保持含水层保持稳定，且细小的非骨架颗粒则随出水排走，故具有较好的透水能力。

从试验观察，在式（7-1）级配比范围内，填砾厚度为填砾粒径的3～4倍时，即能保持含水层的稳定。一般当含水层为粗沙、砾石、卵石时，填砾厚度为150mm；当含水层为中、细、粉沙时，填砾厚度为200mm。在施工条件允许时，还可再加大填砾层厚度，因为加大填砾层厚度实际上是加大了填砾层和含水层的接触面积（也即进水断面面积），从而降低了进水

流速和进水水头损失，改善含水层稳定性，提高了井的产水量。

各类含水层填入砾石的粒径和相应过滤器缠丝间距，也可参考表7-2确定。

表7-2 填砾过滤器填砾规格和缠丝间距

含水层颗粒分类	筛分结果（以筛分以后的质量计算）		填入砾石直径/mm	过滤器缠丝间距/mm
卵石	颗粒>3mm	占90%~100%	24~30	5
砾石	颗粒>2.25mm	占85%~90%	18~22	5
砾石	颗粒>1mm	占80%~85%	7.5~10	5
粗沙	颗粒>0.75mm	占70%~80%	6~7.5	5
粗沙	颗粒>0.5mm	占70%~80%	5~6	4
中沙	颗粒>0.4mm	占60%~70%	3~4	2.5
中沙	颗粒>0.3mm	占60%~70%	2.5~3	2
中沙	颗粒>0.25mm	占60%~70%	2~2.5	1.5
细沙	颗粒>0.2mm	占50%~60%	1.5~2	1
细砂	颗粒>0.15mm	占50%~60%	1~1.5	0.75
细沙含泥	颗粒>0.15mm（含泥不超过50%）	占40%~50%	1~1.5	0.75
粉沙	颗粒>0.1mm	占50%~60%	0.75~1	0.5~0.75
粉沙含泥	颗粒>0.1mm（含泥不超过50%）	占40%~50%	0.75~1	0.5~0.75

由于填砾层在建成运行中可能出现下沉现象，为此，填砾层应超过过滤器顶8~10m。

为了克服人工填砾在施工中的困难，填砾过滤器另外一种类型是将砾石和过滤器事先组合在一起，即在过滤器外预先做好装填砾石的笼架或筐架，然后将砾石装填于其中，这样组成的过滤器分别称其为笼状砾石过滤器、筐状砾石过滤器，如图7-3h、i所示。

5）砾石水泥过滤器。它是由水泥浆胶结砾石制成，又称为无砂混凝土过滤器。被水泥浆胶结的砾石，其孔隙仅有一部分被水泥填充，故有一定透水性。其孔隙率与砾石的粒径、水灰比、灰石比有关，一般可达20%。常用砾石粒径为3~7mm，灰石比为1:4~1:5，水灰比0.28~0.35。砾石水泥过滤器取材容易、制作简单、成本低廉，但由于此种过滤器质量大、强度较低，在细、粉沙或含铁量较高的含水层中易堵塞，故使用时最好在过滤器外填入一定规格的砾石，并且井深以不超过150m为宜。

（4）沉淀管　沉淀管接在过滤器的下面，用以沉淀进入井内的细小沙粒和自地下水中析出的沉淀物，以防在日后的运行中因沉积物堆积而堵塞过滤器，影响管井出水量。其长度根据井深和含水层出沙量而定，一般为 2 ~ 10m。井深小于 20m，沉淀管长度取 2m；井深大于 90m，沉淀管长度取 10m。

2. 管井的施工

管井施工一般包括钻凿井孔、冲孔、换浆、井管安装、填砾石、管外封闭、洗井等过程，最后进行抽水试验，现分述如下。

（1）钻凿井孔　钻凿井孔的方法主要有冲击钻进和回转钻进。这两种方法用于钻凿 20m 以上的管井，在取水工程中广泛采用。对于 20m 以下的浅管井，还可用挖掘法、击入法和水冲法等。

1）冲击钻进。凡是松散的冲积地层均可采用冲击式钻机凿井。冲击钻进主要靠钻头对地层的冲击作用来钻凿井孔。钻进时钻机的动力通过传动装置带动钻具钻头在井中做上下往复运动，冲击破碎地层。当钻进一定深度后，放下抽筒，将井内岩屑和泥沙取上来，然后再继续冲击钻进。如此重复钻进，直至设计井深。在钻进过程中，为保持井孔的稳定，应往已经开凿的井孔灌注一定浓度的泥浆或用套管加固井壁，前者称为泥浆护壁钻进，后者称为套管护壁钻进。工程上还有一种常用的清水水压钻进法，即在钻孔内保持超过静水位 2m 以上的水位进行凿井，由于水静压力的作用，有助于井壁的稳定。

冲击钻进法钻进效率低，速度慢，但此法所用机具设备简单、轻便，故仍为水井施工常用方法之一。

工程上常用的冲击式钻机型号较多，性能各异。如 CZ—20 型钻机，其最大开孔直径为 700mm，最大钻进深度为 150m；而 CZ—30 型钻机，最大开孔直径为 1200mm，最大钻进深度为 300m。因此，施工前必须根据地层情况、管井孔径、深度以及施工地点的运输和动力条件，结合钻机性能确定适宜的钻机型号。

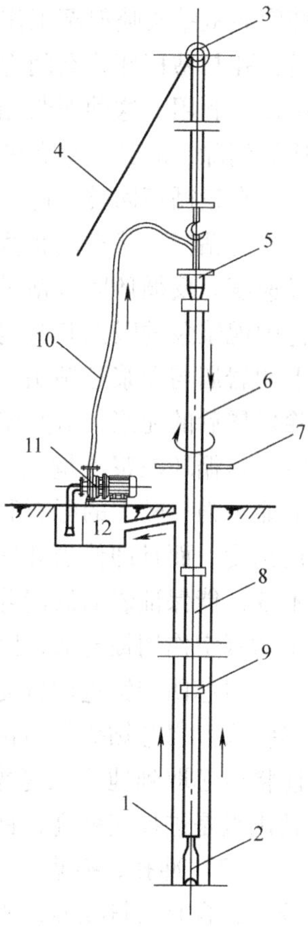

图 7-6　一般回转钻进的设备装置示意图

1—井孔　2—钻头　3—天车　4—钢丝绳　5—提引龙头　6—方形钻杆　7—方孔转盘　8—圆形钻杆　9—接箍　10—泥浆高压胶管　11—泥浆泵　12—泥浆池

2）回转钻进。回转钻进法对松散岩层和基岩均适用，回转钻进主要依靠钻头旋转对地层的切削、挤压、研磨破碎作用钻凿井孔。回转钻进法主要有正循环（一般）回转钻进、反循环回转钻进和岩芯回转钻进。

正循环回转钻进施工设备、机具装置如图 7-6 所示。施工过程是：钻机的动力机通过传动装置使方孔转盘 7 旋转，旋转的转盘带动方形钻杆（主钻杆）6 旋转，主钻杆连接圆形钻杆 8，钻杆接钻头 2 从而使钻头旋转并切削地层。当钻进一定深度后，通过绞车的钢丝绳 4 牵引悬挂于天车 3 之下的提引龙头 5 提起钻杆并用接箍 9 接长一段圆形钻杆，然后继续钻进。如此反复钻进，直至设计井深。在钻进的同时，为清除钻孔内产生的岩屑、保持井孔稳定以及冷却钻头，在泥浆池 12 内用含沙量极低的优质粘土调制一定浓度的泥浆，由泥浆泵 11 加压，通过泥浆高压胶管 10，经提引龙头 5，向下沿钻杆腹腔从钻头喷射至工作面上。灌注的泥浆与岩屑混和在一起在压力的作用下，沿井孔与钻杆环状空间上升至地面流入泥浆池，泥浆在泥浆池内沉淀除去岩屑后循环利用。这种泥浆循环方式的钻进，称正循环回转钻进，因岩屑能随钻进连续消除，故其效率和进尺速度较冲击钻进高。

在正循环回转钻进中，当井壁有裂缝和坍塌时，就会发生循环泥浆漏失或井壁与钻杆环状空间扩大，使泥浆上升流速降低，影响岩屑排出，降低钻进进尺速度。反循环回转钻进是克服上述问题的一种方法。反循环回转钻进施工工艺中泥浆泵的吸泥胶管与提引龙头相接，泥浆循环方向与正循环相反。工作面上的岩屑与泥浆经钻头、钻杆腹腔由泥浆泵吸上至泥浆池。在泥浆池内沉淀去除岩屑后的泥浆，沿井壁与钻杆的环状空间下向流至井孔。反循环回转钻进的特点是循环泥浆流量大，在钻杆腹腔内产生较高的流速，因此挟带岩屑、碎石的能力强，较大的砾石和卵石均能带到井外，达到比正循环回转钻进更高的进尺速度。而且即使当井壁有裂缝和坍塌时，挟带岩屑的泥浆沿钻杆内上升流速不变，能保证岩屑的清除和进尺速度。但反循环回转钻进泥浆回流仅依靠吸泥泵的真空作用提升的，因此钻进深度有限，一般只达 100m 左右。

岩芯回转钻进设备与工作情况和一般回转钻进基本相同，只是所用的是岩芯钻头。岩芯钻头只将沿井壁的岩石粉碎，保留中间部分，因此效率较高，并能将岩芯取到地面供考察地层构造用。岩芯回转钻进适用于钻凿坚硬的岩层，其优点是进尺速度高，钻进深度大，所需设备功率小。

（2）冲孔、换浆　井孔开凿完成后，井孔中仍充满着护壁泥浆，泥浆稠度较大，含有大量泥质，不便井管安装、填砾和粘土封闭。在下管前必须将井孔中的泥浆及沉淀物排出。先清理孔底稠泥砾和沉积物，再用钻机将不带钻头的钻杆放入井底，用泥浆泵吸取清水沿钻杆腹腔注入井中，将井孔中泥浆换出，此工序称为冲孔、换浆。要求换浆彻底，由稠到稀逐步进行，换浆以不坍孔为原则，至井孔中出水全为清水为止。清水护壁作用不如泥浆好，有可能造成井壁局部坍塌，所以要求在换浆彻底的基础上，尽量缩短操作时间，且换浆完毕后应立即下管。

（3）井管安装、填砾、管外封闭　井管安装，简称下管，应在井孔换浆完毕后立即进行，以防井孔坍塌，尤其是非套管施工的井孔。在安装井管以前，应根据从钻凿井孔时取得的地层资料，对管井构造设计进行核对、修正，如过滤器的长度和安装位置等。井管安装必须保证质量，接口要牢靠，井管要顺直居中，不能偏斜和弯曲，过滤器安装到位，否则将影响填砾质量和抽水设备的安装及以后的正常运行。

井管安装一般采用吊装下管，同时为了保证井管在井孔中垂直居中，施工时每隔30~50m安装一个扶正器。对于长度大、质量大的井管可采用浮板下管法，即利用在井管中设置的密闭隔板（浮板），使井管在下沉时产生浮力，从而减轻吊装设备的负荷和井管自重产生的拉力。浮板在井管安装时完成后用钻杆凿通即可。对于不能承受拉力的非金属井管，安装时可采用托盘下管法，即利用混凝土做成比井管外径稍大的托盘来承托全部的井管质量，借助起重钢丝绳将托盘和井管一并放入井孔内。当托盘放至井底后，利用中心钢丝绳抽出固定起重钢丝的销钉，即可收回起重钢丝绳，托盘则留在井底。

下管结束后应立即进行填砾和管外封闭。填砾规格、填砾施工质量、不良含水层的封闭质量和井口封闭质量，都直接影响管井的出水量和水质。

填砾砾石应以坚实、圆滑砾石为主，并应按设计要求的粒径进行筛选和冲洗，去除杂质和不合格的部分，以保证填砾砾石的质量。为避免砾石堵塞及颗粒大小分层，填砾要平稳、均匀、连续、密实，并随时测量砾面高度，以掌握填砾状况。

管外封闭一般用粘土球，球径为25mm左右，用优质粘土制成，其湿度要适宜，要求下沉时粘土球不化解，并要求下沉到指定深度，中途不可出现堵塞现象。当填至井口时应进行夯实。

（4）洗井和抽水试验　在凿井过程中，由于护壁泥浆向含水层中渗透，泥浆和部分细小岩屑不仅滞留在井周围的含水层中，而且还在井壁上形成一层几毫米厚的泥浆壁。洗井就是要清除井孔及周围含水层中的泥浆和井壁上的泥浆壁，同时还要冲洗出井周围含水层中部分细小颗粒，使井周围含水层形成天然反滤层。因此，洗井是影响管井出水能力的重要工序。

洗井工作要在井管安装、填砾、管外封闭工序完成之后立即进行，以防泥浆壁硬化，给洗井带来困难。洗井方法主要有活塞洗井、压缩空气洗井等。

活塞洗井法是借助安装在钻杆上的活塞在井管内上下运动所产生的真空抽吸作用和压缩作用，在井管中形成反复冲洗的水流，以除去泥浆壁、含水层中残留泥浆和细小颗粒。活塞洗井较为彻底，洗井效果良好。但对于非金属井管，因其机械强度较差，可通过安装轻软质活塞，降低提拉速度等措施防止在活塞往复运动时损坏井管。

压缩空气洗井是利用空压机将空气以较高的速度喷射至井中，借助水气混合冲力破坏泥浆壁，并挟带泥浆、岩屑、沙粒到井口外面。冲洗时自上而下或自下而上分段进行，这样洗井效率高，洗井较为彻底。但对于细粉沙含水层不适宜采用此法，因为该法携带的沙粒偏多，对该类含水层有一定的破坏作用。

另外，还有将压缩空气与活塞联合运用或泥浆泵与活塞联合运用的联合洗井法，也能达到较好的洗井效果。

当洗井彻底清除泥浆壁、含水层中残留的泥浆和岩屑，使出水变清、出水含沙量在1/50000～1/20000以下（1/50000以下适用于粗沙地层，1/20000以下适用于细沙地层）时，洗井即为合格，可以结束洗井工作了。

抽水试验是管井建造的最后阶段。目的在于测定管井的出水量，了解出水量与水位降落值的关系，评价管井的出水量，为选择、安装抽水设备提供依据；同时取水样进行分析，评价管井的出水水质。

抽水试验前应测出井内静水位，抽水时应测定与出水量相应的动水位。抽水试验的最大出水量一般应达到或超过设计出水量，如设备条件所限，也不应小于设计出水量的75%。抽水试验时，水位降落次数一般为3次，至少为2次，每次都应保持一定的水位降落值与出水量稳定持续时间。抽水试验过程中，除认真观测和记录有关数据以外，还应在现场及时进行资料整理工作，绘制出水量与水位降落值的关系曲线；水位、出水量与时间关系曲线以及水位恢复曲线等。

管井建成后，应及时修建井室，保护管井，并根据管井的出水量和丰、枯水位变化情况，结合抽水试验资料，选择安装合适的抽水设备。抽水设备的出水量应小于管井的出水能力，使管井过滤器表面进水流速小于允许进水流速，以防止出水含沙量的增加，保证滤料层和含水层的稳定。

7.2.2 管井与井群的出水量计算

1. 管井出水量的计算

管井出水量的计算是确定在最大允许的水位降落量时井的出水量，或在给定井的出水量条件下确定井中相应的水位降落值。影响管井的出水量的因素有很多，如含水层的厚度、含水层的渗透系数、地下水的渗流情况、地下水的补给条件、管井的构造等，因此精确计算管井的出水量较为困难。管井的出水量计算有理论公式计算法和经验公式计算法。由于地下水的运动较为复杂，一些水文地质参数也较难精确确定，故采用理论公式计算虽较为简便，但计算精度比较差。经验公式避开了水文地质参数等的求解，根据现场的抽水试验资料建立拟合方程，其结果能较好符合管井的实际情况。

（1）管井水力计算的理论公式

1）稳定流情况下井的水力计算

a. 承压含水层完整井（图7-7）出水量计算公式为

$$Q=\frac{2\pi KmS_0}{\ln\dfrac{R}{r_0}}=\frac{2.73KmS_0}{\lg\dfrac{R}{r_0}} \tag{7-2}$$

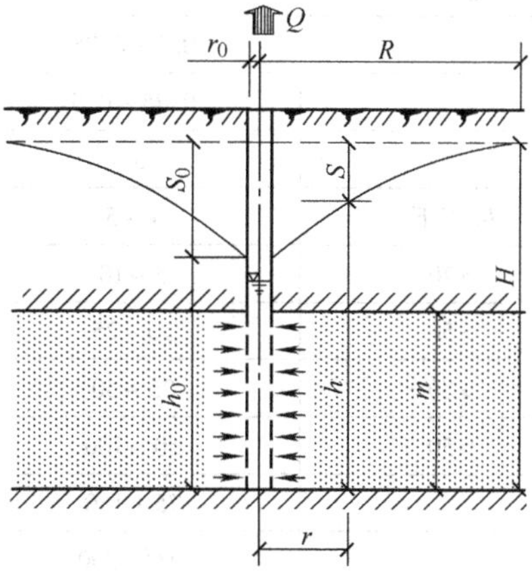

图7-7　承压含水层完整井出水量计算简图

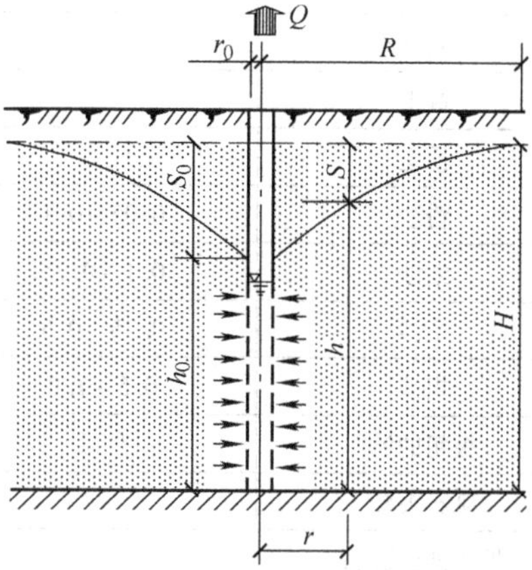

图7-8　无压含水层完整井出水量计算简图

b. 无压含水层完整井（图7-8）出水量计算公式为

$$Q=\frac{\pi K(H^2-h_0^2)}{\ln\dfrac{R}{r_0}}=\frac{1.37K(2HS_0-S_0^2)}{\lg\dfrac{R}{r_0}} \tag{7-3}$$

式中　Q——井的出水量（m^3/d）；

K——渗透系数（m/d）；

R——影响半径（m）；

S_0——出水量为 Q 时，井外壁的水位降落值（m）；

r_0——过滤器的半径（m）；

m——承压含水层的厚度（m）；

h_0——出水量为 Q 时，井外壁的水位至含水层底板的距离（m）；

H——无压含水层的厚度（m）。

计算公式中的 K、R、H、m 等参数，可以根据水文地质勘探资料确定。其中渗透系数 K 可以由现场的抽水试验确定，但无抽水条件时，可以参照水文地质条件类似地区的 K 值或经验参数（表7-3）取值。影响半径 R 最好通过现场的抽水试验确定，或参照水文地质条件类似地区资料或经验参数（表7-4）取值。

表7-3　地层渗透系数 K 经验值

地　　层	地层颗粒		渗透系数 K /（m/d）
	粒径/mm	所占比例（%）	
粘土			近于0

（续）

地　　层	地层颗粒		渗透系数 K /（m/d）
	粒径/mm	所占比例（%）	
粉质粘土			0.1～0.25
黄土			0.25～0.5
粉土			0.5～1
粉沙	0.05～0.1	70以下	1～5
细沙	0.1～0.25	>70	5～10
中沙	0.25～0.5	>50	10～25
粗沙	0.5～1.0	>50	25～50
极粗的沙	1～2	>50	50～100
砾石夹沙			75～150
带粗沙的砾石			100～200
漂砾石			200～500
圆砾大漂石			500～1000

表7-4　不同地层的影响半径 R 经验值

地　　层	地层颗粒		影响半径 R /m
	粒径/mm	所占比例（%）	
粉沙	0.05～0.1	70以下	25～50
细沙	0.1～0.25	>70	50～100
中沙	0.25～0.5	>50	100～300
粗沙	0.5～1.0	>50	300～400
极粗的沙	1～2	>50	400～500
小砾石	2～3		500～600
中砾石	3～5		600～1500
粗砾石	5～10		1500～3000

c. 承压含水层非完整井出水量的计算。马斯盖特（Muskat，M.）在裘布依稳定流理论的基础上，应用空间映射和势流叠加原理导出有限厚承压含水层非完整井（图7-9）出水量的计算公式

$$Q=\frac{2.73KmS_0}{\frac{1}{2\bar{h}}\left(2\lg\frac{4m}{r_0}-A\right)-\lg\frac{4m}{R}} \tag{7-4}$$

式中　$\bar{h}=\frac{L}{m}$——过滤器插入含水层的相对深度；

$A=f(\bar{h})$ ——由辅助图（图 7-10）确定的函数值；

L——过滤器长度（m）。

其余符号同前。

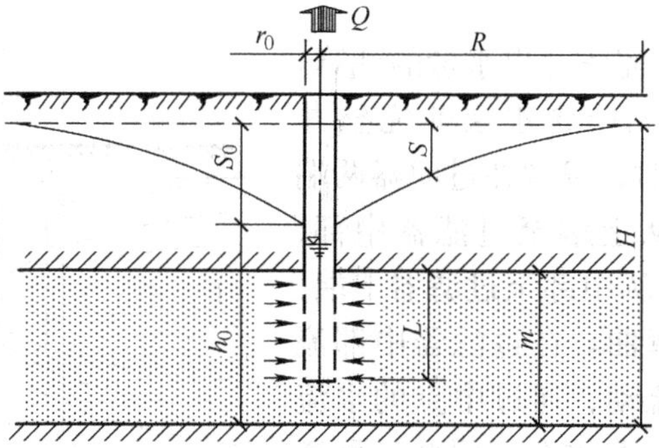

图 7-9 承压含水层非完整井出水量计算简图

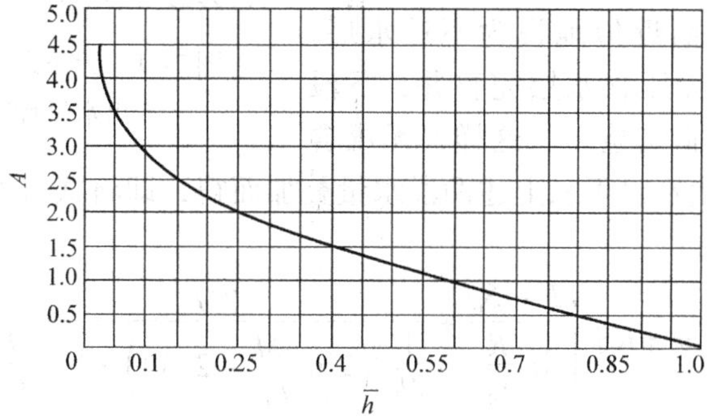

图 7-10 $A-\bar{h}$ 函数曲线

从图 7-9 中可以看出：当 $\bar{h}=1$ 时，$A=0$，则式（7-4）变成完整井的计算公式，$\bar{h}=1$ 即 $L=m$，说明式（7-4）是合理的。但当 $\bar{h}$ 很小时，A 变得较大，这时有可能使得式（7-4）分母中（$2\lg\frac{4m}{r_0}-A$）$\to 0$，则式（7-4）将变为

$$Q=\frac{2.73KmS_0}{-\lg\frac{4m}{R}}=\frac{2.73KmS_0}{\lg\frac{R}{4m}} \tag{7-5}$$

这就成了和半径为 $4m$（m 为承压含水层的厚度）的承压完整井的流量一样，也就是说，当 $\bar{h}$ 很小时，承压非完整井的流量比同条件下完整井的流量大很多，这显然是不合理的。经验证明，当 $L/r_0>5$ 及 $r_0/m\leqslant 0.01$ 时，式（7-4）可以得到比较满意的计算结果，计算误差不超过 10%。

对很厚的含水层（当 $L\leqslant 0.3m$，m 为承压含水层的厚度），可用巴布希金（Бабущкин. В. Д）得出的适用无限厚承压含水层非完整井公式

$$Q=\frac{2.73KLS_0}{\lg\dfrac{1.32L}{r_0}} \tag{7-6}$$

式中符号同前。

d. 无压含水层非完整井出水量的计算。用渗流槽模型研究无压含水层非完整井（图7-11）水流特点时，发现在过滤器两端的流线弯曲很大，从上端至过滤器中部，弯曲程度逐渐变缓，从中部至过滤器下端，流线又向相反方向弯曲。在过滤器中部流线近似于平面径向流动，通过中点的水流面几乎与水平面 $I—I$ 重合。因此，可通过 $I—I$ 把整个渗流区分为上下两段。如果把 $I—I$ 水平面近似地视为不透水层，则上段可以看作无压含水层完整井，下段看作承压含水层非完整井。这样，无压含水层非完整井的出水量可从上述两段水量叠加而得，即将式（7-3）和式（7-4）组合得下式

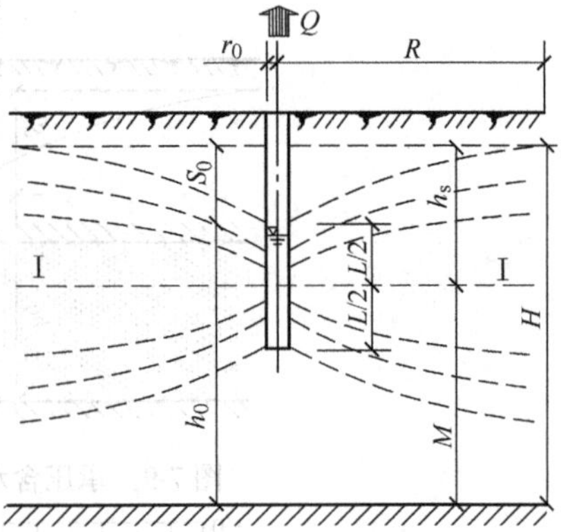

图 7-11　无压含水层非完整井出水量计算简图

$$Q=\pi KS_0\left[\frac{L+S_0}{\ln\dfrac{R}{r_0}}+\frac{2M}{\dfrac{1}{2\bar{h}}\left(2\ln\dfrac{4M}{r_0}-2.3A\right)-\ln\dfrac{4M}{R}}\right] \tag{7-7}$$

式中　$M=h_0-0.5L$；

$\bar{h}=\dfrac{0.5L}{M}$；

$A=f(\bar{h})$，由辅助图（图7-10）查得。

其余符号同前。

2）非稳定流情况下井的水力计算。裘布依型稳定流公式是建立在开采条件下，地下水各运动要素不随时间发生变化的稳定流阶段，显然严格意义上的稳定流在实际工程中是不存在的，但这类公式具有简单、使用方便等优点，而近似于公式假设条件的情况在工程实际中还大量存在，因此上述稳定流公式仍具有一定的实用价值。包含时间变量的泰斯（C. V. Theis）公式是非稳定流理论的基本公式。泰斯非稳定流理论认为在抽水过程中地下水的运动状态是随时间而变化的，即动水位不断下降，降落漏斗不断扩大，直至含水层的边缘或补给水体。非稳定流理论公式除了在抽水试验中确定水文地质参数有重要意义外，还可评价地下水的开采量、预报地下水位下降值。以下介绍非稳定流承压、无压含水层完整井非稳定流计算公式。

a. 承压含水完整井的泰斯公式

$$S = \frac{Q}{4\pi T}W(u) \tag{7-8}$$

$$W(u) = -0.5772 - \ln u + \sum_{n=1}^{\infty}(-1)^{n+1}\frac{u^n}{n \cdot n!} \tag{7-9}$$

$$u = \frac{r^2}{4at} \tag{7-10}$$

式中 Q——井的出水量（m^3/d）；

S——水井以恒定出水量 Q 抽水 t 时间后，观测点处的水位降落值（m）；

T——导水系数（m^2/d），T 按下式计算：

$T = Km$，其中 K 为渗透系数（m/d）；m 为承压含水层厚度（m）；

r——观测点至井中心的距离（m）；

$W(u)$——井函数，为一收敛级数，可从井函数数值表（表7-5）查得；

u——井函数自变量，由式（7-10）计算；

a——承压含水层压力传导系数（m^2/d）；$a = \frac{T}{\mu_S}$，此处 μ_S 为储水系数（又称弹性给水度），μ_S 或 a 值由现场抽水试验确定；

t——抽水时间（d）。

表7-5 井函数 $W(u)$ 数值表

u	$W(u)$	u	$W(u)$	u	$W(u)$	u	$W(u)$	u	$W(u)$	u	$W(u)$
0	∞										
1. E-12	27. 0538	1. E-07	15. 5409	0. 010	4. 0379	0. 040	2. 6813	0. 070	2. 1509	0. 100	1. 8229
2. E-12	26. 3607	2. E-07	14. 8477	0. 012	3. 8576	0. 042	2. 6344	0. 072	2. 1246	0. 11	1. 7371
5. E-12	25. 4444	5. E-07	13. 9315	0. 014	3. 7054	0. 044	2. 5899	0. 074	2. 0991	0. 12	1. 6596
1. E-11	24. 7512	1. E-06	13. 2383	0. 016	3. 5739	0. 046	2. 5474	0. 076	2. 0744	0. 13	1. 5889
2. E-11	24. 0581	2. E-06	12. 5452	0. 018	3. 4581	0. 048	2. 5068	0. 078	2. 0504	0. 14	1. 5242
5. E-11	23. 1418	5. E-06	11. 6289	0. 020	3. 3547	0. 050	2. 4679	0. 080	2. 0270	0. 15	1. 4645
1. E-10	22. 4487	1. E-05	10. 9357	0. 022	3. 2614	0. 052	2. 4306	0. 082	2. 0042	0. 16	1. 4092
2. E-10	21. 7555	2. E-05	10. 2426	0. 024	3. 1764	0. 054	2. 3949	0. 084	1. 9820	0. 17	1. 3578
5. E-10	20. 8392	5. E-05	9. 3263	0. 026	3. 0983	0. 056	2. 3604	0. 086	1. 9604	0. 18	1. 3098
1. E-09	20. 1461	1. E-04	8. 6332	0. 028	3. 0262	0. 058	2. 3273	0. 088	1. 9393	0. 19	1. 2649
2. E-09	19. 4529	2. E-04	7. 9402	0. 030	2. 9591	0. 060	2. 2953	0. 090	1. 9188	0. 20	1. 2227
5. E-09	18. 5366	5. E-04	7. 0242	0. 032	2. 8966	0. 062	2. 2645	0. 092	1. 8987	0. 21	1. 1829
1. E-08	17. 8435	1. E-03	6. 3316	0. 034	2. 8379	0. 064	2. 2347	0. 094	1. 8791	0. 22	1. 1454
2. E-08	17. 1503	2. E-03	5. 6394	0. 036	2. 7827	0. 066	2. 2058	0. 096	1. 8600	0. 23	1. 1099
5. E-08	16. 2340	5. E-03	4. 7261	0. 038	2. 7306	0. 068	2. 1779	0. 098	1. 8412	0. 24	1. 0763

（续）

u	$W(u)$	u	$W(u)$	u	$W(u)$	u	$W(u)$	u	$W(u)$	u	$W(u)$
0.25	1.0443	0.45	0.6253	0.65	0.4115	0.84	0.2891	1.30	0.1355	3.20	0.0101
0.26	1.0139	0.46	0.6114	0.66	0.4036	0.85	0.2840	1.40	0.1162	3.30	0.0090
0.27	0.9849	0.47	0.5979	0.67	0.3959	0.86	0.2791	1.50	0.1000	3.40	0.0079
0.28	0.9573	0.48	0.5848	0.68	0.3883	0.87	0.2742	1.60	0.0863	3.5	0.0070
0.29	0.9309	0.49	0.5721	0.69	0.3810	0.88	0.2694	1.70	0.0747	3.6	0.0062
0.30	0.9057	0.50	0.5598	0.70	0.3738	0.89	0.2648	1.80	0.0647	3.7	0.0055
0.31	0.8815	0.51	0.5478	0.71	0.3668	0.90	0.2602	1.90	0.0562	3.8	0.0048
0.32	0.8584	0.52	0.5362	0.72	0.3599	0.91	0.2557	2.00	0.0489	3.9	0.0043
0.33	0.8361	0.53	0.5250	0.73	0.3533	0.92	0.2514	2.10	0.0426	4.0	0.0038
0.34	0.8148	0.54	0.5140	0.74	0.3467	0.93	0.2471	2.20	0.0372	4.1	0.0034
0.35	0.7942	0.55	0.5034	0.75	0.3404	0.94	0.2429	2.30	0.0325	4.2	0.0030
0.36	0.7745	0.56	0.4930	0.76	0.3341	0.95	0.2388	2.40	0.0285	4.3	0.0026
0.37	0.7555	0.57	0.4830	0.77	0.3280	0.96	0.2347	2.50	0.0249	4.4	0.0024
0.38	0.7371	0.58	0.4732	0.78	0.3221	0.97	0.2308	2.60	0.0219	4.5	0.0021
0.39	0.7195	0.59	0.4637	0.79	0.3163	0.98	0.2269	2.70	0.0192	4.6	0.0019
0.40	0.7024	0.60	0.4544	0.80	0.3106	0.99	0.2231	2.80	0.0169	4.7	0.0017
0.41	0.6859	0.61	0.4454	0.81	0.3051	1.00	0.2194	2.90	0.0148	4.8	0.0015
0.42	0.6700	0.62	0.4366	0.82	0.2996	1.10	0.1860	3.00	0.0131	4.9	0.0013
0.43	0.6546	0.63	0.4280	0.83	0.2943	1.20	0.1584	3.10	0.0115	5.0	0.0012
0.44	0.6397	0.64	0.4197								

因式（7-9）为收敛级数，当抽水时间 t 较长、u 值相当小时，级数求和项可以忽略，因此得

$$W(u) \approx -0.5772 - \ln u = \ln \frac{1}{u} - \ln 1.78 = \ln \frac{2.25at}{r^2} \tag{7-11}$$

则式（7-8）简化为

$$S = \frac{Q}{4\pi T} \ln \frac{2.25at}{r^2} \tag{7-12}$$

上式简单，使用方便，当 $u \leqslant 0.01$ 时，其计算结果与泰斯公式结果较为近似；当 u 较大时，$W(u)$ 收敛较慢，计算结果误差较大。

b. 无压含水层完整井的泰斯公式

$$h^2 = H^2 - \frac{Q}{2\pi K} W(u) \tag{7-13}$$

$$u = \frac{r^2}{4at} \tag{7-14}$$

式中　h——距井中心 r 处含水层动水位高度（m）；

H——无压含水层厚度（m）；

a——在无压含水层，a 为水位传导系数（m^2/d），$a = Kh/\mu$，此处 μ 为给水度；

其余符号与前相同。

当 u 很小时，式（7-13）也可简化为下面的近似公式

$$h^2 = H^2 - \frac{Q}{2\pi K}\ln\frac{2.25at}{r^2} \tag{7-15}$$

式中符号与前相同。

（2）管井水力计算的经验公式　在工程实践中常根据水源地或水文地质条件相似地区的抽水实验所得的 $Q—S$ 曲线进行井的出水量计算。这种方法的优点在于不必考虑井的边界条件，避开水文地质参数，并能综合井的各种复杂因素的影响，因此，计算结果比较符合实际情况。

用经验公式的计算方法是，在抽水实验的基础上找出符合井的出水量 Q 和水位降落值 S 之间的关系方程式。根据所得方程，即可求出在给定水位降落值时井的出水量，或据已定的井的出水量，求出井的水位降落值。

实际工程中常见的 $Q—S$ 曲线，有直线型、抛物线型、幂函数型及半对数型等数种，分述如下（四种 $Q—S$ 曲线，列于表7-6）。

1）直线型方程（表7-6图a）

$$Q = qS \tag{7-16}$$

此式与承压含水层裘布依公式（7-2）相类似，同属直线型。单位出水量 q（即通过 $Q—S$ 坐标原点的直线斜率）可用下式计算

$$q = \frac{\sum QS}{\sum S^2} \tag{7-17}$$

2）抛物线型方程（表7-6图b）

$$S = aQ + bQ^2 \tag{7-18}$$

式中，a 和 b 为待定系数。上式两端除以 Q，得

$$\frac{S}{Q} = a + bQ \tag{7-19}$$

令 $S_0 = S/Q$，则

$$S_0 = a + bQ \tag{7-20}$$

在 $S_0—Q$ 坐标中，式（7-20）为一直线（表7-6图c）。a 为直线在纵轴上的截距，b 为直线的斜率，因而从表7-6图c可求得待定系数 a 和 b。如用最小二乘法，可按下式计算

$$a=\frac{\sum S_0-b\sum Q}{n} \tag{7-21}$$

$$b=\frac{n\sum S-\sum S_0\sum Q}{n\sum Q^2-\left(\sum Q\right)^2} \tag{7-22}$$

式中，n 为抽水试验的水位降落次数，下同。

表 7-6　井的出水量 Q 和水位降落值 S 关系曲线

	经验公式	Q—S 曲线	转化后的公式	转化后的曲线
直线型	$Q=qS$	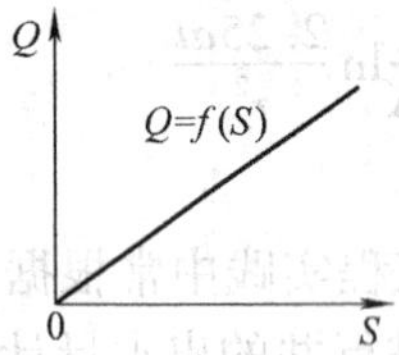 a)		
抛物线型	$S=aQ+bQ^2$	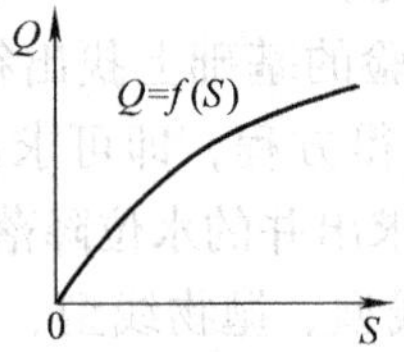 b)	$S_0=a+bQ$ $S_0=S/Q$	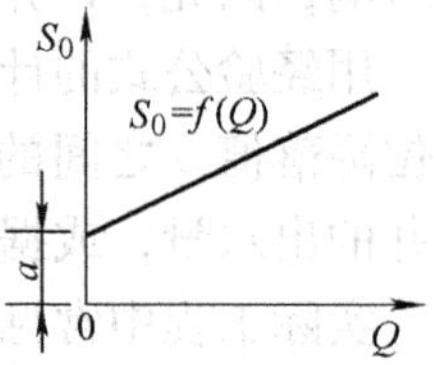 c)
幂函数型	$Q=a\sqrt[m]{S}$	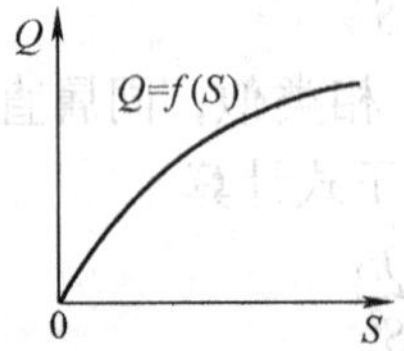 d)	$\lg Q=\lg a+\frac{1}{m}\lg S$	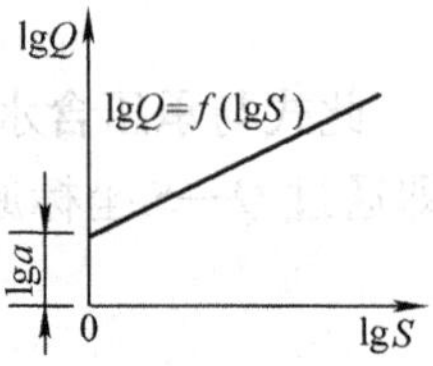 e)
半对数型	$Q=a+\lg S$	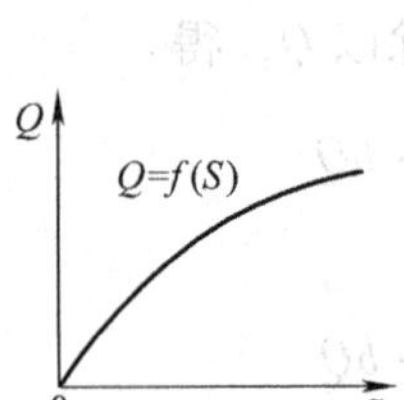 f)	$Q=a+b\lg S$	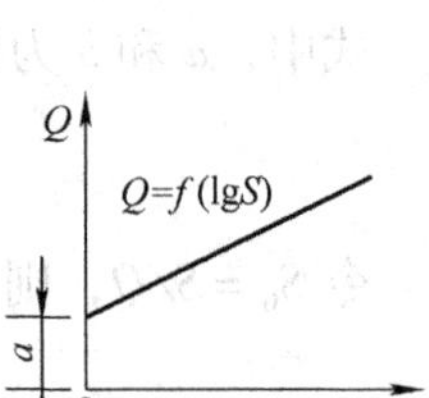 g)

3）幂函数型方程（表7-6图d）

$$Q = a\sqrt[m]{S} \tag{7-23}$$

式中 a、m 为待定系数。将上式两端取对数，得

$$\lg Q = \lg a + \frac{1}{m}\lg S \tag{7-24}$$

在 $\lg Q$—$\lg S$ 坐标中，式（7-24）为一直线（表7-6图e）。直线在纵轴上的截距为 $\lg a$，斜率为 $1/m$，因而从表7-6图e可直接求出待定系数 a、m。如用最小二乘法，可按下式计算

$$m = \frac{n\sum(\lg S)^2 - (\sum \lg S)^2}{n\sum(\lg S \cdot \lg Q) - \sum \lg S \sum \lg Q} \tag{7-25}$$

$$\lg a = \frac{\sum \lg Q}{n} - \frac{1}{m} \cdot \frac{\sum \lg S}{n} \tag{7-26}$$

4）半对数型方程（表7-6图f）

$$Q = a + b\lg S \tag{7-27}$$

式中 a、b 为待定系数。式（7-27）在 Q—$\lg S$ 坐标中为一直线（表7-6图g）。直线在纵轴上的截距为 a，斜率为 b，因而从表7-6图g可直接求出待定系数 a、b。如用最小二乘法，可按下式计算

$$a = \frac{\sum Q - b\sum \lg S}{n} \tag{7-28}$$

$$b = \frac{n\sum(Q\lg S) - \sum Q \sum \lg S}{n\sum(\lg S)^2 - (\sum \lg S)^2} \tag{7-29}$$

井的构造形式对抽水试验结果有较大的影响，所以试验井的构造应尽量接近设计井，否则应进行适当修正。此外，为避免产生严重的计算误差，不允许利用水位降落很小的试验资料来计算很大水位降落时的出水量。一般设计井的水位降落值不能超过抽水试验中最大降落值的1.5～2.0倍。

2. 井群出水量的计算

所谓井群的互阻影响或井群的干扰有两种情况：第一是在水位降落值不变条件下，管井共同工作时，各井的出水量小于各井单独工作时的出水量；第二是在出水量不变条件下，管井共同工作时各井的水位降落值大于各井单独工作时的水位降落值。

以上情况，实质上是由于井群互阻影响使各井出水能力降低的结果。

井群的互阻影响程度和井距、布置方式、含水层的岩性、厚度、储量、补给条件以及井的出水量等有关。

井群互阻影响计算的目的，在于确定处于互相影响下的井距、各井出水量及井数，同时为合理布置井群，进行技术经济比较提供依据。

井群互阻影响计算的方法可分为理论公式法和经验法。理论公式不能完全概括各种复杂影响因素，且水文地质参数不易确定，计算结果准确性较差，使用上有一定局限性。经验法直接以现场抽水试验为依据，能概括各种影响因素，计算结果比较符合实际情况。因此，除一些简单的情况可用理论公式进行初步计算外，一般多用经验法计算。实际上，对于规模较小的水源工程，因井数较少，采用较大的井距，互阻影响程度很小，一般不作互阻影响计算。现将两种方法介绍如下。

（1）用理论公式计算井群互阻影响

1）承压含水层完整井井群计算。在均质承压含水层任意布置的 n 个完整井进行干扰抽水，如图 7-12 所示，其出水量分别为 Q_1、Q_2、Q_3、…、Q_n。对于 1 号井而言，按照水位叠加原理，当出水量不变的情况下，干扰抽水的水位降落值 S_1' 应等于它本身单独抽水时的水位降落值 S 与其他各井单独抽水在 1 号井引起的水位降落值 t（即互阻降落值）的总和，其表达式如下

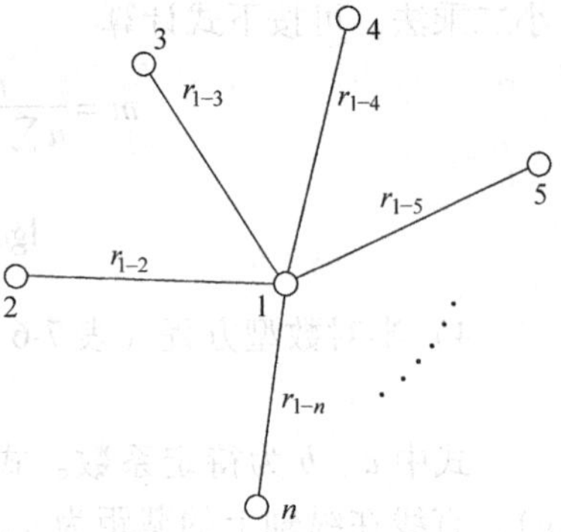

图 7-12　任意布置得井群系统

$$S_1' = S_1 + t_{1\text{-}2} + t_{1\text{-}3} + \cdots + t_{1\text{-}n} \tag{7-30}$$

式中　S_1'——干扰抽水时 1 号井水位降落值；

S_1——1 号井单独抽水时水位降落值；

$t_{1\text{-}2}$、$t_{1\text{-}3}$、…、$t_{1\text{-}n}$——2 号井、3 号井、…n 号井单独抽水时，在 1 号井引起的水位降落值。

由式（7-2）和式（7-30）可以写出下式

$$S_1' = \frac{1}{2.73Km}\left(Q_1\lg\frac{R}{r_{01}} + Q_2\lg\frac{R}{r_{1\text{-}2}} + Q_3\lg\frac{R}{r_{1\text{-}3}} + \cdots + Q_n\lg\frac{R}{r_{1\text{-}n}}\right) \tag{7-31}$$

式中　Q_1、Q_2、Q_3、…Q_n——1 号井、2 号井、3 号井、…n 号井的出水量（单独抽水时）；

r_{01}——1 号井过滤器的半径；

$r_{1\text{-}2}$、$r_{1\text{-}3}$、…$r_{1\text{-}n}$——2 号井、3 号井、…n 号井至 1 号井的距离。

其余符号与前相同。

同理，对于其他各井也可以写出类似方程

$$S_2' = \frac{1}{2.73Km}\left(Q_2\lg\frac{R}{r_{02}} + Q_1\lg\frac{R}{r_{2\text{-}1}} + Q_3\lg\frac{R}{r_{2\text{-}3}} + \cdots + Q_n\lg\frac{R}{r_{2\text{-}n}}\right)$$

$$S_3' = \frac{1}{2.73Km}\left(Q_3\lg\frac{R}{r_{03}} + Q_1\lg\frac{R}{r_{3\text{-}1}} + Q_2\lg\frac{R}{r_{3\text{-}2}} + \cdots + Q_n\lg\frac{R}{r_{3\text{-}n}}\right)$$

……

$$S'_n = \frac{1}{2.73Km}\left(Q_n \lg \frac{R}{r_{0n}} + Q_1 \lg \frac{R}{r_{n\text{-}1}} + Q_2 \lg \frac{R}{r_{n\text{-}2}} + \cdots + Q_{n-1} \lg \frac{R}{r_{n\text{-}(n-1)}}\right)$$

这样得到 n 个方程，只要给定各井的设计水位降落值或出水量，就可以求出各井在干扰抽水时的出水量或水位降落值。

2）无压含水层完整井井群计算。无压含水层完整井组成的干扰井群，同样可以用水位叠加原理写出各井的水位降落方程。对于无压含水层井群，应该是水位平方差代替降落值叠加，对于 1 号井，结合式（7-3）可以写出下式

$$H^2 - h'^2_{01} = \frac{1}{1.37K}\left(Q_1 \lg \frac{R}{r_{01}} + Q_2 \lg \frac{R}{r_{1\text{-}2}} + Q_3 \lg \frac{R}{r_{1\text{-}3}} + \cdots + Q_n \lg \frac{R}{r_{1\text{-}n}}\right) \tag{7-32}$$

式中 h'_{01}——干扰抽水时 1 号井的动水位。

其余符号与前相同。

同理，对于其他各井也可以写出类似方程

$$H^2 - h'^2_{02} = \frac{1}{1.37K}\left(Q_2 \lg \frac{R}{r_{02}} + Q_1 \lg \frac{R}{r_{2\text{-}1}} + Q_3 \lg \frac{R}{r_{2\text{-}3}} + \cdots + Q_n \lg \frac{R}{r_{2\text{-}n}}\right)$$

$$H^2 - h'^2_{03} = \frac{1}{1.37K}\left(Q_3 \lg \frac{R}{r_{03}} + Q_1 \lg \frac{R}{r_{3\text{-}1}} + Q_2 \lg \frac{R}{r_{3\text{-}2}} + \cdots + Q_n \lg \frac{R}{r_{3\text{-}n}}\right)$$

$$\cdots$$

$$H^2 - h'^2_{0n} = \frac{1}{1.37K}\left(Q_n \lg \frac{R}{r_{0n}} + Q_1 \lg \frac{R}{r_{n\text{-}1}} + Q_2 \lg \frac{R}{r_{n\text{-}2}} + \cdots + Q_{n-1} \lg \frac{R}{r_{n\text{-}(n-1)}}\right)$$

这样得到 n 个方程，只要给定各井的设计动水位或出水量，就可以求出各井在干扰抽水时的出水量或井壁处的水位。

（2）经验法（水位消减法）计算井群互阻影响 经验法是用出水量减少系数 α 来概括井群互阻影响的各种因素以进行井群互阻计算的方法。出水量减少系数可用下式表示

$$\alpha = \frac{Q - Q'}{Q} \tag{7-33}$$

$$Q' = (1 - \alpha)Q \tag{7-34}$$

式中 α——互阻影响时井的出水量减少系数；

Q——无互阻影响时，井的出水量；

Q'——有互阻影响时，水位降落值（包括邻井抽水造成的该井水位降落值）保持不变下的井的出水量。

如已知水井的 α 值，则可根据单井出水量 Q，由式（7-34）求得干扰抽水时井的出水量 Q'。

为求 α 值，现以 Q—S 呈直线关系（$Q = qS$）的两个试验井情况进行分析。设两井建于同一承压含水层中，彼此处于互阻影响范围之内。当 1 号井单独抽

水稳定后，水位降落值为 S_1 时出水量为 Q_1，同时把 2 号井作为观察井，测其水位降落值（水位削减值）为 $t_{2\text{-}1}$。同样，2 号井单独抽水时，也可测得 Q_2、S_2、$t_{1\text{-}2}$。

干扰抽水时，假定 1 号井和 2 号井抽水量相等，即 $Q_2=Q_1$，且此时 1 号井仍保持抽水量为 Q_1 不变，同样按照水位叠加原理，1 号井干扰抽水时出水量为 Q_1 时水位降落值为 $S_1+t_{1\text{-}2}$。根据 Q—S 成直线关系，也就是说，如果 1 号井单独抽水时出水量为 q_1（$S_1+t_{1\text{-}2}$），那么干扰抽水时 1 号井的出水量降至 q_1S_1，所以 1 号井出水量减少系数 α_1 为

$$\alpha_1=\frac{Q_1-Q_1'}{Q_1}=\frac{q_1(S_1+t_{1\text{-}2})-q_1S_1}{q_1(S_1+t_{1\text{-}2})}=\frac{t_{1\text{-}2}}{S_1+t_{1\text{-}2}} \tag{7-35}$$

根据假定 $Q_2=Q_1$，且 1 号井、2 号井建于同一含水层，井的形式、构造尺寸基本相同，则有 $S_1=S_2$、$t_{1\text{-}2}=t_{2\text{-}1}$、$\alpha_1=\alpha_2$。此时 α_1 计算公式可以改写为

$$\alpha_1=\frac{t_{2\text{-}1}}{S_1+t_{2\text{-}1}} \tag{7-36}$$

式中 α_1——1 号井互阻影响时井的出水量减少系数；
Q_1——单独抽水 1 号井的出水量；
Q_1'——干扰抽水时 1 号井的出水量；
S_1——单独抽水时 1 号井的水位降落值；
q_1——1 号井单位出水量，$q_1=Q_1/S_1$；
$t_{1\text{-}2}$——2 号井单独抽水时，在 1 号井引起的水位降落值；
$t_{2\text{-}1}$——1 号井单独抽水时，在 2 号井引起的水位降落值。

从式（7-36）可以看出，1 号井的出水量减少系数可以 1 号井单独抽水试验得出（2 号井为观测井）。

当两个设计井的间距与试验井的间距相同时，可以直接应用上述抽水试验所得的出水量减少系数进行计算。如两个设计井间距 $R_{1\text{-}2}$ 不等于试验井间距 $r_{1\text{-}2}$，则需对试验井的出水量减少系数 α_0 进行间距修正

$$\alpha_{1\text{-}2}=\alpha_0\frac{\lg\dfrac{R}{R_{1\text{-}2}}}{\lg\dfrac{R}{r_{1\text{-}2}}} \tag{7-37}$$

式中 $\alpha_{1\text{-}2}$——修正后适用于设计井间距 $R_{1\text{-}2}$ 的出水量减少系数。

若为多个设计井之间互阻影响，则对于任一井 i 号井，其干扰抽水出水量按下式计算

$$Q_i'=Q_i\left(1-\sum\alpha_i\right) \tag{7-38}$$

式中 $\sum\alpha_i$——各井对 i 号井的出水量减少系数之和，即：

$$\sum\alpha_i=\alpha_{1\text{-}i}+\alpha_{2\text{-}i}+\cdots+\alpha_{(i-1)\text{-}i}+\alpha_{(i+1)\text{-}i}+\cdots+\alpha_{n-i} \tag{7-39}$$

7.3 大口井

大口井因其井直径较大而得名。大口井是广泛用于开采浅层地下水的取水构筑物。一般井径大于1.5m即可视为大口井，常用大口井直径为5~8m，最大不宜超过10m。井深一般在15m以内。农村或小型给水系统也有采用直径小于5m的大口井，城市或大型给水系统也有采用直径大于8m的大口井。大口井有完整式和非完整式之分，完整大口井贯穿整个含水层，只有井壁进水，适用于含水层颗粒粗、厚度薄（5~8m）、埋深浅的含水层，但因井壁进水孔容易堵塞，从而影响进水效果而较少采用；在浅层含水层厚度较大（大于10m）时，应建造不完整大口井，井身未贯穿整个含水层，因而井壁和井底均可进水，进水范围大，集水效果好，调节能力强，是较为常用的井型。

大口井具有构造简单，取材容易，施工方便，使用年限长，容积大，能兼起调节水量作用等优点，在中小城镇、铁路、农村供水中应用较广。但大口井深度浅，对潜水水位变化适应性差，采用时必须注意地下水水位变化。

7.3.1 大口井的构造与施工建造

1. 大口井的构造

大口井构造如图7-13所示。主要由井口（井台）、井筒和进水部分组成。

（1）井口　口井地表以上部分，主要作用是防止洪水、污水以及杂物从井口或沿井壁进入井内，井口应高出地表0.5m以上，并在井口周边修建宽度为1.5m的排水坡。如覆盖层为透水层，排水坡下面还应填以厚度不小于1.5m的夯实土层。在井口以上部分，有的和泵站合建的，其工艺布置要求与一般泵站相同；如与泵站分建，只设井盖，井盖上设人孔和通风口。

（2）井筒　进水部分以上的一段，通常用钢筋混凝土或砖、石砌筑而成，用以加固井壁与隔离不良水质的含水层。

用沉井法施工的大口井，为了在井筒下沉过程中用以切削土层，便于下沉，在井筒最下端设有钢筋混凝土刃脚。为减小摩擦力和防止井筒下沉过程中受障碍物的破坏，刃脚外缘应凸出井筒5~10cm，刃脚高度一般不小于1.2m。

大口井外形通常为圆筒形，圆筒形井筒易保证垂直下沉，受力条件较好，节省材料，对周围地层扰动很少、利于进水。但圆筒形井筒在沉井法施工时井壁紧贴土层，下沉时摩擦阻力较大。深度较大的大口井常采用阶梯圆形井筒，此种井筒为变断面结构，具有圆形井筒的优点，下沉时摩擦力相对较小。

（3）进水部分　包括进水井壁和井底反滤层。

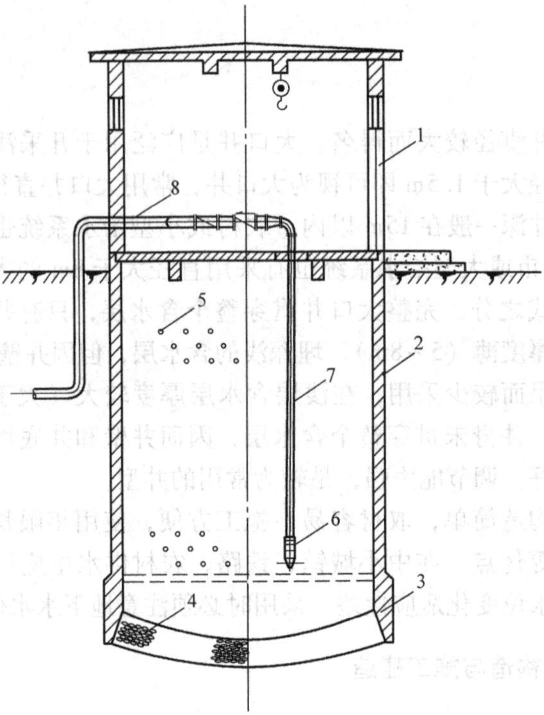

图 7-13 大口井的构造（与泵房合建）

1—泵房 2—井筒 3—刃脚 4—井底反滤层

5—井壁透水孔 6—潜水泵 7—出水管 8—出水总管

1）井壁进水孔。常用的井壁进水孔有水平孔、斜形孔两种。水平孔容易施工，应用较多。壁孔一般为 100 ~ 200mm 直径的圆孔或 100mm × 150mm ~ 200mm × 250mm 矩形孔，交错排列于井壁，孔隙率一般为 15% 左右。进水孔内装填一定级配的滤料层以保持含水层的渗透性，孔的两侧设置不锈钢丝网以防止滤料漏失。斜形孔多为圆形，孔倾斜角度不超过 45°，孔径一般为 100 ~ 200mm，孔外侧设有格网。斜形进水孔滤料稳定，易于装填和更换，是一种较优的进水孔类型。

2）透水井壁。透水井壁由无沙混凝土制成，有砌块筑成或整体浇注等形式，每隔 1 ~ 2m 设一道钢筋混凝土圈梁，以加强井壁。无沙混凝土大口井结构简单、制作方便、造价低，但在细粉沙土层和含铁地下水中易堵塞。

3）井底反滤层。由于井壁进水孔易堵塞，多数大口井主要依靠井底进水，因此井底反滤层的质量极为重要。一般铺设 3 ~ 4 层，每层厚 200 ~ 300mm，滤料自下而上逐渐变粗。当含水层为粉沙、细沙层时，可适当增加层数和厚度；当含水层为均匀性较好的砾石、卵石层时，则可不必铺设反滤层。井底反滤层滤料的级配与井壁进水孔相同，如铺设厚度不均匀或滤料不符合规格，都可以导致堵塞和翻沙，使出水量降低。

2. 大口井的施工

大口井的施工方法主要有大开槽法和沉井法。

（1）大开槽施工法　开挖基槽到设计井深，施工时需排水，在基槽中砌筑或浇注井筒以及铺设反滤层。大开槽施工法的优点是：施工方便，便于铺设井底反滤层、方便在井壁外铺填反滤层以改善进水条件，可以直接采用当地的建筑材料（石、砖）。但此法开挖土方量大，施工排水费用高。一般情况下，此法只适用于口径小（$D<4$m）、深度浅（$H<9$m），或地质条件不宜采用沉井施工的地区。

（2）沉井施工法。该法是先在井位处开槽基坑，将带有刃脚的井筒放在基坑中或在基坑中现浇注带刃脚的井筒，再在井筒内挖土，让井筒靠自重切土下沉。随着井内继续挖土，井筒不断下沉，于是可在上面续接井筒，直至设计井深。如果在下沉过程中因阻力大而下沉困难时，可以外加荷载以克服摩擦阻力使井筒继续下沉。

沉井施工有排水与不排水两种方式。排水施工是使井内在施工过程中保持干涸的空间，便于井内施工操作，但排水费用较高。不排水施工，利用机械（如抓斗、水力机械）进行水下取土，其优点是节省排水费用，施工安全，井内外不存在水位差，可避免流沙现象的发生；但铺设井底反滤层困难，不容易保证质量。

沉井施工法具有很多优点，如土方量少，施工场地小，施工安全，排水费用低，对含水层扰动程度轻，可避免流沙现象发生，对周围建筑物影响小等。所以在地质条件允许时，应尽量采用沉井施工法。但沉井施工法技术要求高，在下沉过程中可能会出现井筒倾斜、下沉困难，或到位后难以控制下沉趋势等问题，施工前应做充分的准备。

7.3.2　大口井的出水量计算

大口井出水量计算有理论公式和经验公式等方法。经验公式法与管井出水量计算相似。以下仅介绍应用理论公式计算大口井出水量的方法。

因大口井有井壁进水，井底进水或井壁井底同时进水等方式，所以大口井出水量计算不仅随水文地质条件而异，还与其进水方式有关。

（1）从井壁进水的大口井　可按完整式管井出水量计算式（7-2）和式（7-3）进行计算。

（2）井底进水的大口井　对无压含水层的大口井，当井底至含水层底板距离大于或等于井的半径（$T \geq r$）时，按巴布希金（Бабущкин. В. Д）公式计算（图7-14）。

$$Q = \frac{2\pi K S_0 r}{\frac{\pi}{2} + \frac{r}{T}\left(1 + 1.185\lg\frac{R}{4H}\right)} \tag{7-40}$$

式中 Q——井的出水量（m^3/d）；

S_0——出水量为 Q 时，井的水位降落值（m）；

K——渗透系数（m/d）；

R——影响半径（m）；

H——含水层厚度（m）；

T——含水层底板到井底的距离（m）；

r——井的半径（m）。

承压含水层的大口井出水量也可应用上式计算，将公式中的 T、H 均替换成承压含水层厚度即可。

当含水层很厚（$T \geqslant 8r$）时，可用福尔希海默（Forchheimer，P.）公式计算

$$Q = AKS_0 r \tag{7-41}$$

式中 A——系数，当井底为平底时，$A=4$；当井底为球形对，$A=2\pi$；

其余符号与上式同相。

（3）井壁井底同时进水的大口井　可用出水量叠加方法进行计算。对于无压含水层（图 7-15），井的出水量等于无压含水层井壁进水的大口井的出水量和承压含水层中的井底进水的大口井出水量的总和

$$Q = \pi K S_0 \left[\frac{2h - S_0}{2.3\lg\frac{R}{r}} + \frac{2r}{\frac{\pi}{2} + \frac{r}{T}\left(1 + 1.185\lg\frac{R}{4H}\right)}\right] \tag{7-42}$$

式中符号如图 7-15 所示，其余与前同。

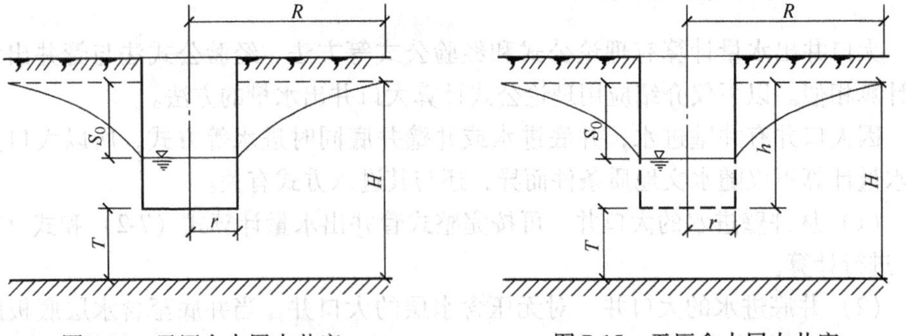

图 7-14　无压含水层中井底进水的大口井计算简图

图 7-15　无压含水层中井底井壁进水大口井计算简图

7.4　复合井和辐射井

7.4.1　复合井的构造与出水量计算

1. 复合井的形式与构造

复合井是大口井与管井的组合，它由非完整式大口井和井底以下设有一根至数根管井过滤器所组成的分层或分段取水系统（图7-16）。复合井适用于地下水位较高，厚度较大的含水层，相对大口井更能充分利用厚度较大的含水层，增加井的出水量。

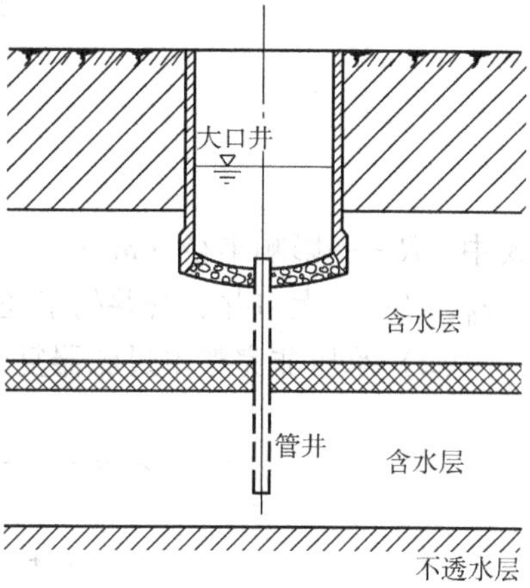

图7-16　复合井

新建复合井一般应先施工管井，建成的管井井口应临时封闭牢固。大口井施工时不得碰撞管井，且不得将管井作任何支撑使用。在建成的大口井中，如果水文地质条件适当，可在大口井井底打入管井过滤器将其改造为复合井，以增加井出水量、改良出水水质。据模型试验资料表明，当含水层厚度为大口井半径3~6倍或含水层透水性较差时，采用复合井出水量增加较为显著。

复合井的大口井部分的构造与前述大口井相同。

加大复合井的过滤器直径，可加大管井部分的出水量，但同时也会增加对大口井井底进水的干扰。故过滤器直径不宜过大，一般为200~300mm。

当含水层较厚时，以采用非完整过滤器为宜，一般$L/m<0.75$（L为过滤器长度，m为含水层厚度）。由于过滤器与大口井互相干扰，以及在此情况下过滤器下端滤流强度较大，故过滤器的有效长度应比管井稍大。

适当增加过滤器数目可增加复合井出水量。但从模型试验资料可知，过滤器数目增至三根以上时，复合井出水量增加甚少。

2. 复合井出水量的计算

复合井应用虽较早，但对其出水量计算问题的研究甚少。在估算复合井出水量时，一般采用大口井和管井两者单独工作条件下的出水量之和，并乘以干扰系数，计算公式如下

$$Q=\xi(Q_a+Q_1) \tag{7-43}$$

式中　Q——复合井出水量（m^3/d）；

Q_a、Q_1——同一情况下大口井、管井单独工作时的出水量（m^3/d）；

ξ——互相影响系数。

根据上式，只要求得相应的 ξ 值，就可以由对应的取水井计算公式确定复合井的出水量。ξ 值与过滤器根数、完整程度及管径等有关。以下介绍应用较多的单过滤器复合井的 ξ 值计算公式。

（1）承压、无压完整单过滤器复合井的 ξ 值计算

$$\xi = \frac{1}{1 + \dfrac{\ln \dfrac{R}{r_0}}{\ln \dfrac{R}{r_0'}}} \tag{7-44}$$

式中 R——影响半径（m）；

r_0、r_0'——大口井、管井的半径（m）。

（2）承压非完整单过滤器复合井（图 7-17）的 ξ 值计算

$$\xi = \frac{1}{1 + \dfrac{\ln \dfrac{R}{r_0}}{\dfrac{m}{2L}\left(2\ln \dfrac{4m}{r_0'} - A\right) - \ln \dfrac{4m}{R}}} \tag{7-45}$$

式中 m——含水层厚度（m）；

L——过滤器长度（m）；

A——由辅助图（图 7-10）确定的函数值，$A = f\left(\dfrac{L}{m}\right)$。

其余符号同前。

（3）无压非完整单过滤器复合井（图 7-18）的 ξ 值计算

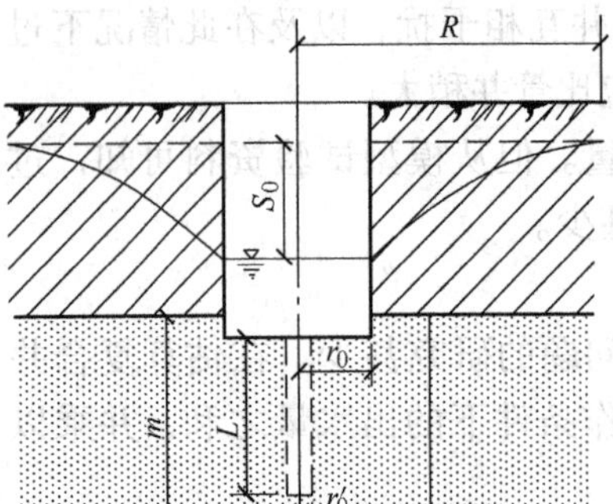

图 7-17 承压非完整复合井

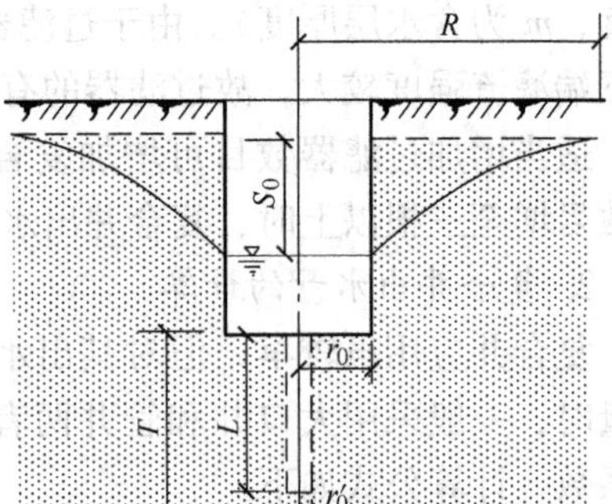

图 7-18 无压非完整复合井

$$\xi = \frac{1}{1 + \dfrac{\ln \dfrac{R}{r_0}}{\dfrac{T}{2L}\left(2\ln \dfrac{4T}{r_0'} - A\right) - \ln \dfrac{4T}{R}}} \tag{7-46}$$

式中 T——大口井井底至含水层底板高（m）。

其余符号同前。

7.4.2 辐射井的构造与施工建造

辐射井是由大口径竖井和竖井内沿含水层水平方向布设的多根辐射管组成，由于水平管呈辐射状分布，故称辐射井。辐射井按集水井是否进水可分为两种形式：一种是集水井井底与辐射管同时进水；二是井底封闭，仅由辐射管集水，如图7-19所示。前者适用于厚度较大的含水层（5～10m），但集水井井底与辐射管的集水范围在高程上相近，互相干扰较大。后者适用于较薄的含水层（≤5m），但由于集水井封底，辐射管施工和维修相对较为方便。

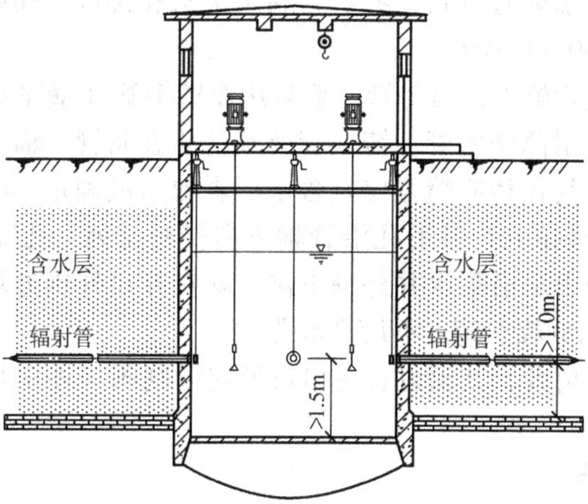

图7-19 井底封闭单层辐射管的辐射井

辐射井是一种适应性较强的取水构筑物。一般不能用大口井开采的、厚度较薄的含水层以及不能用渗渠开采的厚度薄、埋深大的含水层，可用辐射井开采。此外辐射井对开发位于咸水上部的淡水透镜体，较其他取水构筑物更为适宜。辐射井与常规管井相比，有以下优点：出水量大、大范围控制地下水位、寿命长、运行费用低、维护方便。但辐射井的施工难度较高，施工质量和施工技术水平直接影响出水量的大小。

1. 辐射井的构造

辐射井由两个组成部分，即集水井和辐射管。

（1）集水井　集水井的作用主要有汇集从辐射管的来水，安放抽水设备、辐射管闸阀以及作为辐射管施工的场地，对于不封底的集水井还可起到取水井的作用。我国多数辐射井都采用不封底的集水井，用以扩大井的出水量，但不封底的集水井对辐射管施工及维护均不方便。集水井直径不应小于3m，通常采用圆形钢筋混凝土井筒。

（2）辐射管　辐射管的配置可分为单层或多层，每层根据补给情况铺设4～8根辐射管。为保证进水效率，最下层辐射管距含水层底板距离不应小于1m，但此距离不宜过大，以保证在大的水位降落条件下能获得较大的出水量。此外最下层辐射管还应高出集水井井底1.5m以上，便于顶管施工。多层进水量大，但相互干扰也大，为减小互相干扰，各层应有一定间距。当辐射管直径为100～150mm时，层间间距可采用1～3m。

辐射管的直径和长度，视水文地质条件和施工条件而定。辐射管直径一般为75～100mm。当地层补给条件好、含水层颗粒粗、透水性强、施工条件许可时，宜采用大管径。辐射管长度一般在30m以内。当设在潜水含水层中时，迎地下水水流方向的辐射管宜长一些。为利于集水和排沙，辐射管应向集水井倾斜一定坡度（1/200～1/100）。

为便于直接顶管施工，辐射管一般采用厚壁钢管（壁厚6～9mm）。当采用套管施工时，可采用薄壁钢管、铸铁管及其他非金属管。辐射管进水孔有条形孔和圆形孔两种，其孔径或缝宽应按含水层颗粒组成确定，参见管井过滤器中的表7-1。圆孔交错排列，条形孔沿管轴方向错开排列，孔隙率一般为15%～20%。力了防止地表水沿集水井外壁下渗，除在井口外围夯填粘土外，在靠近井壁2～3m范围内的辐射管上不设进水孔。

对于封底的辐射井，其辐射管在出口处应设闸阀（图7-19），以方便施工、维修和控制水量。

2. 辐射井的施工

集水井的施工方法基本上同大口井相同，多采用沉井法。

辐射管施工我国以采用水射顶进法较多。该法以集水井为工作间，将液压千斤顶水平放置，由千斤顶将辐射管从集水井向外顶入含水层，辐射管顶入位置对面的井壁为后支撑。在顶进的同时，利用喷射水枪，以高速水流（15～30m/s）冲射含水层，沙粒因此随水流沿辐射管排入井内，含水层松动，辐射管得以继续顶进。顶进一节辐射管，再续接一节辐射管，一般采用螺纹连接，直至设计长度。受集水井井径的限制，一节辐射管的长度一般为1～2m。水射顶进法施工时，喷射水流对含水层扰动很大，难以在辐射管周围形成透水性能良好的反滤层，从而影响辐射管的出水量。

辐射管施工另一常用工艺为兰尼（Ranney，L.）顶进施工法（图7-20），该法基本过程为：带顶管帽的厚壁钢质辐射管由千斤顶从集水井向外顶入含水层。顶管帽为带孔的金属装置，它与安装在辐射管内的排沙管连接。在辐射管的顶进过程中，含水层中的地下水在压力作用下，挟带细颗粒沙，经由顶管帽的孔眼进入排沙管排至集水井。由于集水井井壁处设有辐射管的止水填料，地下水不能由辐射管孔眼进入井内，而仅集中在顶管帽孔眼进入排沙管，故有较大进水流速能迅速排走含水层内细颗粒沙。由于细颗粒沙不断自含水层中排走，辐射管借助顶力向含水层不断推进。施工中从含水层中排走细颗粒沙，使辐射管周围形成透水性能良好的天然反滤层。此法能顶进较长的辐射管（40～80m）和形成透水性良好的反滤层，是一种较优的辐射井施工工艺，应用较为广泛。

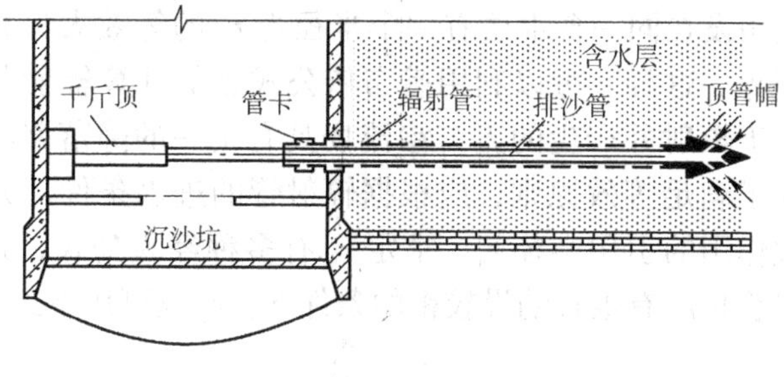

图 7-20　兰尼顶进施工法

当含水层中缺乏骨架颗粒，不可能形成天然反滤层（如在中、细沙含水层中）时，可采用套管顶进施工法，该法是在兰尼施工法基础上改进的。该施工工艺基本过程为：在强度较高的套管头部安装顶管帽，并与套管内安装的排沙管相连，随即用液压千斤顶将套管先行顶入含水层。然后在套管内安装辐射管，并利用送料小管用压力水将砾石冲填在套管与辐射管间环状空间，形成人工填沙层。最后拔出套管，形成铺设有人工填砾的辐射管。此法由于不用辐射管直接顶进，可用强度较低的金属管和非金属管。在有侵蚀性的地下水中，宜用此法铺设抗蚀能力较强的非金属管道。

7.4.3　辐射井的出水量计算

辐射井出水量计算比较复杂，因为影响辐射井出水量的除了水文地质条件外，还有辐射管管径、长度、根数、布置方式等因素。现有的辐射井出水量计算公式较多，但都有一定局限性，计算结果常与实际情况有不同程度的出入，只能作为估算辐射井出水量时参考。

（1）承压含水层辐射井　承压含水层中辐射井的出水量可按下式计算

$$Q = \frac{2.73KMS_0}{\lg \frac{R}{r_a}} \tag{7-47}$$

$$r_a = 0.25^{1/n}L \tag{7-48}$$

式中 Q——辐射井出水量（m^3/d）；

S_0——集水井外壁水位降落值（m）；

K——渗透系数（m/d）；

R——影响半径（m）；

M——承压含水层厚（m）；

r_a——等效大口井半径（m）；

L——辐射管长度（m）；

n——辐射管根数。

此式实质上假设在同一含水层有一个半径为 r_a 的等效大口井，其出水量与计算的辐射井相等。这样，可以利用裘布依公式近似计算辐射井的出水量。这种假设的依据源于辐射井产生的人工渗流场具有统一的降落漏斗，与一般水井相似，计算时为了满足等效原则，应根据辐射管的进水条件，为理想大口井构造一个具有等效作用的引用半径 r_a。求定 r_a 有多种经验公式，式（7-48）是其中之一。当辐射管长度有限且铺设较密的条件下，r_a 也可用下式来计算

$$r_a = \sqrt{\frac{A}{\pi}} \tag{7-49}$$

式中 A——辐射管分布范围圈定的面积（m^2）。

其余符号同前。

（2）无压含水层辐射井　无压含水层中辐射井的出水量计算简图如图 7-21 所示，可按下式计算：

$$Q = qn\alpha \tag{7-50}$$

$$\alpha = \frac{1.609}{n^{0.6864}} \tag{7-51}$$

$$q = \frac{1.36K(H^2 - h_0^2)}{\lg \dfrac{R}{0.75L}} \tag{7-52}$$

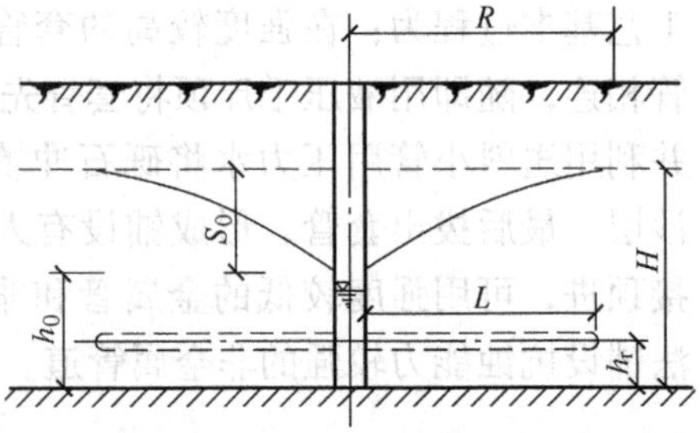

图 7-21　无压含水层中辐射井计算简图

式中 Q——辐射井出水量（m^3/d）；

n——辐射管根数；

α——辐射管间干扰系数，按式（7-51）计算；

q——单根辐射管的出水量（m^3/d），按式（7-52）计算；

K——渗透系数（m/d）；

H——含水层厚度（m）；

h_0——井外壁动水位至含水层底板高（m）；

L——辐射管长度（m）。

当 $h_r > h_0$ 时，q 由下式计算

$$q = \frac{1.36K(H^2 - h_r^2)}{\lg \frac{R}{0.25L}} \tag{7-53}$$

式中　h_r——辐射管中心至含水层底板高（m）。

其余符号同前。

7.5　渗渠

7.5.1　渗渠的形式与建造

1. 渗渠的形式

渗渠即水平铺设在含水层中的集水管（渠）。渗渠可用于集取浅层地下水，如图7-22和图7-23所示。也可铺设在河流、水库等地表水体之下或旁边，集取河床地下水或地表渗透水。由于集水管是水平铺设的，也称水平式地下水取水构筑物。

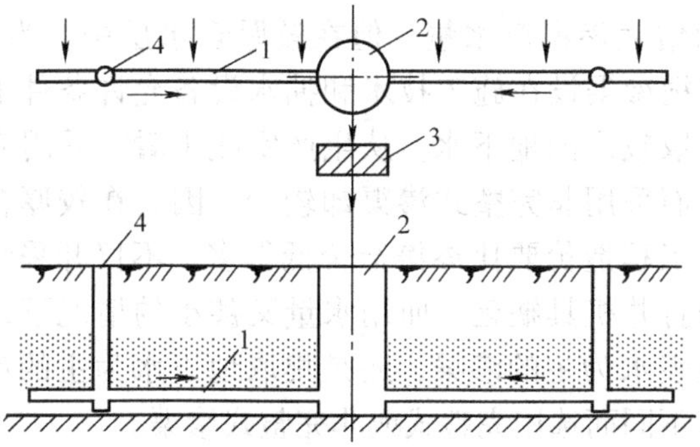

图7-22　完整式渗渠

1—集水管　2—集水井　3—泵站　4—检查井

渗渠，按其补给水源可分为集取地表水为主的渗渠和集取地下水为主的渗渠两种。前者是把渗渠埋设在河床下，集取河流垂直渗透水；后者是把渗渠埋设在河岸边滩地下，以集取部分河床潜流水和来自河岸上第四纪含水层中的地下水。集取地下水为主的渗渠，一般水质较好，水量比较稳定，效果较好，使用年限长，因而采用的也较多；至于集取地表水为主的渗渠，产水量虽然很大，但受河水水质的变化影响甚为明显，如当河水较浑浊时，渗渠出水水质往往很差，而且容易淤塞，检修管理麻烦，使用年限也较短；如果河水浊度常年较小，

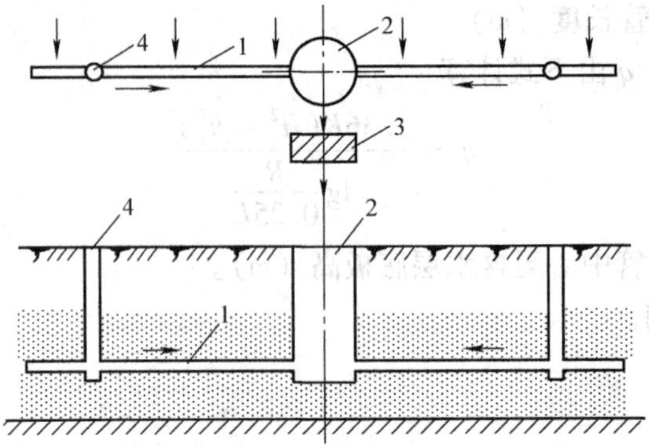

图 7-23　非完整式渗渠

1—集水管　2—集水井　3—泵站　4—检查井

上述缺点可能减少。

渗渠的埋深一般在 4 ~7m，很少超过 10m。因此，渗渠通常只适用于开采埋藏深度小于 2m，厚度小于 6m 的含水层。渗渠，按埋设位置和深度不同，又可分为完整式（图 7-22）和非完整式（图 7-23）两种。完整式渗渠是在薄含水层的条件下，埋设在基岩上；非完整式渗渠是在较厚的含水层条件下，埋设在含水层中。完整式渗渠所以埋设在基岩上，主要靠加大水位降落量，最大限度地开采地下水，从而增大渗渠产水量。但在较厚含水层中，为了减少施工困难，降低工程造价，多把渗渠设在施工技术和抽水设备允许条件下的含水层一定深度中，同样可以集取较多的地下水。从生产实践中看，采用完整式渗渠比较普遍，产水量较大；而采用非完整式渗渠却较少，因为在较厚含水层中，采用大口井或管井取水，工程造价要比渗渠造价低得多，不仅开采量大，而且施工容易，进度快。除非打井机具缺乏，而用水量又甚小的情况下，才采用非完整式渗渠。无论集取地表水为主的渗渠，还是集取地下水为主的渗渠，都可以接其所在的含水层厚度不同而选用完整式或非完整式渗渠。

渗渠平面布置，应根据水文、水文地质、补给来源以及河水水质等条件而定，一般可分为：平行于河流、垂直于河流和平行与垂直于河流组合等三种形式。无论哪种形式，都适用于集取地表水为主的渗渠和集取地下水为主的渗渠。一般大、中型渗渠取水工程，由于取水量较大，集水管较长，采用平行于河流或平行与垂直于河流组合的两种形式比较多，而采用垂直于河流的形式较少；至于小型渗渠取水工程，由于取水量较小，集水管较短，占地不多，多采用垂直于河流的形式，可以较多地截取地下水和河床潜流水。哪种形式经济合理，应通过经济技术比较，因地制宜地选用。

2. 渗渠的建造

（1）渗渠的构造　渗渠通常由水平集水管、集水井、检查井和泵站组成。

1）集水管。集水管一般为穿孔钢筋混凝土管；水量较小时，可用穿孔混凝土管、陶土管、铸铁管；也可用带缝隙的干砌块石或装配式钢筋混凝土暗渠。

带孔眼的钢筋混凝土管，一般就地人工浇筑制作，每节长度最好1m。每米长孔眼总面积为管壁总面积的5%～10%，如果管道结构允许，最好采用孔隙率8%～15%。管壁进水孔形式分圆形和长条形两种。圆形孔的孔径，一般采用20～30mm，布置成梅花状，孔眼内大外小，以防堵塞。孔眼净距为2～2.5d（d为孔眼直径）。长条形孔眼尺寸，一般宽为20mm，长为60mm，也有的长为100mm，条缝净间距为：纵向50～100mm，环向20～50mm。进水孔眼一般布置范围在1/3～1/2管径以上（从管底上算起）的管周壁上，下部一般不设孔眼，以防下部泥沙流入管内，造成管内淤积，影响集水管的集水效果。常用管径为400mm、500mm、600mm、800mm和1000mm等五种。埋设深度为2.0m、3.0m、4.0m、5.0m和6.0m等五种。

2）人工反滤层。为了防止含水层中细小颗粒泥沙进入集水管中，造成管内淤积，必须在集水管和含水层中间铺设人工反滤层。人工反滤层设计、铺设的好坏，也是渗渠出水效果好坏的重要条件之一。因而滤层厚度和滤料颗粒级配是否合理，直接影响渗渠产水量、出水水质和使用年限。人工反滤层设计要根据渗渠取水形式不同而异，即分为集取地下水为主和集取地表水为主的渗渠人工反滤层两种。

反滤层的层数、厚度和滤料粒径计算，与大口井井底反滤层相同。集取地下水为主渗渠的人工反滤层如果缺乏颗粒直径分析资料，而含水层又为砂卵石时，可按下列规格选用：第一层粒径为5～10mm，厚度为300mm；第二层粒径为10～30mm，厚度200～300mm；第三层粒径为30～70mm，厚度为200mm；总厚度为700～800mm。

集取地表水为主的渗渠人工反滤层的滤料级配，外层以上，一般回填河沙，但必须干净，不要混有杂草泥块，粒径一般0.25～1.0mm，厚约1m。下面三层反滤层分别采用粒径为1～4mm、4～8mm、8～32mm，各层厚度约150mm，也有的粒径略大些。但总的说来，要比集取地下水为主的渗渠反滤层滤料粒径小，尤其是外层滤料粒径要小些。反滤层总厚度要厚些为宜，但这要看河水水质情况而定，水质好的，可以薄些；水质差的，较浑浊的，反滤层要厚些。这主要因为河水浊度常年变化较大，如果反滤层厚度太薄，粒径略大，会影响渗渠的出水水质。

3）检查井。为便于检修、清通，集水管端部、转角、变径处以及每50～150m均应设检查井。检查井形式分为全埋式、半埋式和地面式三种。全埋式即检查井全部埋于地下，井盖略高于集水管，且上部填以反滤层。适用于河水冲刷程度较大，渗渠不需要经常检修与清扫的给水工程中。其缺点是井埋设较深，寻找或检修均很不方便。半埋式检查井是将井口埋在地面下0.5~1.0m，优点是除有利于人防保护外，还可防止被洪水冲毁井口；缺点是由于井盖埋在地下，一旦检修，不易找出井位。在集取地表水为主的渗渠中，多采用半埋式检查井。地面式检查井，即井口露出地面，多用于集取地下水为主的渗渠，便于检修，但必须注意采用封闭式井盖。井盖材料可用铸铁或钢筋混凝土。井盖底部周围用胶垫圈将井盖垫好止水，然后用螺栓将井盖固定在井座上，以防泥沙从井盖缝隙进入渗渠。

3. 渗渠的施工

(1) 集水管（渠）的施工

1）开槽施工法。当潜水埋藏浅、含水层厚度不大时，埋设集水管可以实行明沟开挖施工方法，在开挖的基槽中敷设集水管和铺设人工反滤层。开挖断面要考虑管道的尺寸、含水层的岩性和便于施工安装。集水管（渠）最好坐落在隔水粘性土层或基岩上。如集水管必须坐落在松散地层上，基础必须穷实，管径较大时，需做混凝土基础；如以基岩为基础时，必须铺设20~30cm厚的粗沙；当砌筑集水渠时，必须作混凝土基础。管沟的边坡依含水层岩性而定，如含水层为河流松散堆积物时，一定要考虑边坡的稳定性，必要时要进行防护支撑和加固，以防坑壁坍塌。

施工排水和降低地下水位是施工中重要而复杂的工作。通常含水层颗粒粗，地下水水量丰富，所以排水量大，开挖前要进行排水量校核计算，排水设备的排水能力必须满足排水要求，并且要有备用的排水设备。如工程量大，短期内难以完成，需跨越洪水期时，则必须要考虑防洪措施，确保施工安全。

施工时，应严格按设计的人工反滤层级配分层铺设；回填渗渠管沟时，可使用开槽时挖出的原土，以保持原含水层的渗透性能。

2）围堰施工法。在河床下埋设集水管时，应在枯水季节施工，必须将河水导流或用粘土围堰后方能开槽施工。在河床地段施工，施工排水更为重要，地层渗透性强，排水量大，要求排水设备排水能力强，效率高。施工排水对施工进度影响很大，应予以特别注意。

施工完毕后，应将土围堰拆除干净，以免改变原河床的水流方向。

3）开挖地道施工法。如潜水埋藏较深，开挖深度较大时，宜采用开挖地道法施工。施工中应特别注意开挖地层的稳定性，除特殊情况外，一般要进行防护支撑和加固，防止坑道坍塌。同时要进行施工排水，降低地下水位，应尽量避免水下施工。

(2) 集水井的施工　渠集水井的结构和施工与辐射井的集水井极相似。

(3) 检查井的施工　渗渠检查井的结构和施工基本上与排水管道工程中检查井的结构和施工方法相同。

（4）渗渠清洗　渗渠施工的各项工序完成后，应象管井洗井一样，及时清除渗渠集水管内及反滤层中的淤泥和细沙。具体做法是在集水井内安装临时抽水泵，待集水井中水位上升至一定高度时（可淹没渗渠反滤层0.5～1.0m），用水泵从井内抽水，使井内水位下降至渗渠集水管管底，然后停泵，待水位再次上升至原来高度时，再抽水，如此复始，直到抽出的水由浑浊变为清澈为止。一般要连续抽水3～5天，方可清扫干净。此外，当渗渠工程规模较大时，从集水井内抽水水量大，抽水设备不易解决时，也可在检查井中安设水泵，分段清扫渗渠。

7.5.2　渗渠的出水量计算

渗渠出水量计算，应根据水文地质参数、开采储量评价、选用渗渠类型以及布置形式等资料和条件进行。因为所选用的渗渠类型和布置形式不同，所采用的水文地质计算公式也有不同。比如，选用集取地下水为主的渗渠，所用的水文地质计算公式，就不同于集取河水为主的渗渠所用的计算公式，选用完整式渗渠所用的水文地质计算公式，也不同于非完整式的水文计算公式。由于渗渠的埋设条件比较多，水文地质计算公式也比较多。但是，比较有实用价值的公式也不多，往往同生产实际出入较大。因此，在选择水文地质计算公式时，应当特别慎重。目前，我国在计算渗渠出水量时，多采用国外的水文地质计算公式。由于我国很少进行这方面的理论研究工作，又没有积累长期生产观测资料，所以多少年来，尚没有我国自己的一些符合我国各种水文地质特点、比较完整的理论计算公式。因此，在实际使用中，发现有些水文地质计算公式所算出的结果，同实际相差甚远，往往高达4～6倍之多。但是，也有些公式，还是比较接近于生产实际的。以下仅介绍几种常见的渗渠出水量计算公式。

（1）铺设在无压含水层中的渗渠　完整式渗渠（图7-24）出水量计算公式

$$Q = \frac{KL(H^2 - h_0^2)}{R} \tag{7-54}$$

式中　Q——渗渠出水量（m^3/d）；

K——渗透系数（m/d）；

R——影响半径（影响带宽）（m）；

L——渗渠长度（m）；

H——含水层厚度（m）；

h_0——渗渠内水位距含水层底板高度（m）。

非完整式渗渠（图7-25）出水量计算公式

$$Q = \frac{KL(H^2 - h_0^2)}{R}\left(\frac{t + 0.5r_0}{h_0}\right)^{\frac{1}{2}}\left(\frac{2h_0 - t}{h_0}\right)^{\frac{1}{4}} \tag{7-55}$$

式中 t——渗渠水深（m）；

r_0——渗渠半径（m）。

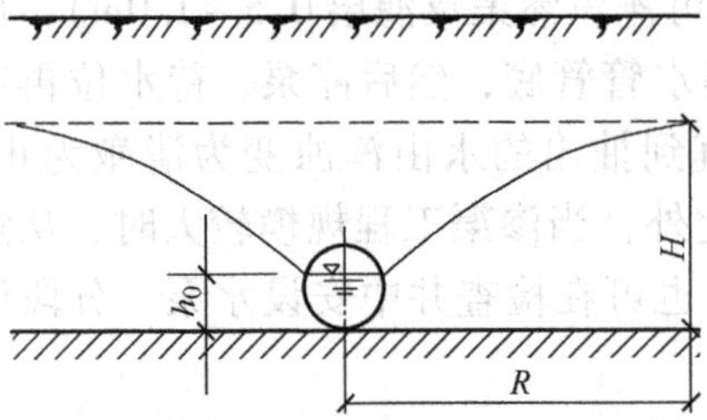

图 7-24 无压含水层完整式渗渠计算简图

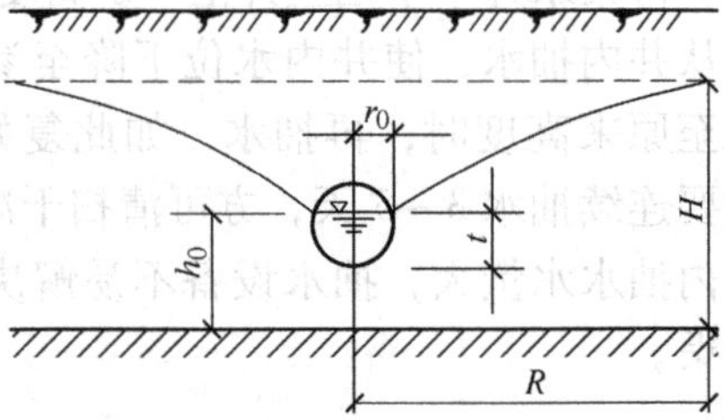

图 7-25 无压含水层非完整式渗渠计算简图

其余符号同上。

上式适用于渠底和底板距离不大时。

（2）平行于河流铺设在河滩下的渗渠 平行于河流铺设在河滩下，同时集取岸边地下水和河床潜流水的完整式渗渠出水量计算公式（图 7-26）

$$Q = \frac{KL}{2L_0}(H_1^2 - h_0^2) + \frac{KL}{2R}(H_2^2 - h_0^2) \tag{7-56}$$

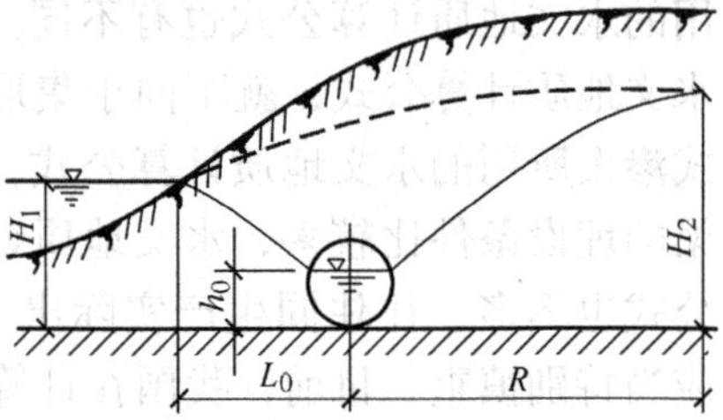

图 7-26 河滩下完整式渗渠计算简图

式中 H_1——河水位距底板的高度（m）；

H_2——岸边地下水位距底板的高度（m）；

L_0——渗渠中心至河流水边线的水平距离（m）。

其余符号与前同。

（3）铺设在河床下的渗渠 铺设在河床下集取河床潜流水的渗渠出水量计算公式为

$$Q = \alpha LK \frac{H_Y - H_0}{A} \tag{7-57}$$

对于非完整式渗渠（图 7-27），A 值可由下式求得

$$A = 0.37\lg\left[\tan\left(\frac{\pi(4h - d)}{8T}\right)\cdot\cot\left(\frac{\pi d}{8T}\right)\right] \tag{7-58}$$

对于完整式渗渠（图 7-28），A 值为

$$A = 0.73\lg\left[\cot\left(\frac{\pi d}{8T}\right)\right] \tag{7-59}$$

式中 α——淤塞系数，河水浊度低时采用 0.8；中等浑浊取 0.6；浊度很高时

采用0.3，也可根据经验选取；

H_Y——河水位至渗渠顶的距离（m）；

H_0——渗渠的剩余水头（m）；

当渗渠内为自由水面时，$H_0=0$；一般采用$H_0=0.5\sim1.0$m；

T——含水层厚度（m）；

h——床面至渠底高度（m）；

d——渗渠直径或宽度（m）。

其余符号同前。

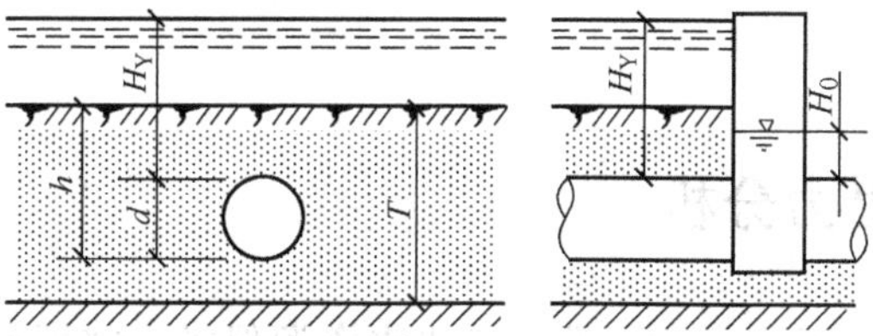

图7-27　河床下非完整式渗渠计算简图

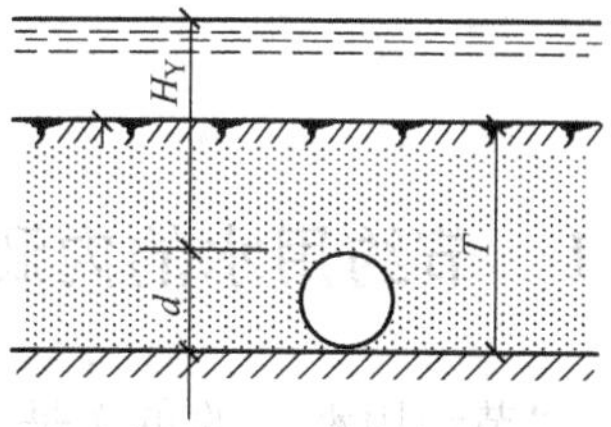

图7-28　河床下完整式渗渠计算简图

复习思考题

1. 简述集中式供水水源地与小型分散式水源地的选择的异同点。

2. 由于地下水类型、埋藏深度、含水层性质等各不相同，开采和取集地下水的构筑物类型有哪些？

3. 解释井群，按取水方法和集水方式井群系统可分哪些形式？

4. 阐述地下水井群的布置中应注意哪些问题？

5. 什么是管井，管井的构造包含哪些？施工建造有哪些要求？

6. 什么是大口井，大口井的构造包含哪些？施工建造有哪些要求？

7. 解释复合井和辐射井，简单阐述复合井和辐射井的构造及其施工建造过程。

8. 渗渠有哪些形式？建造及其施工有哪些要求？

9. 阐述稳定流情况下，理论计算承压含水层与无压含水层非完整井出水量的异同点。

10. 阐述非稳定流情况下，理论计算承压含水层与无压含水层完整井出水量的异同点。

11. 简述管井水力计算的经验公式。

12. 阐述理论计算承压含水层与无压含水层完整井井群的异同点。

13. 简述复合井、大口井、渗渠出水量计算的主要方法。

第 8 章 节水理论与再生水回用

8

8.1 节约用水的内涵和潜力分析

“节约用水”的英文是“Water Conservation”，有“水资源保护、守恒与节约”的含义。我国对于节约用水的内涵有多种不同的解释，具有代表性的定义是：在合理的生产力布局与生产组织前提下，实现一定的社会经济目标和社会经济的可持续发展，通过采用多种措施，对有限的水资源进行合理分配与可持续利用（其中也包括节省用水量）。20 世纪 70 ~ 80 年代，美国内务部、水资源委员会、土木工程师协会从不同角度解释与说明节约用水。美国内务部（1978）将节约用水定义为：有效利用水资源，供水设施与供水系统布局合理，减少需水量；1979 年又提出：减少水的使用量，减少水的浪费与损失，增加水的重复利用和回用。美国水资源委员会（1978）认为：节约用水是减少需水量，调整需水时间，改善供水系统管理水平，增加可利用水量。1983 年美国政府对节约用水的内涵重新给予说明：“减少需水量，提高水的使用效率并减少水的损失和浪费，为了合理用水改进土地管理技术，增加可供水量”。

2010 年城市节水规划将节约用水的涵义概括为：

1）精心管理和保护水资源，使之免受污染。

2）合理开发和利用水资源。调整用水结构，加强用水规划，改进用水工艺，建立科学的用水体系。

3）推广用水新工艺和节水新技术，高效地使用水资源。

4）建立保水、产水、用水、排水等方面的相应的法规体系，加强管理力度和科技投入，扩大节水效果。

其核心意义为：在合理的生产力布局与生产组织的前提下，通过多种技术措施和管理手段，对有限的水资源进行合理的分配与优化利用，以满足人类社会、经济不断发展的需要。

节水型社会注重使有限的水资源发挥更大的社会经济效益，创造更良好的物质财富和良好的生态效益，即以最小的人力、物力、资金投入以及最少水量来满足人类的生活、社会经济的发展和生态环境的保护。节水政策包括多个方面，其中制定科学合理的水价和建立水资源价格体系是节水政策的核心内容。合理的水资源价格，是对水资源进行经济管理的重要手段之一，也是水利工程单位实行商品化经营管理，将水利工程单位办成企业的基本条件。目前，我国水资源价格的定价太低是最突出的问题，价格不能反映成本和供求关系，也不能反映水资源价值，供水水价核定不含水资源本身的价值。尽管正在探索合理有效的办法，如：新水新价、季节差价、行业差价、基本水价与计量水价等，但要使价格真正起到经济管理的杠杆作用仍然步履艰难。此外，由于水资源功用繁多，完整的水资源价格体系还没有形成。正是由于定价太低，价格杠杆动力作用低效或无效，节约用水成为一句空话。建立合理的、有利于节水的收费制度，引导居民节约用水、科学用水。提倡生活用水一水多用，积极采用分质供水，改进用水设备。不断推进工业节水技术改造，改革落后的工艺与设备，采用循环用水与污水再生回用技术措施，建立节水型工业，提高工业用水重复利用率。推广现代化的农业灌溉方法，建立完善的节水灌溉制度。逐步走向节水型社会，是解决21世纪水资源短缺的一项长期战略措施。特别是当人类花费了大量的人力、物力、财力而只能获得少量的可利用水量的时候，节水就变得越来越现实、迫切、有效益。

节水与不同社会发展时期的经济、技术条件以及人们的水资源意识密切相关。目前，中国的水资源节水潜力主要是农业节水、工业节水和生活节水三个方面。

1. 农业节水潜力

我国农业灌溉长期沿袭旧的灌溉制度与方法，采用输水渠系大水漫灌。现有灌溉水量超过农作物合理灌溉水量的0.5~1.5倍以上，灌溉水的有效利用率仅40%~50%，干旱地区地表渠系利用系数不足0.4。我国现有喷、滴灌面积仅占全国灌溉面积的1.5%，而美国为40%，前苏联为47%。

灌溉工程的输水损失量是灌溉用水损失的主要部分，绝大部分消耗于渠系渗漏，由于工程、技术、管理等原因，各国各地的损失差异较大。美国输水损失量约占引水量的22%，日本占39%，巴基斯坦占42%，前苏联占50%，我国引黄地区平均输水损失较高达67%，渠系水利用系数仅0.33。

针对输水渠道无衬砌和工程老化失修的状况，采用渠道防渗措施和管道输水方式，可以减少水量的沿程损失，提高渠系水利用率。据研究，浆砌防渗可减少水分损失50%~60%，混凝土和塑料膜防渗可减少水分损失67%~74%，管道输水可减少水分损失82%~86%。华北地区推广低压管道输水，推广面积为200万hm^2，约占全国的75%，据1989年统计，该范围内水的有效利用系数在0.9以上，累计节水40亿m^3。

改善灌溉方式是农业节水的另一主要途径。畦灌等常规灌溉方法是在土壤水分降低到一定程度时，向农田进行人工补水以增加土壤蓄水量，这种方法造成灌前土壤干燥，灌水时表土水分饱和，使根层土壤水分不能连续保持在适宜状态。喷灌似自然降水，通过作物向土壤补水，同时可调节空气和土壤的湿度。滴灌以少量水不断供给，湿润作物根区层土壤，达到节水增产的目的。根据经验，改变大水漫灌为小畦或长畦分段灌溉，可节省水量20%～25%。喷灌和滴灌分别比渠灌省水30%～50%和50%～70%。

21世纪，在我国北方地区，大力推广喷灌、滴灌等节水灌溉技术。按喷灌比渠灌节水40%计算，每100万hm^2农田可节水33.6亿m^3。若同时对灌区进行渠道防渗处理，则北方地区每100万hm^2农田可节水48亿m^3，约占目前农田灌溉总用水量的57%。据估算，全国农业灌溉水利用率若从0.5提高到0.7，可节水1000～1200亿m^3，节水潜力可观。

2. 工业节水潜力

据统计，1990年我国工业用水量约500亿m^3，重复利用率平均50%。除青岛、大连、北京等城市工业用水重复利用率达70%以上，大量城市在30%～40%。中小城市更低。而日本、美国工业用水重复利用率达75%以上。

工业节水潜力涉及到不同地区或城市诸多因素。如当地的气候、工业结构、工业设备条件、资金投入、经济效益、水价及管理水平等。由于生产设备陈旧、工艺落后、工业结构中新技术产业比重小，全国大多数城市的工业用水仍存在严重浪费现象。我国几乎所有工业部门的单位产品耗能平均高于西方国家30%～50%。每生产1美元国民生产总值所耗费的能源为法国的5倍，美国的2.1倍，巴西的3.8倍，日本的4.4倍。我国年消耗能量与日本相当，总产值却只有日本的1/6。

因此，工业节水潜力的分析，应根据具体情况，确定科学合理的工业用水定额，并与现状用水进行比较，从而得出一个地区或一个城市各工业部门的节水潜力。

3. 城市生活用水节水潜力

城市生活用水水平与城市规模、水源条件、生活环境、生活习惯、经济条件和气候条件等因素有关。据世界一些主要大城市生活用水量统计，人均日用水量的较低标准为100～200L/（人·d），一般标准为300L/（人·d），最高标准达600L/（人·d）以上。前苏联居民1975年人均日用水量为437L/（人·d），美国自来水系统1980年人均日用水量为732L/（人·d），日本居民人均日用水量为298L/（人·d）。现阶段我国城市生活用水的水平较低，1994年对全国535个城市的用水量统计，城市人均生活日用水量为199.4L/（人·d），县、镇人均生活日用水量为50~70L/（人·d）。

由于管理不善和水价不合理，浪费现象严重。大城市一些高级宾馆人均日用水量高达2000L，北京市大专院校人口不足城区的1%，用水量却占全市生活用水的11%，人均日用水量443L。

据有关部门的分析预测，如采取节水措施，强化推行节水卫生器具；对大型公共设施的中水回用率与生活用水总量的比例适当加以约束；结合新建生活区或开发区包括高科技园区和工业园区的建设，力争同期实施分质供水管道工程以为今后利用中水冲洗厕所、浇洒绿地、冲洗道路及消防留有余地；同时辅之以水价调整，充分发挥经济杠杆作用，提高全社会对水资源价值的认识，将可在现有基础上节约城市生活用水量1/3~1/2。

8.2 城市节水

8.2.1 城市用水量定额

1. 城市用水量组成

城市用水量包括综合生活用水、工业企业生产用水与工作人员生活用水、消防用水和浇洒道路和绿地用水等。其中综合生活用水包括居民生活用水和公共建筑用水。

居民生活用水量与当地国民经济和社会发展相适应，同时受水资源充沛程度、给水工程发展条件的限制。工业企业生产用水量与生产工艺密切相关。工业企业内工作人员的生活用水量，包括淋浴用水量，取决于车间工作条件和卫生特征等。消防用水量根据城市人口规模、建筑物耐火等级、火灾延续时间等因素综合考虑。浇洒道路和绿地用水量，决定于城市路面、绿化品种与面积、气候及土壤等条件。

2. 城市用水定额的制定

城市用水定额是在一定期限内，一定约束条件下，在一定的范围内以一定核算单元所规定的用水水量限额（数额）。它是人为规定的一种考核指标或衡量尺度，通常反映这种考核指标的平均先进水平。用水定额是合理编制用水计划、实现科学管理的基础，其次也为城市制定供水或节水规划提供可靠依据，有利于预测用水量、缓解供需矛盾，有利于促进节水指标体系的进一步完善，有利于节水行政、经济管理决策及节水政策的落实。城市用水定额可根据城市用水量的组成划分，主要有工业用水定额、居民生活用水定额、综合生活用水定额（包括公共建筑用水定额）、浇洒道路和绿地用水定额等。

在城市用水量中，工业用水往往占有很大的比例，因此，我国对工业用水定额研究较多。在工业企业范围内制定的工业用水定额，称为企业用水定额，其中以企业实际用水情况及统计资料为基础制定的定额，称为企业用水基础定额；根据相应的用水基础定额，考虑相应条件下水的供需关系与计划节水要求制定的定额，称为企业用水计划定额。在行业范围内，以同类企业用水基础定额为基础统一制定的工业用水定额，称为行业用水定额。由于企业用水基础定额和行业用水定额是一种绝对的经济效果指标，因此它们是衡量地区、工业行业与企业用水（节水）水平的主要考核指标，是进行工业用水（节水）情况横向、纵向比较的统一尺度。

(1) 用水定额制定的原则　用水定额作为一种标准，是经济、技术、科学及管理等社会实践中，对重复性事物和概念通过制定、发布和实施标准达到统一，以获得最佳秩序和社会效益。由此，用水定额要体现其科学性、先进性、法规性和经济合理性。

所谓科学性，就是对所考察的事物进行实事求是的科学分析、验证并对客观规律作出正确的判断的过程。随着科学技术的发展，生产与管理过程日趋精密和量化，数据标准的制定离不开现代科学技术知识和数学工具，尤其是数理统计法和计算机技术等。

所谓先进性，它要求结合城市实际情况，从社会的全局和长远利益出发，通过标准化协调各部门某方面的经济活动以谋求最佳的秩序和社会经济利益。为此，用水定额应体现节水的先进性。

所谓法规性，表现为标准是经有关方面协调一致，经主管部门批准，以特定形式发布并必须严格遵守的一种准则或依据。

所谓经济合理性，是指除涉及安全、卫生和环境保护以及国防尖端技术等直接关系到大众人身安全、健康和国家整体利益外，用水定额一般应以讲求最佳社会经济效益为目标。对于国家行业标准，要体现最大的社会经济总体效益。对于企业标准，除主要考虑企业的经济效益外，也应考虑社会的全局利益。

(2) 用水定额制定的程序

1) 必须从适应目前我国用水与节水管理的体制和需要出发，实行以统一领导、分级管理为原则的定额制订和管理体系，充分发挥主管部门和分管部门的作用。

2) 要培训专门的业务人员，进行详细的调查、搜集资料工作。围绕定额制订的有关问题，了解熟悉各方面的情况，掌握第一手材料。主要资料包括，现行的关于用水方面的标准、规程、规范和有关技术文件，如国家、部委等国家行业标准和一些相关的地方标准，以及国家关于能源管理、计算、考核的标准等；原有和现行的用水定额标准，同时要调查和了解其他地方的经验和做法，调查一些重点用水单位近几年来生产及用水方面的情况；需实际测定的资料，如企业水平衡测试工作等。

3）在制定用水定额的统一性技术文件指导下，在用户或产品的水量及产量统计、实测和计算的基础上，按照某一计算公式或以某一种方法（如经验法、统计分析法、类比法、技术测定法和理论计算法等）来制定用户或产品的用水定额。同时要分析各种因素，如用水条件、重复用水水平、用水工艺和用水设备，以及生产、管理、外部环境因素对定额水平的影响，判断定额水平的发展趋势，评价用水定额的先进性水平。

4）节水管理部门会同各用水主管部门对所制定的用水定额进行审查后，报经济管理部门和技术标准监督部门审批。审批后的用水定额具有法律效力，成为各级用水管理部门必须执行的标准。

应当注意的是：用水定额制定完成后，作为今后一段时期内用水、节水的执行标准。但是，随着生产技术水平和用水水平的提高，原有的定额水平已经不适应新的生产和用水情况，所以用水定额需进行定期修订。定期修订的年限一般以3年为宜。另外，用水定额执行过程中，用水单位采用了新的较先进的节水工艺或设备，或进行某项节水技术改造措施后，用水水平有了较大的提高，使原有的定额不再能反映实际情况，此时也应及时进行用水定额新的修订。

8.2.2　城市节水指标种类与计算

节约用水指标是衡量用水（节水）水平的一种尺度参数，但不同的节水指标只能反映用水（节水）状况的一个侧面，为了全面衡量用水（节水）水平，就需要用若干个指标所组成的节水指标体系进行考核评价。一般将城市节水指标归纳为总体指标和分体指标两层。其中总体指标又分为两类共15项，前6项为水量指标，后9项为率度指标，见表8-1。分体指标分成工业节水类、城市农业节水类、生活节水类、环境保护类、节水管理类和节水经济类等六类，每一类中也可分为水量指标和率度指标，分别从不同的侧面考核城市节约用水工作，见表8-2。

表8-1　城市节约用水总体指标体系

类别	序号	指标名称	反映内容
城市节约用水水量指标	1	万元国内生产总值取水量	总体节水水平
	2	城市人均综合取水量	总体节水水平
	3	第二、三产业万元产值取水量	产业节水水平
	4	万元工业产值取水减少量	纵向水平比较
	5	主要用水工业单位产品取水量	行业节水水平
	6	城镇人均日生活用水取水量	生活节水水平

（续）

类别	序号	指标名称	反映内容
城市节约用水水率指标	1	城市水资源利用率	水资源状况
	2	城市自来水有效供水率（漏失率）	供水状况
	3	城市工业用水重复利用率	重复利用状况
	4	第二、三产业万元增加值取水量降低率	纵向水平比较
	5	城市污水处理率	污水处理量水平
	6	城市污水回用率	污水再用水平
	7	节水器具普及率	节水管理水平
	8	计划用水实施率	节水管理水平
	9	节水率	节水管理水平

表 8-2　城市节约用水分体指标体系

分体指标	指标类别	序号	指标名称	单位
工业节水类指标	水量指标	1	万元工业产值取水量	m^3/万元
		2	工业用水定额	
	率度指标	3	工业用水循环利用率	%
		4	新水利用系数	
		5	水的损耗率	%
		6	循环比	
		7	回用率	%
		8	重复利用率	%
		9	比差率	%
城市农业节水类指标	水量指标	1	万元农业产值取水量减少量	m^3/单位产品
	率度指标	2	节水灌溉率	%
生活节水类指标	水量指标	1	城市人均日生活用水取水量	L/人・d
	率度指标	2	生活用水复用指数	
环境保护类指标	率度指标	1	水资源污染率	%
		2	城市污水处理率	%
		3	城市污水处理达标率	%
节水管理类指标	率度指标	1	节水率	%
		2	漏损率	%
		3	节水器具普及率	%
		4	计划用水实施率	%
		5	产品用水定额管理率	%
		6	节水体制健全率	%

（续）

分体指标	指标类别	序号	指标名称	单位
节水经济类指标	水量指标	1	万元国民生产总值（GNP）取水量	m^3/万元
		2	万元国内生产总值（GDP）取水量	m^3/万元
		3	万元工业产值增加值取水量	m^3/万元
		4	万元农业产值增加值取水量	m^3/万元
		5	第二、三产业每万元增加值取水量	m^3/万元
	率度指标	6	城市取水相对经济年增长指数	
		7	城市用水相对经济年增长指数	
		8	自来水价格成本比	
		9	污水处理成本降低率	%

1. 城市节水水量指标

（1）万元国民生产总值取水量　又称万元 GNP 取水量。指每万元国民生产总值所用的新水量。它是综合反映在一定的经济实力下城市的宏观用水水平的指标。计算公式为

$$W_{\mathrm{GNP}} = \frac{W_{\mathrm{ct}}}{C_{\mathrm{GNP}}} \tag{8-1}$$

式中　W_{GNP}——万元国民生产总值取水量（m^3/万元）；

W_{ct}——报告期取水总量（m^3）；

C_{GNP}——报告期国民生产总值（万元）。

报告期一般为一年。该指标淡化了城市经济结构的影响，适用于城市间的横向对比。

（2）万元国内生产总值取水量　又称万元 GDP（gross domestic product）取水量。指每万元国内生产总值所用的新水量。它也是综合反映在一定的经济实力下城市的宏观用水水平的指标。它为一个国家（或地区）所有常驻单位在一定时期内生产活动的最终成果。计算公式为

$$W_{\mathrm{GDP}} = \frac{W_{\mathrm{ct}}}{C_{\mathrm{GDP}}} \tag{8-2}$$

式中　W_{GDP}——万元国内生产总值取水量（m^3/万元）；

W_{ct}——报告期取水总量（m^3）；

C_{GDP}——报告期国内（一般为一年）生产总值（万元）。

GDP 是目前世界各国通用的经济发展的主要指标，万元 GDP 取水量指标也是较好的宏观反映水资源利用效率、计算水资源利用量和测算未来水资源需求量的指标，是水资源规划和节水规划中必不可少的指标。该指标淡化了城市的经济结构的影响，适用于城市间的横向及城市自身纵向对比。

(3) 万元工业产值取水量减少量　是指基期与报告期万元工业产值取水量的差值。计算公式为

$$W_p = W_b - W_r \tag{8-3}$$

式中　W_p——万元工业产值取水量减少量（m^3/万元）；

W_b——基期万元工业产值取水量（m^3/万元）；

W_r——报告期万元工业产值取水量（m^3/万元）。

该指标克服了“万元工业产值取水量”受产品结构、产业结构、产品价格、产品加工深度等因素影响的缺点，淡化了城市工业内部行业结构等因素的影响，适用于城市间、行业间的横向对比，但它不反映城市、行业的节水水平。

(4) 第二、三产业每万元增加值取水量　第二产业是指除农业外的工业、建筑业，第三产业是指除农业、工业、建筑业外的其他各业。显然第二、三产业是城市经济的主体。第二、三产业每万元增加值取水量是指在报告期内（通常为年），城市行政区划（不含市辖县）的取水总量与其第二、三产业增加值之和的比值。计算公式为

$$W_A = \frac{W_{ct}}{C_a} \tag{8-4}$$

式中　W_A——第二、三产业每万元增加值取水量（m^3/万元）；

W_{ct}——报告期市区取水总量（m^3）；

C_a——报告期市区第二、三产业增加值之和（万元）。

该指标综合反映城市的用水效率，是评价城市用水效率的重要指标。提高用水效率是节约用水的一个重要方面，因此它也是城市节约用水的重要指标。

(5) 主要用水工业单位产品取水量

工业用水在城市用水中占绝大部分，用水量较大的工业具有代表性。因此，一般以用水量大的部分主要工业产品的单位产品取水量作为城市水量指标中的专项指标。主要用水工业单位产品取水量是指在一定的计量时间（年）内主要工业单位产品的取水量，计算公式为

$$V_m = \frac{V_{it}}{P_m} \tag{8-5}$$

式中　V_m——主要用水工业单位产品取水量（m^3/单位产品）；

V_{it}——主要用水工业取水总量（m^3）；

P_m——主要工业年产品总量（产品量）。

该指标可用于本市自身纵向的对比，也可用于同类城市之间的比较。

(6) 人均日生活用水取水量　城市人均日生活取水量是每一用水人口，平

均每天的生活用水量。计算公式为

$$Q_L = \frac{Q_{lt}}{NT} \times 1000 \tag{8-6}$$

式中 Q_L——人均日生活取水量（L/人·d）；

Q_{lt}——报告期生活用水总量（m^3）；

N——报告期用水人数（人）；

T——报告期日历天数（d）。

人均日生活取水数量从一个侧面反映城市居民生活水平及卫生、环境质量。但并不是越高越好，它要与城市经济的发展、城市居民生活水平、居住条件、卫生条件和社会环境条件等相适应，所以不同城市应有不同的合理生活用水标准。制定合理的城市生活用水标准对城市节约用水具有重要意义。对于丰水城市，该指标可在现阶段使用；对于缺水城市，可作为中、远期指标应用。

2. 城市用水率度指标

（1）水资源利用率 水资源利用率是指现状 $P=75\%$ 保证率下的城市供水量与城市水资源总量之比。城市水资源总量是指城市可利用的淡水资源量，包括地表水和地下水，广义上还应包括海水和可再生利用水。计算公式为

$$R_u = \frac{G_{pt}}{W_{rt}} \times 100\% \tag{8-7}$$

式中 R_u——水资源利用率（%）；

G_{pt}——现状 $P=75\%$ 保证率下的城市供水量（m^3）；

W_{rt}——城市水资源总量（m^3）。

水资源利用率是反映水资源合理开发和利用程度的指标，不同地区水资源总量不同，水资源总量制约着地区的用水总量，制约着地区的经济发展，对地区的产业结构也有很大的影响。而城市水资源又有其自身的特征，如系统性、有限性、脆弱性、可恢复性和可再生性等，并具有其独特的运动规律，因此一方面要保证一定的水资源利用率，做到合理开发使用；另一方面必须调整经济结构并加强节约用水力度，建立节水型城市，力求保持水的供需平衡。

（2）城市自来水供水有效利用率 城市自来水供水有效利用率是指报告期内城市用水户的总取水量（有效供水量）与城市净水厂或配水厂（包括工业自备水源）供水总量的比值。计算公式为

$$R_e = \frac{Q_{ct}}{Q_{st}} \times 100\% \tag{8-8}$$

式中 R_e——城市自来水供水有效利用率（%）；

Q_{ct}——报告期内城市用水户的总取水量（有效供水量）（m^3）；

Q_{st}——报告期供水总量（m^3）。

“城市自来水供水有效利用率（漏损率）”是评价城市供水利用程度的重要指标，也是城市节约用水指标体系的主要组成部分。由净水厂（或配水厂）供出的总水量与用户实际接受到的总水量在数量上往往存在差额，通常是由于输配管网漏损等原因造成的，这部分水量通称为自来水漏损量。自来水漏损量与水厂供出总水量的比值称为漏失率，其大小因城市供水管网的长短和管网的新旧程度不同而不同。据全国500个城市供水企业调查，目前我国供水平均漏失率约为9.79%，漏失率超过8%的城市占62.28%。与发达国家相比，我国单位管长单位时间的漏水量高达2.77m^3/（h·km），是瑞典的11.54倍、德国的8.15倍、美国的2.77倍。加强输水管道和配水管网的维护管理，降低漏损率，提高城市供水有效利用率是城市节约用水工作的重要内容，该指标作为中、远期指标应用。

(3) 城市工业用水重复利用率　城市工业用水重复利用率是指工业重复用水量（指工业企业内部生产及生活用水中，循环利用的水量和直接或经过处理后回用水量的总和）与工业总用水量（新水量与重复用水量之和）之比。计算公式为

$$R_r = \frac{W_{ur}}{W_{ut}} \times 100\% \tag{8-9}$$

式中　R_r——城市工业用水重复利用率（%）；

W_{ur}——工业重复用水量（m^3）；

W_{ut}——工业总用水量（m^3）。

城市工业用水重复利用率是从宏观上评价城市用水及节水水平的重要指标。提高其重复利用率是城市节约用水的主要途径之一。值得指出的是，由于火力发电业、矿业及盐业的用水特殊，为了便于城市间的横向对比，在计算城市工业用水重复利用率时不包括这三个工业行业部门。此指标可在现阶段使用。

(4) 第二、三产业每万元增加值取水量降低率　第二、三产业每万元增加值取水量降低率是指基期与报告期第二、三产业每万元增加值取水量的差值与第二、三产业每万元增加值取水量之比。计算公式为

$$R_d = \left(1 - \frac{W_{Ar}}{W_{Ab}}\right) \times 100\% \tag{8-10}$$

式中　R_d——第二、三产业每万元增加值取水量降低率（%）；

W_{Ar}——报告期第二、三产业每万元增加值取水量（m^3）；

W_{Ab}——基期第二、三产业每万元增加值取水量（m^3）。

与“第二、三产业每万元增加值取水量”指标不同的是该指标排除了城市

间产业结构的影响，具有城市间的可比性。“第二、三产业每万元增加值取水量降低率”的高低反映城市节水工作的好坏，本指标能表明城市节约用水、计划用水的开展程度，同样也可评价国家节约用水与计划用水的执行情况。

（5）城市污水回用率　城市污水回用率是指报告期内，城市污水回收利用总量与城市污水总量之比。计算公式为

$$R_w = \frac{Q_{wcy}}{Q_{wt}} \times 100\% \tag{8-11}$$

式中　R_w——城市污水回用率（%）；

Q_{wcy}——报告期城市污水回收利用总量（m^3）；

Q_{wt}——报告期同一城市的城市污水总量（m^3）。

城市污水是城市可靠的第二水源。城市污水的再生与回用，将大大节省自来水，并能减轻对城市水体的污染，保护环境。因此，城市污水回用具有开源节流和控制污染的双重功效，具有明显的经济效益、社会效益和环境效益，城市污水回用率是评价城市污水再生回用的重要指标。

（6）节水率　节水率是指报告期内城市节约用水总量与城市取水总量之比。计算公式为

$$R_c = \frac{Q_{et}}{Q_{ct}} \times 100\% \tag{8-12}$$

式中　R_c——节水率（%）；

Q_{et}——报告期内城市实际节约的总水量（m^3）；

Q_{ct}——报告期内城市取水总量（m^3）。

节水率指标最直接体现城市节约用水工作成效、反映城市节约用水水平的指标。它不受计划的影响，直接与节水量相关。

8.2.3　城市节水管理

1. 城市节水水平评判

城市节约用水的效果除直观地表现为用水量的节约之外，还表现为其产生的直接经济效益、可计量的外部间接效益以及许多难以估量的外部间接效益。所谓直接经济效益是指由于用水量的节约引起相应供水设施投资及运行管理费用的减少（扣除对应的节水设施的投资及运行管理费用，以及因减少这笔资金的占用而产生的直接经济效益）；可计量的外部间接效益，主要是指因节水而增加的社会纯收入，以及由减少排水量而节省的相应排水系统和其他市政设施投资与运行管理费用；难以估量的外部间接效益，主要表现为由于减少排水量、减少污染、改善环境而避免的各种损失（包括因水质恶化而产生的水处理费用和生产损失等），以及所产生的环境效益与生态效益。由此可见，衡量城市节约

用水的水平应充分体现水资源的可持续利用思想，考查其节水量（率）、经济效益、社会效益和环境与生态效益。

事实上，节水量（率）与经济效益、社会效益和环境生态效益是相关联的，因此可根据节水考核对象的情况选取适当的、一定数量的节水指标进行节水水平评判。为了充分体现水资源的可持续利用思想，选取节水指标时一方面要注重能够反映该城市水资源供需平衡的指标，另一方面要注重城市用水效率的指标。利用所选的节水指标建立节水考核指标体系。其中主要节水考核指标可以在一定程度上反映考核对象节水水平的基本情况，但为了克服其局限性，往往需以其他节水考核指标（主要或次要节水考核指标）予以补充，从而构成一个较完整的、具有内在联系且可互相印证的、有针对性的节水考核指标体系。

选取考核指标后，要建立评价模型进行城市节水水平的评判。根据考核指标的数量，评价模型可分为单一指标评价模型和综合指标评价模型两种类型。根据评价模型求得的节水指标得分（单一或综合得分）大小进行城市节水水平的评判。

需要指出的是，由于城市用水系统错综复杂、影响因素繁多，节水指标自身的性质、特点与运用条件的复杂性，用水系统节水水平评判至今尚无系统深入的研究。针对性节水考核指标体系的建立、有效评价方法与评价模型的建立等仍然是今后城市节约用水工作者研究的热点。

2. 城市节水管理体系

在我国，城市节水管理自20世纪80年代初开始，已经逐步形成具有技术、经济、法规、行政、政策和教育等六方面内容的管理体系。

（1）城市节水的技术管理　城市节水的技术管理强调依靠技术进步，改进节水措施，提高节水管理水平。以系统论、信息论和控制论为理论基础发展起来的现代信息、模拟、优化、决策和控制技术得到广泛应用。就节水管理而言，制定科学的综合用水定额，制定节水规划，研究开发新型节水器具与设备，推广节水科研成果，开辟节水新途径等均纳入计算机网络管理系统。

（2）城市节水的经济管理　城市节水的经济管理指利用水资源费和水价等经济杠杆的作用调整用水结构，促进合理用水，激励节水，减少浪费，提高用水效益。水资源费的收取体现了对水资源价值的认识。传统经济学中把生态环境给人类提供的所谓“取之不尽，用之不竭”的资源财富称为“自由取用物”。在成本核算中，经常按“免费商品”不计取价值，导致其过度开采、浪费和生态环境的污染与破坏。如沿长江流域建设的供水工程中，仍然存在不计取水资源费用的不合理现象。而很多地区亦尚未实行排污收费制度，这种随意使用与随意排放的生产活动使人类不得不花费更巨大的财力去修复、补偿被破坏的

“免费商品”，以恢复至原来的生态环境。

根据可持续发展的价值观，人类在创造经济价值的同时，不能对后代人创造经济价值的能力构成危害；同代人中一部分人（国家和地区）创造经济价值的同时，也不能对另一部分人（国家和地区）创造经济价值的能力构成危害。当代人应为后代人保持和创造生态环境价值。按照这一观点，应将水的全部价值特别是其中的生态环境价值作为一种资本包括物质性资本和非物质性资本，纳入到宏观（如国民经济核算）、中观（如产业结构与生产力的布局与调整）和微观（如建设项目的费用—效益分析）的经济评估与核算中去。

我国的供水部门在计划经济时代，多是地方政府的一部分，依靠政府补贴，水价大多偏低，不能反映成品水的真实价值。1985 年，国务院发布了《水利工程水费核定计收和管理办法》，提出按成本核定水费，以经济手段管理水资源。虽然各地近年来不断调整水价，但或多或少还存在着水价偏低、水价体系不合理等问题。

由原水到成品水，经过了购买原水、建设输送与净化工程设施及售水三大步骤。合理的水价体系应体现这三部分费用。

目前，我国的供水部门正在由政府的一部分逐步向企业转化。如果供水企业按正常市场规律运作，其售水价格的制定应首先由供水企业根据费用和成本并考虑其收益而提出。以微观经济学的观点，城市供水企业通常是垄断性的企业，在其服务范围内没有竞争。

作为垄断企业，尽可能缩小短期赢利，才能保持长远的效益优势。垄断地位的保持和获利依靠的是大量的产出和尽量减小平均成本。平均成本中含可变成本和不变成本两部分。水价应由可变成本、不变成本和赢利组成。垄断性的供水企业可以暂不考虑短期赢利，尽可能降低水价以维持垄断地位，但不能低于可变成本。如果水价低于可变成本，生产就不能维持下去。

城市供水企业的垄断地位是与地方政府的支持分不开的。为了约束企业的运营行为。作为对政府提供稳定市场的交换，垄断企业需接受政府对其定价的限制。供水企业将其成本核算和调价动议提交政府，由政府组织财政部门、物价管理部门、节水管理部门、环保部门、社会公众代表等方面共同商议确定。除水价和水资源费外，税费、奖励基金、政府补贴、定额、水权及排行权的有偿转移等多种经济因素亦包含在节水管理中。尽快建立适合我国国情的、可操作性较强的水价管理体制及价格体系，将对节约用水起到良好的经济杠杆作用。

（3）城市节水的行政管理　城市供水行业有很强的社会公益性，其产品的不可替代性和全社会对其依赖的程度，使行政管理成为目前我国节水管理采用的主要手段。现阶段的节水行政管理主要通过已形成的固定多级管理网，实现对非居民用水的计划管理，下达指令性用水计划，严格控制工业用水、大户用水。在严重缺水的城市，采取季节性地限制居民用水量、并试行超水量加价收费的办法。

(4) 城市节水的法规管理　法律法规具有强制性，依法治水是社会进步的必然趋势。我国现行节水法规尚不完善，其系统性、科学性和合理性还有待于执法实践的检验，需要不断修订与补充，并与国际接轨。

(5) 城市节水的政策管理　政策是行政管理的直接依据，技术和经济手段通常需要配套政策的支持才能实施。城市节水的政策管理关键是政策的制定。首先要有一个合理的节约用水指标体系，定期地对城市节水管理的实际状况进行测试，以收集信息、发现问题、掌握趋势。在客观分析现状和问题的基础上，制定政策，并依靠规划来细化政策的实施过程。合理的指标体系是政策制定的基础。指标的选择应遵从三个要素：与现有法规配套、可计量性和容易分析。结合我国具体情况，建设部同有关部委于 1996 年联合颁发了《节水型城市目标导则》及《节水型城市目标考核标准》，归纳形成城市节约用水指标体系及相应的标定方法，参见《中国城市节水 2010 年技术进步发展规划》。

3. 城市节水具体措施

城市用水量包括综合生活用水（包括居民生活用水和公共建筑用水）、工业企业生产用

水与工作人员生活用水、消防用水和浇洒道路和绿地用水等。因此，城市节水措施应从以上各个环节落实。工业企业生产用水占城市总用水量比例较大，节水潜力巨大，涉及内容较多，其节水措施拟单独论述（详见 8.3），本节主要论述城市生活用水系统的节水措施，主要有：

(1) 利用价格杠杆，调节水资源的供需矛盾，促进节约用水　价格作为一种经济杠杆，具有两个职能：一是反映产品的自身价值；二是调节供求关系，以实现资源优化配置。发挥经济杠杆作用的核心是建立合理的水费体制，包括水费类别、标准和征收办法等。长期以来，我国将城市供水作为社会福利事业，水价普遍偏低。过低的水价使供水部门没有自我发展的能力，影响了城市供水设施的建设和发展，加大了水的漏失量，强化了水的供需的矛盾。同时，失真的水价背离了水资源商品的价值规律，使用水者失去了节水的动力。合理地调整水价有助于调整产业结构，促进水资源的合理分配，有利于节水型企业和城市的形成，并可有效地抑制用水多、污染重、效益差的企业的发展。合理的水价可以抑制不必要和不合理用水，从而控制用水总量的增长。同时，提高水价以后增加的收入可用于开发新水源，用于供水系统的完善和节水设施的建设，使用水和节水逐步走上良性循环的道路。实践表明，水价提高 10%，用水量就

下降3%～5%。

（2）制定用水定额，逐步实行计划管理 制定城市用水定额是实行科学合理用水的基础。但现阶段我国还没有形成一套完整的城市用水定额体系，从而无法科学合理地开展城市用水的定额管理。应尽快研究制定完整的城市用水定额体系，据此逐步实行对居民生活用水和公共建筑用水的用水计划管理。将用水定额与水价调整相联系，取消“包费制”的用水计量收费方式，做到分户装表，计量收费，并以用水定额为基础，逐步采用累进制水价和高峰用水价，以起到鼓励先进，鞭策后进的作用，促进我国城市节水工作从行政管理向科学管理转变。

（3）进行节水宣传教育，加强节水观念 可以利用报刊、广播、电视等新闻媒体进行节水宣传，使人们认识到水资源的重要性和有限性，并非“取之不尽，用之不竭”，而是随着人口的增长和城市规模的不断扩大，水资源短缺的形势会越来越严峻。更为重要的是让人们认识到节约用水是解决水资源短缺问题的优先对策，具有重要的意义，十分必要。

（4）推广应用节水器具和设备 节水型卫生器具一般是低流量或超低流量的卫生器具，研究表明这种器具节水效果明显，用以代替低用水效率的卫生器具可平均节省32%的生活用水。推广使用节水器具和设备是生活用水节水的有效途径，要继续抓好节水器具和设备的推广普及工作。新建建筑内必须安装节水型用水器具和设备，并逐步更换现有建筑内费水严重的用水器具和设备。同时，要不断研究和开发新型节水器具。

随着城市的发展，城市道路与公共绿地面积将有大幅度的增长，浇洒绿化用水量也将随之不断提高，这方面的节水工作也要引起足够的重视。要选用节水型浇洒灌溉设备，并在保证城市绿化效果的前提下，尽量选择用水量较少的绿化用草和树木。此外，城市消防部门也要加强消防节水的研究工作，力争减少消防用水量。

（5）保护城市供水水源，实现城市污水再生回用 城市供水水源的有效保护是实现城市可持续发展的重要基础，同时也是城市节水工作的重要内容，但它不同于一般意义的节水，而是从保证水源的水量与水质角度实现节水的目的。城市供水水源保护包括水量保护与水质保护两个方面。水量保护就是要合理开发利用城市水资源，以防止出现地下水水位持续下降、地表水和地下水的衰竭的严重问题。水质保护就是要有效地防止水源的污染，以避免造成水资源的水质性减少，引起城市供水量的严重不足，或使城市供水的水处理成本显著增加的严重后果。

重复利用污水和废水，已成为开发新水源的途径之一，处理达标的水通常可直接作为工业用水使用，或者作为地下水回灌水源加以利用。在高层建筑中，采用中水技术，将浴室和厨房使用后的水处理后经专用管道系统用于冲洗厕所和浇洒绿地等也是实现污水再利用的有效方式。以色列实际上已无淡水资源可供开发，只能用废、污水净化后再利用，2000 年以色列水资源需求量为 19.00 亿 m^3，废、污水再利用量为 2.14 亿 m^3，占全国需求量的 15%。

8.3 工业节水

8.3.1 工业用水分类和用水量

1. 工业用水分类及定义

工业用水指工、矿企业的各部门，在工业生产过程（或期间）中，制造、加工、冷却、空调、洗涤、锅炉等处使用的水及厂内职工生活用水的总称。根据工业用水的不同用途，企业内工业用水的分类及定义见表 8-3。

表 8-3 工业用水分类及定义

名称	定义
一、生产用水	直接用于工业生产的水。包括间接冷却水、工艺用水和锅炉用水
1. 间接冷却水	为保证生产设备能在正常温度下工作，用来吸收或转移生产设备的多余热量所使用的冷却水，此水与被冷介质之间由换热器壁或设备隔开
2. 工艺用水	用来制造、加工产品以及与制造、加工工艺过程有关的用水
产品用水	作为产品生产原料的用水
洗涤用水	对原材料、物料，半成品进行洗涤处理的用水
直接冷却水	为满足工艺过程需要，使产品或半成品冷却所用与之直接接触的冷却水，包括调温、调湿使用的直流喷雾水
其他工艺用水	产品用水、洗涤用水、直接冷却水之外的其他工艺用水
3. 锅炉用水	为工艺或采暖、发电需要产汽的锅炉用水及锅炉水处理用水
锅炉给水	直接用于产生工业蒸汽进入锅炉的水称为锅炉给水。由两部分组成：回收由蒸汽冷却得到的冷凝水；补充的软化水
锅炉水处理用水	为锅炉制备软化水时，所需要的再生、冲洗等项目用水
二、生活用水	厂区和车间内职工生活用水及其他用途的杂用水

2. 工业用水量分类及定义

工业用水按不同的用途分为生产用水和生活用水两大类。按用水方式划分，工业用水的水量可分为用水量（总用水量）、循环水量、回用水量、重复利用水量、耗水量、排水量、取水量（或新水量）、漏失水量、补充水量等九种，单位通常为体积单位（m^3），详见表 8-4。

表 8-4 工业用水量分类及定义

序号	用水量分类名称	符号	定义	备注
1	用水量	Q_t	一定期间内某用水系统所需的用水（总）水量	包括补充水量与重复利用水量
2	循环水量	Q_{cy}	一定期间内某用水系统中循环用于同一用水过程的水量	又称循环利用水量
3	回用水量	Q_s	一定期间内被用过的水经适当处理后再用于系统内部或外部其他用水过程	包括第一次使用后被循序利用的水量
4	重复利用水量	Q_r	同一用水系统中的循环水量与回用水量	又称重复水量
5	耗水量	Q_c	一定期间内某工业用水系统在生产过程中，由蒸发、吹散、直接进入产品、污泥等带走所消耗的水量	
6	排水量	Q_d	一定期间内某用水系统排放出系统之外的水量	包括生产与生活排水量
7	取水量	Q_f	一定期间内某用水系统利用的新鲜水量	又称新水量
8	漏失水量	Q_l	包括漏失在内的全部未计量水量	
9	补充水量	Q_w	一定期间内用水系统取得的新水量与来自系统外的回用水量	

3. 工业用水量之间的关系

工业用水量是工业用水系统在一定时段内用水过程中发生的水量。从上述各种用水量定义可见，它们之间存在着必然的联系，同一用水系统各水量之间关系如图 8-1 所示。

(1) 总用水量（Q_t）等于补充水量（Q_w）与重复利用水量（Q_r）之和，而补充水量包括取水量（Q_f）和系统外的回用水量（Q'_s），即

$$Q_t = Q_w + Q_r \qquad (8\text{-}13)$$

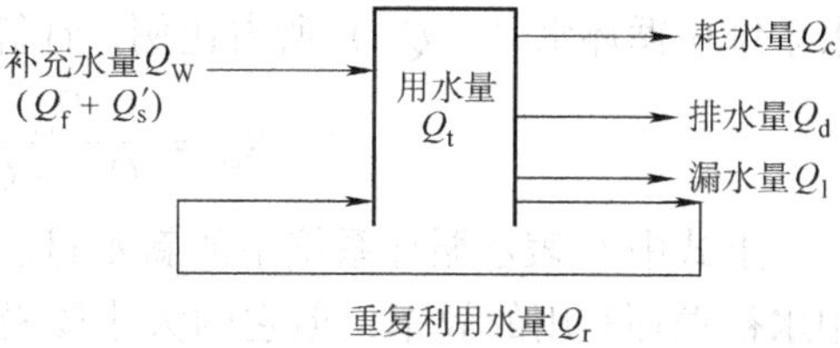

图 8-1 工业用水水量关系图

从水量平衡角度考虑，总用水量也等于耗水量（Q_c）、排水量（Q_d）、漏水量（Q_l）与重复利用水量（Q_r）之和，即

$$Q_t = Q_c + Q_d + Q_l + Q_r \qquad (8\text{-}14)$$

（2）重复利用水量等于同一用水系统中的循环水量（Q_{cy}）与回用水量（Q_s），即

$$Q_r = Q_{cy} + Q_s \tag{8-15}$$

（3）取水量等于耗水量、排水量、漏水量之和减去系统外的回用水量，即

$$Q_f = Q_c + Q_d + Q_l - Q_s' \tag{8-16}$$

当系统无回用水时，取水量等于耗水量、排水量、漏水量之和，即

$$Q_f = Q_c + Q_d + Q_l \tag{8-17}$$

8.3.2 工业节水指标体系与节水措施

城市工业用水量是城市用水量的重要组成部分，因此工业节水指标体系是城市节水指标体系的重要部分，是从工业节水的侧面考核城市节约用水的工作。其指标体系的建立、考核指标体系的形成以及节水水平评判等基本原理具有城市节水指标体系的共性，但工业节水指标以具体的工业用水系统的用水过程为对象，从微观上考查用水与节水过程，节水指标体系又具有特殊性。工业节水指标体系由用水率度指标和节水水量指标组成。其中用水率度指标包括工业用水循环利用率、新水利用系数、水的损耗率、循环比、回用率、重复利用率、比差率等七种指标（详见表8-2）；节水水量指标一般由万元工业产值取水量、工业用水定额两种指标组成。

1. *工业用水率度指标*

（1）新水利用系数　新水利用系数 K_f 是指用水系统新水量（Q_f）与排水量（Q_d）之差与新水量的比值，计算公式为

$$K_f = \frac{Q_f - Q_d}{Q_f} \tag{8-18}$$

新水利用系数反映了用水系统中可以通过压缩排水量的方式提高新水利用程度。

（2）工业用水循环利用率　工业用水循环利用率（R_{cy}）是指一定期间循环水系统中循环水量（Q_{cy}）所占比例，计算公式为

$$R_{cy} = \frac{Q_{cy}}{Q_{cy} + Q_f} \times 100\% \tag{8-19}$$

上式中 Q_f 表示循环系统中的新水量。工业用水循环利用率反映循环水系统中水被循环利用的效率，但它的大小受总用水量的影响很大，加之不同行业因用水性质不同导致可循环利用的程度不同，所以该指标并不能完全反映同类工业企业，尤其是不同类型工业企业的用水（节水）水平。

（3）水的损耗率　水的损耗率（R_l）是指循环水系统中耗水量（Q_c）与漏失的水量（Q_l）所占比例，计算公式为

$$R_1 = \frac{Q_c + Q_1}{Q_{cy} + Q_f} \times 100\% \tag{8-20}$$

（4）回用率　回用率（R_s）是指用水系统中循环水量（Q_{cy}）为零时，系统内部回用水量（Q_{sl}）所占比例，计算公式为

$$R_s = \frac{Q_{sl}}{Q_{sl} + Q_f} \times 100\% \tag{8-21}$$

（5）循环比　循环比（P_{cy}）是指用水系统总用水量（Q_t）与新水量（Q_f）的比值，反映了新水的循环利用次数，计算公式为

$$P_{cy} = \frac{Q_t}{Q_f} \tag{8-22}$$

（6）比差率　比差率（R_w）是指城市工业的实际取水量（W_f'）与该城市工业的对比取水量（W_f''）之比，计算公式为

$$R_w = \frac{W_f'}{W_f''} \tag{8-23}$$

其中城市工业的对比取水量是在进行比较的范围内按各工业行业平均万元产值取水量计算的工业平均取水量，即

$$W_f'' = \sum_{i=1}^{n} C_i V_{fi} \tag{8-24}$$

式中　V_{fi}——比较范围内第 i 个工业行业的平均万元产值取水量（m^3/万元）；

C_i——城市第 i 个工业行业的产值（万元）；

n——比较范围内的工业行业数。

R_w 值大于 1 时，说明该城市的实际工业万元产值取水量高于比较范围内的工业万元产值取水量的平均水平，其节水水平低于相应范围内的平均节水水平。该指标消除了城市间不同工业结构对万元工业产值取水量的影响，克服了万元工业产值取水量指标这方面的缺点，是进行城市间横向比较的工业节水指标。

（7）重复利用率　重复利用率（R_r）是指重复利用水量（Q_r）占用水系统中总用水量的比例，计算公式为

$$R_r = \frac{Q_r}{Q_t} \times 100\% \tag{8-25}$$

由于 $Q_t = Q_r + Q_w$，$Q_r = Q_{cy} + Q_{sl}$，则上式变为

$$R_r = \frac{Q_r}{Q_r + Q_w} \times 100\% \tag{8-26}$$

$$R_r = \frac{Q_{cy} + Q_{sl}}{Q_{cy} + Q_{sl} + Q_w} \times 100\% \tag{8-27}$$

当无系统外部回用水时，$Q_w = Q_f$，因此就有

$$R_r = \frac{Q_r}{Q_r + Q_f} \times 100\% = \frac{Q_{cy} + Q_{sl}}{Q_{cy} + Q_{sl} + Q_f} \times 100\% \quad (8\text{-}28)$$

各类用水的重复利用水平综合反映了不同工业结构的区域节水技术、用水管理状况、节水潜力和提高单位重复利用率的难易程度以及可能达到的重复利用率水平。其数值的高低主要取决于其节水技术措施推行情况和用水合理化水平。

2. 工业节水水量指标

（1）万元工业产值取水量　万元工业产值取水量是指报告期内工业取水量与工业产值之比，计算公式为

$$W_v = \frac{W_f}{C} \quad (8\text{-}29)$$

式中　W_v——万元工业产值取水量（m^3/万元）；

W_f——报告期内同一范围的工业取水量（m^3）；

C——相应的工业产值（万元）。

万元工业产值取水量指标反映水资源投入与产出的关系，是一项绝对的综合经济效果的水量指标，它反映了工业用水的宏观水平。可针对工业企业、工业行业的节水水平评价，同时可从宏观上评价城市、国家等大范围的节水水平，可作为城市尤其是同行业工业企业之间用水（节水）水平的粗略比较。但万元工业产值取水量受产品结构、产业结构、产品价格、工业产值计算、产品加工深度等因素的影响很大，作为横向比较的指标时注意其限制条件。

（2）工业用水定额　工业用水定额，特别是企业用水基础定额和行业用水定额是一种绝对的经济效果指标，因此它是衡量企业内部、地区、工业行业与企业用水（节水）水平的主要考核指标，是进行工业用水（节水）水平横向、纵向比较的统一尺度，其可比性、指导性强。

目前我国企业用水定额主要限于工业企业内部。制定具有高对比性和指导性的行业用水定额，需要有良好的节水工作基础、足够大的样本容量，而且影响因素多、工作情况复杂、工作量大、工作周期较长，所以是今后工业节水管理的努力方向。

3. 工业节水措施

工业用水在城市用水量中占有相当的比重，供水量的不足往往制约着产品的结构，影响到企业的发展。解决这些问题的有效途径是“开源节流”。在目前我国城市水资源严重短缺的形势下，解决好“节流”，即有效地开展工业节水工作，不仅能够保证企业正常的生产、生活用水，而且可减少城市水资源的开发，并能有效地减少工业废水的排放量，减轻废水对环境的污染，因此它是维持城市可持续发展的重要途径。

我国工业节水发展总体设想是：工业节水在地区上不仅应考虑与农业节水及城市化发展的协调，按水资源供需平衡的原则实行用水总量控制，而且应与水环境的治理、改善和保护的要求相配合，同时考虑工业自身的产业结构调整、技术水平升级以及产品的更新换代。节水重点是用水大户、污染大户。应按节水标准规划发展，并由点到面，逐步推进。加强节水目标规划管理和协调，水源较好的局部地区用水可较大增长，但总用水增长率应做到逐步降低，缺水地区争取实现零增长。为此应采取以下基本对策。

（1）调整产品结构，改进生产工艺，建立节水型工业　生产过程所需的用水量是由产品和生产工艺决定的。对于本身耗水量较大的产品的新建项目，应充分论证与当地水资源及可供水量的协调关系。对已建的项目要根据可供水量调整结构。加强建设项目水资源论证和取水管理，限制缺水地区高耗项目上马，禁止引进高耗水、高污染工业项目，以水定产，以水定发展。逐步建立行业万元国内生产总值用水量的参照体系，促进产业结构调整和节水技术的推广应用。工业用水重复利用率低于40%的城市，在达标之前不得新增工业用水量，并限制其新建供水工程项目。

改进生产工艺，利用先进的生产工艺降低生产用水是较易被企业接受的节水措施。但生产工艺的改进往往会导致原材料、操作、设备等方面的较大变动，牵涉面较大，因此必须结合原、辅材料的供应，产品的数量和质量的影响，成本以及设备等方面统筹考虑。此外由于工艺改造投资大，所以此措施在现阶段节水工作中作用还不突出，但它可能成为今后深入开展节水的根本措施。目前较常见的工艺改进有：生产主要过程中少用水或无水生产工艺技术、顺流洗涤改为逆流洗涤工艺技术（近年来电镀工业推广逆流漂洗工艺，可节水80%以上）、直接冷却改为间接冷却技术、水冷却改为非水冷却等。

（2）强化节水技术，开发节水设备，努力降低节水设施投资　先进的节水技术往往是进行产品结构调整、生产工艺改进的前提，而先进的节水技术常通过生产工艺，并借助一些辅助系统得以体现。

循环系统是提高水的重复利用率必备的系统，借助循环系统可将使用过的水经适当处理后重新用于同一生产用水过程。如循环冷却水系统，大部分间接冷却水使用后除水温升高外，较少受到污染，一般不需较复杂的净化处理，经冷却后即可重新使用。由于水的循环重复使用，可有效地减少新水量或补充水量，达到了高效的节水目的。

回用水系统是将使用后的排水量经处理达到生产过程的水质要求后，再用于生产过程的系统。根据回用水的来源可将其分为系统内回用水和系统外回用水。排出水的回用，不仅增加了用水系统的部分供水量，而且减少了工业废水的排放量，减轻了废水对周围环境的污染。

循环用水系统是一水多用的系统。它基于生产工艺各环节具有不同的用水水质标准，因而，可利用某些环节的排水作为另一些环节的供水原理形成的节水技术。该系统可极大地提高水的利用率。

此外，海水淡化技术可将海水的水盐分离，淡化水作为工业新水量直接供给用水系统。海水代用技术可用海水代替淡水用于冷却系统，除尘、火力发电厂除灰系统，海产品洗涤，以及纺织、印染工厂的漂白、染色、漂洗等生产工艺用水等。由于海水的利用，减轻了对城市淡水资源的依赖，从“开源”实现了“节流”。

上述工业用水系统和辅助用水系统实现节水，都需要选用适当的专用先进设备和器具。因此要不断地研制和开发新的配套节水设备。同时，要实现节水设备的经济化，使配套的节水系统产生良好的经济效益，只有这样才能调动企业的节水积极性，推动工业节水的管理工作。

(3) 制定用水定额，加强水资源开发利用管理　为促使各行业加强对水资源的合理开发利用和管理，有关部门应根据不同行业生产用水的特点，用水的历史发展情况和现状，分别制定合理的用水定额，并按定额计划供应，超额用水部分要加倍收费，必要时还可以采取关阀停水的措施，对自备水源（深井水、地面水）同样要按定额使用。

(4) 提高工业生产规模，发挥规模经济效应　目前我国几乎所有工业行业都为企业小而多、工艺技术与管理落后、生产低效高耗等问题所困扰。在用水（节水）方面，不同行业中单位产品取水量或万元产值取水量先进与落后的指标值相差数倍。主要原因是由于小企业的经济实力限制了其产品结构调整、工艺节水改革的实现，从而无法进入节水指标先进的行列。通过企业自身改革、联合或重组等形式形成规模生产，不仅可有效地实现企业资源的合理配置，而且可为生产过程的优化创造良好的条件，从而实现低耗（包括耗水、耗能及原料等）、高效的生产，提高企业的市场竞争力，同时也会促进企业节水目标的实现。

(5) 加强企业用水管理，逐步实现节水的法制化　用水管理包括行政管理措施和经济管理措施。采取的主要措施有：制定工业用水节水行政法规，健全节水管理机构，进行节水宣传教育，实行装表计量、计划供水，调整工业用水水价，控制地下水开采，对计划供水单位实行节奖超罚制度以及贷款或补助节水工程等。用水管理对节水的影响非常大，它能调动人们的节水积极性，通过主观努力，使节水设施充分发挥作用；它能约束人的用水行为，减少或避免人为的用水浪费。完善的用水管理制度是节水工作正常开展的保证。

8.4　再生水回用

8.4.1　再生水回用的作用和意义

随着世界人口的不断增长和工农业的飞速发展，用水量及排水量正逐年增加，而有限的地表水和地下水资源又被不断污染。加上地区性的水资源分布不均和周期性干旱，导致淡水资源日益短缺，水资源的供需矛盾呈现出愈来愈尖锐的趋势。在这种形势下，人们不得不在天然水资源（地下水、地面水）之外，通过多种途径开发新的水资源，主要途径有：第一，海水淡化；第二，远距离跨区域调水，以丰补缺，改变水资源分布不均的自然状况；第三，再生水回用。相比之下，再生水回用比较现实易行，再生水回用的作用与意义有以下几点：

（1）再生水回用，可以缓解水资源的供需矛盾　世界上的许多国家和地区已对城市污水的处理利用做出总体规划，把经适当处理的污水作为一种新水源，以缓解水资源的紧缺状况。根据2010年发展规划，我国城市污水总量预计将达到$684\times10^8m^3/a$，城市污水处理率将增至40%左右，工业废水处理率也将有较大幅度提高。如果将处理后的污水作为可用水资源，其潜力是相当可观的。因此，推行城市污水资源化，把处理后的污水作为第二水源加以利用，是合理利用水资源的重要途径，可以减少城市新鲜水的取用量减轻城市供水不足的压力和负担，缓解水资源的供需矛盾。这对缺水城市来说意义更为重大。

（2）再生水回用，体现了水的“优质优用，低质低用”的原则　再生水回用，不仅可获得一部分主要集中于城市的可利用水资源量，还在于体现了水的“优质优用，低质低用”的原则。事实上，并非所有用途的水都需要优质水，而只需满足一定的水质要求即可。以生活用水为例，其中用于烹饪、饮用的水约占5%左右，而对占20%～30%不同人体直接接触的生活杂用水并无过高水质要求。为了避免市政、娱乐、景观、环境用水过多占用居民生活所需的优质水，美国佛罗里达州规定：这些“用户”必须采用能满足其水质要求的较低水质的水源。即原则上不允许将高一级水质的水用于要求低一级水质的场合，这应是合理利用水资源的一条普遍原则。由此可以扩大可利用水资源的范围和水的有效利用程度。

（3）再生水回用，有利于提高城市（包括工业企业）水资源利用的综合经济效益　首先，城市污水和工业废水水质相对稳定，不受气候等自然条件的影响，且就近可得，易于收集。再生水回用所需的投资及年运行管理费用一般低于长距离引水所需的相应投资和管理费用。例如，再生水回用所需的单位投资和成本，一般分别为800～1000元/（$m^3\cdot d$）和0.5～1.0元/m^3；而长距离引水所需的投资和成本一般为1300~2000元/（m^3·d）和1~2元/m^3。其次，除实行排污收费外，污水回用所收取的水费可以使污水处理获得有力的财政支持。使水污染防治得到可靠的经济保证。第三，污水处理利用减少了污水排放量，减轻了对水体的污染，并能使部分被污染的水体逐渐更新、复活，可以有效地保护水源，相应降低该水源的水处理费用。因为将被污染水源的水处理到合格的程度，不仅费用高昂，而且难度很大。

(4) 再生水回用，是环境保护、水污染防治的主要途径，社会、经济可持续发展战略的重要环节　再生水回用，同目前倡导的“清洁生产”、“源头削减”和“废物减量化”（Waste Minization）等环境保护战略措施是不可分的。事实上再生水回用，也是污水的一种“回收”和“削减”，而且水中相当一部分污染物质只能在水回用的基础上才能回收。由再生水回用所取得的环境效益、社会效益和经济效益一般都很大，其间接效益和长远效益难以估量。除上述增加可用水量、减少投资和年运行费用、回用水水费收入、减少给水处理费用与减少对生产造成的损失外，至少还有下列间接效益：

1）因减少污水（废水）排放而节省的排水工程投资和相应的运行管理费用。

2）因改善环境而产生的社会经济和生态效益，如发展旅游业、水产养殖业、农林牧业所增加效益。

3）因改善环境，增进人体健康，减少疾病特别是致癌、致畸、致基因突变危害所产生的种种近远期效益。

4）因回收“废物”取得的效益。

5）由于增加供水量而避免的经济损失或分摊的各种生产经济效益。

6）减少由资金、土地、劳动力、固定资产占有量而引起的费用等。

8.4.2　再生水回用的可行性、方式和回用分类

1. 再生水回用的可行性

城市污水量与城市供水量几乎相等。在如此大量的城市污水中，只含有0.1%的污染物质，比海水3.5%少得多，其余绝大部分是可再用的清水。水在自然界中是惟一不可替代，也是惟一可以重复利用不变质的资源。当今世界各国解决缺水问题时，再生水被视为“第二水源”。

再生水回用的可行性表现在以下几个方面：

(1) 水源稳定　城市污水二级处理水是可贵的淡水资源，相比其他水源而言，首先城市污水水源方便易得，只要有人类生存和活动的地方，就有污水的产生。因此，污水水源无异于就地取水，即无需远距离调水，也不需要集中从河湖上游取水。其次不受洪枯水文年变化的影响。污水是人类取水利用之后的

排放水，污水的产生量是与用水人口和工业规模紧密相关的。只要人们生活水平不发生急剧的变化。不管是洪枯水文年，排放的污水量就是相当稳定的。第三，比自然水源更为可靠，不易受自然变化和人为事故的影响，一般来说，城市污水是从用水户排出以后通过污水管网收集送至污水处理厂，基本上不受地面污染源和意外事故的影响。

（2）水质安全　首先，再生水要求水质清澈透明，色度不能超过25度，浊度应该小于5NTU，在感官性状指标上是能满足的；其次，再生水在矿化度、含盐量、氯化物含量、pH值等指标与自来水相仿，变化甚微。再次，再生水在卫生毒理学指标上是安全的，例如大肠菌杆菌<50个/L，高于日本用于亲水空间的再生水水质标准要求。另外，有机物及还原性物质代表指标BOD_5、COD_{Cr}等均满足循环冷却补充水、景观用水、河流生态水质标准的要求。

（3）供水系统安全可靠　再生水供水系统按最高日最高时设计，采用环状网和枝状网相结合的供水方式，既可以节省工程投资，又可以保证供水的安全可靠。每个再生水厂还设置蓄水池调节容量，处理工艺设施自动化水平较高，机械设备均有备用。同时，在用户改造给水网络时，保留自来水供水道。再生水供应出现问题时，可以临时改由自来水供应。不至于影响工业生产生活的正常进行，确保供水系统的安全可靠。

（4）污水资源化的技术已经比较成熟，新的处理技术也不断涌现　目前国内外的大量工程实例表明，再生水回用于农业、工业、市政杂用及生态用水是完全可行的。国内外相关的标准，进一步保障了水质的安全卫生要求。例如，1989年世界卫生组织颁布的《污水回用于农业的微生物含量标准》，1992年美国环保局的《污水回用手册》，我国于1989年颁布的《生活杂用水水质标准》，以及中国工程建设标准化协会于1995年颁布《污水回用设计规范》，对于绿化、道路浇洒等市政用水和循环冷却水、景观河道补给水水质均作出了明确的要求。

再生水回用普遍得到公众的认可，公众心理接受程度日益提高。1992年，大连春柳污水处理厂将二级处理污水进行深度处理后回用给煤气厂代替新鲜水，成为我国最早的再生水回用示范工程。此后，北京、天津等城市也相继开展再生水回用工程，将城市污水处理后用于水处理厂内部洗涤用水、电厂循环冷却用水、小区生活杂用水及绿化、景观河道等用水。北京市政府将高碑店污水处理厂出水开辟为城市第二水源，2001年建成了国内最大的二级处理水资源化再利用项目，通过25km的再生水管线，每天为市政杂用供水$5\times10^4m^3$；为华能电厂提供$7\times10^4m^3$冷却补水；为第一热电厂提供$20\times10^4m^3$冷却水。此项工程每年可为北京市节约新鲜水源$1.2\times10^8m^3$，节约自来水$1825\times10^4m^3$。

据国内外抽样调查，随着人们对水资源短缺的认识日益深刻，对于冲厕、绿化等不与人体直接接触的杂用水，人们普遍赞成使用再生水。随着我国水工业的发展和社会舆论的正确宣传与引导，人们对污水资源化的接受率越来越高。综上所述，再生水回用不仅是经济的，而且是可靠的，更是可行的。

2. 再生水回用的方式

再生水回用是指城市污水经处理后再用于农业、工业、娱乐设施、补充地下水与城市给水，或工业废水经处理后再用于工厂内部，以及工业用水的循序使用等。再生水回用分为间接回用和直接回用两种类型。

(1) 间接回用　水经过一次或多次使用后成为生活污水或工业废水，经处理后排入天然水体，经水体自然净化，包括较长时间的储存、沉淀、稀释、日光照射、曝气、生物降解、热作用等，再次使用，称为间接回用。间接回用又分为补给地表水和人工补给地下水两种方式。

1）补给地表水：污水经处理后排入地表水体，经过水体的自净作用再进入给水系统。

2）人工补给地下水：污水经处理后人工补给地下水，经过净化后再抽取上来送入给水系统。

(2) 直接回用　直接回用是由再生水厂通过输水管道直接将再生水送给用户使用。直接回用有三种通用的模式。

1）在再生水厂系统敷设再生供水管网，与城市供水管网一起形成双供水系统。一部分专供工业低质用水使用，如日本名古屋市的工业用水系统，由该市千年污水处理厂的出水作为水源；另一部分专供城市绿化和景点使用，如美国的加利福尼亚有128处铺设的管网专供城市灌溉之用，主要用于灌溉草地，其灌溉效果比自来水好，价格也比自来水低。

2）由再生水厂敷设专用管道供大工厂使用。这种方式用途单一，比较实用，在美国较为普遍。

3）大型公共建筑和住宅楼群的污水，就地处理、回收、循环再用。这种方式在日本被普遍推广使用；美国目前有多处使用这种方式，大部分是商业办公楼、购货中心和学校；在新加坡裕隆工业区一幢12层公寓大楼使用这种方式，服务人口为2万5千人；我国广州的花园饭店、北京的万泉公寓都已使用这种方式。

直接回用与间接回用的主要区别在于，间接回用中包括了天然水体的缓冲、净化作用，而直接回用则没有任何天然净化作用。

3. 再生水回用分类

世界上发达的国家在20世纪初就开始建造污水处理厂，作为缓解水危机的途径，日本早在1962年就开始污水回用。我国20世纪50年代就开始采用污水灌溉的方式回用污水。目前，再生水主要回用于以下几方面：

（1）回用于农业　城市污水灌溉农田有较长的历史，在19世纪末期，曾作为污水处理的重要手段，环境污染和土地利用等问题的日益加剧等原因，才逐步发展为人工污染处理系统。城市污水中含氮、磷和有机质，可以提高农作物的产量，但是，随着工业特别是化工、冶金工业的发展，工业废水所占的比重越来越大，加上缺乏严格的预处理，以致于污水中含有不少重金属和难降解的有机物质，对土壤、农作物和地下水造成严重的污染，如果加强对工业污染源的控制，将城市污水经二级处理后，回用于农业是十分有利的。一方面可以供给作物需要的水分，减少农业对新鲜水的消耗；另一方面，既可利用污水的肥效（城市污水中含氮、磷、有机物等），还可利用土壤——植物系统的自然净化功能减轻污染。20世纪70年代的能源危机以后，许多工业发达国家为了节约能源，大力推行污水土地处理和利用，以代替耗能较大的三级处理。

再生水用于农业应按照农灌的要求安排好再生水的使用，避免对污灌区作物、土壤和地下水带来的不良影响。

（2）回用于工业　再生水在工业中主要用途有：①循环冷却系统的补充水；②直流冷却系统用水，包括水泵压缩机和轴承的冷却、涡轮机的冷却以及直接接触冷凝等；③工艺用水；④冲洗和洗涤水；⑤杂用水，包括厂区绿化、浇洒道路、消防与除尘等。

工业用水一般占城市供水量的80%左右，而冷却水占工业用水的70%～80%或更多，如电力工业的冷却水占总水量的99%，石油工业的冷却水占90.1%，化工工业占87.5%，冶金工业占85.4%。冷却水用量大，但水质要求不高，用再生水作为冷却水，可以节省大量的新鲜水。因此，工业用水中的冷却水是城市污水回用的主要对象。

（3）回用于城市杂用

1）生活杂用水和部分市政用水，包括居民住宅楼、公用建筑和宾馆饭店等冲洗厕所、洗车，城市绿化、浇洒道路以及建筑用水、消防用水等。

2）环境、娱乐和景观用水，主要包括以下几方面：①供游泳和滑水的娱乐湖；②供钓鱼和划船的娱乐湖；③补充河道、人工湖、池塘以保持景观和水体自净能力；④浇洒城镇公园或其他公共场所、公路两侧等处的草地和高尔夫球场；⑤野生动物栖息地和湿地等。

再生水回用于城市杂用时，应考虑供水范围不能过度分散，最好以大型风景区、公园、苗圃、城市森林公园为回用对象。从输水的经济性出发，绿地浇灌和湖泊河道景观用水宜综合考虑，采用河渠输水，冲洗车辆用水和浇洒道路用水应设置集中取水点。从环境质量考虑，景观用水应保持城市地面水的环境质量，注意防止水体富营养化的发生，在使用中可因地制宜地采用水生植物净化措施或人工曝气处理措施，以维护水体的水质符合要求。

(4) 地下回灌　地下回灌是借助于某些工程设施，将经适当处理后的污水直接或用人工诱导的方法引入地下含水层去。其目的主要有：①地下回灌可以减轻地下水开采与补给的不平衡，减少或防止地下水位下降，水力拦截潜水及苦咸水入渗，控制或防止地面沉降及预防地震，还可以大大加快被污染地下水的稀释和净化过程；②将地下含水层作为储水池，扩大地下水资源的储存量；③利用地下流场可以实现再生水的异地取用。④地下回灌既是一种再生水间接回用方法，又是一种处理污水方法。在回灌过程中，再生水通过土壤的渗透能获得进一步的处理，最后与地下水成为一体。再生水回灌地下关键是防止地下水资源的污染。

对于地下水人工回灌，美国已创造了多项示范工程或应用实例。如加利福尼亚洲橘子县的海水入侵屏障工程。它利用抽出/注入系统，城市污水经二级处理→化学净化→氨解析→混合滤料滤池过滤→活性炭吸附→氯化→反渗透等处理后，出水水质达到地下水水质标准，然后再注入地层，有效地控制了海水入侵。

(5) 回用于饮用　再生水回用作为饮用水，有直接回用和间接回用两种类型。直接回用于饮用必须是有计划的回用，处理厂最后出水直接注入到生活用水配水系统。此时必须严格控制回用水质，绝对满足饮用水的水质要求。间接回用于饮用水是在河道上游地区，污水经净化处理后排入水体或渗入地下含水层，然后又作为下游或当地的饮用水源。目前世界上普遍采用这种方法，如法国的塞纳河、德国的鲁尔河、美国的俄亥俄河等，这些河道中的再生水量比例为13%至82%不等；在干旱地区每逢特枯水年，再生水在河中的比例更大。美国的弗吉尼亚洲的奥克尼水库，在1980～1981年干旱期间，再生水的比例曾高达90%。

8.4.3　再生水回用的水质要求

1. 再生水回用的水质指标

用过的水都不可避免的含有一定的污染物质，因此，从总体上讲，回用水水质情况是复杂的。在考虑污水（废水）处理方法和流程及分析处理前后的水质时，都必须根据污（废）水性质和回用用途按一定的水质指标体系进行评价。

再生水回用的水质指标囊括了给水与污水（废水）两方面的水质指标，内容广泛，按性质可以分为以下几个指标：

(1) 物理性指标　该指标多以感观性状指标为主，包括浊度（悬浮物）、色度、臭、味、电导率、含油量、溶解性固体和温度等。

(2) 化学指标　主要包括pH值、硬度、金属与重金属离子（铁、锰、铜、锌、铅、铬、镉、镍、锑）、汞、氯化物、硫化物、氰化物、挥发性酚、阴离子合成洗涤剂等。

（3）生物化学指标

1）生化需氧量（BOD）是以水中有机污染物质在一定条件下进行生物氧化所需的溶解氧量表示，其值受有机物的可生化性及测定时间限制。

2）化学需氧量（COD）是以重铬酸钾或高锰酸钾作氧化剂对水中有机物进行氧化所消耗的氧量表示，其值接近有机物总量，故大于BOD含量。

3）总有机碳（TOC）与总需氧量（TOD）都是通过仪器用燃烧法测定的水中有机碳或有机物含量，并可同BOD、COD建立对应的定量关系。

水中的有机物被微生物分解时会消耗水中的溶解氧，导致水体缺氧、水质腐败等一系列不良后果。上述水质指标都是反映水污染、污水（废水）处理程度和水污染控制的重要指标，可视具体情况选用或兼用。

（4）毒理学指标　有些化学物质在水中的含量达到一定程度就会对人体或其他生物造成危害。这些物质即属有毒化学物质，并构成水的毒理学指标。毒理学指标包括：氟化物、氰化物、有毒重金属离子、汞、砷、硒、酚类，各类致癌、致畸、致基因突变的有机污染物质（如多氯联苯、多环芳香烃、芳香胺类和以总三卤甲烷为代表的有机卤化物等）、亚硝酸盐和一部分农药及放射性物质。

（5）细菌学指标　细菌学指标是反映威胁人体健康的病原体污染指标，如大肠杆菌数、细菌总数、寄生虫卵和余氯等，其中大肠杆菌数、细菌总数并不直接表示病原体污染。目前，对各种病毒指标如传染性肝炎等尚缺少完善的检测方法。余氯则反映水的消毒效果和防止二次污染的贮备能力。

（6）其他指标　包括反映工业生产或其他用水过程对回用水水质具有特殊要求的水质指标。

2. 再生水回用的水质标准

回用水质标准是保证用水安全可靠及选择经济合理污水处理流程的基本依据。由于目前国内尚无系统完整的回用水的水质标准，国外的有关水质标准又相当庞杂，因此，作为一种补充必要时对有关水质要求宜结合具体情况进行分析。

（1）再生水回用于农业

1）用于农田灌溉。农业灌溉回用水水质标准主要取决于卫生学和农学两方面要求。卫生学要求主要指用水中可能存在的各种病原体（病毒、细菌、原生动物、寄生虫卵）对作业人员和农产品消费者的健康造成的影响。农学要求则为回用水对农作物（数量、质量、生长期等）、土壤（结构、有毒有害物质的积累）和地下水的影响。当再生水用于农田灌溉时，水质应满足我国的《农田灌溉水质标准》（GB 5084—2005）见表8-5。

标准中一类：水作，如水稻，灌水率800m³/（亩·年）。二类：旱作，如小麦、玉米；棉花等，灌水率300m³/（亩·年）。三类：如大白菜、韭菜等。蔬菜品种不同，灌水率差异很大，一般为200~500m³/（亩·年）。

表8-5 农田灌溉水质标准 （单位：mg/L）

序号	项目	标准值	作物分类		
			水作	旱作	蔬菜
1	生化需氧量（BOD_5）	≤	80	150	80
2	化学需氧量（COD_{cr}）	≤	200	300	150
3	悬浮物	≤	150	200	100
4	阴离子表面活性剂（LAS）	≤	5.0	8.0	5.0
5	凯氏氮	≤	12	30	30
6	总磷（以P计）	≤	5.0	10	10
7	水温/℃	≤	35		
8	pH值	≤	5.5~8.5		
9	含盐量	≤	1000（非盐碱土地区） 2000（盐碱土地区） 有条件的地区可以适当放宽		
10	氯化物	≤	250		
11	硫化物	≤	1.0		
12	总汞	≤	0.001		
13	总镉	≤	0.005		
14	总砷	≤	0.05	0.1	0.05
15	铬（六价）	≤	0.1		
16	总铅	≤	0.1		
17	总铜	≤	1.0		
18	总锌	≤	2.0		
19	总硒	≤	0.02		
20	氟化物	≤	2.0（高氟区）3.0（一般地区）		
21	氰化物	≤	0.5		
22	石油类	≤	5.0	10	1.0
23	挥发酚	≤	1.0		
24	苯	≤	2.5		
25	三氯乙醛	≤	1.0	0.5	0.5

（续）

序号	项目	标准值	作物分类		
			水作	旱作	蔬菜
26	丙烯醛	≤	0.5		
27	硼	≤	1.0（对硼敏感作物，如马铃薯、韭菜等） 2.0（对硼耐受性较强的作物，如小麦、玉米等） 3.0（对硼耐受性强的作物，如水稻、萝卜等）		
28	粪大肠菌群数/（个/L）	≤	10000		
29	蛔虫卵数/（个/L）	≤	2		

（2）再生水回用于工业

1）再生水用于工业冷却。利用面最广、利用量最大的是冷却水，一般约占70%～80%或更多。冷却水系统常遇到结垢、腐蚀、生物增长、污垢、发泡等问题。水中残留的有机质会引起细菌生长，形成污垢、发泡腐蚀；氨的存在影响水中余氯的含量，易产生腐蚀，促使细菌的繁殖；钙、镁、铁、硅等造成结垢；水中高的TDS由于提高了水的导电性而促使腐蚀加剧。针对上述问题，可采用两种方法进行补充处理：一种是将二级处理出水经混凝、沉淀、过滤或直接过滤，消毒后作为工业冷却水；另一种是将二级处理出水直接送到工厂或工业区，再根据需要进行补充处理，一般回用作冷却水都采用后述方法，国家环保局建议的工业间接冷却水水质标准参见《城市污水回用设计规范》（CECS 61—1994）见表8-6。

表8-6 再生水用作冷却水的建议水质标准

项目	直接冷却水	循环冷却补充水
pH值	6.0～9.0	6.5～9.0
SS/（mg/L）	30	
浊度/度		5
BOD_5/（mg/L）	30	10
COD_{cr}/（mg/L）		75
铁/（mg/L）		0.3
锰/（mg/L）		0.2
氯化物/（mg/L）	300	300
总硬度，以$CaCO_3$计/（mg/L）	850	450
总碱度，以$CaCO_3$计/（mg/L）	500	350
总固体/（mg/L）	1000	1000
游离余氯/（mg/L）		0.1～0.2
异氧菌总数/（个/mL）		5×10^5

2）生产工艺低质用水。工艺生产过程，对水质要求相对低的用水，称为生产工艺低质用水。如洗涤、冲灰、除尘等用水。再生水用于工艺低质用水，一般仅需对城市污水厂二级处理的出水，增加过滤和消毒等补充处理，目的是去除悬浮固体和微生物絮体（菌胶团）等。

3）用于锅炉补充水。水质要求随锅炉压力增加而提高，随锅炉压力下降而降低。由于对水硬度、溶解性固体等项水质指标要求非常高，因此，必须经深度处理。水质标准应符合相应锅炉用水水质标准。

（3）回用于城市杂用水　从环境质量考虑，景观用水应保持城市地面水的环境质量。我国制定了《景观娱乐用水水质标准》（GB 12491—1991），适用于以景观、疗养、度假和娱乐为目的的江、河、湖（库）、海水水体或其中一部分。标准按照水体的不同功能，分为三大类：A 类：主要适用于天然浴场或其他与人体直接接触的景观、娱乐水体；B 类：主要适用于国家重点风景游览区及与人体非直接接触的景观、娱乐水体；C 类：主要适用于一般景观用水水体。当再生水用于景观水体时，其水质最高允许浓度应符合《再生水回用于景观水体的水质标准》（CJ/T 95—2000）。

城市中的河道在污水截流后常成为干河或季节性河流。为了保持河道的景观作用，可引入再生水恢复清流。景观河道的水质，其感官性指标及有机物指标应符合要求，同时为防止河道发生富营养化，还应对氮磷营养物质加以适当控制。再生水用作市区景观河道用水时，其水质最高允许标准可参照《城市污水回用设计规范》（CECS 61—1994），见表 8-7。

表 8-7　再生水用作市区景观河道用水的建议水质标准

项　目	标 准 值
pH 值	6.5～9.0
SS/（mg/L）	30
臭	无不快感
BOD_5/（mg/L）	20
COD_{cr}/（mg/L）	75
氨氮*，以 N 计/（mg/L）	夏季 <10，非夏季 <20
总磷*/（mg/L）	夏季 <2，非夏季不控制
铁/（mg/L）	0.4
氯化物/（mg/L）	350
总固体/（mg/L）	1500
总大肠菌群/（个/L）	10000

为保证再生水作生活杂用的安全可靠和合理适用，再生水水质必须满足下列基本要求：①卫生上安全可靠，无有害物质，其主要衡量指标有大肠菌群数、

细菌总数、余氯量、悬浮物量、生化需氧量及化学需氧量等；②外观上无使人不快的感觉，其主要衡量指标有浊度、色度、臭味、表面活性剂和油脂；③不引起管道和设备的腐蚀、结垢和不造成维修管理困难。其主要衡量指标有 pH 值、硬度、蒸发残渣及溶解性物质等。表 8-8 为中华人民共和国城镇建设行业标准《生活杂用水水质标准及标准检验法》（CJ/T48-49—1999）。

表 8-8　生活杂用水水质标准

水质指标＼指标值	冲洗卫生间、绿化用水	洗车、清扫用水
浊度/度	10	5
溶解性固体/（mg/L）	1200	1000
悬浮性固体/（mg/L）	10	5
色度/度	30	30
臭	无不快感觉	无不快感觉
pH 值	6.5～9.0	6.5～9.0
BOD_5/（mg/L）	10	10
COD_{cr}/（mg/L）	50	50
氨氮（以 N 计）/（mg/L）	20	10
总硬度（以 $CaCO_3$ 计）/（mg/L）	450	450
氯化物/（mg/L）	350	300
阴离子合成洗涤剂/（mg/L）	1.0	0.5
铁/（mg/L）	0.4	0.4
锰/（mg/L）	0.1	0.1
游离余氯/（mg/L）	管网末端水不小于 0.2	
总大肠菌群/（个/L）	3	3

（4）回用于饮用水　再生水直接用作饮用水，其水质应符合饮用水标准。间接回用时，污水经净化处理后排入河道上游地区，其水质及排放点应符合该河段对水质及排放点的要求。

（5）回灌地下水　地下水人工回灌水的水质要求，取决于当地地下水的用途、自然和卫生条件、回灌过程和含水层对水质的影响及其他技术经济条件。回灌水的水质应符合以下三个条件：①其水质应优于原地下水水质，或达到生活饮用水水质标准；②回灌后不会引起区域地下水的水质变化和污染；③不会使注水井和含水层堵塞，不腐蚀注水系统的机械、设备。

人工回灌是水循环中的再生形式。随着水回灌到地下含水层，水中的各种污染物与地下水和含水层的岩石相互作用，使得各种污染物的浓度在迁移过程中不断的变化，不断被含水层的岩石颗粒表面吸收，有机物浓度逐渐降低，促使水质净化。

回灌水的水质，目前尚无国家统一标准，美国制定的地下回灌标准较为严格和科学，得到广泛认可。加洲在1976年公布了污水回灌地下水的第一个水质标准草案，建议回灌污水在经过二级处理后必须再经过滤、消毒和活性炭吸附等深度处理，在取用前必须在地下停留6个月以上。水的注入点离地下水位至少3m，抽水点离注入点水平距离至少150m，抽取水中的回灌水不能超过50%。要求抽水点 TOC < 1mg/L，回灌点 COD_{Mn} < 5mg/L，TOC < 3.0mg/L，硝酸盐（以 NO_3^-计）<45mg/L，总氮<10mg/L，大肠杆菌<2.2个/100mL。另外美国21水厂（Water Factory21）制定的回灌水标准中要求氨氮<51mg/L。

3. 工程实例

城市污水回用工程实例—大连春柳污水处理厂。

（1）处理规模　1万 m^3/d

（2）处理流程如图8-2所示

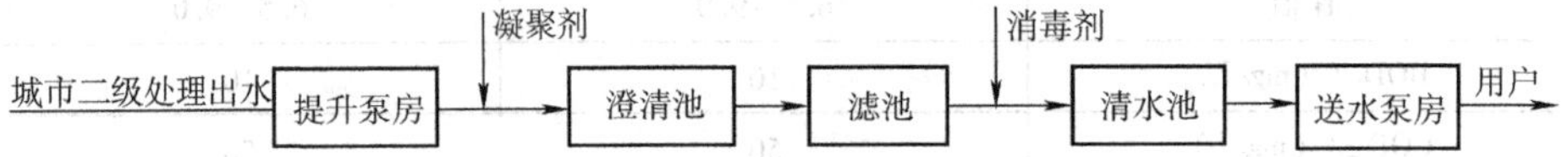

图8-2　春柳污水处理厂工艺流程

（3）再生水用户与规模　其中，5000m^3/d供15万kW热电厂，用于循环冷却补充水；3000m^3/d供染料分厂，用于循环冷却水和部分工业用水。染料分厂对全厂给水系统进行了全面改造，除饮用和沐浴用自来水外，其他全部使用再生水。

（4）回用于工业后概况

1）再生水作为循环冷却补充水，在浓缩倍数为2，投加一定量的水质稳定剂时，循环冷却系统运转正常，冷却温度稳定，管理操作方便。

2）极限污垢热阻系数很小，属于很好状态，对热传导影响不大，说明该水质不是结垢型。腐蚀速度低于国家标准0.125mm/a，说明腐蚀性在允许范围内。

3）循环水中，细菌学检验结果，以异养菌和氨化菌为最多，末检出硫酸盐还原菌。分析数据是在未向循环系统投氯情况下得出的。许多生物相超标，应间断补充加氯。

4）关于磷的问题。污水中磷以有机磷、正磷酸盐、聚磷酸盐等形式存在。原污水中聚磷酸盐含量较高时会干扰混凝沉淀过程。为防止菌藻生长，磷需要控制，但正磷酸根又是阳极型缓蚀剂，对碳钢的腐蚀有一定抑制作用。该循环水系统，总磷为1~2mg/L，浓度不高，不致产生危害。

5）关于氨氮问题。循环水系统的水质分析表明，氨氯经深度处理后由20~30mg/L骤减到0.4mg/L，去除率达98%以上，满足工业冷却和铜管冷凝器对氨氮的要求。由于选取适当的循环冷却条件，使氨氮大部分被硝化，一部分被解析。城市污水处理厂不必再脱氮处理，从而节省费用。

6）效益分析。污水处理厂处理后水售价0.3元/m^3，大连市1993年工业水价0.6元/m^3，则每年工厂因使用再生水而节省水费110万元。

再生水回用工程以污水厂二级出水为水源，增建深度处理和输水管道，该部分基建投资350万元，如增加同等水量从碧流河引水，则需要1052万元，两者比较，使用污水厂二级出水为水源可节省投资2/3。回用水处理成本，一般指深度处理成本，包括药剂费、运转电费，按议价电计算为0.15元/m^3，比大连市自来水成本0.74元/m^3水低4/5。

大连市再生水回用的成功，表明了再生水回用是解决我国水资源短缺的一项有效途径。

8.4.4　再生水回用处理工艺

再生水净化是指城市污水经二级处理的出水，为达到回用的目的，再经物化处理或生化处理，以进一步去除二级处理不能去除的污染物，BOD、COD、色、引起臭的有机物、富营养盐磷、氮化合物及造成浑浊的胶体、可溶性的无机盐类等，达到各种回用目的。

1. 处理技术

目前实用的再生水处理技术有以下几种：

（1）过滤　主要去除水中的悬浮物和胶体，对COD、BOD也有一定程度的去除作用。它是再生处理时不可缺少的工艺过程，具有设备简单，占地面积小，便于操作管理等优点。对含无机性悬浮物水，可采用直接过滤；对含有机性悬浮物的废水可采用混凝过滤，根据有机性悬浮物的含量，可设沉淀池或在加凝聚剂后，直接过滤。

过滤形式主要有以下几种：

1）快滤池：可去除生化处理后污水中的50%~60% COD，40%~70%悬浮物，10%氨氮，可广泛用于任何污水的再生过程。

2）深层过滤：采用单层均质较大颗粒煤、砂或双层、三层滤料。由于深层过滤能承受较高的悬浮固体负荷以及由于生化或物化预处理失常引起的负荷波动。

3）微孔过滤：用于水质要求高，水量较小的地方，悬浮物可降到5mg/L。

4）超滤：能去除一般过滤无法去除的杂质，使处理后的水通过一层半透膜，得以进一步净化。处理费用高于一般过滤，国外仅用于水量小，处理水质要求高的场合。

（2）活性炭吸附　这是近年来应用较为广泛的一种实用、可靠且较为经济的处理方法。其特点是可以去除一般生物难降解的有机物，如溶解性的木质素、丹宁酸、蛋白质、芳香族化合物等，并可去除水中的味、臭、色、油、农药等污染物，同时还可以去除重金属。为了提高活性炭的吸附容量和使用寿命，进炭滤池前的污水须先经预处理，悬浮物应不大于20mg/L。活性炭的吸附率随水的pH值降低而增加，进炭滤池前的污水pH值不得大于9。同时要注意控制硫化氢气体的产生。再生水回用处理一般采用粒状活性炭。其优点可以再生重复使用，从而降低处理费用。活性炭再生方法有物理、化学、生物三种，目前比较先进、实用、经济的是应用电炉再生。我国西北市政工程设计院已有专利，主要过程是干燥、焙烧、活化三个阶段一次完成，进炉炭的含水量无严格限制，耗电只为同类产品的一半。

（3）氧化法　常用的氧化剂有氯气、臭氧、二氧化氯、碘等。用得较多的是氯气，因其价格便宜，操作简单；碘与氯属于卤族元素，具有相同的作用，碘在水中产生次碘酸，与次氯酸的作用相同；二氧化氯是一种黄色气体，但必须在现场制备，在空气中的体积浓度超过10%时具有爆炸性，但在水溶液中则是无害的，二氧化氯具有强氧化能力，其氧化能力是Cl_2的2.6倍；臭氧氧化能力比氯、碘强，能在较短时间对污染物进行氧化分解，去除污水中的COD、BOD、色、臭，并可去除铁、锰、氰、酚，杀菌能力比氯快15～20倍，处理水中污染物时，反应速度快，处理过程简单，但耗电量高。

（4）化学混凝沉淀　在污水深度处理过程中，化学混凝是除磷的较好方法。一般是在污水中投加凝聚剂，形成难溶性的磷化合物，然后沉淀去除。常用的凝聚剂有石灰、铝盐、铁盐等，可去除95%的磷酸盐。

（5）去除氨氮　污水中的氮以有机氮和无机氮两种形式存在，无机氮又可分为氨态氮和硝态氮。去除的方法有氨解析法、离子交换法、微生物脱氮法、折点加氯法等，其中以氨解析法较简单。再生水回用处理技术，每项技术可以单独使用，也可以相互组合使用。应根据污水中污染物的组分、浓度及回用目的的水质要求，结合具体的经济能力综合考虑后确定。

2. 处理工艺流程

1）如不含过量的重金属离子，二级处理出水经消毒即可用于灌溉农作物或牧场，也可排入水体后间接再用，可采用图8-3工艺流程。

2）二级处理出水经一般物化处理，可回用于生活杂用或市政用水，还可用

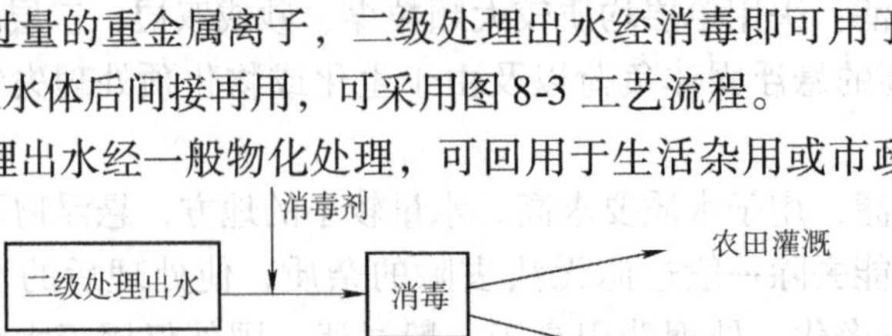

图8-3　基本流程

于循环冷却水补充和水质要求不高的生产工艺用水，可采用图8-4工艺流程。

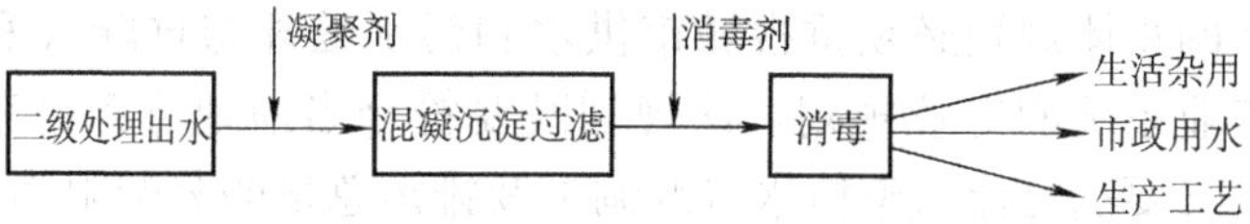

图8-4 基本流程

3）二级处理出水主要污染物COD、BOD、SS等含量不高时，可采用微絮凝直接过滤或接触过滤净化工艺，可回用于生活杂用、市政用水，还可用于循环冷却水补充用水和水质要求不高的生产工艺用水，可采用图8-5工艺流程。

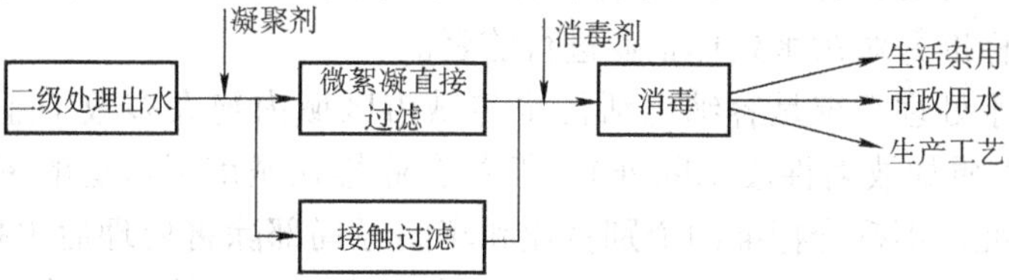

图8-5 基本流程

4）二级处理出水，经物化处理，后续深度处理，则可回用于补充地面水或补充地下水，还可用于水质要求较高的生产工艺，可采用图8-6工艺流程。

图8-6 基本流程

8.4.5 再生水回用对策

1. 城市污水处理统一规划，为城市污水资源化提供前提

世界各大中城市保护水资源环境的近百年经验归结为一点，就是建设系统的污水收集系统和成规模的污水处理厂。

城市污水处理厂的建设必须合理规划，国内外对城市污水是集中处理还是分散处理的问题已经形成共识，即污水的集中处理（大型化）应是城市污水处理厂建设的长期规划目标。结合不同的城市布局、发展规划、地理水文等具体情况，对城市污水厂的建设进行合理规划。集中处理，不仅能保证建设资金的有效使用率，降低处理能耗，而且有利于区域或流域水污染的协调管理及水体自净容量的充分利用。如位于英国伦敦东部泰晤士河北岸的贝克顿（Beckton）污水处理厂，是当前英国和欧盟的最大污水处理厂，其规模在当今世界上也是屈指可数的。它主要承担泰晤士河北岸300km^{2}范围内的工业废水和伦敦市240

万人口的生活污水处理，日处理能力达240万吨。

一个城市的总体规划必须重视城市供水和污水处理与排除（利用）的系统规划，即水工业系统的专业规划。该规划既要符合当地地方条件和城市供排水本身的规律，又要满足流域整体水资源调配及排污总量的分配限额。

城市生活污水、工业废水要统一规划，工厂废水要进入城市污水处理厂统一处理。因为各工厂的工业废水的水质、水量变化多、差别大、规模有限、技术水平参差不齐，千百家工厂都自建污水厂就会造成巨大的人力、物力、财力的浪费。统一规划和处理，做到专业管理，可以免除各家大小工厂管理上的麻烦，保障处理程度，各工厂只交纳水费就可以了。政府环保部门的任务是制定水体的排放标准并对污水处理企业进行监督。

城市污水处理系统是容纳生活污水与城市区域内绝大多数工业废水的大系统，(特殊水质如放射性废水除外)。但各企业排入城市下水道的废水应满足排入下水道标准，不符合标准的个别企业和车间经局部除害处理后再排入下水道。需要局部除害的废水，无非是含重金属废水和含有有毒的废水等。局部除害废水的水量有限，技术上也很成熟，只要管理跟上是没有问题的。这样才能保证污水处理统一规划和实施，使之有序健康地发展，并走上产业化、专业化的道路。

为贯彻工业废水与生活污水统一处理方针，应大力建设市政排水管网和污水处理厂等骨干水污染控制工程。加强城镇市政排水管理部门的技术力量。按照国际惯例，统一责权，使之担负起工业废水排入市政管道的职责。环保部门应监控城市污水处理厂的出水水质，检查其是否达到规定的标准。

2. 尽快出台污水再生回用的强制性政策，以确保水资源可持续利用

城市污水经深度处理后可回用于工业作为间接冷却水、景观河道补充水以及居住区的生活杂用水。

对于集中的居民居住小区和具备使用再生水条件的单位，采取强制措施，要求必须建设并使用中水和再生水。对于按照规定应该建设中水或污水处理装置的单位，如果因特殊原因不能建设的，必须交纳一定的费用和建设相应的管道设施，保证使用城市污水处理厂的再生水。

对于可以使用再生水而不使用的，要按其用水量核减新水指标，超计划用水加价。对使用再生水的单位，其新水量的使用权在一定程度上予以保留，鼓励其发展生产不增加新水。对于积极建设工业废水和生活杂用水处理回用设施并进行回用的，要酌情减、免征收污水排放费。

3. 从不够重视节水、治污和不注意开发非传统水资源转变为节流优先、治污为本、多渠道开源的城市水资源可持续利用的战略

建国50多年来伴随着城市化进程在不同阶段的特征，城市水资源的开发利用由单纯开源逐步转向重视节流与治污，先后经历了“开源为主，提倡节水”，“开源、节流与治污并重”等几次战略性调整。提倡“节流优先”，这不仅仅是根据水资源紧缺的情况所应采取的基本政策，也是为了降低供水投资、减少污水排放、提高资源利用效率的最合理的选择。

4. 多方面利用资金，加快进行污水处理和再生回用工程建设

城市污水处理厂普遍采用由政府出资建设（或由政府出面借款或贷款），隶属于政府的事业性单位负责运行的模式。这种模式有以下缺点：财政负担过重，筹资困难，建设周期长，不利于环境保护等，如果将污水处理厂的建设与运行权委托给具有相应资金和技术实力的环保市政企业，由企业独立或与业主合作筹资建设与运行，企业通过运行收费回收投资。通过这种模式，市政污水治理和回用率有望在今后几年得到大幅度的提高。政府投资、企业贷款，完善排污收费的制度，逐步实现污水厂和再生水厂企业化生产。

5. 调整水价体系，制定再生水的价格，突出水的商品属性

长期以来，执行低水价政策，提供了错误的用水导向，节水投资大大超过水费，严重影响了节水积极性。因此，在制定水价时，除合理调整自来水、自备井水价外，还应制定再生水或工业水道的水价逐步做到取消政府补贴；利用水价这一经济杠杆，促进再生水的有效利用。

实践证明，当水价调整为 2.0 元/t 时，再生水的处理成本相当于水价的 50% ~70%，此时，企业利用再生水的经济、社会效益都将十分显著。

6. 城市自来水厂与污水处理厂统一经营，建立给水排水公司

世界现代经济发展的200 多年历程和我国50 多年经济发展的教训告诉我们，偏废污水处理，就要伤害自然水的大循环、危害子循环、断了人类用水可持续发展之路。给水排水发展到当今，建立给水排水统筹管理的水工业体系，按工业企业来运行是必由之路。

既然由给水排水公司从水体中取水供给城市，就应将城市排水处理到水体自净能力可接纳的程度后排入水体，全面完成人类向大自然“借用”和“归还”可再生水的循环过程。使其构成良性循环，保证良好水环境和水资源的可持续利用。这一切自然要由给水排水公司负责。

8.4.6 污水量的计算与预测方法

城市污水量的计算与预测是城市污水管道和排污河道设计不可缺少的内容，又是城市水污染防治对策的基础和水资源供需平衡分析必要的依据，所以，它应该与城市总体发展规划密切配合。城市污水量的大小与城市发展规模产业结构、用水标准、预测年限和未来城市供水状况有关。

1. 污水预测的影响因素和预测方法

城市污水量主要包括城市生活污水量和工业废水量。城市生活污水预测受到各种因素的影响，这些影响因素不仅包括了生活污水的质和量，而且与水源、供水条件、水价和卫生设施等有关。影响工业废水的水量与水质的因素更多。影响污水预测的因素可以分为两种：一种是污水管理中能对预测产生影响的因素，即“内部因素”，它们可以影响污水量及其水质，但能接受污水控制与管理的支配，如节约用水、总量控制、综合利用、城市污水处理、污水资源化、排污收费等；另一种是在污水管理过程之外也能对预测产生影响的因素，即“外部因素”，它们也可以影响污水水量及水质，但不受污水控制与管理的直接支配，如人口、人均收入、住房水平、生产规划目标、产业结构、产业素质、水资源条件与上下游关系等。因此，污水预测应首先建立在对外部因素尽可能精确判断的基础之上。城市污水量预测可以采用污水排放系数法、用水定额法和产污系数法等。

（1）污水排放系数法　污水排放系数是在一定的计量时间内（年）污水排放量与用水量的比值。所以，城市污水量可以用城市综合用水量乘以城市污水排放系数。同样，城市综合生活污水排放量等于城市综合生活用水量乘以城市综合生活污水排放系数；城市工业废水排放量等于城市工业用水量乘以城市工业废水排放系数，或由城市污水量减去城市综合生活污水量。

城市综合用水量即城市供水总量，包括居民生活、市政、公用设施、工业、其他水量及管网漏失水量。工业用水量为工业新鲜水用水量，或称工业补充水量，不包括重复利用水量

$$Q_C = Q_G \alpha \tag{8-30}$$

式中　Q_C——城市日平均污水量（$10^4 m^3/d$）；

Q_G——城市日平均用水量（$10^4 m^3/d$）；

α——城市污水分类排放系数。

污水排放系数应根据城市供水量、排水量的统计资料分析确定。影响城市分类污水排放系数大小的主要因素有建筑室内排水设施的完善程度，工业行业的生产工艺、设备及技术、管理水平、城市排水设施普及率等。当缺少城市供水量、排水量的统计资料时，可参考表 8-9 所给范围选择。

表 8-9　城市废水分类污水排放系数

城市污水分类	污水排放系数
城市污水	0.70～0.80
城市综合生活污水	0.80～0.90
城市工业废水	0.70～0.90

（2）用水定额法和产污系数法　用水定额为每人每天的用水量指标。城市综合用水定额即为城市居民日常生活用水量、公共建筑用水量和中小企业用水

量之和除以人口数所得到的人均用水量。用水定额计算法是在现有用水定额的基础上，根据当地国民经济和社会发展、城市总体规划和水资源充沛程度，考虑产业结构调整及节水后，参照国家有关标准规范，确定预测年人均综合用水定额，再根据预测年人口数、污水排放系数，预测城市污水量。

1）综合生活污水量预测。城市生活污水包括居民日常生活产生的污水和办公楼、学校、医疗卫生部门、娱乐场所、体育运动场馆、宾馆旅店以及各种商业服务业等公共建筑产生的污水。

生活污水量根据综合生活用水定额，采用式（8-31）计算

$$Q_L = 0.365AF\alpha \tag{8-31}$$

式中 Q_L——预测年生活污水量（$10^4m^3/a$）；

A——预测年人口数（10^4 人）；

F——预测年综合生活用水量定额［L/（d·人）］；

α——城市污水分类排放系数；

0.365——单位换算系数。

预测年综合生活用水定额的确定应充分考虑社会经济发展带来的居民生活质量提高所引起的用水量增加和水资源短缺、节水力度加大所带来的用水量减少，并考虑地区、气候的差异。可以参照中华人民共和国国家标准《室外给水设计规范（1997年版）》（GBJ 13—1986）及各地区制定的用水定额确定。

2）工业废水量预测。工业废水量的计算方法很多，常用的方法是根据万元产值产污量或单位产品产污量以及工业万元产值或产品产量，计算和预测工业废水量。万元产值产生的废水量常称为产污系数，行业和产品不同，产污系数也不同。如果某行业通过推行清洁生产，或开展技术革新，使万元产值排污量或单位产品排污量降低，可按式（8-32）计算工业废水量

$$Q_1 = DG \tag{8-32}$$

式中 Q_1——预测年份工业废水量（m^3/a）；

D——预测年工业产值/产品数量（元/产品数量计量单位）；

G——预测年万元产值产水量/单位产品产水量［（m^3/元）/（m^3/产品单位）］。

如果某行业工艺成熟，未来以增加水重复利用率为主要节水方案，则可按式（8-33）计算工业废水量。

$$Q_1 = DG_0\frac{1-p_2}{1-p_1} \tag{8-33}$$

式中 G_0——现状年万元产值工业废水量（m^3/元）；

p_1、p_2——分别为预测年和现状年工业用水循环利用率（%）；

其余符号意义同上。

8.4.7 再生水回用的经济分析

1. 再生水回用的经济性

(1) 再生水回用供水系统建设费用低廉 与远距离引水相比，输水管路方面具有绝对优势。跨流域调水是一项耗资巨大的供水工程，是从丰水流域向缺水流域调节，对环境破坏严重。对于污水再生回用而言，水源的获得基本上是就地取水，既不需要远距离引水的巨额工程投资，也无需支付大笔的水资源费。省却了大笔输水管道建设费用和输水电费，水源成本较低。

(2) 再生水供水系统运行费用经济 再生水厂与污水处理厂相结合，省去了许多相关的附属建筑物，如变配电系统、机修车间、化验室等。与此同时，再生水厂的反冲洗系统和污泥处理也可并入二级处理厂的系统之内，从而大大降低了日常运行费用。

再生水与二级处理厂合作办公，可以节约许多管理人员，减轻了经济上的负担，提高了人力资源的有效利用率。

(3) 再生水被视为“第二水源”，可以适当收取费用，从而带动污水处理厂的良好运行和维持财政收支平衡 长期以来，不仅仅是在我国，即使是在发达国家，污水处理费用也是相当昂贵的。如何有效、经济的提高污水处理的质量和效率，污水再生回用是被世界所公认的惟一途径。从市场经济的角度考虑，污水再生回用时的污水变成“产品”或“商品”，使得公益事业开始向经营单位转变，可大大激发污水处理厂的活力，通过出售“再生水”这一产品，将得到一部分收入，用于补贴污水处理的部分费用，使得污水这一资源进入市场，污水处理厂的运行进入生产→销售→生产的良性循环。

(4) 再生水回用具有巨大的潜力，由此可带来显著的经济效益 污水回用提供了新水源，减少了新鲜水的取用量，减少了市政管道的污水量。可以降低城市排水设施的投资运行环境，减少了排入环境的污水量，改善了自然水环境，更好地改善了投资环境，使旅游业、房地产业逐步升温，由此带来不可估量的经济效益。

2. 污水处理程度与污水再生总收益的关系

污水回收的经济合理性取决于两个基本前提：一是使用未处理的或部分处理的污水造成环境卫生的危害性，这种危害性是随着污水处理程度和最后出水水质的提高而减少的；二是采用的处理水平愈高，取得的出水水质愈好，回收污水的价值也愈高。因此，污水处理的总利益是由于污水处理而防止的危害损失和再生水价值的总和。对再生水利用的约束和限制，影响着这种价值，而再生水的利用则又与最后出水水质有关。

图 8-7 给出了污水处理和回收的总受益与处理程度的函数关系，采用一级和

二级污水处理可以减少健康与卫生方面的危害；三级处理工艺，如加混凝剂澄清、氯化、过滤去除营养物质、活性炭吸附，可降低残余病原体、富营养因素和难以分解的有机物；四级处理工艺，主要包括用脱盐方法去除可溶性矿物离子，如超滤、反渗透、离子交换或蒸馏，可去除过多的含盐量，有助于污水在生活和工业上使用。如图 8-7 所示，污水再用的受益随处理水平和出水水质的提高而增加，例如，部分经二级处理的出水，可再用于有限制的农作物灌溉，如棉花和谷类植物的灌溉。对于没有任何限制的产品灌溉，则要求更高的处理水平，为了降低残余病原体，在处理中污水完全氧化后，随即氯化、化学澄清或过滤。显然再生水用于有限制的农作物灌溉的价值是很低的，因为有许多限制因素，即：①受作物轮种的限制；②受灌溉季节的限制；③受灌溉方法的限制；④对附近农民的危害。较高的处理水平，例如除去营养物，不仅可以防止受纳水体的富营养化和增加地下水的硝酸盐浓度，而且提供了这种出水用于地下水

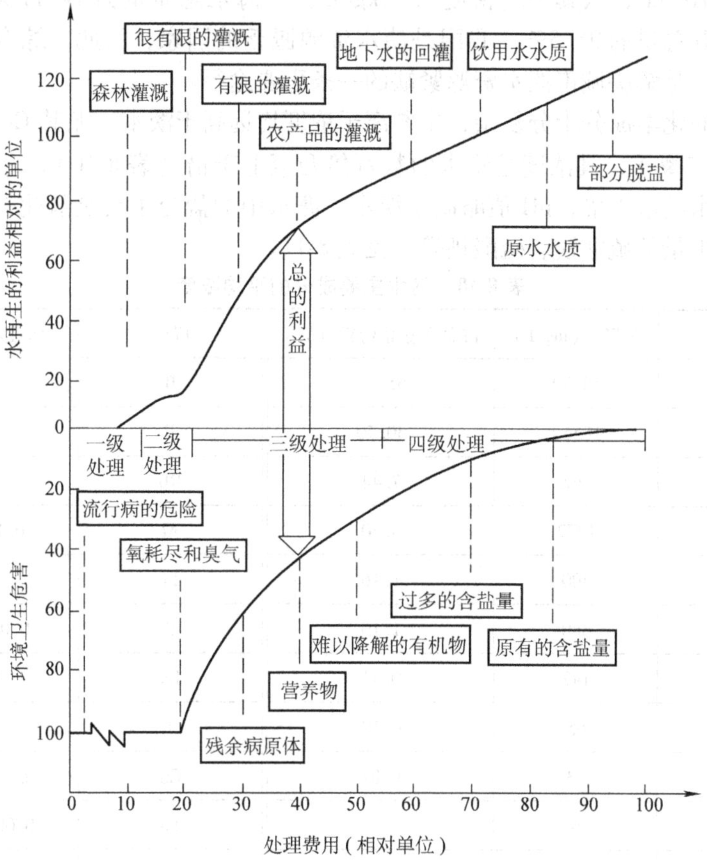

图 8-7　水处理和回用的总受益与处理程度的函数关系

回灌的可能性，这种回灌经过稀释和回收后，可以加到总的不加限制的水资源中去。用活性炭去除剩余的难分解有机物，或者用超滤去除过多的含盐量和难以分解有机物，可以达到符合饮用水标准的出水水质。图 8-7 描述了污水再生回用的收益和环境卫生危害的曲线形态和实际尺度，同时反映出处理费用、再生水的价值和环境卫生危害的减少。

8.5 海咸水的利用

8.5.1 海咸水水质特征及其水质标准

1. 海咸水的水质特征

地球表面积的70.8%为海洋所覆盖，其平均深度约为3800m，海水的体积为 $13.7\times10^{15}m^3$，以其平均密度 1.03kg/L 计。海水总质量为 $14.11\times10^{15}t$。占地球水资源总量的96.5%。我国是淡水资源匮乏的国家，因此，综合开发利用海水资源，是解决城市淡水资源紧缺的一条重要途径。

海水的化学成分十分复杂，主要离子浓度均远高于淡水，尤其 Cl^-、SO_4^{2-}、Na^+ 和 Mg^{2+} 离子，其浓度是淡水的数百倍乃至上千倍（表 8-10）。海水中 Ca^{2+} 含量是淡水的数十倍，pH 值略高于淡水。海水中的盐分主要是氯化钠，其次是氯化镁和少量的硫酸镁、硫酸钙等，见表 8-11。

表 8-10 海水主要成分的平均浓度

成分	浓度/（mg/L）	占总含盐量份额（%）	成分	浓度/（mg/L）
Cl^-	18980	55.17	B	4.6
Na^+	10560	30.70	F	1.4
SO_4^{2-}	2560	7.44	Rb	0.2
Mg^{2+}	1272	3.70	Al	0.16～1.9
Ca^{2+}	400	1.16	Li	0.1
K^+	380	1.10	P	0.001～0.1
HCO_3^-	142	0.41	Ba	0.05
Br^-	65	0.19	I	0.05
Sr^{2+}	13	0.04	Cu	0.001～0.09
SiO_2	6		Fe	0.002～0.02
NO_3^-	2.5	Σ99.91	Mn	0.001～0.01
总含盐量	34400		As	0.003～0.02

表 8-11　海水盐分组成

盐的分子式	海水中盐分浓度/（g/kg）	盐分质量含量（%）
NaCl	27.213	77.751
$MgCl_2$	3.807	10.877
$MgSO_4$	1.658	4.738
$CaSO_4$	1.260	3.600
K_2SO_4	0.863	2.466
$CaCO_3$	0.123	0.351
$MgBr_2$	0.076	0.217
合计	35.000	100.00

2. 海水水质标准

我国海水水质标准见表 8-12。按照海域的不同使用功能和保护目标，海水水质分为四类。

表 8-12　海水水质标准（GB 3097—1997）　　（单位：mg/L）

序号	项目	第一类	第二类	第三类	第四类
1	漂浮物质	海面不得出现油膜、浮沫和其他漂浮物质			海面无明显油膜、浮沫和其他漂浮物质
2	色、臭、味	海水不得有异色、异臭、异味			海水不得有令人厌恶和感到不快的色、臭、味
3	悬浮物质	人为增加的量≤10		人为增加的量≤100	人为增加的量≤150
4	大肠菌群≤/（个/L）	10000 供人生食的贝类增养殖水质≤700			
5	粪大肠菌群≤/（个/L）	2000 供人生食的贝类增养殖水质≤140			
6	病原体	供人生食的贝类养殖水质不得含有病原体			
7	水温/℃	人为造成的海水温升夏季不超过当时当地1℃，其他季节不超过2℃		人为造成的海水温升不超过当时当地4℃	

（续）

序号	项目	第一类	第二类	第三类	第四类
8	pH 值	7.8～8.5 同时不超出该海域正常变动范围的 0.2pH 值单位		6.8～8.8 同时不超出该海域正常变动范围的 0.5pH 值单位	
9	溶解氧＞	6	5	4	3
10	化学需氧量≤（COD）	2	3	4	5
11	生化需氧量≤（BOD_5）	1	3	4	5
12	无机氮≤（以 N 计）	0.20	0.30	0.40	0.50
13	非离子氨≤（以 N 计）	0.020			
14	活性磷酸盐≤（以 P 计）	0.015	0.030		0.045
15	汞≤	0.00005	0.0002		0.0005
16	镉≤	0.001	0.005	0.010	
17	铅≤	0.001	0.005	0.010	0.050
18	六价铬≤	0.005	0.010	0.020	0.050
19	总铬≤	0.05	0.10	0.20	0.50
20	砷≤	0.020	0.030	0.050	
21	铜≤	0.005	0.010	0.050	
22	锌≤	0.020	0.050	0.10	0.50
23	硒≤	0.010	0.020		0.050
24	镍≤	0.005	0.010	0.020	0.050
25	氰化物≤	0.005		0.10	0.20
26	硫化物≤（以 S 计）	0.02		0.10	0.25
27	挥发性酚≤	0.005		0.010	0.050
28	石油类≤	0.05		0.30	0.50
29	六六六≤	0.001	0.002	0.003	0.005
30	DDT≤	0.00005	0.0001		

（续）

序号	项目		第一类	第二类	第三类	第四类
31	马拉硫磷≤		0.0005		0.001	
32	甲基对硫磷≤		0.0005		0.001	
33	苯并（a）芘≤		0.0025（μg/L）			
34	阴离子表面活性剂（以LAS计）		0.03		0.10	
35	放射性核素/（Bq/L）	^{60}Co	0.03			
		^{90}Sr	4			
		^{106}Rn	0.2			
		^{134}Cs	0.6			
		^{137}Cs	0.7			

注：第一类　适用于海洋渔业水域，海上自然保护区和珍惜濒危海洋生物保护区；第二类　适用于水产养殖区，海水浴场，人体直接接触海水的海上运动或娱乐区，以及与人类食用直接有关的工业用水区；第三类　适用于一般工业用水区，滨海风景旅游区；第四类　适用于海洋港口水域，海洋开发作业区。

8.5.2 海咸水的利用途径与淡化方法

目前，海水主要在三个方面得到应用，即直接利用或简单处理后作为工业用水和生活杂用水，用量最大的是工业冷却用水，其次是洗涤、除尘、冲灰、冲渣、化盐碱及印染等；海水经淡化后，提供高质淡水，或再经矿化作为饮用水；海水综合利用，即从海水中提取化工原料等。

1. 直接使用

（1）工业冷却水

1）应用行业。工业冷却水占工业用水量的80%左右。工业生产中海水被直接用为冷却水的量占海水总用量的90%左右。应用行业的主要海水冷却对象为：火力发电行业的冷凝器、油冷器、空气和氨气冷却器等；化工行业的吸氨塔、炭化塔、蒸馏塔、煅烧炉等；冶金行业的气体压缩机、炼钢电炉、制冷机等；水产食品行业的醇蒸发器、酒精分离器等。

2）冷却方式。利用海水冷却的方式有间接冷却与直接冷却两种。其中以间接换热冷却方式为主，包括制冷装置、发电冷凝、纯碱生产冷却、石油精炼、动力设备冷却等。其次是直接洗涤冷却，即海水与物料接触冷却或直喷降温等。

在工业生产用水系统方面，海水冷却水的利用有直流冷却和循环冷却两种系统。海水直流冷却具有深海取水温度低且恒定，冷却效果好，系统运行简单等优点，但排水量大，对海水污染也较严重。海水循环冷却时取水量小，排污量也小，可减轻海水热污染程度，海生物易控制，总体运行费用低，有利于环境保护等优点。

当工厂远离海岸或工厂所处位置海拔较高时，海水循环冷却较其直流冷却更为经济合理。我国现已采用淡水循环冷却的一些滨海工厂，代以海水循环冷却具有更大的可能性。如烟台市1990年提出要全面应用海水循环冷却技术；国内电力系统也有采用海水循环冷却技术的实例。

3）利用海水冷却的优点：①水源稳定：海水水质较为稳定，水量很大，无需考虑水量的充足程度；②水温适宜：海水全年平均水温0~25℃，深海水温更低，有利于迅速带走生产过程中的热量；③动力消耗较低：一般采用近海取水，可减少管道水头损失，节省输水的动力费用；④设备投资较少：据估算，一个年产30×10^4t乙烯的工厂，采用海水作冷却水所增加的设备投资，仅是工厂设备总投资的1.4%左右。

（2）用海水作树脂再生还原剂　在工业低压锅炉的给水软化处理中，多采用阳离子交换法，当使用钠型阳离子交换树脂层时，需用5%~8%的食盐溶液对失效的交换树脂进行再生还原。沿海城市可采用海水（主要利用其中的NaCl）作为钠离子交换树脂的再生还原剂，这样既省药又节约淡水。

（3）化盐溶剂　纯碱或烧碱的制备过程中均需使用食盐水溶液，传统方法是用自来水化盐，如此要使用大量的淡水，而且盐耗也高。用海水作化盐溶剂，可降低成本、减轻劳动强度、节约能源，经济效益明显。例如，天津碱厂使用海水化盐，每吨海水可节约食盐15kg，仅此一项每年可创效益180万元。

（4）除尘及传递压力

1）除尘用水。海水可作为冲灰及烟气洗涤用水。国内外很多电厂即用海水作冲灰水，节省了大量淡水资源。我国黄岛电厂每年利用海水$6200\times10^4\text{m}^3$，冲灰水全部使用海水。

2）液压系统用水。传统的液压系统主要用矿物型液压油作为介质，但它具有易燃、浪费石油资源、产生泄漏后污染环境等严重缺点。它不宜在高温、明火及矿井等环境中工作，特别不适宜在有波浪暗流的水下（如舰艇、河道工程、海洋开发等）作业，因此常采用淡水代替液压油。

利用海水作为液压传动的工作介质，具有如下优越性：①无环境污染，无火灾危险；②无购买、储存等问题，既节约能源，又降低费用；③可以省去回水管，不用水箱，使液压系统大为简化，系统效率提高；④可以不用冷却和加热装置；⑤海水温度稳定，介质粘度基本不变，系统性能稳定；⑥海水的粘度低，系统的沿程损失小。

海水液压传动系统由于其本身的特点，能很好地满足某些特殊环境下的使用要求，极大地扩大了液压技术的使用范围。它已成为液压技术的一个重要发展方向。在水下作业，海洋开发及舰艇上采用海水液压传动已成为当前的主要发展趋势，受到西方工业发达国家的高度重视。十多年来，这些国家一直在进行海水液压传动技术的研究工作，并开始进入实用阶段。

（5）冲洗及消防用水

1）冲洗用水。冲厕用水一般占城市生活用水的15%～40%。海水一般只需简单预处理后，即可用于冲厕，其处理费用一般低于自来水的处理费用。推广海水冲厕后，不仅可节约沿海城市淡水资源，而且还可取得较好的经济效益。

香港从20世纪50年代末开始采用海水冲厕，是在对一个区域利用海水、城市中水和淡水冲厕三种方案的技术经济分析后，最终选择了海水冲厕的方案。目前，每天冲厕海水用量达$35\times10^4m^3$，预计到2010年将达$1.3\times10^8m^3/a$，占全部冲厕用水的70%。同时，从海水预处理、管道的防腐到系统测漏等技术方面均已取得成功的经验，形成了一套完整的管理系统。此外，还制定了一套推广应用的政策，最终实现全部使用海水代替淡水冲厕的目标。

我国北方缺水城市天津市塘沽区，利用净化海水进行了几年单座楼冲厕试验，取得了成功的经验。1996年已建设$10000m^2$居民楼海水冲厕系统，为成片居民小区利用海水冲厕做了有益的探索。

2）消防用水。消防用水主要起灭火作用，用海水作为消防给水不仅是可能而且是完全可靠的。但是，如果建立常用的海水消防供水系统，应对消防设备的防腐蚀性能加以研究改进。厦门博坦仓储油库位于海岸，海岸为岩岸深水港湾，取水不受潮汐升落的影响，可采用天然海水作为消防水源。可谓拥有一座无限容量的天然消防水池，油库自1997年投入运行以来，消防输水干管24h管内满水充压待命，每月定期进行一次消防演习，以确保发生火情时投入正常运行。该消防设施完全能够保障油库区和码头的防火要求，管道设备防腐和防海洋生物效果很好，检修设备解体时，管道内无发现海洋生物附着结垢及锈蚀现象，管内光洁如新。

（6）海产品洗涤用水　在海产品养殖中，海水被广泛用于海带、鱼、虾和贝类等海产品的清洗。只需对海水进行必要的预处理，使之澄清并除去菌类物质，即可代替淡水进行加工。这种方法在我国沿海的海产品加工行业已被广泛应用，节约了大量淡水资源。

（7）印染用水　海水中含有的许多物质对印染工艺起促进作用。如氯化钠对直接染料能起排斥作用，促进染料分子尽快上染，由于海水中有些元素是制造染料引入的中间体，因此利用海水能促进染色稳定，且匀染性好，印染质量高。经海水印染的织物表面具有相斥作用而减少吸尘，使得穿用时可长时间保持清洁。

海水的表面张力较大，使染色不易老化，并可减少颜料蒸发消耗和污染，同时能促进染料分子深入纤维内部。提高染料的牢固度。海水在纺织工业上用于印染，可减少或不用某些染料和辅料，降低了印染成本，减少了排放水中的污染物，因此海水被广泛用于煮炼、漂白、染色和漂洗等生产工艺过程。

(8) 海水烟气脱硫　海水烟气脱硫工艺是利用天然的纯海水作为烟气中 SO_2 的吸收剂，无需其他添加剂，也不产生任何废弃物，具有技术成熟、工艺简单、系统运行可靠、脱硫效率高（理论脱硫效率可达98%）和投资运行费用低等特点。

工艺系统主要由吸收塔、烟气—烟气加热器（GGH）和曝气池（海水恢复系统）等组成，其主要原理是：经过除尘处理及GGH降温后的烟气由塔底进入脱硫吸收塔中，在塔内与由塔顶均匀喷洒的纯海水逆向充分接触混合，海水将烟气中的 SO_2 有效地吸收生成亚硫酸根离子 SO_3^{2-}，经过脱硫吸收后的海水借助重力流人曝气池中（海水恢复系统），在曝气池里与大量的海水混合，并通过鼓风曝气使 SO_3^{2-} 氧化为 SO_4^{2-}。海水中的 CO_3^{2-} 和 H^+ 离子，产生的 CO_2 鼓气时被吹脱逸出，从而使海水的pH值得以恢复。水质恢复后的海水可直接排入大海。

2. 海水淡化后使用

海水淡化是指经过除盐处理后使海水的含盐量减少到所要求含盐量标准的水处理技术。海水淡化后，可应用于生活饮用、生产使用等各个用水领域。自然界海水量巨大，将其淡化将是解决全球淡水资源危机的最根本途径，但目前淡化的成本很高，影响了其广泛应用。

3. 海水淡化方法

(1) 海水淡化的要求　我国有6500多个岛屿，沿海地区居住着4亿多人，沿海城市生产总值为全国城市生产总值的60%以上。然而，14个沿海开放城市中，就有大连、天津、青岛等9个城市严重缺水，缺水已成为阻碍城市发展的重要因素。据不完全统计，2000年前后，沿海地区新增电力在35000MW以上。相应需日增锅炉用淡水量 $18\times10^4m^3$，可见，海水淡化在我国既是紧迫需要，又有广阔前景。

随着海水含盐量去除率的提高，处理成本将大幅度上升，因此，从技术经济方面综合考虑，对海水淡化技术的主要要求应是：①处理后的水质能满足使用对象的需要；②工艺先进，运行简单可靠，不污染环境；③成本低，效益明显；④设备防腐性好，管理维护方便。

(2) 海水淡化工艺　目前，海水淡化的主要方法有蒸馏法、反渗透法、电渗析法和冷冻法等。据统计资料（不包括100m^3/d以下的装置），到1984年底，蒸馏法中的多级闪蒸工艺处理水量占总处理水量的67.95%，是海水淡化的主要方法。其次是反渗透法，占总处理水量的20.29%。20世纪90年代以来，出现了反渗透和多级闪蒸两种技术交替占据主导地位的现象。1997年全世界海水淡化技术中，多级闪蒸淡化工艺占44.1%，反渗透占39.5%。多效蒸发、冷冻法和电渗析等其他种种方法仅占16.5%。目前，中东和非洲国家的海水淡化设施均以多级闪蒸法为主，其他国家则以反渗透法为主。各种淡化海水方法所耗的能量如表8-13所示。

表8-13 海水淡化所需能量

淡化方法	反渗透法	冷冻法	电渗析法	多级闪蒸法
所需能量/（kW·h/m^3）	3.5~4.7	9.3	18~22	62.8

1）蒸馏法。蒸馏法是将含盐水（海水或苦咸水）加热汽化，再将蒸汽冷凝成淡水的淡化方法。它是最早提出并付诸应用的海水淡化技术。其优点主要有：不受原水浓度限制，更适用于海水做原料；淡化水纯度较高，尤其一次脱盐的效率是其他方法难以达到的；适合建造规模大的海水淡化厂。蒸馏法海水淡化工艺按照所采用设备、流程和能源的不同可分为多级闪蒸法、低温多效蒸法、压汽蒸馏法、太阳能蒸馏法和膜蒸馏法等类型。

a. 多级闪蒸海水淡化法。多级闪蒸技术为英国R. S. Silver教授于1957年发明，其原理是将海水加热到一定温度后引至压力较低的闪蒸室骤然蒸发，依次再进人压力更低的闪蒸室蒸发，产生的蒸汽在海水预热管外冷凝而得淡水。热海水流经压力逐级降低的多个闪蒸室而逐级蒸发，因此称为“多级闪蒸”。与传统的蒸馏法相比，该法可大幅度降低能耗．是迄今应用广泛，较为成熟的海水淡化技术。应用该法可进行淡化水的规模化生产，淡化水可作为沿海地区的稳定供水水源。如香港海水淡化厂，日产淡水18×10^4m^3；沙特阿拉伯Jubom海水淡化厂，拥有46台单机，单机容量为2.3×10^4m^3/d，日产淡水量超过100×10^4m^3。多级闪蒸装置级数一般可达30~40级。该装置的主要优点是不受水的含盐量限制，适用于有余热（废热）可利用的场合。设备容量较大，故多设于沿海的火力发电厂和核电站。其缺点是设备费用高，系统设备及管路的结垢与腐蚀较严重。

b. 低温多效蒸发海水淡化法。低温多效技术于20世纪80年代初正式用于工业性的海水淡化工程，20世纪80年代中期出现了大型低温多效海水淡化装置，其原理是75℃左右的低温蒸汽进入首效蒸发器，使其中的海水蒸发。产生的首效蒸汽作为下一效的蒸发热源，在热交换中冷凝为淡水，如此逐效蒸发，逐效淡化。该工艺具有耗能低，经济效益高的突出优势，目前已被许多国家和地区采用。以色列淡化工程技术公司制造的 AQUAPORT 设备，日产淡水能力 $100\sim1200\mathrm{m}^3$，以其热效率高，腐蚀速度低，结垢慢，能耗小等特点成为世界诸多海水脱盐装置的佼佼者，为世界上 40 多个旅游胜地的海水淡化厂所选用。

c. 海水淡化所需能量压汽蒸馏海水淡化法。压汽蒸馏技术虽发明较早，但在20世纪70年代初随着压汽、密封和传热技术的提高才开始迅速发展起来。该技术的原理是，经预热的海水至蒸发器中受热汽化，产生的二次蒸汽经压缩，提高其饱和温度和压力后，引入到蒸发器的冷凝侧换热，供给所需热量，冷凝水从蒸发器内抽出，并与进料海水换热而冷却。到1992年底，全世界共拥有压汽蒸馏海水淡化装置766套，淡化水总能力达 $60.6\times10^4\mathrm{m}^3/\mathrm{d}$，该系统最高爆炸温度为62.5℃，淡化水耗电 $11\mathrm{kW}\cdot\mathrm{h}/\mathrm{m}^3$。

d. 膜蒸馏海水淡化法。该法单位体积蒸发面积大，设备紧凑，操作简单，维修方便，性能稳定，产水量高，除可制备淡水外，还可用于强腐蚀性，变质稀溶液的浓缩等方面。存在问题是热阻大，热利用率低。但若利用余热、废热、太阳能等廉价能源，可使热损失得到不同程度的补偿。日本田熊公司利用膜分离法及热全蒸发技术，开发成功了船用膜蒸馏淡化装置，日产淡化水 $10\mathrm{m}^3$。该装置利用柴油机冷却水废热制水，体积小，节能效益显著，可为岛屿和船只的淡水供应提供可靠的保证。

e. 太阳能蒸馏海水淡化。该法利用太阳能为能源，从而节省了其他能源费用，投资少，但受气候和日照的影响较大。实践证明，在 $800\mathrm{m}^2$ 有效面积上，可日产淡水 $50\mathrm{m}^3$。

2）反渗透法。反渗透是一项膜分离技术。其原理是，在纯水与咸水（海水）间用只让水分子透过，不允许溶质透过的半透膜，则水分子将从纯水一侧通过膜向咸水一侧透过，结果使咸水一侧的液面上升，直至到达某一高度处于平衡状态，这个过程称为渗透过程。此时半透膜两侧存在水位差或压力差，称为渗透压。当咸水一侧施加的压力大于该溶液的渗透压时，咸水中的水分子将透过半透膜到纯水一侧，而盐分留在咸水一侧，形成了反渗透过程，结果使盐与水得以分离，完成了含盐水（海水）的淡化过程。反渗透技术于20世纪60年代发展起来，到20世纪70年代末投入工业性应用。

半透膜是实现海水反渗透淡化的关键材料，因而国内外反渗透技术的研究始终是围绕膜用件而进行的。它具有特定的微孔结构，其表面结构亲水分子而排斥盐分。一般孔隙率大，压实性小，机械强度高，具有高的化学和生物稳定性。反渗透膜组件的使用寿命一般为3~5年，且组件价格较高，因而反渗透海水淡化的成本价格昂贵。

3）电渗析法。它是在外加直流电场作用下，利用离子交换膜的选择透过性

（即阳膜只允许阳离子透过，阴膜只允许阴离子透过），使水中阴、阳离子作定向迁移，从而达到离子从水中分离的一种物理化学过程。该法也属膜分离技术。在阴极与阳极之间，将阳膜与阴膜交替排列，并用特制的隔板将这两种膜隔开。电渗析槽被阳膜和阴膜分隔成三个室，中室（阴、阳膜之间）充以 NaCl 溶液。当两端电极接通直流电源后，水中阳离子不断透过阳膜向阴极方向迁移，阴离子不断透过阴膜向阳极方向迁移，结果使含盐水逐渐变成淡化水。该法用于含盐量在 3000 ~ 50000mg/L 以下水的淡化较为经济，故多用于苦咸水淡化为饮用水的处理。也可用于纯水制备的预处理。

4）离子交换法。离子交换法是利用阳、阴离子交换树脂对水中离子的选择吸附性分别去除水中的阳、阴离子，使含盐水淡化。阳、阴离子饱和后需分别用等当量的酸、碱予以再生。离子交换法最大优点是处理后水的纯度高，因而是制备高纯水的主要方法。但通常认为水的含盐量在 500 ~ 1000mg/L 以下时用离子交换法处理水比较经济，故较少用于海水淡化。

8.5.3　国内外海咸水利用状况

1. 国外海水利用状况

国外沿海国家十分重视对海水的利用，美国、日本、英国等发达国家都相继建立了专门机构，开发海水的代用及淡化技术。

美国在 20 世纪 80 年代初，用海水作工业冷却水的量已达 $720 \times 10^8 m^3/a$，目前工业用水的 20% ~30% 仍为海水。日本早在 20 世纪 30 年代就使用海水做工业冷却水，并处于领先地位。目前日本工业总用水量中海水用量至少占 60% ~70%。英、法、荷、意等西欧国家 1970 年海水利用量为 $371 \times 10^8 m^3$，2000 年工业用海水量达 $2500 \times 10^8 m^3$。

1997 年，全世界拥有日处理能力 $100m^3$ 以上的海水淡化装置共 12451 个，处理容量达 $2273 \times 10^4 m^3/d$。从地域上看，中东地区在世界海水淡化市场所占的份额最大，最多时年增长额达 $100 \times 10^4 m^3/d$，这些国家的海水淡化量已占世界海水淡化总量的 62%；北美地区的年市场增长为 20×10^4 ~ $40 \times 10^4 m^3/d$；西欧和东亚地区的年增长在 $20 \times 10^4 m^3/d$ 左右。

2. 国内海水利用状况

我国沿海 14 个省份中有 12 个省份的城市数量占全国 46%，其中大中城市占全国的 50% 以上。城市密度高出全国平均水平的 2 倍左右，并形成了沪宁杭、京津塘、珠江三角洲、辽宁中部和山东半岛城市密集区，区域城市化程度达到较高水平。

然而这些沿海城市淡水资源严重不足，淡水供需矛盾日益突出，长江以北的沿海地区更为严重。淡水短缺已成为制约这些城市经济和社会发展的主要因素。为缓解淡水供需矛盾，沿海地区以海水淡化或海水直接利用维持工业生产。经过多年的实践，已取得了显著的成绩。自青岛电厂1936年开始利用海水作工业冷却水至今，我国沿海城市直接用海水作工业冷却水已有70余年的历史。目前，大连、青岛、天津、烟台、秦皇岛、上海和威海等沿海城市已大量利用海水（表8-14）。天津大港电厂直接利用海水冷却，日用海水量$250\times10^4m^3$，年可节约淡水2300万m^3，青岛发电厂利用海水作冷凝器降温，日耗海水$70\times10^4m^3$，年用海水$2.5\times10^8m^3$。大亚湾核电站流量高达$90m^3/s$以上的冷却水取自海水。特别是淡水资源严重缺乏的青岛市，2001年全市每天海水用量达$241\times10^4m^3$，海水利用量占城市供水总量的1/4。

表8-14 部分沿海城市海水利用量统计

城市名称	海水利用量/10^4（m^3/d）		备注
	1990年	1995年	
大连	161	135	
青岛	68	159	2001年达$241\times10^4m^3/d$
威海	1.6	—	
天津	509.6	387	

海水利用实例：

1）大亚湾核电站——海水代用冷却水。大亚湾核电站位于广东深圳市西大亚湾北岸，距深圳市中心约45 km，距香港中心约为50 km，属深圳龙岗东部地区。它是我国第一个从国外引进的大型核能建设项目。核电站由两台装机容量100×10^4kW压水堆机组成，总投资40亿美元。自1994年上半年投入商业运行，年发电量均在$100\times10^8kW\cdot h$以上。在核电站旁边还将建四台100×10^4kW机组，分别于2003年和2010年投入运营。大亚湾核电站冷却水流量高达$90m^3/s$以上，利用海水冷却。采用渠道输水，取水口设双层钢索拦网以防止轮船撞击。取水流速与湾内水流接近，以减少生物与其他物质的进入。泵站前避免静水区，减少海藻繁殖与泥沙沉积。

2）青岛碱厂——海水综合代用　该厂除锅炉用水、生活用水和成品洗盐使用淡水外，其他方面，如制碱工艺的冷却、化盐、化灰，以及除尘系统的除尘、洗涤、锅炉水膜除尘等均使用海水。海水平均用量$4000m^3/h$左右，使每吨碱的自来水消耗量由$16m^3$降低至$5.5m^3$。

复习思考题

1. “节约用水”的涵义是什么？简述目前节约用水的现状。
2. 城市用水定额制定的原则和程序各是什么？
3. 城市节约用水量及水率指标有哪些？含义是什么？

4. 简述城市节约用水措施。
5. 工业用水的水量可分为哪几类？其含义各是什么？并说明它们之间的关系。
6. 工业用水率度指标与工业节水水量指标各由哪些组成？
7. 简述工业节约用水措施，污水再生回用的作用与意义。
8. 分析城市污水再生回用的可行性有哪些？
9. 污水回用的途径有哪些？
10. 污水回用的水质指标包括哪几个方面？
11. 城市污水量预测的方法有哪些？
12. 结合实际谈谈城市污水回用的经济性。

第9章 水资源保护

水是一种极其重要的自然资源，是人类和一切生物赖以生存的物质基础。水对于人类文明的诞生和人类社会的发展具有重要意义。然而产业革命以后，工业迅速发展，人口迅速膨胀，水量的需求不断增加；同时人类大量的排放污染物造成水体的严重污染；由于认识上的误区，认为水是取之不尽，用之不竭的廉价资源，无序的掠夺性开采和不合理的利用，从而产生了一系列的与水有关的环境、生态和地质灾害问题。世界上水资源是非常有限的，同时时空分布又不均匀、水资源浪费严重、污染严重，使得可用的水资源量非常短缺，严重制约着工农业的发展和城市化进程，威胁着人类健康和安全。因此，保护水资源，控制水污染是当今世界性的问题，更是加速我国水污染防治进程，促进水资源的合理开发利用，以推动城市建设和经济发展所面临的当务之急。

9.1 水资源保护的概念、任务和内容

9.1.1 水资源保护的概念

水资源保护是为了满足水资源可持续利用的需要，采取经济、法律、行政和科学的手段，合理地安排水资源的开发利用，并对影响水资源经济属性和生态属性的各种行为进行干预的活动，以维持水资源的正常经济使用功能和生态功能。

水资源保护包括水量保护和水质保护两个方面。在水量保护方面，主要是对水资源统筹规划，涵养水源，调节水量，科学用水，节约用水，建设节水型工农业和节水型社会。在水质保护方面，主要是制订水质规划，提出防治措施。具体工作内容是：制订水环境保护法规和标准；进行水质调查、监测与评价；研究水体中污染物质迁移、污染物质转化和污染物质降解与水体自净作用的规律；建立水质模型，制订水环境规划；实行科学的水质管理。

9.1.2 水资源保护的任务和内容

水资源保护作为一种活动，最直接的目的是保护水资源，而从时间尺度上来考虑，水资源保护的目的是保证水资源的可持续利用。水资源保护与可持续利用的总目标是：积极开发利用水资源和实行全面节约用水，以缓解目前存在的城市和农村严重缺水危机，使水资源的开发利用获得最大的经济、社会和环境效益，满足社会、经济发展对水量和水质日益增长的需求，同时在维护水资源的水文、生物和化学等方面的自然功能，维护和改善生态环境的前提下，合理、充分地利用水资源，使得经济建设与水资源保护同步发展。

实现水资源的有序开发和利用，保护水环境的良好状态是水资源保护管理的重要内容和首要任务。具体包括：

1）水资源管理体制的改革及其能力建设。通过改革和建设，切实落实与实施水资源的统一管理，有效合理分配。

2）水污染控制与污水资源化。

3）水资源、水质和水生生态的保护。

4）地下水资源的可持续利用与保护。

5）保障城市生活和工业可持续用水。

6）水的长期供求计划与水资源评价。

7）气候变化对水资源的影响及其适应战略。

9.1.3 水资源保护的原则

在水资源的保护过程中应遵循以下原则：

（1）开发利用与保护并重的原则　这主要是从水资源的经济属性确定的原则。因为水资源是人类和一切生命不可缺少的物质基础，是人来赖以生存的必要条件，人类需要不断的对水资源进行开发利用，也就需要不断的保护水资源。在对水资源的开发利用过程中必然对水资源形成影响，同时就必须重视对水资源的保护，保护的目的是为了更好的开发利用。实践证明，只注重开发利用而忽视了保护，必然会付出沉重的代价的。相反，在开发利用的同时，进行了环境保护，就不会出现水资源遭受严重破坏的问题。

（2）维护水资源多功能性的原则　这是由水的多功能性所决定的。水既能用于灌溉、人畜饮用、工业原料，同时还可用于渔业、航运、发电等。从经济学角度来分析，应充分发挥水资源最大的使用价值。开发利用水资源的一种功能时，应注意对水资源的其他功能的保护。这一原则可以指导确定水资源开发利用的顺序和优先保护对象。

（3）流域管理与行政区域管理相结合的原则　这是由水的流动性和我国以

行政区划管理为主的体制现状决定的。一方面，水的流动性决定了水以流域为单元进行汇集、排泄。整个流域水资源是一个完整的系统，这就从客观上需要对水资源实行流域层次上的统一管理和保护，不仅在水量上，而应在流域内统筹安排和合理分配，同时在水质方面，排污应充分考虑对下游的影响，支流保护目标应符合干流的需要。另一方面，我国目前实行的是以行政区域为主的管理体制，对水资源的开发利用是地方部门的合理需要，但现存体制不可避免的造成地方政府过分强调本地的需要，而忽略了流域整体上的需要及流域其他地方的需要，造成水资源的分割利用；另一方面的原因是一个地方一般只对本行政区的水资源熟悉，从而容易导致水资源开发利用的随意性。水资源保护的理论与实践都需要流域管理，但流域管理也需要地方部门来组织实施。流域管理与区域管理相结合是构建水资源保护管理体制的根本原则。

（4）水资源保护的经济原则　水资源是一种公共资源，在水资源保护时的经费分担通用的原则是“谁开发，谁保护”，“谁利用，谁补偿”，以及“污染者付费”。这一原则是公平原则的体现，分清了水资源保护中不同主体承担的不同责任。

（5）取、用、排水全过程管理原则　一个完整的用水过程包括取水、用水、排水。这三个过程互相联系、互相影响。同时无论取水、用水、排水都与水体有关，都要服从水资源保护这一目标。从水资源保护的角度出发，考虑对水资源的取、用、排全过程进行统一管理，并最好有一个部门进行管理。这一原则符合水资源统一管理的目标，是客观的需要。

9.2 水体的污染和污水排放

9.2.1 水体污染的含义和特征

1. 水体和水体污染

水体是指地面水（河流、湖泊、沼泽、水库）、地下水和海洋的总称。水体分为陆地水体和海洋水体，陆地水体又可分为地表水体和地下水体。在环境科学领域，水体不仅仅就是水，它还包括水中的溶解物、悬浮物、水生生物和底泥，水体被当作一个完整的生态系统看待。

水体污染就是指进入水体的污染物造成该水体中某些物质（特别是对生物有毒性的或造成水体水质恶化的物质）超过了水体的本底值或水体的自净能力，从而使得该水体部分或全部失去它的功能或用途，降低了使用价值。

在环境污染的研究中，区分“水”和“水体”两个概念十分重要。例如，重金属污染物易从水中转移到底泥里，水中的重金属含量一般都不高，若着眼于水，似乎水污染并不严重，但是从整个水体看，污染就可能很严重。可见，水体污染不仅仅是水污染，还包括底泥污染和水生生物污染。

2. 水体污染的特征

地表水体和地下水体由于储存、分布条件和环境上的差异，具有不同的污染特征。

江河、湖泊、水库、海洋等地表水体，直接与人们的日常生产、生活相联系，容易受到人类活动的影响，水质发生变化。通常地表水遭受污染从表观上体现为水体的浊度和色度增高，水体浑浊、变色、有臭味，可视性很强，比较容易被发现。同时水体的循环周期较短，所以遭受污染的地表水体相对比较容易使水质恢复，也较易于净化。

地下水水质一旦遭受污染很难被发现，具有隐蔽性。由于埋藏在地表以下，污染是发生在地表以下的孔隙介质中，因此常常是地下水已经遭受了相当程度的污染，从表观上往往也难以被人们所发现，表观上依然表现为无色、无味。即使人类饮用了受有害或有毒组份污染的地下水，其对人体的影响一般也是慢性的、不易觉察的。

同时当污染被发现后，即使我们采取一定的措施也很难将水质恢复，地下水的污染具有难以逆转性。由于地下水在岩层中的流动速度非常缓慢，也因此依靠地下径流将污染物带走，则需要相当长的时间。即使在切断污染来源后，靠含水层本身的自然净化作用，在短时间内也很难将水质恢复。

地下水的循环过程相对地表水的周期长，因此水体的污染和水质的恢复都具有一定的延缓性。由于污染物在含水层上部的包气带土壤中经过各种物理、化学及生物作用后才会进入到地下径流，因此在垂向延缓了含水层的污染。对于承压含水层来说，受上部隔水层的影响，污染物向下运动的速度会更加缓慢。在水平方向上，由于地下水在岩石孔隙中的流动速度非常缓慢，因此地下水污染向附近的运移、扩散也是相当缓慢的，造成地下水污染具有延缓性的特点。

9.2.2 水体污染的三要素

1. 污染源

凡排除或释放出的污染物能引起水污染的污染源称为水体污染源。水体污染源的构成形式十分复杂，作用方式各不相同，污染源类型多种多样，很难对其有效地分类。这里试图从其形成原因，将水体污染源分为两大类：一类是自然污染，另一类是人为污染，而后者是主要的。

由自然因素引起的水污染的来源和场所，如特殊的地质条件、森林地带、爆发的火山等，为自然污染源；由人类的生产、生活活动所形成的污染源称为人为污染源，主要包括工业污染源、农业污染源和城市污染源。

（1）工业污染源　在人类活动造成的水体污染中，工业引起的水体污染最严重、最复杂，问题也最多。如工业废水，它面广、量大、含污染物多、成分复杂，在水中不易净化，处理也比较困难。工业生产除用各种原材料加工生产产品的过程中排出生产废料、残渣以及部分原材料、产品、半成品和副产品等污染水体外，发电厂和其他工厂的冷却水排出的能量也会造成水体污染。工业污染源主要有以下几个方面：

1）工业废水。这是工业污染源引起水体污染的最重要、最普遍的原因，它占工业污染源排出的污染物的大部分。工业废水中所含的污染物因工厂种类不同而千差万别，即便是同类工厂，生产过程不同，其所含污染物的质和量也不一样。其排出的方式在时间和空间上比较集中，污染效应与其他废水不同。化工、印染、石油等工业排放的污染物对水体的污染非常严重。

2）废气和固体废弃物。工厂除了排放废水直接进入水体引起水体污染外，废气和固体废弃物也会引起水体污染，如加工过的残渣和废料直接弃置河流中，或者将它们在厂区露天堆放，被雨水淋溶冲洗，一部分随水进入河流，特别是食品工业等有机残渣多的工厂，这种情况更为严重。

工厂烟囱排放的含有有害有毒成分和粉尘的废气通过干沉降和湿沉降，其中的污染物也会进入水体，特别是微量有毒成分。

（2）农业污染源　引起农业的水体污染主要有两个方面：

1）间接污染源。地表径流会增加水中的悬浮物，同时会流失土壤中的化肥和其他有机物，污染水体。

2）直接污染源。随着农药、化肥使用量的增加，绝大部分化学品会残留在土壤中，通过降雨，随地表径流进入水体和通过垂直淋溶进入地下水，形成污染。

（3）城市污染源　随着人口在城市的集中，城市生活污水、垃圾和废气已成为引起水体污染的另一个重要污染源。在一些发达国家生活污水的污染负荷已超过工业废水的污染负荷。

城市污染源对水体的污染主要是生活污水，它是人们日常生活中城市的各种污水的混合体，包括厨房卫生水、洗涤室、浴室等排放的污水和卫生间排出的粪便污水等。其来源除家庭生活污水外，还有各种集体单位和公用事业排出的污水。所谓的城市污水一般是指排入城市污水管网的各种污水的总和，有生活污水，也有一定量的各种工业废水。此外还有直接倾倒进入水体的各种生活垃圾。汽车和其他交通工具排放的尾气中的污染物降落在地表，随同降雨夹带流入河流也会污染水体。

此外，废渣和垃圾倾倒在水中或岸边，或堆积在土地上，经降雨淋洗流入水体，都能造成污染。

2. *污染物质*

污染水体的物质很多，成分极其复杂，概括起来可分为下面几类：

（1）有毒物质　包括有机有毒物质和无机有毒物质。如挥发酚、氰化物、重金属等。

（2）需氧污染物　在分解过程中要消耗大量氧气的有机物为需氧有机物，如皮革、制糖、印染、石油化工、生活污水等污染源排放的废水，其 COD 和 BOD_5 浓度高达几百到几千 mg/L，甚至上万 mg/L。这些废水会严重的恶化水体，耗尽水中部的溶解氧。

（3）植物营养物　主要指氮、磷、钾、硫等一些物质。它们是植物生长发育所需氧的养料，从农作物生长角度看，它们是宝贵的肥料，但进入水体会造成水体富营养化，影响渔业生产和危害人体健康。

（4）无机污染物　包括酸、碱、无机盐类和无机悬浮物等。酸污染物主要来源于矿山排水以及轧钢、电镀、硫酸、农药等工厂废水。酸的腐蚀性很强，会严重腐蚀排水管道、腐蚀船只，排入农田影响农作物的生长。碱污染主要来自碱法造纸、印染、化学纤维、制革、制碱、炼油等工厂废水。在造纸厂的排污口可以看到漂浮在水面上的泡沫带，在河流中可长达 10 多千米，泡沫中的酸碱度（pH 值）达 11 以上。这种废水直接排入农田，会使农作物受害枯死，使土壤盐碱化。悬浮物在一般工业废水中都或多或少的存在，但火力发电厂的水力冲灰、采矿工业的冲渣废水等含有大量的悬浮物，若排入河道，既淤塞河床，影响航运，又影响鱼类生存。

（5）油类　油类是目前海洋污染中最普遍、最严重的污染物。主要来源于油船的意外事故、海底采油、油船压舱水以及炼油厂、石油化工厂等废水。石油是一种很复杂的自然混合物，具有一定的毒性。在极微量浓度下，也可使鱼肉带有石油味。大量石油飘浮在水面形成油膜，影响水中氧的补充，妨碍水中浮游植物的光合作用，鱼类由于缺氧而无法生存。同时由于大面积油膜的存在，使海面的蒸发量降低，影响了水的自然循环，对自然环境造成不良影响。油类排入河流或海洋后，随风和水流的作用而扩散，蒸发到空间的易挥发部分约占总量的 1/3，其余是靠微生物的分解和大气氧化，在适宜的条件下，微生物在几周内就可以把石油分解掉。

（6）病原微生物　水体中病原微生物主要来自生活污水和医院废水，制革、屠宰、洗毛等工业废水以及畜牧污水。病原微生物有病菌、病毒和寄生虫等病原微生物，是水体的主要污染物，会传播各种疾病。传染病的发病率和死亡率都很高，如印度德里市 1955—1956 年发生一起传染性肝炎，全市 102 万人口，将近 10 万人患肝炎，其中黄疸型肝炎 2. 93 万人。

（7）热污染　发电厂和其他工业的冷却水是热污染的主要污染源。一般热电厂燃料中只有1/3 的热量转化为电能，其余2/3 的热量流失在大气中或冷却水中。大量的热能排入水体，会使水温增高。水体水温增高，一方面使水中溶解氧减少，另一方面促使水生物大量繁殖，使鱼类生存条件变坏。

（8）放射性污染　大多数水体在自然状态下都有极微量的放射性，但第二次世界大战后由于原子能工业，特别是核电站的发展，水体的放射性物质日益增多。放射性物质主要来源于核电站。放射性废水经浓缩后，将含放射性物质的废物用水泥、沥青等固化，装入容器，投入海中，由于容器破损，放射性污染物泄漏造成对水体污染。其次是核武器的试验，大气放射性尘埃的降落和地面径流以及工业、农业等部门应用放射性同位素，随污水排入水体。污染水体最危险的放射性物质是锶-90、铯-137 等。这些物质半衰期长，化学性能与人体的主要元素钙、钾相似，进入人体后，在一定的部位累积，增加对人体的放射性辐射，会引起遗传性变异或癌症。

3. 污染途径

污染物质进入水体的途径与水体的储存条件密切相关，按污染物质进入地表水体及地下水体的途径可分为：

（1）连续注入式污染　地表水、地表直接受到人类生产、生活活动的影响。工矿企业、城镇生活的污废水可以直接倾注到地表水体，造成地表水体的直接污染，污废水的排放形式是连续的，因此这种污染途径称之为连续注入式污染。

（2）间歇式污染　与连续注入式污染相对应的是间歇注入式污染。农田排水、固体废弃物堆放地的降水淋滤液进入地表水体则是间歇的，与降雨发生的时间有关，这种污染成为间歇式污染。

（3）直接与间接污染　地下水中的污染组分直接来自于污染源，污染组分在迁移过程中，化学性质没有发生任何变化，这种污染方式为直接污染。此时由于污染的地下水中污染组分与污染源组分一致，因此比较容易查明污染来源及污染途径。如果地下水的污染组分在污染源中的含量并不高，或是该污染组分在污染源中并不存在，它是污水或固体废物淋滤液在地下的迁移过程中经过一系列物理、化学和生物的变化而产生的，则这种污染方式称为间接污染。

无论直接污染还是间接污染，污染物进入地下水的途径是复杂多样的。如污水通过渠道或污水沟入渗进入地下水，固体废弃物中的有毒有害物质经过降雨的淋溶作用进入地下水体，化学液体溢出入渗进入地下水等，由于污染源的种类不同，污染途径也各异。如果按水力学特点，地下水的污染途径大致可以分为：间歇入渗型、连续入渗型、越流型和注入径流型四种类型。具体分类见表9-1。

表9-1 地下水污染途径分类

类型	污染途径	污染来源	被污染的含水层
间歇入渗型	降水对固体废物的淋滤 矿区疏干地带的淋滤和溶解 灌溉水及降水对农田的淋滤	工业和生活的固体废物 疏干地带的易溶矿物 农田表层土壤中残留的农药、化肥及易溶盐类	潜水 潜水 潜水
连续入渗型	渠、坑等污水的渗漏 受污染地表水的渗漏 地下排污管道的渗漏	各种污水 受污染的地表水 各种污水	潜水 潜水 潜水
越流型	地下水开采引起的层间越流 水文地质天窗的越流 经井管的越流	受污染的含水层或天然咸水 受污染的含水层或天然咸水 受污染的含水层或天然咸水	潜水或承压水 潜水或承压水 潜水或承压水
注入径流型	通过岩溶发育通道的注入 通过废水处理井注入 盐水入侵	各种污水或被污染的地表水 各种污水 海水或地下咸水	主要是潜水 潜水或承压水 潜水或承压水

9.2.3 污染水体的物化与生化作用

污染物随污水排入水体后会发生一系列物理、化学和生物化学基本作用及其综合作用，结果造成水质的显著改变。其作用结果对水体水质的改变将存在两种截然不同的结果，或造成水体恶化，或使得水体净化。

(1) 物理作用 废水或污染物进入水体后，在水力与自身力量的作用下，迅速在水体中扩散、混合，迅速扩大在水中所占的空间，这就是物理作用。物理作用只是改变污染物在水体中的污染范围，随着污染范围的不断扩大，污染物在水中的浓度相应降低，污染物质的化学组成和化学性质不发生变化。

污染水体的物理作用主要包括水流的对流作用、污染物的扩散作用和水流的冲刷作用，在这些物理作用下，污染物质不断扩大污染范围；并且污染物质进入水体后在水力和自身力量的作用下会发生稀释、混合、沉淀、挥发等物理作用，使污染水体得以自净。

废水进入水体后在水流剪力的作用下，沿着水体的流动方向运动称为对流，对流是沿平面的横向、纵向以及垂直的竖向三个方向运动的统称。随着水流流速的增大，水流的对流作用也越大。这种对流作用使污染物质迅速的在水体中扩散。

水流的对流扩散需借助废水自身的初始动量，因此，当向静止的水体排放废水时，在邻近排放口的一定距离之内，这种对流作用是很强烈的，而在距离排放口比较远的地方，废水失去了初始动量，此时废水主要依靠分子扩散作用扩大污染范围。

扩散有三种方式：分子扩散、紊流扩散和弥散。由于污染物分子的布朗运动引起的物质分子扩散，使浓度降低称为分子扩散；由于水流的流态造成的污染物浓度降低称为紊流扩散；由于水体各水层之间流速不同，使污染物浓度发生分散称为弥散。

对流和扩散两种水流运动形式影响的结果是使污染物质发生稀释和混合等。

所谓稀释，就是污水中的高浓度污染物，由于清洁水的作用而浓度降低。河流的混合稀释效果受河流形状、污水排放口形式（包括排污口构造、排污方式、排污量等）等因素的影响。污水的稀释效果可用稀释比来表示。就河流来说，稀释比即参与混合稀释的河水流量和污水流量之比，又称径污比。因此，河水的流量越大，其稀释比也越大，废水能得到较为充分的稀释，稀释效果也就越好。

废水中含有的大小不同的颗粒物质在水流流速大或发生紊动时，颗粒物质呈悬浮状态，随着水流流速的降低，水流挟带悬浮物质的能力也降低。污染物质在自身重力的作用下，较大的颗粒物质首先沉降，较细的颗粒物质也陆续下降进入底泥，使水体中的污染物浓度减低，但底泥中的污染物的浓度增加。如果长期沉淀，淤积河床。沉淀在底泥中的污染物质，当水流速度变大，暴雨冲刷或扰动，会再次进入水体，对河水造成二次污染。

(2) 物理化学作用　进入水体的污染物质包括各种各样的化学成分，如硅、铁、铅等的氢氧化物和复杂的次生粘土矿物和腐殖质等胶体物质和不少悬浮物质。当污染物质进入水体随水流迁移时，它与水中胶体之间通过吸附—解吸、胶溶—凝聚等作用进行物质的交换，水体因此发生污染或自净过程。

吸附、凝聚作用使水中的污染物质被悬浮态的粘土、泥沙或有机碎屑等悬浮物质吸附，变成更大的颗粒沉淀进入底泥。

污染物质进入水体后，除随水流一起迁移外，还因介质条件的变化，在各成分之间以及水体各种化学成分之间发生化学作用，如酸化、碱化、中和、氧化还原、分解化合、沉淀溶解等化学过程。一方面会导致污染物质在水体中污染空间扩大，加重了水体污染的程度；同时各种组分之间发生化学作用也会使一些污染物质的浓度降低或毒性丧失，使水体得以自净。

由于进入水体中的污染物与水体组分之间发生化学作用，致使污染物浓度降低或毒性丧失的现象，称为化学净化作用。其中包括污染的分解与化合、氧化与还原、酸碱反应等。如含氰废水在水中易发生分解化合作用，氰化物在酸性条件下，易分解而释放氢氰酸，经挥发而进入大气中。酸性废水和碱性废水会发生酸碱中和反应。这些化学作用在一定程度上可以降低污染物的含量。

（3）生物作用　生物作用是指进入水体中的污染物，通过生物的作用而扩大其在水体中的污染空间或范围，使污染物毒性增强，或使污染物在水环境中发生富集的现象。在另一方面，进入水体的污染物经过水中各种生物的作用，或被分解，或被转化为低毒或无毒的物质，称为生物的净化作用。

某些元素在水体中的生物作用下，发生形态和价态的变化，转化成毒性较强的物质，如汞转化为甲基汞就非常典型。甲基汞易降解、易被生物吸收而在脑中积累，造成神经系统中毒。日本的水俣病，就是水体受到汞污染后转化成甲基汞而造成的。也有一些有毒污染物在生物的作用下可以转化成无毒或低毒的化合物，使水体得以净化。如氨在水中硝化细菌的作用下可以转化为无毒的亚硝酸盐和硝酸盐。

生物的富集作用，使生物体中的元素或难分解有机物的含量大大超过水体中的浓度。富集作用可通过生物积累和生物放大两个过程实现。同时，水生生物将水体中的污染物吸收贮藏在体内，使水中的污染物降低，也可以使得水体净化。如水葱可在高达$600\times10^{-4}\%$的含酚水中正常生长。由于体内具有较大的空腔，干枯后漂浮水面，冲刷到岸边而被清除，从而使吸入体内的酚不会再次返回到水体。

废水中的有机物或矿物成分在生物作用下进行降解作用称为生物降解作用。在溶解氧富裕的条件下，含碳有机物会在好氧微生物的作用下转化为简单、稳定的无机物，如二氧化碳和水、磷酸盐等，使水体得以自净。在无氧条件下经厌氧菌的作用发生厌氧分解，产生大量恶臭性还原物，如甲烷、硫化氢、氨等，造成色、味的污染。

9.2.4 污水排放

1. 污水排放控制的法律法规体系

（1）水环境保护法律　水环境保护是水资源开发利用的基础，是环境保护和资源保护的重要方面。水环境保护法是水法体系下面的一个子体系。广义的水保护法是指水体或水域环境保护法，因此从理论上分析，水保护法应该包括如下法规；防止水污染的法规、防止水源枯竭的法规、防止水流堵塞的法规、防止水源破坏的法规、防治水害的法规、节约用水的法规等内容。

1972年，在瑞典斯德哥尔摩召开了第一次世界环境大会，我国派代表团列席了会议，会议通过了《人类环境宣言》。

1973年，国务院召开第一次全国环境保护会议，制定了《关于保护和改善环境的若干规定（试行草案）》。

1978年3月，第五届全国人民代表大会通过的《中华人民共和国宪法》中列入了环境保护工作，规定：“国家保护环境和自然资源，防治污染和其他公害”。

1979 年全国第五届人大常委会第十一次会议原则通过《中华人民共和国环境保护法（试行）》，并于 9 月 13 日颁布实施，标志着包括水资源保护工作在内的我国环保工作进入法制轨道的开始。此后根据水资源和水环境保护工作的需要，陆续制定和颁布了各种层次的法律法规。

1989 年新的《中华人民共和国环境保护法》发布，1984 年 5 月 11 日颁布《中华人民共和国水污染防治法》，并于 1996 年修订；1988 年 1 月 21 日颁布了《中华人民共和国水法》。2002 年进行了修订。

目前，水环境保护法律主要有《中华人民共和国环境保护法》、《中华人民共和国水污染防治法》、《中华人民共和国海洋环境保护法》、《中华人民共和国水法》等，这些法律法规的颁布基本上实现了水资源保护活动的有法可依。

（2）水环境保护的法规性文件和政策　水环境保护的文件和政策中最重要的是排污收费制度和排污许可证制度的实施。

1979 ~ 1981 年是排污收费制度的提出和试行阶段，1978 年 12 月中共中央批转了原国务院环保领导小组《环境保护工作要点》，首次提出在我国实行“排放污染物收费制度”的设想。

1982 ~ 1987 年是排污收费制度的建立和实施阶段。国务院于 1982 年发布了《征收排污费暂行办法》，标志着我国排污收费制度的正式建立。1984 年通过的《中华人民共和国水污染防治法》对排污收费制度在法律上作了重要完善。

1988 年，国务院发布了《污染源治理专项基金有偿使用暂行办法》。

1993 年国家计委、财政部发布了《关于征收污水排污费的通知》。

1999 年国家计委、建设部、国家环保总局发布了城市污水处理收费规定《关于加大污水处理费用的征收力度，建立城市污水排放和集中处理良性运行机制的通知》。

2003 年 7 月 1 日国务院颁布了《排污费征收使用管理条例》。条例规定直接向环境排放污染物的单位和个体工商户，应当依照本条例的规定缴纳排污费。条例从污染物排放种类、数量的核定，排污费的征收，排污费的使用，罚则等方面作了明确的规定。

（3）污水排放标准　排放标准是环境标准的重要组成部分，是根据环境质量要求，结合环境特点和社会技术经济条件，对污染源排入环境的有害物质和产生的各种因素所作的控制规定。排放标准是排放的极限值，是实现环境质量标准的重要保证，是控制污染源的重要手段。

国家对不同行业、设备都制定有相应标准。国家排放标准又分为综合排放标准和行业排放标准。国家标准在全国范围内统一使用。

由于当地环境条件等原因，在执行国家级排放标准不能实现地方环境时，则需要制定地方排放标准。地方排放标准应以国家标准为依据，并应等于或严于国家标准，起到补充、修订、完善国家标准的不足之处的作用。

目前，国家污水排放标准包括《污水综合排放标准》（GB 8978—1996）以及众多的行业排放标准，如造纸工业执行《造纸工业水污染物排放标准》（GB 3544—1992），船舶执行《船舶污染物排放标准》（GB 3552—1983），海洋石油开发工业执行《海洋石油开发工业含油污水排放标准》（GB 4914—1985）等。这些标准的实施为保护水资源、控制污染物排放、保证受纳水体水质符合用水要求具有重要作用。

2. 城市污水的集中处理

城市污水处理工程是指用于城市生活污水和工业废水的收集、输送并经一定的工艺处理后能达标排放的城市基础设施，包括污水管渠系统、泵站、污水处理厂、出水排放系统等。

（1）城市污水的收集系统　城市污水的收集排放系统包括室内的污水管道系统及设备、室外的污水管道系统和管道上的泵站、检查井等附属设施。

城市污水是指排入城镇污水排水系统的居民的生活污水和工业废水。在合流制排水系统中还包括生产废水和截留的雨水。城市污水的收集和输送主要是由管道系统和泵站组成的。这些污水是采用一个管渠来排除还是采用两个或两个以上各自独立的管渠系统来排除，污水的这种不同的排除方式所形成的排水系统称作排水体制。排水体制一般分为合流制和分流制两种类型。

合流制排水系统是将生活污水、工业废水和雨水混合在同一个管渠内排除的系统。分流制排水系统是将生活污水、工业废水和雨水分别在两个或两个以上各自独立的管渠内排除的系统。如果采用合流制将全部污水送往城市污水处理厂进行处理，然后再排放，从控制和防止水体的污染来看是较好的，但这时污水干管尺寸很大，污水厂的处理负荷也增加很多，建设费用也相应增高。分流制是将城市污水全部送往污水厂进行处理，但初期雨水径流未加处理就直接排入水体，对城市水体也会造成污染，有时很严重，但它比较灵活，较易适应社会发展的需要，一般也能符合城市卫生的要求，所以分流制排水系统在国内外得到了较广泛的应用。

在城市需要扩建排水系统时，在一座城市中会出现混合式排水体制，既有分流制也有合流制。在大城市中，由于各区域的自然地理条件及修建情况差异很大，因地制宜的在各区域采用不同的排水体制是合理的。

合理地选择排水系统的体制，是城市和工业企业排水系统规划和设计的重要问题。排水体制的选择是一项非常复杂的工作。应根据城镇及工业企业的规划、环境保护的要求、污水利用情况、原有排水设施、水质、水量、地形、气候和水体等条件，从全局出发，在满足环境保护的前提下，通过技术经济比较，综合考虑确定。在新建地区排水系统一般采用分流制，而在发展受限制的小城镇，附近有水量充沛的水体或街道狭窄地下设施较多，修建两条管线有困难的地区等，采用合流制的排水体制则是比较有利的。

当工业企业位于城市内，应尽量考虑将工业废水直接排入城市排水系统，利用城市排水系统统一排除和处理是比较经济的。但并不是所有工业企业的废水都可以直接排入城市排水系统，工业废水排入城市排水系统的水质应不影响城市排水管渠和污水厂等的正常运行，不对养护管理人员造成危害，不影响污水处理厂出水和污泥的排放利用为原则。应符合《污水排入城市下水道水质标准》中的规定。当工业废水不满足规定的要求时，应在厂区内设置废水的局部处理设施，以满足排入城市下水道所要求的条件，然后再排入城市排水管道。

污水管道埋设在城市道路下，污水在管道中靠重力自流，因此管道铺设时都具有一定的坡度，在地形平坦的地区，当埋深超过一定的限值时，需设泵站抽升污水。为了日常管理和检修方便，每隔一段距离须设置检查井。因此排水的管道系统在排水工程中的投资是最大的。

（2）城市污水的处理系统　城市污水中含有各种有害物质，如不加处理而任意排放，必然会破坏水体的原有功能，污染环境造成公害。因此，城市污水在排入受纳水体之前或利用污水经再生处理作为城市用水的补充水源之前，一般应根据受纳水体的要求进行适当有效的处理。

污水处理程度取决于污水原水水质和对处理后水质的要求。污水厂的出水水质应根据其出路确定，当回用时，水质应符合相应用途的水质标准；排入受纳水体时，水质应符合《污水综合排故标准》(GB 8978—1996)，同时应视受纳水体水域使用功能的环境保护要求，结合受纳水体的环境容量，按污染物总量控制与浓度控制相结合的原则确定，即：

1）污水厂出水排入《地表水环境质量标准》（GB 3838—2002）中规定的Ⅲ类水域（划定的保护区和游泳区除外）和排入《海水水质标准》（GB 3097—1997）中规定的二类海域的水质，应符合《污水综合排放标准》（GB 8978—1996）中的一级排放标准的规定。

2）污水厂出水排入《地表水环境质量标准》（GB 3838—2002）中规定的Ⅳ、Ⅴ类水域和排入《海水水质标准》（GB 3097—1997）中规定的二类海域的水质，应符合《污水综合排故标准》（GB 8978—1996）中的二级排放标准的规定。

3）污水厂出水排放的污染物总量，必须小于水体的环境规划和环境影响评价确定的污染物总量控制标准。

污水处理程度确定以后，就应选择适当的处理方法。污水的处理方法很多，归纳起来可以分为物理法、化学法和生物法等。

物理法是利用物理作用来分离水中呈悬浮状态的污染物质，在处理过程中不改变其化学性质。主要包括沉淀、气浮、筛网过滤、离心分离、蒸发、超滤、反渗透等方法。

化学法是利用化学反应或物理化学作用处理回收可溶性废物或胶体性物质。属于化学法的有中和法、氧化还原法、混凝法、电解法、汽提法、萃取法、吹脱法、吸附法、离子交换法、电渗析法等。

生物法主要利用微生物的作用，使废水中呈溶解和胶体状态的有机污染物转化为无害的物质。根据微生物的类别，目前常用的生物法可分为好氧生物处理和厌氧生物处理。好氧处理法中又有活性污泥法、生物膜法、生物氧化塘、污水灌溉、土地处理系统等。

各种处理方法都有各自的特点和适用条件，在实际的污废水处理中必须取长补短、互为补充，多种处理方法配合使用从而达到良好的处理效果。这种由若干个处理方法组合而成的污废水的处理系统，称为处理流程。

按照不同的净化要求和处理程度，城市污水处理系统可分为一级处理、二级处理和三级处理。

按去除污染物的类别和工艺持点，可将污水处理工艺划分为一级处理、二级处理和深度处理。一级处理包括常规一级处理和强化一级处理，它以沉淀工艺为主体，主要去除悬浮物；二级处理以生物处理为主体，包括常规二级处理和改进型二级处理，主要去除有机污染物，包括氮、磷；深度处理是对污水二级处理的出水进一步处理的工艺，如絮凝、沉淀（澄清）、过滤、活性炭吸附、离子交换、反渗透、电渗析、氨吹脱、臭氧氧化、消毒等，主要去除二级处理不能完全去除的污染物，其工艺形式根据深度处理达到的目的不同而不同。

城市污水水质比较固定，已基本形成一套行之有效的二级处理流程，如图9-1所示。

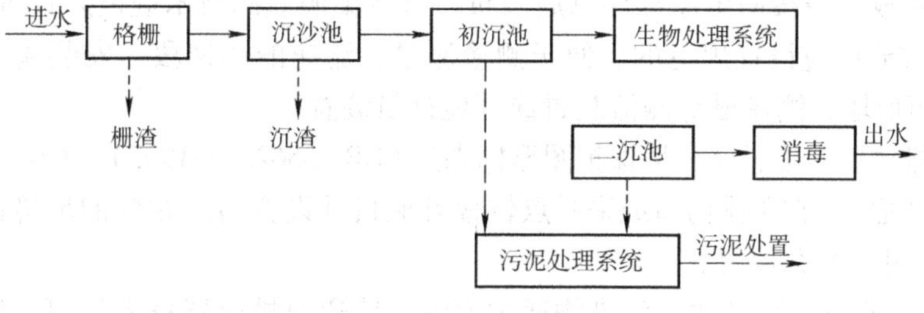

图9-1　城市污水处理的一般流程

（3）城市污水排放工程　污水的排放工程主要包括排放管渠及附属设施、排放口和水质自动监测设施。

1）排放水体及排水口位置。

a.《中华人民共和国水污染防治法》规定，禁止向生活饮用水地表水源、一级保护区的水体排放污水，已设置的排污口，应限期拆除或者限期治理。在生活饮用水源地、风景名胜区水体、重要渔业水体和其他有特殊经济文化价值的水体的保护区，不得新建排污口。在保护区新建排污口，必须保证保护区水体不受污染。

b. 在《地表水环境质量标准》（GB 3838—2002）中规定的Ⅰ、Ⅱ类水域，Ⅲ类水域划定的保护区和游泳区，以及《海水水质标准》（GB 3097—1997）中规定的一类海域，禁止新建排污口，现有排污口按水体功能要求，实行污染物总量控制。

c. 允许排入水体的污水应按照受纳水体功能要求进行有效的处理，达到有关标准要求的水质后排放；排放口宜建在取水口的下游，以免污染取水口的水质。

d. 沿海、沿江城市，在严格进行环境影响评价、满足国家有关标准和水体白净能力要求的条件下，可审慎合理地利用受纳水体的环境容量，一方面可以充分利用水体的自然净化作用处理污水。另一方面降低城市污水处理厂的建设费用和运行费用。污水排海、排江工程是通过科学的规划和设计，采取严格的工程措施，把经过适当预处理的城市污水，通过扩散器释放到稀释扩散能力强的水域，利用水体的物理、化学和生物自净能力，达到消除污染物的目的。但污水选择深海排放或排江时，必须经技术经济比较论证及环境影响评价，并对污水水质、水体功能、环境容量和水力条件及初始稀释度进行综合分析后合理确定。污水排放前应根据环境影响评价的要求进行处理。

e. 排放口的位置和形式，应根据污水水质、下游用水情况、水体的水位变化幅度、水流方向、波浪情况、地形变迁和主导风向等因素确定。排放口与水体岸边连接处应采取防冲、加固等措施。

2）排放口设置要求。

a. 排放口应按照国家环保总局颁布的《污染源监测技术规范》设置采样点。

b. 排放口应设置规范的、便于测量流量、流速的测速段，安装流量计、三角堰、矩形堰、测流槽等测流装置或其他计量装置。

c. 排放口应按照《环境保护图形标志》（GB 15562. 1—1995）（GB 15562. 2—1995）的规定，在距排污口或采样点较近且醒目处设置与之相应的环境保护图形标志牌，并能长久保留。

3）排放口一般形式。污染物通过河流、管道或排放器排入江河、湖泊、水库、河口、海洋等水体后，会经历稀释、扩散、输送以及一系列物理、化学和生物过程。在排放口附近存在着一个浓度较高的区域，该区域内水质标准不适用，这个区域通常称之为混合区。在该区域以外的浓度值不允许超过规定的水质目标值。

由于混合区内水质较差，因此污水排放时应根据受纳水体及周围的具体情况确定混合区的大小。如果排放口的附近有水质敏感点，如自来水厂取水口，则排放口的布置必须将对敏感点水域产生的影响减到最小，特别要减少事故排放对水源地水质的影响。

为了使混合区的划分具有理论依据和科学依据，可以采用近区（即初始污水稀释区）的水质预测模型和远区的稀释扩散模型确定污水排入水体后对水质的影响及混合区的范围。

为了便于污水与水体混合，排放口一般采用掩没式。排放口的基本形式有以下几种：

a. 岸边式排放口。排放口直接设在受纳水体的岸边，称为岸边式排放口，常见的有一字式排放口和八字式排放口，见图 9-2。排放口与水体岸边连接处应采取防冲、加固等措施，一般用浆砌块石作护墙和铺底。在受冻胀影响的地区，出水口应考虑采用耐冻胀材料。这种排故口形式简单，易于施工，建设费用低，但对排放口附近岸边的水质影响较大。

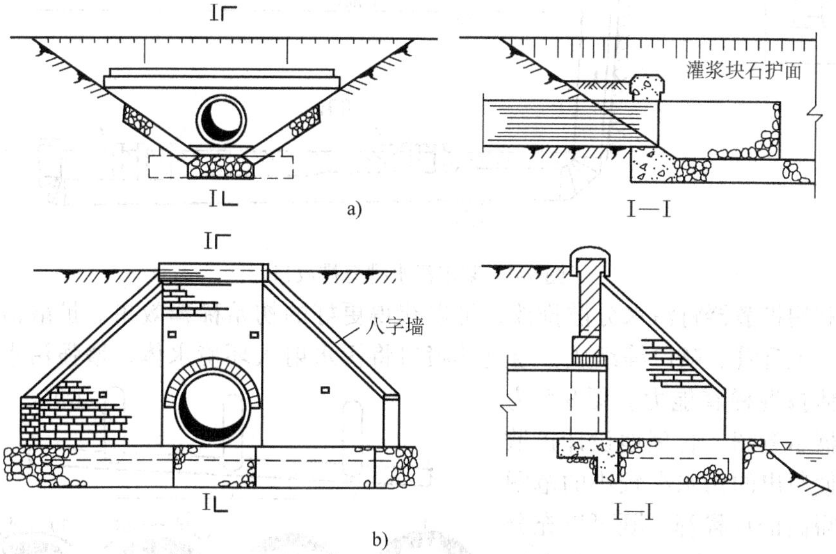

图 9-2　岸边式排放口

a）一字式排放口　b）八字式排放口

b. 离岸式排放口。如果要求污水与水体水流充分混合，或受纳水体为宽浅的河流，可通过管线将污水送入水体中，将排放口建于河床上，称为离岸式排放口。在河床上设置排放口应取得航运管理部门的同意，并设置标志。

离岸式排放口包括单点排放口、多点分散式排放口和扩散器。如图 9-3 所示为江心分散式排放口。

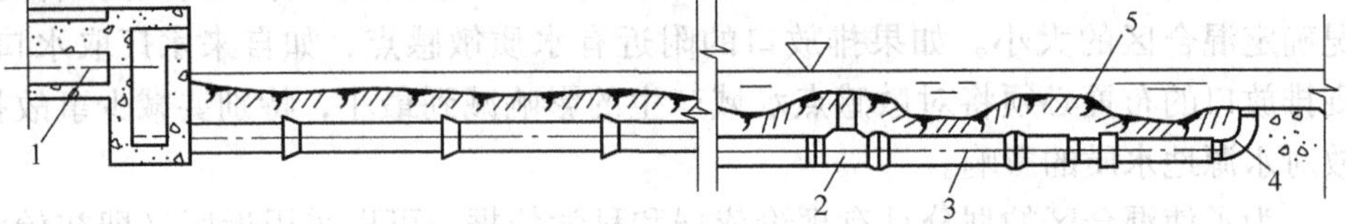

图 9-3 江心分散式排放口

1—进水管渠 2—T 形管 3—渐缩管 4—弯头 5—石堆

扩散器排放是我国 20 世纪 80 年代发展起来的一种新的排放口技术，在城市污水及电厂热废水排海、排江工程中得到广泛应用。如图 9-4 所示为某市污水排海排放口。

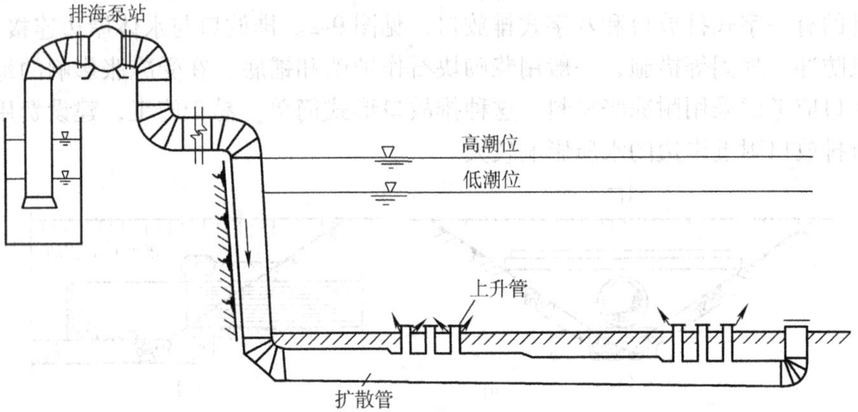

图 9-4 某市污水排海排放口

利用扩散器将污水分散排放，可以获得更好的初始稀释效果。扩散器由扩散管、上升管、喷口等组成，通过其喷口将污水射入环境水体，增强污水与环境水体掺混稀释能力。图 9-5 为扩散器示意图。合理地设计扩散器可使射出的污水在较小的范围内获得高倍数稀释，既可以充分利用水体的环境容量和自净能力，显著减少污水处理费用，又能保证环境目标的实现。

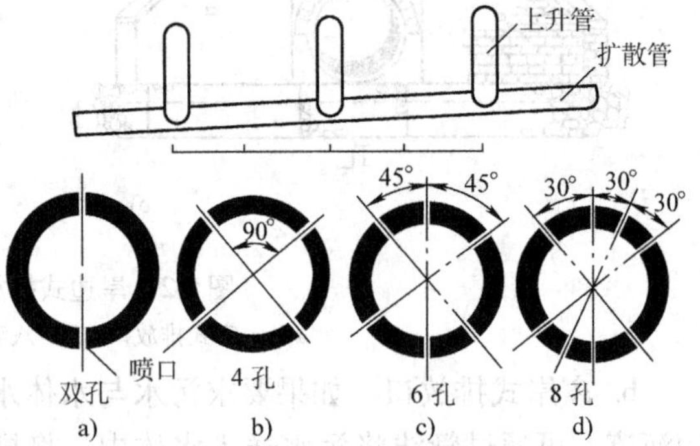

图 9-5 扩散器示意图

扩散管位置应考虑排放口河段的水文特征（径流、潮汐），河床演变特性，同时不应影响航运。通常设置扩散管应符合下列条件：①设在河床稳定、冲淤幅度小的水域；②设在水体深、流速大、无明显向岸流的水域；③要与污水处理工程的整个规划相协调，排放口应设置在与污水汇集与处理相接近的地方，以减少输送污水管线的长度，从而降低工程造价及运营管理费；④避开水源保护区、主航道、养殖场、游泳场、码头等；⑤设置在近岸处时，要考虑边滩变化特点，防止排放口被淤死。

环境条件和扩散器的设计参数对污水稀释扩散效果有显著的影响，设计参数包括扩散管管径、扩散管长度、上升管间距、喷口射流角度、射流速度、喷口直径、喷门个数等；环境参数包括环境水深，环境流速等。通常借助人工模拟试验，确定扩散器的设计参数以及环境参数对污水近区稀释扩散效果的影响。城市污水经过收集、输送、处理和排放最终主要是重新进入水体，完成了一个循环过程。

9.3 水环境质量监测和评价

9.3.1 水环境质量监测

水环境监测是弄清有害物质的来源、分布、数量、动向、转化规律，掌握水体质量的实际状况、水质变化的原因、防治水污染和合理使用水资源的主要手段，它是对监督检查污染物排放和水环境标准的实施情况，正确评价水环境质量和净化装置的性能，验证新的水环境保护技术及其标准化研究必不可缺少的基础工作。

1. 水环境监测的对象和目的

水环境监测是为国家合理开发利用和保护水土资源提供系统水质资料的一项重要的基础工作，是水环境科学研究和水资源保护的基础，对发展国家经济和保障人民健康等具有十分重要的意义。水环境监测的目的是及时、准确、全面地反映水环境质量现状及发展趋势，为水环境管理、规划、污染防治等提供科学依据。具体归纳为以下几个方面：

1）对进入江、河、湖、库、海洋等地表水体的污染物质及渗透到地下水中的污染物质进行经常性的监测，以掌握水环境质量现状及其发展趋势。

2）对生产过程、生活设施及其他排放源排放的各类废水进行监视性监测，为实现监督管理、控制污染提供依据。

3）对水环境污染事故进行应急监测，为分析判断事故原因、危害及采取对策提供依据。

4）为国家政府部门制定水资源保护法规、标准和规划，全面开展水环境管理工作提供有关数据和资料。

5）为开展水环境质量评价、水资源论证评价及进行水环境科学研究提供基础数据和手段。

6）收集本底数据，积累长期监测资料，为研究水环境容量、实施总量控制、目标管理提供依据。

2. 水环境监测分类

（1）监视性监测 监视性监测也称例行监测或常规监测。一般指按照国家有关技术规定，对水环境中已知污染因素和污染物质定期进行监测，以确定水环境质量及污染源状况，评价控制措施的效果，衡量水环境标准实施情况和水环境保护工作的进展。监视性监测包括多污染源的监督监测（污染物浓度、排放总量、污染趋势等）和水环境质量监测。这类监测包含三项具体指标：

1）趋势监测。这是为了掌握一个水体水质的长期性变化趋势而开展的监测，重点是获取一个时期内的主要理化和生物参数的平均值，为水环境管理及污染防治提供基础资料。

2）超标监测。这是为了监视一个水体水质参数值是否超过标准，以发现问题，及时向有关工矿企业、事业单位发布警报，并采取相应措施。这对保障居民集中供水水源、渔业、灌溉和工业用水安全，评价本地区污染控制措施的有效性是十分重要的。

3）背景监测。在水体相对清洁区，例如流经城市和工业区的河流上游设置监测点进行长期监测，取得数据作为趋势和超标监测值的对照。

（2）应急监测 应急监测一般分为突发性水环境污染事故监测和洪水期与退水期水质监测。

1）突发性水环境污染事故监测。突发性水环境污染事故，尤其是有毒有害化学品的泄漏事故，往往会对水生生态环境造成极大地破坏，并直接威胁人民群众的生命安全。因此，突发性水环境污染事故的应急监测与水环境质量监测和污染源监督监测具有同样的重要性。当发生突发性水环境污染事故时，要及时进行监测，迅速查明污染物的种类、污染程度和范围以及污染发展趋势，及时、准确地为决策部门控制污染提供可靠依据。

2）洪水期与退水期水质监测。掌握洪水期与退水期地表水现状和变化趋势，及时准确地为国家水行政和环境保护行政主管部门提供可靠信息，以便对可能发生的水污染事故制定相应的处理对策，为保障洪涝区域人民的健康与重建工作提供科学依据。

（3）特定目的监测 特定目的监测是为了完成一个时期内专门的任务而开展的活动，根据目的的不同可分以下几种类型：

1）仲裁性监测。主要针对水污染事故纠纷、水政执法过程中所产生的矛盾进行监测。仲裁性监测应由国家制定的具有权威的监测部门进行，以提供具有法律效力的数据，供执法部门、司法部门仲裁。

2）验证性监测。主要针对流域、区域性开发和各类建设项目所产生的水环境问题进行监测，监督开发行动在施工和建成运行期对水体的污染影响，验证环境影响报告书的各项结论的正确性。

3）咨询性监测。为政府部门、科研机构、生产单位所提供的服务性监测。如建设新企业应进行环境影响评价，需要按评价要求进行监测。

（4）研究性监测（又称科研监测）　研究性监测是针对特定目的的科学研究而进行的高层次的监测。如水环境本底的监测及研究；有毒有害物质对从业人员的影响研究；为监测工作本身服务的科研工作的监测，如统一方法、标准分析方法的研究、标准物质的研究等。

3. 水环境监测项目

监测项目依据水体功能和污染的类型不同而异，其数量繁多，但受人力、物力、经费等各种条件的限制，不可能也没有必要一一监测，而应根据实际情况，选择环境标准中要求控制的危害大、影响范围广，并已经建立可靠分析测定方法的项目，水环境监测项目的选择首先取决于水体目前和将来的用途，并应注意以下几个原则：

1）选择国家和地方的地表水环境质量标准中要求控制的监测项目。

2）选择对人和生物危害大、对地表水环境影响范围广的污染物。

3）选择国家水污染物排放标准中要求控制的监测项目。

4）所选监测项目有"标准分析方法"、"全国统一监测分析方法"。

5）各地区可根据本地区污染源的特征和水资源与水环境保护功能的划分，酌情增加某些选测项目；根据本地区经济发展、监测条件的改善及技术水平的提高，可酌情增加某些污染源和地表水监测项目。

4. 水环境监测分析方法

（1）水环境监测分析方法的选择　水环境污染物的分析是一个相当复杂的问题，主要表现在：

1）污染物含量的差距大，有的高达数千 mg/L（如污染源监测中的某些项目），有的低到零点零几，甚至更低，这就要求既要有适应高含量的测定方法，又要有适应低含量的测定方法，其中后者是更常见的。

2）试样的组分复杂，因此要求分析方法最好具有专属性，以便简化分析过程的预处理，从而加快分析速度。

3）试样数量大，待测组分多，工作量大。

因此选择分析方法时，要权衡各种因素：

1）为了使分析结果具有可比性，应尽可能采用标准分析方法。如因某种原因采用新方法时，必须经过方法验证和对比试验，证明新方法与标准方法或统一方法是等效的。在涉及到污染纠纷的仲裁时，必须用国家标准分析方法。

2）在某些项目的监测中，尚无"标准"和"统一"分析方法时，可采用

ISO、美国EPA和日本JIS方法体系等其他等效分析方法，但应经过验证合格，其检出限定值、准确度和精密度应能达到质控要求。

3）方法的灵敏度要满足准确定量的要求。在通常情况下，待测物的浓度越大，对分析结果的准确度要求越高；反之，准确度要求较低。因此，对于高浓度的成分，应选择不太灵敏的化学分析法，这样就可以避免高倍数稀释操作而引起大的误差。对于低浓度的成分，则可根据已有条件采用分光光度法、原子吸收法或其他仪器分析方法。

4）方法的抗干扰能力要强。方法的选择性好，不但可以省去共存物质的预分离操作，而且能提高测定的准确度。但是完全没有干扰的、特效的分析方法是很少见的，问题是要透彻了解分析对象的共存成分和含量水平，以及多大浓度才对待测组分产生干扰，并了解消除这些干扰的正确方法。

5）对某些项目，在条件许可的情况下，尽可能采用单项成分测定仪。因为单项成分测定仪一般具有专属性的，可避免组分的分离，提高工作效率。例如，汞的测定可采用冷原子吸收法或冷原子荧光法测汞仪进行测定。

6）在多组分的测定中，应尽量选用同时兼有分离和测定的分析方法，如气相色谱法、高效液相色谱法等，以便在同一次分析操作中，能同时得到各个待测组分的分析结果。

7）在经常性的测定中，或者待测项目的测定次数频繁时，要尽可能选择方法稳定、操作简便、易于普及、试剂无毒或毒性较小的分析方法。

（2）水环境监测常用分析方法　按照监测方法所依据的原理，水环境监测常用的方法有化学法、电化学法、原子吸收分光光度法、离子色谱法、气相色谱法、等离子体发射光谱（ICP－AES）法等。其中，化学法（包括称量法、滴定法）和分光光度法目前在国内外水环境常规监测中已普遍被采用，占各项目测定方法总数的50%以上（表9-2）。各种方法测定的项目如表9-3所示。

表9-2　各类分析方法在水环境监测所占比例

方法	中国水和废水监测分析方法		美国水和废水标准检验法（15版）	
	测定项目数	比例（%）	测定项目数	比例（%）
称量法	7	3.9	13	7.0
滴定法	35	19.4	41	21.9
分光光度法	63	35.0	70	37.4
荧光光度法	3	1.7		
原子吸收法	24	13.3	23	12.3
火焰光度法	2	1.1	4	2.1
原子荧光法	3	1.7		
电极法	5	2.8	8	4.3
极谱法	9	5.0		
离子色谱法	6	3.3		
气相色谱法	11	6.1	6	3.2
液相色谱法	1	0.5		
其他	11	6.1	22	11.8
合计	180	100	187	100

表9-3 常用水环境监测方法测定项目

方法	测定项目
称量法	SS、可滤残渣、矿化度、油类、SO_4^{2-}、Cl^-、Ca^{2+}等
滴定法	酸度、碱度、溶解氧、总硬度、氨氮、Ca^{2+}、Mg^{2+}、Cl^-、F^-、CN^-、SO_4^{2-}、S^{2-}、Cl_2、COD、BOD_5、挥发酚等
分光光度法	Ag、Al、As、Be、Bi、Ba、Cd、Co、Cr、Cu、Hg、Mn、Ni、Pb、Sb、Se、Th、U、Zn、NO_2_N、NO_3_N、氨氮、凯式氮、PO_4^{3-}、F^-、Cl^-、S^{2-}、SO_4^{2-}、BO_3^{2-}、Cl_2、挥发酚、甲醛、三氯乙醛、苯胺类、硝基苯类、阴离子洗涤剂等
荧光分光光度法	Se、Be、U、油类、BaP等
原子吸收法	Ag、Al、Ba、Be、Bi、Ca、Cd、Co、Cr、Cu、Fe、Hg、K、Na、Mg、Mn、Ni、Pb、Sb、Se、Sn、Te、Tl、Zn等
冷原子吸收法	As、Sb、Bi、Ge、Sn、Pb、Se、Te、Hg等
原子荧光法	As、Sb、Bi、Se、Hg等
火焰光度法	Li、Na、K、Sr、Ba等
电极法	Eh、pH、DO、F^-、Cl^-、CN^-、S^{2-}、NO_3^-、K、Na、NH_3等
离子色谱法	F^-、Cl^-、Br^-、NO_2^-、NO_3^-、SO_3^{2-}、$H_2PO_4^-$、K^+、Na^+、NH_4^+等
气相色谱法	Be、Se、苯系物、挥发性卤代烃、氯苯类、六六六、DDT、有机磷农药类、三氯乙醛、硝基苯类、PCB等
液相色谱法	多环芳烃类
ICP－AES	用于水中基体金属元素、污染重金属以及底质中多种元素的同时测定

9.3.2 水环境质量评价

1. 水环境质量评价的任务及内容

水环境质量通常是指水体的质量状况。水体是一个广义的名称，它包括河流、湖泊、水库、海洋及地下水等。对地面水体而言，水体质量包括水的质量、底质的质量和水生生物的质量。与人类的生产、生活活动关系最为密切的是水质；底质质量是河流在一段时间里污染情况的见证；水生生物质量则可反映出污染物在生物体内的累积情况，从而反映出人们在利用水生生物时可能对人们产生的影响。

水环境质量评价就是对水环境品质的优劣给予定量或定性的描述。它是人们认识水环境质量，找出水环境质量存在的主要问题所必不可少的手段和工具。通过水环境质量评价应该完成下述任务：找出评价地区的主要污染源和主要污染物，解决需要首先防治的污染物及防治的区域的问题；定量评价水环境质量的水平；通过技术经济比较，提出技术上合理、经济上可行的防治污染途径和方法；为新的社会经济发展计划及环境保护作出可行性研究等；为水环境工程、水环境管理、水环境标准、水环境污染综合防治以及水环境规划提供基础数据；为国家制定环境保护政策提供信息。进行水环境质量评价的根本目的就是为各级政府和有关部门制定经济发展计划，制定资源开发政策，确定大型工程项目及区域规划提供环境保护的依据，并为环境部门制定水环境规划，贯彻以防为主、以管促治的方针，实现全面、科学的水资源管理服务。

环境影响评价的内容十分广泛，各国的规定和要求也不尽一样。由于评价的对象不同，评价所包含的项目也有差异。但是，为了建设项目进行可行性研究提出的环境影响报告书的目的是一致的，因而编制环境影响报告书的过程是大体相同的。对一个工程项目或一个地区的开发的水环境质量评价，主要包括以下内容：①评价区的自然环境状况调查；②评价区的人口及社会经济状况调查；③水质监测及污染源监测；④污染源和水质的现状评价；⑤水环境数学模型的建立及验证；⑥污染源预测和水质变化预测；⑦水环境质量影响评价；⑧水环境经济损益分析；⑨水污染控制措施；⑩公众参与；⑪水环境监察审核计划；⑫编制环境影响报告书。

2. 水环境质量评价的分类及程序

(1) 环境质量评价类型　按照时间，环境质量评价可分为回顾评价、现状评价和预断评价三种类型。

1) 回顾评价。回顾评价是对已经建成的工程产生的环境影响进行评价，以便了解工程兴建后实际的环境变化情况、环境影响的范围和深度，针对实际出现的不利影响，提出改善措施，保护环境质量，并为今后新建工程的环境影响评价提供参考依据。

2) 现状评价。现状评价是对在建工程或已建工程的现状进行环境质量评价，以便了解目前工程的环境状况，针对不利影响提出措施，保证和提高环境质量。水环境现状评价主要是对研究水域当前的质量状况按照国家环境质量标准进行评估，以确定水域现状环境质量优劣等级，并为工程前后环境质量比较提供依据。

3) 预断评价。预断评价是对计划兴建工程可能对环境造成的影响，或某地区或建设项目周围将来的环境质量变化情况进行预测并作出评价，对不利影响提出减免或改善措施，为决策部门提供科学的参考依据。由此可见，预断评价是工程规划设计阶段进行可行性论证的主要组成部分，是评估一个地区或生产部门社会经济发展的环境适应能力的重要手段。预断评价也称为影响评价或未来评价。

按照环境要素分类，环境质量评价可分为单要素评价和综合评价两类。单要素评价是指只对某一个环境领域进行质量评价，如水环境质量评价或大气环境质量评价等；综合评价则是指对一个地区的各环境要素进行联合评价。

（2）水环境质量评价程序　说明环境不是目的，改善环境和控制污染才是目的。根据评价的结果要对改善环境提出切实可行的建议。这些建议的提出必须建立在对环境问题和规律具有深刻认识的基础之上，也就是在进行评价工作的始终都要着眼于改善环境的措施与方法，绝不是为评价而评价。对于水环境质量评价，建议按图9-6所示的程序进行。

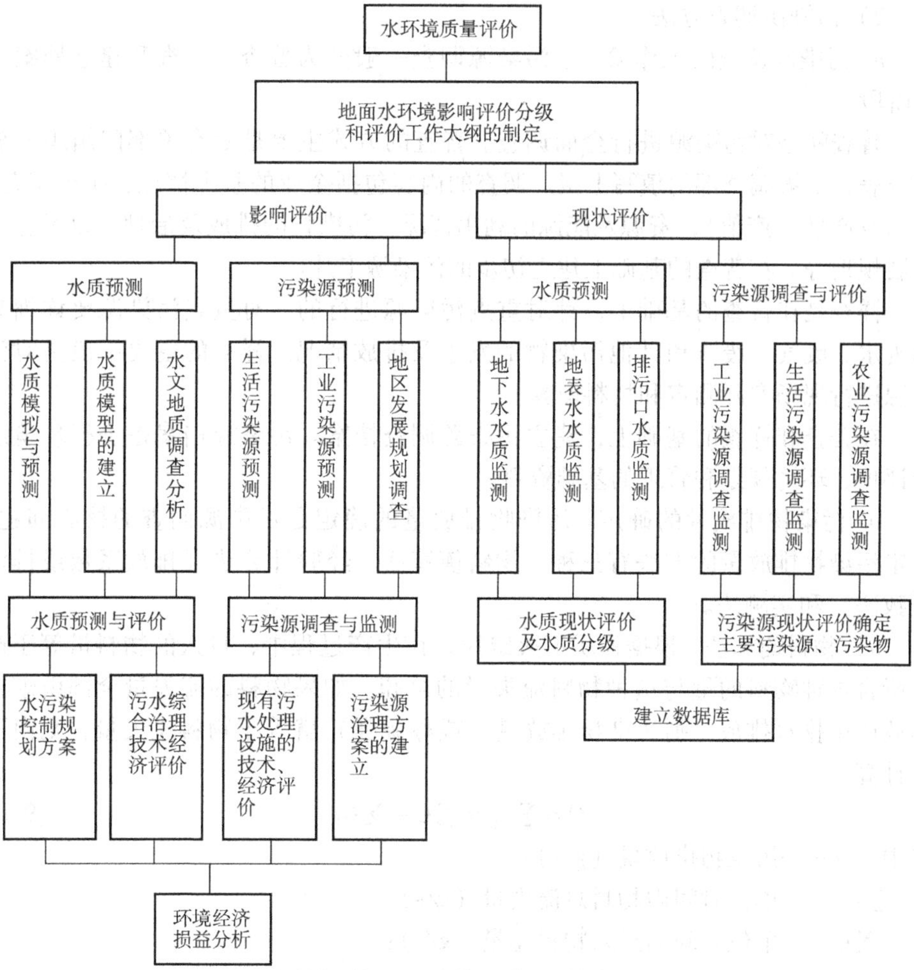

图9-6　水环境质量评价程序

3. 污染源调查、预测与评价

（1）污染源调查

1）污染源调查的内容。所谓污染源调查就是指获得污染源资料的过程，它所包含的内容极其丰富繁杂。按污染源分类的不同和调查目的的不同，污染源调查可分为工业污染源调查、农业污染源调查、生活污染源调查、交通污染源调查，也可分为大气污染源调查、水污染源调查、噪声污染源调查等。

工业污染源调查内容包括企业环境状况、企业基本情况和污染排放及治理等；农业污染源调查内容包含农药使用情况调查、化肥施用情况调查、水土流失情况调查和农业废弃物调查；生活污染源调查内容包含城市居民人口调查、城市居民用水和排水调查、民用燃料调查和城市垃圾及处置方法调查。

2）污染源调查方法

a. 污染源调查的工作阶段。污染源调查一般分为普查、祥查和建立档案三个阶段。

普查就是对污染源进行全面调查。普查的方式主要是由有关部门组织发放调查表，由被调查部门填写上报。调查的内容包括企业的基本情况，生产工艺、产品及产量（产值），资源及能源的利用情况，污染物的排放及治理，以及生产发展规划等。在普查的基础上建立初步的污染源卡片。

祥查是在普查的基础上，针对重点污染源进行的。对重点污染源要详细掌握废水、废气、废渣和其他污染物的发生及排放情况。祥查的主要手段是对污染源进行现场实际测定和物料衡算。

在普查和祥查的基础上，建立污染源调查档案。污染源档案是进行环境质量评价、环境规划和管理的基础资料。

b. 污染物排放量的确定。污染物排放量的确定是污染源调查的核心问题。确定污染物排放量的方法有三种：物料衡算法、经验计算法（排放系数或排污系数法）和实测法。

a）物料衡算法。根据物质不灭定律，在生产过程中，投入的物料量等于产品所含这种物料的量与这种物料流失量的总和。如果物料的流失量全部由烟囱排放或由排水排放，则污染物排放量（或称源强）就等于物料流失量，则由下式计算

$$Q = \sum G_2 = \sum G - \sum G_1 \tag{9-1}$$

式中 Q——污染物排放量（g/s）；

$\sum G_2$——单位时间内物料总流失量（g/s）；

$\sum G$——单位时间内投入物料总量（g/s）；

$\sum G_1$——单位时间内生产的产品中所含这种物料的量（g/s）。

如果物料流失量的一部分由烟囱或排水排放，其他部分进入渣中，则排放量就由物料流失量乘以修正系数得到，即

$$Q = \alpha \sum G_2 \tag{9-2}$$

式中 α——修正系数，等于排污口排放的物料量与物料流失量的比值。

不同的生产过程，上述的物料平衡方程式有不同的形式。

b）经验计算法（排放系数或排污系数法）。根据生产过程中，单位产品的经验排污系数进行计算，求得污染物排放量的计算方法称为经验计算法。计算公式为

$$Q = KW \tag{9-3}$$

式中　K——单位产品的经验排放系数（kg/t）；

W——某种产品的单位时间产量（t/h）。

各种污染物的排放系数与原材料、生产工艺、生产设备及操作水平有关，它们都是在特定条件下产生的。各地区、各单位由于生产技术条件的不同，污染物排放系数与实际排放系数可能有很大差别。因此，若选用有关文献给出的排污系数，应根据实际情况加以修正。

c）实测法。实测法是通过对某个污染源现场测定，得到污染物的排放浓度和流量（废水或烟气），然后计算出排放量。计算公式为

$$Q = CL \tag{9-4}$$

式中　C——实测的污染物算术平均浓度；

L——烟气或废水的流量。

该法只适用于已投产的污染源。废水的流量可以用流速仪、堰板、浮标及容器法测定。在生产过程变化不定的条件下，可以选择不同的时间间歇测量，也可以连续测量，得到废水排放流量的时间过程线及其瞬时流量、平均流量等数值。废水中污染物的含量可以根据需要分析测定不同时间的数值，也可以按流量的大小加权混合，取某一时间的加权平均值。

（2）污染源预测　目前用于污染源预测的方法主要有回归分析预测法、平均增长速度法和弹性系数法。

1）回归分析预测法。回归分析目前多用线型函数。根据历年监测的数据，可以直接建立起污染物排放与时间的关系，然后进行预测。线型函数的表达式可以写作

$$Q = a + bt \tag{9-5}$$

式中　Q——污染物排放量（t/a或kg/d）；

t——计算时间（a）。

根据多年的污染物排放数据 Q_i 和相应的年分 t_i，可以估计出参数 a 和 b

$$a = \frac{\sum Q_i t_i \sum t_i - \sum Q_i \sum t_i^2}{(\sum t_i)^2 - n\sum t_i^2} \tag{9-6}$$

$$b = \frac{\sum t_i \sum Q_i - n\sum Q_i t_i}{(\sum t_i)^2 - n\sum t_i^2} \tag{9-7}$$

式中　n——所采用的数据的年限。

有了 a，b 值以后，就可以进行预测了。

2）平均增长速度法。将污染物的排放量与国民生产总值（或工业产值）或与产品产量挂钩，根据国民经济的发展计划来预测污染物的排放量，可以用下式计算

$$M = mG \tag{9-8}$$

式中 M——预测的某种污染物的排放量；

m——单位产值或单位产量的某种污染物的排放量；

G——预计的产值或产品的产量。

m 应该被看作一个随时间变化的量。一般说来，随着技术的进步和管理水平的提高，m 的数值应逐年下降。这种关系可以用下式表示

$$m = m_0 \ (1+\alpha)^{t-t_0} \tag{9-9}$$

式中 m_0——预测基准年的单位产值或单位产品的排污量；

t，t_0——预测年和基准年；

α——排污量的年平均增长率，在正常情况下，$\alpha \leqslant 1$。

α 的准确程度是污染物排放量预测的关键。根据当地的历史资料推求 α 值是最为理想的。在缺乏当地材料的情况下，也可以借鉴规模和生产水平、管理水平比较相近的城市或企业的资料。

3）弹性系数法。在一个系统中，如果有两组变量 x_i 和 y_i，弹性系数的定义就是 y 的相对增长量与 x 的相对增长量的比值，即

$$\varepsilon = \frac{y-y_0}{y} \bigg/ \frac{x-x_0}{x} = \frac{\Delta y}{y} \bigg/ \frac{\Delta x}{x} \tag{9-10}$$

如果弹性系数已经知道，就可以根据 x（或 y）的增长率导出 y（或 x）的增长率，从而得到 y（或 x）的绝对增长值。利用弹性系数可以很方便的根据国民生产总值或工业产品的产量来预测污染物的排放量。

弹性系数 ε 可以根据历年的观测数据推求。设 M_2、G_2 分别为 t_2 年的污染物排放量和相应的国民生产总值（或工业产品的产量），M_1、G_1 分别为 t_1 年的对应值，如果 α 和 β 分别表示污染物排放量和国民生产总值（或工业产品的产量）的年平均增长率，根据平均增长速度法可以写出

$$M_2 = M_1 \ (1+\alpha)^{t_2-t_1} \tag{9-11}$$

$$G_2 = G_1 \ (1+\beta)^{t_2-t_1} \tag{9-12}$$

由上两式可以求出 α 和 β

$$\alpha = \left(\frac{M_2}{M_1}\right)^{\frac{1}{t_2-t_1}} - 1 \tag{9-13}$$

$$\beta = \left(\frac{G_2}{G_1}\right)^{\frac{1}{t_2-t_1}} - 1 \tag{9-14}$$

那么，弹性系数可以由下式求出

$$\varepsilon = \frac{M_2 - M_1}{M_2} \Big/ \frac{G_2 - G_1}{G_1} = \left[1 - (1+\alpha)^{t_1 - t_2}\right] / \left[1 - (1+\beta)^{t_1 - t_2}\right] \quad (9\text{-}15)$$

因为 α 和 β 表示的是由 t_1 至 t_2 年的污染物排放量和国民生产总值（或工业产品的产量）的年平均增长率，所以弹性系数也可以表示为

$$\varepsilon = \frac{\alpha}{\beta} = \frac{\left(\frac{M_2}{M_1}\right)^{\frac{1}{t_2 - t_1}} - 1}{\left(\frac{G_2}{G_1}\right)^{\frac{1}{t_2 - t_1}} - 1} \quad (9\text{-}16)$$

（3）污染源评价　污染源评价是在污染源和污染物调查的基础上进行的。污染源评价的目的是要确定主要污染物和主要污染源，为污染源治理和区域治理规划提供依据。各种污染物具有不同的特性和不同的环境效应，为了使不同的污染物和污染源能够在同一个尺度上加以比较，要采用特征数来表示评价的结果，或者说要对污染物和污染源进行标准化比较。

污染源评价首先要确定三个特征数：等标污染指数、等标污染负荷和污染负荷比。然后在此基础上确定主要污染物和主要污染源。

等标污染指数是指所排放的某种污染物的浓度超过该种物质的排放标准的倍数，简称超标倍数。它所反映的是污染物的排放浓度与评价所采用的排放标准之间的关系。等标污染指数可以用下式计算

$$N_{ij} = \frac{C_{ij}}{C_{oi}} \quad (9\text{-}17)$$

式中　C_{ij}——第 j 个污染源中第 i 种污染物的排放浓度；

C_{oi}——第 i 种污染物的排放标准。

污染物的排放标准可以采用国家有关的污染物最高允许排放浓度，也可以执行地方排放标准。对于不同行业还有不同的限制，可以参看有关的国家标准。在选择污水的排放标准时要特别注意以下问题：排放限制值一是与污水的去向有关（进入哪一级控制区，或是进入城市污水处理厂），二是与污水的性质有关。根据水体污染控制的要求以及为了有效地管理污水的排放，按地表水域使用功能要求将其划分为三级水域控制区，分别执行不同的排放标准。

根据监测的污染物浓度和排放标准，可以计算等标污染指数 N_{ij}。等标污染指数只反映浓度关系，并不涉及排放总量。而污染物对环境的影响是由浓度和总量两者决定的。为了描述总量的影响，引入等标污染负荷的概念。等标污染负荷用下式计算

$$P_{ij} = \frac{C_{ij}}{C_{oi}} Q_{ij} \quad (9\text{-}18)$$

式中　Q_{ij}——第 j 个污染源中含有第 i 种污染物的介质排放流量（m^3/s）；

其余符号的意义同前。

若第 j 个污染源共有 n 种污染物参与评价，则该污染源的总等标污染负荷为

$$P_j = \sum_{i=1}^{n} P_{ij} = \sum_{i=1}^{n} \frac{C_{ij}}{C_{oi}} Q_{ij} \tag{9-19}$$

若评价区内共有 m 个污染源含有第 i 种污染物，则该种污染物在评价区内的总等标污染负荷为

$$P_i = \sum_{j=1}^{m} P_{ij} = \sum_{j=1}^{m} \frac{C_{ij}}{C_{oi}} Q_{ij} \tag{9-20}$$

要注意的是，等标污染负荷是有量纲数，它的量纲与计算流量所用的量纲一致；等标污染指数则是量纲为一的数。

为了确定污染物和污染源对环境的贡献，还要引入污染负荷比的概念。在第 j 个污染源内，第 i 种污染物的污染负荷比 K_{ij} 由下式确定

$$K_{ij} = \frac{P_{ij}}{\sum_{i=1}^{n} P_{ij}} \tag{9-21}$$

K_{ij}是一个量纲为一的数，可以用来确定污染源内部各种污染物的排序。K_{ij}最大者就是最主要的污染物。

评价区内第 j 个污染源的污染负荷比 K_j 可以用下式计算

$$K_j = \frac{\sum_{i=1}^{n} P_{ij}}{P} \tag{9-22}$$

K_j 也是一个量纲为一的数，它可以用来确定评价区内的主要污染源及污染的排序。K_j 值最大者为最主要的污染源。

评价区内第 i 种污染物的污染负荷比 K_i 可以用下式计算

$$K_i = \frac{\sum_{j=1}^{m} P_{ij}}{P} \tag{9-23}$$

K_i 是一个量纲为一的数，可以用来确定评价区内的主要污染物及其排序。K_i 最大者为最主要的污染物。

4. 水环境质量评价方法

（1）评价的原则　水环境现状评价基于水质采样调查和分析，水环境影响评价基于水质影响预测结果。

地表水环境评价工作按三级进行，低于第三级地表水环境影响评价条件的建设项目，不必进行地表水环境影响评价，只需按照环境影响报告表的有关要求，简要说明所排放的污染物类型和数量、给排水状况、排水去向等，并进行一些简单的环境影响分析。当采纳水域的环境保护要求较高（如自然保护区、

饮用水源地、珍贵水生生物保护区、经济鱼类养殖区等)，且评价等级为一、二级时，应考虑水生生物和底质的调查和评价。

水环境评价方法可采用文字分析描述和数学方法。在文字分析描述中，有时可采用检出率、超标率等统计值；数学方法则较多，详见后面各节。单项评价是以国家、地方的有关法规、标准为依据，评定与估价各评价项目的单个质量参数的环境影响。单项评价应有重点，对影响较大的环境质量参数应尽量评估其影响的特性、范围、大小及重要程度，对影响较小的环境质量参数则可较为简略。多项因子环境质量评价应为综合评价，评价因子也应择其重点。

（2）评价依据　水环境评价的基本依据是地表水环境质量各种标准、有关法规、当地的环保要求及待评价建设项目的投资生产状况或计划等。

（3）评价方法　水环境质量评价的关键是选择或构建正确的评价方法，以及评价模型中所涉及的关键参数序列。利用评价模型和参数对水体的环境质量作出有效评判，确定其水环境质量状况和应用价值，从而为防治水体污染及合理开发利用、保护水资源提供科学依据。

目前，用于水质评价的方法种类繁多，大体上可分为一般统计法、综合指数法、数理统计法、模糊数学综合评判法、浓度级数模式法、Hamming 贴近度法等。各种方法的适用范围及其主要优缺点简要列于表9-4。

表9-4　水质评价方法汇总

名称	基本原理	适用范围	优、缺点
一般统计法	以监测点的检出值与背景值或饮用水标准比较，统计其检出数、检出率、超标率及其分布规律	适用于水环境条件简单、污染物质单一的地区，适用于水质初步评价	简单明了，但应用有局限性，不能反映总体水质状况
综合指数法	将有量纲的实测值变为量纲为一的污染指数进行水质评价	适用于对某一水井、某一地段的时段水体质量进行评价	便于纵向、横向对比，但不能真实反映各污染物对环境影响的大小，分级存在绝对化，不尽合理
数理统计法	在大量水质资料分析的基础上，建立各种数学模型，经数理统计的定量运算，评价水质	水质资料准确，长期观测资料丰富，水质监测和分析基础工作扎实	直观明了，便于研究水化学类型成因，有可比性。但数据的收集整理困难
模糊数学综合评判法	应用模糊数学理论，运用隶属度刻画水质的分级界限，用隶属函数对各单项指标分别进行评价，再用模糊矩阵复合运算法进行水质评价	区域现状评价和趋势评价	考虑了界限的模糊性，各指标在总体中污染程度清晰化、定量化。但可比性较差

（续）

名称	基本原理	适用范围	优、缺点
浓度级数模式法	基于矩阵指数模式原理	连续性区域水质评价	克服了水质分级和边界数值衔接的不合理
Hamming贴近度法	应用泛函分析中Hamming距离概念，定量分析任意两模糊子集间的靠近程度	适用于需自定水质级别的情况。评价具有连续性，适用于区域性评价	便于根据实际情况定出水质分析标准，评价结果表达信息丰富

目前，所应用的水质评价方法比表9-4中所提到的还要多，对方法的适用范围、优缺点的理解可能更为丰富，这里只作概略总结。需要注意的是，由于水环境评价具有如下特征：

1）系统中污染物质之间存在复杂关系，各种污染物质对环境质量的影响程度不一。

2）水质分级标准难以统一。

3）对水体质量的综合评判存在模糊性。

因此，从不同角度和目的出发提出的水环境质量评价方法各异，但水质评价方法本身应具有科学性、正确性和可比性，满足实际使用要求，以利于查清影响水质的因素，实现水环境的保护与水污染的治理。

9.4 水资源保护措施

9.4.1 加强水资源保护的法律法规建设

水污染严重和水资源短缺已成为世界所面临的共同问题，为解决这一问题必须加强水资源的保护工作。水资源保护是一项十分重要、十分迫切也是十分复杂的工作。

水资源保护工作必须有法律法规与之配套，才能使得保护规划得以实施，才能确保水资源的合理开发利用、国民经济的可持续发展及人民生活水平的不断提高。应加强水资源保护的法律法规的建设，加紧制定有关的水资源的法规，依法行政，建立水资源保护法规体系和执法体系。

水资源保护法是水资源法（又称水法）的一个重要组成部分，广义的水资源保护法是指水体或水域水环境保护法，水体包括水、水床、水生物、水上景观等，也有人用水量、水质、水外观、水生态系统和水床这些因素来表示水体。因此，水资源保护法包括防治水污染的法规、防治水源枯竭的法规、防治水源破坏的法规、合理开发利用水资源的法规、节约用水的法规、防治水流堵塞的法规等。

英国早在1944年就颁布了水资源保护法，以后又在1945年、1948年、1958年、1963年和1974年颁布了有关的法律。其中1974年通过水法后，英国对水的管理体制进行了重大改革，在英格兰和威尔士地区成立了10个水管理局，它们的任务是综合管理水源、供水、污水处理、污染控制、内陆排水、防洪、航运、渔业以及娱乐用水等。这样就逐渐解决了水资源与污染控制和其他方面的矛盾。

在美国，1896年的河流法就有水资源保护的内容，1946年就制定了《水污染控制法》，1954年制定了《美国流域保护与防洪法》。1965年成立了水资源利用委员会，负责制定统一的水政策，全面协调各级政府和企业、组织的工作，促进美国水土资源的保护和使用。1966年，美国颁布了新的清洁水保护法，根据此法每个州都必须制定有效的消除地表水污染的控制规划。

我国在水资源和水环境保护方面取得了巨大的进展。1972年我国派代表团列席了第一次世界环境大会，1973年，国务院召开第一次全国环境保护会议，研究讨论了我国的环境问题，制定了《关于保护和改善环境的若干规定》，这是我国第一部关于环境保护的法规性文件，为我国水资源保护措施和管理措施的实施奠定了基础。1984年颁布了《中人民共和国水污染防治法》，1996年进行了修订，2000年颁布了《中华人民共和国水污染防治法实施细则》，1988年颁布了《中人民共和国水法》，2002年修订通过了新的《中人民共和国水法》，1989年颁布了《中人民共和国环境保护法》，1991年颁布了《中人民共和国水土保持法》等，这一系列有关水资源保护的文件，使得我国水资源保护工作有法可依，逐渐走上法制化轨道。

但同时我国现行的这几部有关水资源保护的法律之间也存在着一些问题，如几部法律之间的关系不协调、各管理部门的职权范围不明确，从而造成流域水资源保护管理体制的混乱，以至于在淮河流域出现严重的水污染时，现行制度无法发挥作用的现象。因此，必须认真吸取淮河流域水污染的教训，通过立法和修正现行法律，理顺各有关法律的关系，以保证各项制度能在流域水资源保护中发挥作用，保证流域水资源保护的目标得以顺利实现。

流域水资源保护的流域特征是不容忽视的，即使在对现行法律作出修改使之能适应流域水资源保护的要求后，根据流域特点制定专门性立法也是必需的。每个流域的自然因素和社会因素的不同导致各流域资源保护的重点的差异，因此，对每个流域所设置的保护制度也应该是有差别的。流域立法将是水资源立法的发展趋势。

法律法规制度建成以后，其效果的好坏还依赖于这些制度的执行，因此各部门应加强执法力度，在有法可依的基础上，做到违法必究和执法必严。真正使各项法律法规落到实处，绝不能以罚代法、以罚代管。

9.4.2 加强水资源保护的管理体制建设

水资源短缺的一个很大原因是管理不善。人们对保护水资源的重要性认识不清，造成重大的水质问题。因此必须加强水资源保护的意识，认真管理，以确保水功能区水质目标的实现，为社会经济可持续发展服务。

加强水资源管理的核心是加强流域水资源的统一管理和实行城乡一体化的城市水务管理体制。

1. 建立统一的行政管理机构

目前得到国际公认的水资源的管理模式的发展趋势是水权的国家所有或公共所有和基于水权的国家对水资源实行统一管理，统一管理在流域层次上表现为实现流域为主的体制，在行政区域上实行以城市为单元的用水过程的统一管理，即城市水务局体制。

田纳西河流经美国7个州，长约1450km，流域面积10.5万km^2，在实施流域管理法之前，该河流域泥沙沉积、资源被盲目掠夺、土地风化、经常发生洪涝灾害、生态平衡遭到严重破坏，为保护和开发田纳西河流域，美国于1993年颁布了《田纳西河流域管理局法》，建立了具有管理执法职能的、权威的流域管理机构，授予管理局很大的行政管理权力，同时明确了管理局和其他机构的关系，较好的实现了流域开发、治理和保护的统一，环境资源保护和经济社会发展的统一。

在英国则成立了10个流域水务局来管理水资源，把一个流域作为一个整体，从水污染的开发、城市和工农业供水到污水的回收利用、水资源的综合平衡；从水资源的污染源治理、城市污水处理厂到河道净化工程，进行系统分析、统筹安排。英国的这种管理体制是流域管理的典型。

我国历史上设有水行政管理机构，新中国成立后设有水利部，农田水利、水力发电、内河航运和城市供水分别由农业部、燃料工业部、交通部和建设部负责管理，水行政管理没有统一。后又对各部门的划归进行了重新合并，各级地方设有地方各级行政机构。除流域水资源管理机构外，从民国开始，中央政府在长江、黄河、淮河、太湖等各大流域陆续设立了流域管理机构。目前，全国已有长江、黄河、珠江、松辽、淮河、海河、太湖等7大流域管理机构，作为水利部在各流域的派出机构，行使各自流域的水行政职责。

1988年颁布的《水法》中规定："国家对水资源实行统一管理与分级、分部门管理相结合的制度"。《水法》实施以来，在推进水资源统一管理方面取得了较大的进步。但在水资源的流域管理上还非常薄弱，流域性的水环境恶化事件屡屡发生，其中以淮河、辽河、海河流域性的污染，黄河的断流现象最为突出。因此，2002年颁布的新的《水法》中规定："国家对水资源实行流域管理与行政区域管理相结合的管理体制”。国务院水行政主管部门负责全国水资源的统一管理和监督工作。国务院水行政主管部门在国家确定的重要江河、湖泊设立的流域管理机构（以下简称流域管理机构），在所管辖的范围内行使法律、行政法规规定的和国务院水行政主管部门授予的水资源管理和监督职责。县级以上地方人民政府水行政主管部门按照规定的权限，负责本行政区域内水资源的统一管理和监督工作，我国的水行政管理日趋合理。

2. 建立统一的水务管理体制

作为基础性的自然资源和战略性的经济资源，水资源越来越成为经济社会发展的主要制约因素，水旱灾害并存的自然环境及治水体制等方面的问题，对经济发展的负面影响也日益明显，如流域管理上存在“条块分割”，区域管理上存在“城乡分割”，法制管理上存在“政出多门”，在城市地区表现最为突出，这些越来越不适应生产力发展的要求，不符合水循环的自然规律，给水资源的科学开发、合理利用、优化配置和有效保护带来多重负效应，不利于水资源的可持续利用。

城市化的快速发展，城市范围的不断扩大更需要城乡水务统一管理。城市化地区水资源分割管理导致的种种弊端说明必须实现城乡水务统一管理。城市作为一个区域单元，地域狭小，集雨面积小，自产水资源量少，但是经济规模大，人口密集，点源污染高度集中，因此对防洪要求很高，供水保证难度大，水污染防治任务繁重。目前大部分城市水资源管理状况是“多龙管水，政出多门”，“水源地不管供水，供水的不管排水，排水的不管治污，治污的不管回用”。工作交叉，责任不清，弊端甚多。主要表现为：多龙管水人为地增加市政管理的难度，同时，也无法实现现代化的水资源网络联合调度；没有人对供需平衡负总责；政出多门，难以真正节水；无法有效地控制污染；难以根治河道积累污染和地面沉降等生态、环境问题；无法建立统一的管理法规。东京、巴黎和柏林的经验都证明，如果水资源分属不同部门管理，很难出台统一的水资源管理法规。不统一管理，各部门的意见不一致难以确定合理的水价。

从管理实践来看，首先水资源是以流域为单元进行循环转化，按流域管理才符合水资源本身的自然属性和生态属性；其次，尽管城市管理是以行政区划为基础，绝大多数城市都在同一流域内，只有在城市行政区划内尽可能大的范围内统一管理水资源，才符合按流域管理水资源的系统思想；最后，国内外实践表明，以水务局形式管理水资源，能够取得好的效果。

要解决城市可持续发展的水资源保障问题，建立以流域统一管理为指导思想的城乡水务统一管理体制是当务之急。

水务局的成立，可以通过城市水资源规划对水资源进行优化配置。在取水阶段，要利用取水许可制度、水资源费征收管理办法、建设项目水资源论证管理办法等调控手段，加强管理。在用水阶段，要制定用水定额，大力节水，为城市居民提供合格的饮用水，充分发挥水价在用水上的杠杆作用。在开源方面，要考虑雨洪利用、中水回用、区外调水、海水淡化和水生态系统建设（包括地下水回灌、保护植被）等综合措施。在治污方面，要采用集中治污、达标处理等措施，同时充分利用污水处理费的价格调控手段。在排水阶段，要综合考虑城市地面硬化对城市雨洪特性的影响，把排水与防洪、污水达标排放综合考虑。

水务局的成立，将进一步理顺城乡水资源管理体制，围绕环境、生态、效益三要素，实现水资源的合理开发，高效利用和有效保护。防洪、防潮、排涝、取水、供水、用水、节水、水资源的保护、污水处理等涉水事务实行统一管理，改变目前存在“多龙管水”的状况，有利于推动水资源开发利用和保护工作。

我国最早的水务管理体制改革从深圳开始。在城市发展的实践和连续发生的旱涝灾害中，深圳市政府首先认识到水资源分割管理的弊端和水务统一管理的重要性，借鉴香港地区水务管理的经验，于1993年7月组建了水务局对城乡涉水事务进行统一管理，收到了明显成效。近年来，各城市也先后开展了水务管理体制的改革。

3. 水资源保护的具体管理措施

明确江、河、湖、库的水体功能与水质保护目标。水功能区划是水资源保护管理的重要依据，因此要管理好水资源必须划定水体功能。

科学制定污染物排放标准和水质标准。在明确了水体的各功能后，应充分考虑水环境的容量和水环境的水质要求，制定合理、科学的相应的水质标准。实施污染物排放的总量控制。

加强水域水质的监测、监督、预测及评价工作。只有加强水质的监测工作才能时刻清楚污染物的变化和水质的变化情况，才能及时的采取相应的措施。

积极实施污染物排放总量控制。污染物排放总量控制是水资源质量管理的重要手段，在水资源的保护管理中应积极实施。

编制流域、区域、水域各种水资源利用和保护规划，统筹安排水资源的分配，制定水污染控制规划和措施。

9.4.3 水资源保护的经济政策

水资源是一种公共资源，且水资源具有随机性、流动性以及不可替代性、功能多样性、使用广泛性等特点，世界上大多数国家规定水资源属国家或公共所有。我国《水法》明确规定：“水资源属国家所有，即全民所有。”由此可见，我国的水权是实行公有制。水资源的所有制决定着水资源的占有、处分、收益等权能的主体，同时对确定水资源保护的归责原则具有重要意义。

1. 工程水费征收

新中国成立后，为支援农业，基本上实行无偿供水。这样使得用户认为水不值钱，没有节水观念和措施；大批已建成的水利工程缺乏必要的运行管理和维修费用；国家财政负担过重，影响着水利事业的进一步发展。水费改革工程在水利电力部的指导下迅速开展起来，1965年水利电力部制定并经由国务院批准颁布了《水利工程水费征收使用和管理试行办法》，1985年国务院颁布了《水利工程收费核定、计收和管理办法》，这是在系统总结各地水费制度的经验基础上制定的，从而改变了过去人们对水是取之不尽和不值钱的传统观念。从1988年到现在，在水费计收方面，各省（区、市）相继都颁布了计收办法和标准，有的还进行了调整；在水资源费征收方面，全国已有25个省（区、市）颁布了征收办法和标准，国务院水资源征收办法也正在制定中。2002年我国颁布的《水法》对征收水费和征收水资源费作出了规定。

2. 水资源费征收制度

完善水资源有偿使用制度符合当前我国国情、水情和建立社会主义市场经济体制的需要。我国人口多，自然地理条件特殊，完善水资源有偿使用制度，有利于克服不利的水资源自然特点；我国干旱缺水严重，完善水资源有偿使用制度有利于缓解当前城乡严重缺水局面；我国未来经济发展对水资源需求量大，完善水资源有偿使用制度，有利于以较小的资源代价，实现经济顺利增长；我国水环境恶化十分严重，完善水资源有偿使用制度有利于水资源的有效保护，促进水资源可持续利用；完善水资源有偿使用制度是水资源管理体制和运行机制适应从传统计划经济体制向社会主义市场经济体制过渡的需要；保障水资源可持续利用是当今世界许多国家共同关心的问题，建立和完善水资源有偿使用是国家重要的管理保护措施。

当前我国现行有偿使用水的制度，对管好、用好、保护好水资源有一定的作用，但从促进水资源合理开发和可持续利用、保障社会经济可持续发展的角度看，还不够健全和完善，有待于改进。突出的有以下两方面问题：

一是征收标准普遍偏低。据了解，全国水利工程供水成本测算为3.3分/m^3，而水价标准不到2.3分/m^3，特别是农业用水水价标准，大部分省实际不到供水成本的一半，工业水费全国平均仅占工业产品成本的0.1%～0.3%，生活水费仅占消费支出的0.23%。水资源费标准也普遍偏低，不反映水资源本身的价值。据1995年对黑龙江、吉林、辽宁、天津、河北、山西、山东、陕西、新疆、四川、湖北、湖南、广西、广东、浙江等15个省（区、市）分行业分析现状水资源费承受能力，除个别行业、个别典型外，绝大部分水资源费占成本比例非常小。

二是现行实施水资源有偿使用对象不全面。由于水资源具有多用途性、流动性，同一流域上下游各种不同用水会相互影响，因此仅仅对直接从江河湖泊和地下取水征收水资源费是不完全的，还应包括水域的利用、水能的利用等。同时，仅仅依靠计收水费、征收水资源费也不能解决水质下降、水域功能被破坏、水工程设施受损害、地下水位下降、地面沉降等保护水资源、维持生态环境稳定等问题。还必须另外建立制度，例如国务院颁布的《水利产业政策》提出要建立保护水资源、恢复生态环境的经济补偿机制，以及开始对城市自来水供水收取污水处理费等，即为这方面的补充。

要把我国水资源管好、用好、保护好，建立的水资源有偿使用制度应能调控用户使用水资源的全过程，其中完善立法框架是关键。1988 年颁布的《水法》规定：使用供水工程供应的水，应当按照规定向供水单位交纳水费，对城市中直接从地下水取水的单位征收水资源费；其他直接从地下或江河、湖泊取水的单位和个人，由省、市、直辖市人民政府决定征收水资源费。显然仅收取水费和水资源费还是不够的，收取水资源费只限定于直接取用江河、湖泊和地下水，用途也是不够全面的。因此，2002 年修订的《水法》中规定：国家对水资源依法实行取水许可制度和有偿使用制度。省、自治区、直辖市人民政府有关行业主管部门应当制定本行政区域内行业用水定额，报同级水行政主管部门和质量监督检验行政主管部门审核同意后，由省、自治区、直辖市人民政府公布，并报国务院水行政主管部门和国务院质量监督检验行政主管部门备案。县级以上地方人民政府发展计划主管部门会同同级水行政主管部门，根据用水定额、经济技术条件以及水量分配方案确定的可供本行政区域使用的水量，制定年度用水计划，对本行政区域内的年度用水实行总量控制。直接从江河、湖泊或者地下取用水资源的单位和个人，应当按照国家取水许可制度和水资源有偿使用制度的规定，向水行政主管部门或者流域管理机构申请领取取水许可证，并缴纳水资源费，取得取水权。

目前，我国征收的水资源费主要用于加强水资源宏观管理，如水资源的勘测、监测、评价规划以及为合理利用、保护水资源而开展的科学研究和采取的具体措施。

3. 排污收费制度

排污收费制度是指国家以筹集治理污染资金为目的，按照污染物的种类、数量和浓度，依据法定的征收标准，对向环境排放污染物或者超过法定排放标准排放污染物的排污者征收费用的制度。国务院 2003 年 1 月颁布了《排污费征收使用管理条例》，对原排污收费制度进行了系统的总结和完善，《排污费征收使用管理条例》对原《征收排污费暂行办法》及《污染源治理专项资金有偿使用暂行办法》的发展体现在几个方面：

1）扩大了征收排污费的对象和范围。在征收的对象上，原《征收排污费暂行办法》中的征收对象是单位排污者，对个体排污者不收费，而《排污费征收使用管理条例》中将单位和个体排污者，统称为排污者，即只要向环境排污，无论是单位还是个人都要收费。随着城市的发展，生活垃圾、生活废水成几何级数增长，为了减轻排污压力，调动治污积极性，推动污水、垃圾处理产业化发展，《排污费征收使用管理条例》规定向城市污水集中处理设施排放污水，缴纳污水处理费用的，不再缴纳排污费。排污者建成工业固体废物贮存或者处置设施、场所经改造符合环境保护标准的，自建成或者改造完成之日起，不再缴纳排污费。

在收费的范围上，原《征收排污费暂行办法》主要针对超标排放收费，未超标排放不收费，而鉴于《水污染防治法》的规定，新制度中对向水体排放污染物的，规定了超标加倍收费。排污费已由单一的超标收费改为排污收费与超标收费并存。

2）确立了排污费的“收支两条线”的原则。排污者向指定的商业银行缴纳排污费，再由商业银行按规定的比例将收到的排污费分别解缴到中央国库和地方国库。排污费不再用于补助环境保护执法部门所需的行政经费，该项经费列入本部门预算，由本级财政予以保障。

3）《排污费征收使用管理条例》规定了罚则，对排污者未按规定缴纳排污费、以欺骗手段骗取批准减缴、免缴或者缓缴排污费以及环境保护专项资金使用者不按照批准的用途使用环境保护专项资金等违法行为规定了处罚依据，收取排污费以及排污费的专款专用有了保障。

《排污费征收使用管理条例》关于污水排污费的具体规定：对向水体排放污染物的，按照排放污染物的种类、数量计征污水排污费；超过国家或者地方规定的水污染物排放标准的，按照排放污染物的种类、数量和本办法规定的收费标准计征的收费额加一倍征收超标准排污费。对向城市污水集中处理设施排放污水、按规定缴纳污水处理费的，不再征收污水排污费。对城市污水集中处理设施接纳符合国家规定标准的污水，其处理后排放污水的有机污染物（化学需氧量、生化需氧量、总有机碳）、悬浮物和大肠菌群超过国家或地方排放标准的，按上述污染物的种类、数量和本办法规定的收费标准计征的收费额加一倍向城市污水集中处理设施运营单位征收污水排污费，对氨氮、总磷暂不收费。对城市污水集中处理设施达到国家或地方排放标准排放的水，不征收污水排污费。

条例的颁布施行，将为我国环保事业的发展提供有力的法律保障。通过排污收费这一经济杠杆，将鼓励排污者减少污染物的排放，促进污染治理，进而提高资源利用效率，保护和改善环境。

4. 可交易用水权和排污许可证

2005年1月，中国内地第一宗水权交易成功开始交货：浙江义乌以水权4元/m^3的代价，购买东阳横锦水库每年4999.9万m^3水的使用权。对于水资源短缺、水纠纷频仍的中国来说，这一事件将深刻影响中国的未来。浙江中部的东阳和义乌地处金华江上下游，水资源丰欠大相径庭。在金华江流域，东阳市的水资源最为丰富，人均水资源量达到2126m^3，每年要白白流掉3000多万吨水。而下游的义乌，人均水资源量却只及东阳的一半。义乌是著名的中国小商品城所在地，工厂遍地，20世纪90年代中后期就出现了工业用水和生活用水双双告急的状态。2000年11月24日，东阳、义乌两市经过协商签署用水权转让协议：义乌市一次性出资2亿元购买东阳横锦水库每年4999.9万m^3水的使用权。转让用水权后水库原所有权不变，水库运行、工程维护仍由东阳负责，义乌按当年实际供水量按0.1元/m^3标准支付综合管理费。义乌、东阳两地水权交易的成功交货，向人们演示了市场机制作用下双赢交易的经典内涵。从表面上看，义乌好像把2亿元扔到水里，但从投入产出看，购买1m^3水权才付出4元的代价，而自己建设水库至少要花6元；东阳转让水权不仅可以得到2亿元的资金，而且每年还有500万元的供水收入，成本每立方米不到1元的水却卖出了每立方米4元的价格。经济学家胡鞍钢认为，这标志中国水权市场的正式诞生。

香港85%的淡水来自广东的东江，水价3.85元港币/m^3，每年是2.4亿港币。新加坡从马来西亚19个水库引水，为水价问题两国常常争吵不休。马来西亚有人认为以往签订的协议约定的水价过低，新加坡则坚决不同意涨价，马来西亚人说不涨价就停水。

通过建立水资源宏观统一管理、微观水权交易体系的步骤，可以有望减缓、解决中国面临的洪涝、缺水、水环境恶化三大水问题。这一治水思路，是强调水资源的自然属性和商品属性，明晰水权，培育和发展水市场，发挥市场在水资源配置中的基础性作用。

排污许可证制度，是指向环境排放污染物的企业事业单位，必须首先向环境保护行政主管部门申请领取排污许可证，经审查批难发证后，方可按照许可证上规定的条件排放污染物的环境法律制度。国家环保总局根据《中华人民共和国水污染防治法》和《中华人民共和国海洋环境保护法》制定了《水污染物排放许可证管理暂行办法》，规定：排污单位必须在规定的时间内，持当地环境保护行政主管部门批准的排污申报登记表申请《排放许可证》。逾期未申报登记或谎报的，给予警告处分和处以5000元以下（含5000元）罚款。在拒报或谎报期间，追缴1~2倍的排污费。逾期未完成污染物削减量以及超出《排放许可证》规定的污染物排放量的，处以1万元以下（含1万元）罚款，并加倍收缴排污费。拒绝办理排污申报登记或拒领《排放许可证》的，处以5万元以下（含5万元）罚款，并加倍收缴排污费。被中止或吊销《排放许可证》的单位，在中止或吊销《排放许可证》期间仍排放污染物的，按无证排放处理。

但是，排污许可证制度在经济效率上存在很多缺陷：许可排污量是根据区域环境目标可达性确定的，只有在偶然的情况下，才可出现许可排污水平正好位于最优产量上，通常是缺乏经济效率的；只有当所有排污者的边际控制成本相等时，总的污染控制成本才达到最小，即使对各企业所确定的许可排污量都位于最优排污水平，由于各企业控制成本不同，仍不能符合污染控制总成本最小的原则。由于排污许可证制是指令性控制手段，要有特定的实施机构，还必须从有关行业雇佣专业人员，同时，排污收费制的实施还需要建立预防执法者与污染者相互勾结的配套机制，这些都导致了执行费用的增加。此外，排污许可证制是针对现有排污企业进行许可排污总量的确定，对将来新建、扩建、改建项目污染源的排污指标分配没有设立系统的调整机制，对污染源排污许可量的频繁调整不仅带来巨大的工作量和巨额的行政费用，而且容易使企业对政策丧失信心。这些都可能导致排污许可证制度在达到环境目标上的低效率。

可交易的排污许可证制避免了以上两种污染控制制度的弊端。所谓可交易的排污许可证制，是对指令控制手段下的排污许可证制的市场化，即排污权交易制，是对指令控制手段下的排污许可证制的市场化，即建立排污许可证的交易市场，允许污染源及非排污者在市场上自由买卖许可证。排污权交易制具有以下优点：一是只要规定了整个经济活动中允许的排污量，通过市场机制的作用，企业将根据各自的控制成本曲线，确定生产与污染的协调方式，社会总控制成本的调整将趋于最低。二是与排污收费制相比，排污交易权不需要事先确定收费率，也不需要对费用率作出调整。排污权的价格通过市场机制自动调整，排除了因通货膨胀影响而降低调控机制有效性的可能，能够提供良好的持续激励作用。三是污染控制部门可以通过增发或收购排污权来控制排污权价格，与排污许可证制相比，可大幅度减少行政费用支出。同时非排污者可以参与市场发表意见，一些环保组织可以通过购买排污权达到降低污染物排放、提高环境质量的目的。总之，可交易的排污许可证制是总量控制配套管理制度的最优选择。

可交易排污许可证制是排污许可证制的附加制度，是以排污许可证制度为基础的。随着计划经济体制向市场经济体制的过渡，建立许可证交易制的市场条件逐步成熟，新建、扩建企业对排污许可有迫切的要求，构成排污交易市场足够庞大的交易主体。因此，污染控制部门应当积极引导，尽快建成适应我国经济发展与环境保护需要的市场化的排污许可交易制，在我国经济可持续发展过程中实现经济环保效益的整体最优化。

5. 水资源保护的具体经济措施

完善和改革水资源费制度，建立水资源有偿使用机制。水资源费是《水法》中规定的一项行政收费制度。水资源作为资源虽然具有一定的特殊性，但它在使用中的收益性是不容置疑的，但当前并不是所有的公民在利用水资源的权利上都是一样的。因此应进一步明确征收主体和征收对象，加强对水资源费使用的管理。

改革排污收费制度，建立保护水资源的补偿机制。排污收费制度有两种概念：一是指排入城市下水道系统（包括处理系统），有关部门向排放者收取污水接纳费及处理费，即“用户付费”；另一种是指直接向自然水体排放废水（经处理或未经处理）所必须承担的经济义务，即“污染者付费”。合理的排污收费制度应该将用户费和污染费统一起来考虑，即与有偿使用市政设施、水量、水质及对环境的污染和对设施的损害等几个方面结合起来。

排污收费制度是控制水环境污染管理工作的一种经济手段，它是与法律措施和其他行政奖惩措施相辅相成的。制定一种比较科学合理的收费方法是十分重要的，这样既能促使工厂节约用水和治理污染，又能使城市污水治理和环境的损害得到经济补偿。理想的收费制度，应能反映每个污染物质在不同地点、不同时间、不同环境、不同容量和不同浓度下排出时所造成的危害及经济上的损失。但是，许多损害、许多参数是无法准确的计算。因此，目前还没有一个国家的收费标准能准确的反映由于污染所造成的损害。

9.4.4 水资源保护的工程技术措施

水资源的保护还可采取一系列的工程技术措施，主要包括水利工程、农林工程、市政工程、生物工程等。

1. 强化水体污染的控制与治理，完善城市下水道系统和城市污水处理厂的工程建设

由于工业和生活污水的大量排放，以及农业面源和水土流失的影响，造成地面水体的富营养化和地下水体的有毒有害污染物的污染，严重影响和危害生态环境和人类的身体健康。对于污染水体的控制和治理主要是加强水处理的技术措施研究，减少污水的排放量。大多数国家主要是加强水污染和控制的法律和法规建设，制定合理的水功能区划和排放标准以及目标，设立实现减排的污水处理厂，改造给排水系统等基础设施的建设，利用物理、化学和生物技术加强水质的净化处理，加大污水排放和水源水质的监测力度。通过这一系列的工程技术措施达到水资源有效保护的目的。

地表水体的污染的控制与治理主要是富营养化的治理。富营养化的污染来源主要是量大面广的农业面源。可以通过制定合理的农业发展规划、有效的农业结构的调整、有机和绿色农业的推广以及无污染小城镇的建设实现面源源头的控制。

污染地表水体的治理另一个重要方面就是内源的治理。由于长期的污染，在地表水体的底泥中存在着大量的营养物及有毒有害污染物质。在合适的环境

和水文条件下不断缓慢地释放出来。在浓度梯度和水流的作用下，在水体中不断地扩散和迁移，造成水源水质的污染与恶化。目前，底泥的疏浚、水生生态系统的恢复、现代物化与生物技术的应用成为内源治理的重要措施。

地下水污染与地表水污染相比，由于运动通道、介质结构、水岩作用、动力性质的复杂性而增大了控制与治理的难度。而且，地下水一旦遭受污染，水质恢复将经历漫长的过程。自20世纪80年代以来世界各国的环保工作者对地下水污染的控制与治理的理论、技术做了大量的研究，取得了一些成果，但地下水污染治理的路依然很长，许多净化技术和理论仍处在探索阶段，有待进一步的完善和提高。地下水受污染后的治理包括污染包气带土层的治理和污染地下水的治理。

包气带作为地下水的重要保护层，截留了大量来自地表的污染物质，经过自身的净化功能能将大部分的污染去除，但在一定条件下所截留的未被降解的污染物质在淋滤、解吸、溶解等作用下释放，从而成为地下水污染的重要来源。因此，如何发挥土层的净化功能，治理失去功能的污染包气带显得尤为重要。污染包气带的土层的治理目前大多采用换土法、微生物处理技术、焚烧法、表活剂清洗、吹脱法、植物修复等。

生物治理是在适宜的环境条件下，通过生物降解将复杂的有机污染组分转化为简单组分，同时微生物从降解组分中得到生长所需要的能量。天然有机物在降解过程中所形成的酶在污染土层的有机物净化方面起着重要的作用，达到控制污染源、降低风险、防止污染、降低有机组分的毒性和迁移能力。污染土层中广泛存在着可降解有机污染物的微生物种群，它们在有利的环境条件，如合适的pH、营养物、氧、温度、水分和无毒的条件下，生物具有能够产生降解有机物的酶系统，就能发生降解作用。生物治理的可行性受到土层中有机物的种类与数量、需要治理的土层体积、地下水的埋深和水质、技术的接受程度、生物治理过程中残留物等的影响。

植物修复技术也是包气带土层治理的一项有效措施。利用植物对污染物的吸收、积累、植物及其根际微生物将污染物降解、转化、固定，达到净化土层中微生物的目的。植物修复技术主要包括植物萃取技术、植物降解技术、植物固定化技术。植物修复可以通过植物固定将污染物的流动性降低，通过植物挥发直接去除环境中一些挥发性污染物，通过植物吸收利用其耐受性，在植物体中吸收与储存污染物质完成对重金属污染土层的修复。利用有机物的生物可利用性可以完成对有机污染的植物修复。污染土层的植物修护技术的优势在于应用广泛，对环境的扰动少，增加土壤肥力，以利农作物的生长，控制风蚀、水蚀，减少水土流失，成本低。局限性主要表现在，植物所具有的选择性，修复周期长，对环境条件要求较高，一定程度上污染物可重新回归土壤。

治理被污染的地下水，污染源的控制对于治理效果是十分重要的，在此基础上，通过有效的物理、化学、生物方法去除地下水的污染物，达到地下水质净化与恢复的目的。

物化技术包括活性炭吸附法、臭氧分离法、电解法、沉淀法、中和法、氧化还原法等。这些方法可以应用到处理抽到地面的被污染的地下水，也可以直接在含水层中对污染的地下水进行净化。在利用物化法修复污染地下水和含水层的过程中重要的是防止二次污染。

生物技术是治理大面积污染的一种有效的技术方法。生物技术的实质是在适宜的环境条件下，微生物通过降解有机物获得自身生长繁殖所必需的碳源和能源的同时，将有毒大分子有机物分解为无毒的小分子物质，最终转化为二氧化碳和水。在现场实施生物技术时首先要掌握地下水污染带的分布特征、污染物质的性质、污染程度和污染范围，在此基础上，针对要净化的污染物对微生物进行培养和驯化，促进微生物的生长繁殖，强化生物活性，加快微生物对污染物的降解与转化，然后将菌种投放到受污染的含水层中。

反应墙技术是在地下水治理的过程中，垂直地下水流设置人工构筑的具有还原性的地下填充墙。当地下水流经反应墙时，污染水流中的有机污染物发生化学与生物反应达到降解有机物的目的。目前，反应墙的填充介质多为铁屑，在反应墙与现场应用时，还可通过墙体下游抽水或注入来控制地下水的流速，同时，还应注意，为使地下水优先通过反应墙，墙体的渗透性应大于周围地质体。

除了在地下完成污染地下水的处理外，还可将被污染的地下水从含水层中直接抽出，经过处理后排向地面水体或再补给地下水。也可以在适当的地段将抽出的受污染地下水用于农田灌溉，利用土壤的天然过滤作用，使污染物得到净化。但前提是充分评价土壤的自净能力、污染水体中有害物质的浓度、灌溉方式等，防止产生土壤的污染。这样长期的抽水过程可以促使被污染含水层水体的净化。这种抽出处理技术适用于大面积的污染含水层，投资相对较小。

减少污染物质的排放量，截断污染物向江、河、湖、库的排放是水污染控制和治理的基础，是控制水质的根本措施之一。这需要不断的完善城市下水道系统，不断改善我国老城市合流制的下水道系统为分流制，同时加强雨水和污水的储存，积极利用雨水资源，减少雨水的排放量。对于排入下水道系统的污废水，要加强城市污水处理厂的处理能力，合理进行污水处理厂的规划，选择合适的处理工艺，不断强化处理技术与设施，达到处理后水质的合格排放。除此以外，还可以利用生态工程学的原理和自然界微生物的作用，对污废水实现天然净化。如利用稳定塘、水生植物塘、湿地、土地处理系统以及这些处理工艺的组合系统进行藻类、及其他微生物、浮游动物、水生生物的多层次、多功能的代谢过程，伴随物理的、化学的物理化学的多种过程，可使水中的有机污染物、氮磷等营养物及其他污染物质进行多级转换、利用和去除，从而实现废水的无害化、资源化与再利用。

2. 节约用水，提高水的重复利用率

节约用水，提高水的重复利用率，可以减少污废水的排放量，从而减少对环境的污染；同时也是克服水资源短缺的重要措施。可以说，节约用水，提高水的重复再利用程度，对污水进行回用既是开源也是节流，不仅可以获得一部分集中于城市的可利用水资源量，还有利于提高城市水资源利用的综合效益。节约用水、实行污水回用可以减少排污费，同时污水回用所收取的水费可以使污水处理得到有力的财政支持，使水污染防治得到可靠的经济保障；节约用水、实行污水回用可以有效地保护水源，并相应降低取自该水源的水处理费用。

节约用水是我国的一项基本国策，节水工作近年来得到了长足的发展。据估计，工业用水的重复利用率全国平均约在40%～50%之间，冷却水循环率约为70%～80%。城市污水多数未经处理直接排放，处理后的污水极少回用，使水体受到严重的污染。近几年来结合水污染控制，城市污水回用已逐渐提到议事日程上来。在北京、天津、沈阳、鞍山、抚顺、大连、青岛、石家庄、太原、大同、西安、深圳等地已建成或拟建一批污水处理或回用工程，同时将改造旧有污水灌溉系统。

农业是水的最大用户，占总用水量的80%左右，因此也存在着巨大的节水潜力。通过改变传统的大水漫灌和浸灌方式为现代化的喷灌和滴灌系统，减少渠道的渗漏损失，提高灌溉效率，可以减少农业用水量。同时在条件允许情况下采用污水灌溉，也是一项重要的节水措施。在实行污水灌溉时，应严格控制污水的水质，并根据不同地区条件和社会经济结构采取不同的水回用的原则。在我国多年实行污水灌溉的教训是，用于农业，特别是蔬菜、粮食等作物灌溉的城市污水必须经过适当处理控制水质，有毒有害的废水必须经过严格的处理后才能排入城市排水系统，任何情况下，污水回用必须和污水治理相结合才能取得良好的效果。在发展节水灌溉的同时，减少农药和化肥的使用量也就是减少污染物，发展生态农业，增加有机肥料的施用量，建立种植业、养殖业、林果业相结合的生态工程。植树造林，以涵养水源，净化空气，减少污染物质的沉降量。这些也是水资源保护的重要措施。

工业用水，由于工业生产范围广、对回用水水质的要求差异比较大，因此，比较有利于城市污水或工业废水的回用。除间接回用外，城市污水回用于工业大体上有三种主要的方式：一种是城市污水经适当处理再生后的出水作为工业补充水已替代新水，通常作为冷却水、各种生产过程用水和锅炉补给水等；一种是工业企业之间的废水回用，或称“厂际串联用水”。这需要在不同的工业企业之间具备逐级串联用水的水质、水量和实施条件，有时也应辅以适当的水处理；再有一种是厂内的回用，由于工业生产的复杂性，工业废水的厂内回用范围十分广泛、类别庞杂。与生产工艺、生产系统和生产运行管理的关系往往十分密切。我国的一些大型的钢铁、石油化工联合企业具有较完整的回用水系统，而一些单一性生产企业的废水回用率却较小。

在国外，以色列是节约用水，特别是污水回用方面最具特色的国家。它地处干旱和半干旱地区，人均水资源占有量仅为476m^3，严重缺水。在这样严重缺水的地区建成经济发达国家并保持经济高速发展，其中心政策就是农业节水和城市污水回用。占全国污水处理总量46%的出水直接回用于灌溉，其余33.3%和约20%分别为回灌于地下和排入河道的水，最终又被间接回用于各方面。此外，占总取水量约8%未经处理排入河道的污水，最终又被间接回用。可见，以色列污水回用程度之高堪称世界第一。

3. 通过引水、调水、蓄水、排水、底泥疏浚等水利工程改善水质状况

采用正确的水利工程措施可以改善水质，保护水资源。通过江、河、湖、库上的调蓄水工程可以改变天然水系的丰、枯水量不平衡状况，控制江河径流量，使河流在枯水期具有一定的水量来稀释净化污染物质，改善水资源质量，特别是水库的建设，可以明显改变天然河道枯水期径流量，改善水环境质量。湖、库底泥疏浚是解决内源磷污染释放的重要措施，能将营养物直接从水体中取出。但是，又会产生污泥处置和利用的问题。可将挖出来的污泥进行浓缩，上清液经除磷后打回湖、库中，污泥可直接施向农田，用作肥料，并改善土质。

9.4.5 污染源控制和水源地保护

为更好的保护水资源，从源头对污染源进行控制和水源地采取保护措施具有重要意义。

1. 污染源控制

污染源控制主要包括水体的外部污染源控制与水体的内部污染源控制两部分。外源控制又包括点源控制和非点源控制两部分。其控制对象包括生活污水、工业废水、畜禽养殖的粪尿与废水、农田施肥、固体废物的倾倒与堆放控制，以及大气污染物沉降控制等。内源污染的控制主要指江、河、湖、库水体中污染物转化和底泥积聚与释放的控制。

污染源的控制有些可以采用集中的工程措施，有些需要在源头采取单独的措施。对于排入江、河、湖、库的生活污水，应修建与完善下水道系统输送至污水处理厂进行集中处理，而当生活污水来自零散分布的建筑物，与市政下水道距离较远，不可能送至城市污水处理厂，为此，必须修建就地处理的设施，如化粪池、地下土壤渗滤处理系统、稳定塘或湿地处理系统等。对工业废水的

防治措施则必须采取综合性的对策措施，通过宏观性控制、技术性控制及管理性控制来综合防治。我国工业生产正处于关键发展阶段，国家可通过宏观调控，深化改革，在发展中不应再发展能耗大、用水多、占地多、运输量大、污染扰民的工业，工业结构的调整应以降低单位工业产品或产值的排水量及污染物排放负荷为重点。加强对工业企业的技术改造，积极推广清洁生产。加强水资源保护管理，全面推行污染物排放总量控制与取排水许可证制度。厉行节水减污，提高工业用水的重复利用率，加强工业企业内的终端处理。对畜禽养殖厂废水也一定要经妥善处理后达到排放标准才允许外排，否则，这类污水氮、磷、钾等营养元素及病毒含量较高，将会对地表水体造成重大污染。农业生产中施用大量化肥，除被植物吸收外，会随着地表径流、水土流失等进入水体。因此，在汇流流域内应合理管理农田，控制合理的施肥量，加强水土保持工作。固体废弃物如不采取妥善的处置与处理措施，任意向河道及湖库倾倒或任意堆置，将会对水体造成严重的污染，因此，应严格控制。

对于内源污染的控制主要可通过水利措施，定期对河道进行疏浚。

2. 建立水资源保护带

建立不同规模、不同类型的水资源质量保护带（或区），从而从根本上解决我国水资源保护问题。水资源保护带应建立在水资源保护的法律法规基础上，通过水资源的分配、节水与污水处理、污水资源化、水资源费用征收与使用的统一，系统全面的合理调配与使用水资源，实现水资源的良性循环。

对于水源保护的关键是合理有效地划分各级保护区的功能，分析和认识不同水源地的污染来源和污染途径，以及水源地自身水文、水动力的特征及性质。

根据《国家饮用水水源保护区污染防治管理规定》（1989 年 7 月 10 日国家环保局卫生部、建设部、水利部、地矿部），为保障人民身体健康和经济建设发展，必须保护好饮用水水源。饮用水地下水源保护区应根据饮用水水源地所处的地理位置、水文地质条件、供水的数量、开采方式和污染源的分布规定。

按照不同的水质标准和防护要求分级划分饮用水水源保护区。饮用水水源保护区一般划分为一级保护区和二级保护区，必要时可增设准保护区。各级保护区应有明确的地理界线和明确的水质标准并限期达标。饮用水水源保护区的设置和污染防治应纳入当地的经济和社会发展规划和水污染防治规划。跨地区的饮用水水源保护区的设置和污染防治应纳入有关流域、区域、城市的经济和社会发展规划和水污染防治规划。跨地区的河流、湖泊、水库、输水渠道，其上游地区不得影响下游饮用水水源保护区对水质标准的要求。

饮用水地表水源保护区包括一定的水域和陆域，其范围应按照不同水域特点进行水质定量预测并考虑当地具体条件加以确定，保证在规划设计的水文条件和污染负荷下，供应规划水量时，保护区的水质能满足相应的标准。饮用水地下水源保护区的水质均应达到国家规定的《生活饮用水卫生标准》（GB 5749—1985）的要求。各级地下水源保护区的范围应根据当地的水文地质条件确定，并保证开采规划水量时能达到所要求的水质标准。

在饮用地表水源取水口附近划定一定的水域和陆域作为饮用水地表水源一级保护区。一级保护区的水质标准不得低于国家规定的《地面水环境质量标准》（GB 3838—1988）Ⅱ类标准，并须符合国家规定的《生活饮用水卫生标准》（GB 5749—1985）的要求。

在饮用水地表水源一级保护区外划定一定的水域和陆域作为饮用水地表水源二级保护区。二级保护区的水质标准不得低于国家规定的《地面水环境质量标准》（GB 3838—1988）Ⅲ类标准，应保证一级保护区的水质能满足规定的标准。

根据需要可在饮用水地表水源二级保护区划定一定的水域及陆域作为饮用水地表水源准保护区。准保护区的水质标准应保证二级保护区的水质能满足规定的标准。

饮用水地表水源各级保护区及准保护区内均必须遵守下列规定：禁止一切破坏水环境生态平衡的活动和破坏水源林、护岸林与水源保护相关植被的活动；禁止向水域倾倒工业废渣、城市垃圾、粪便及其他废弃物；运输有毒有害物质、油类、粪便的船舶和车辆一般不准进入保护区，必须进入者应事先申请并经有关部门批准、登记并设置防渗、防溢、防漏设施；禁止使用剧毒和高残留农药，不得滥用化肥，不得使用炸药、毒品捕杀鱼类。

饮用水地表水源各级保护区及准保护区内必须分别遵守下列规定：

一级保护区内：禁止新建、扩建与供水设施和保护水源无关的建设项目；禁止向水域排放污水，已设置的排污口必须拆除；不得设置与供水无关的码头，禁止停靠船舶；禁止堆置和存放工业废渣、城市垃圾、粪便和其他废弃物；禁止设置油库；禁止从事种植、放养禽畜，严格控制网箱养殖活动；禁止可能污染水源的旅游活动和其他活动。

二级保护区内：不准新建、扩建向水体排放污染物的建设项目。改建项目必须削减污染物排放量；原有排污口必须削减污水排放量，保证保护区内水质满足规定的水质标准；禁止设立装卸垃圾、粪便、油类和有毒物品的码头。

准保护区内：直接或间接向水域排放废水，必须符合国家及地方规定的废水排放标准。当排放总量不能保护保护区内水质满足规定的标准时，必须削减排污负荷。

饮用水地下水源一级保护区位于开采井的周围，其作用是保证集水有一定滞后时间，以防止一般病原菌的污染。直接影响开采井水质的补给区地段，必要时也可划分一级保护区。二级保护区位于饮用水地下水源一级保护区外，其作用是保证集水有足够的滞后时间，以防止病原菌以外的其他污染。准保护区位于饮用水地下水源二级保护区外的主要补给区，其作用是保护水源地的补给水源水量和水质。

3. 综合开发地下水和地表水资源

地下水和地表水都参加水文循环，可以相互转化，而这是一个统一体。在开采地下水时由于这种相互转化关系，可以使得该地区的河流径流量减少20%～30%，所以只有综合开发地下水与地表水，实现联合调度，才能合理而充分的利用水资源。

印度恒河流量季节变化性很大，雨季洪水泛滥，而旱季却不能满足灌溉、通航等需要，为了进行调节，提出将恒河流域的地表水与地下水综合利用。在旱季大量的抽取地下水利用，同时腾出地下空间，把雨季多余河水蓄存在地下含水层中，实现地下水与地表水相互结合，循环利用。

我国降雨量的年内变化较大，丰水期降雨量占全年总降雨量的80%左右，因此有效而合理的利用集中降雨季节巨大的地表径流量对解决水资源短缺，防止超量开采有重要意义。但目前我国地下水与地表水的联合调度大多还只是停留在零星的、不自觉的状态。如果能结合每个地区的特点，按照科学的、统一的规划，实行全面的综合调度，就可以更合理的利用现有的水资源和水利工程，缓解水资源紧张的压力，提高水资源利用率，防止水资源枯竭。

4. 强化地下水资源的人工补给

由于超量开采地下水，已经造成好多地区的地面下降、海水入侵等地质问题。地下水的人工补给，又称地下水的人工回灌、人工引渗或地下水回注，是借助某些工程设施将地表水自流或用压力注入地下含水层中。以便增加地下水的补给量，达到调节控制和改造地下水的目的。

通过地下水的人工补给可以补充地下水量，增大含水层的储存量，进行季节性和多年性调整。与地表水库蓄水相比，人工回灌对增加地下淡水资源具有更大的优越性：地下含水层分布广泛，厚度大，储水容量大，储存温度恒定，蒸发损耗小，取用方便，不占耕地，投资小等。人工补给可抬高地下水位，增加孔隙水的压力，增加土层回填量，控制地面沉降。人工补给可以防止或减少海水入侵。把淡水灌入承压含水层里，造成淡水压力墙，起到阻挡海水继续入侵含水层的作用。同时向地下输入了淡水，与原来的咸水或被污染的地下水混合，并发生离子交换作用等物理化学反应，可以使地下水逐渐淡化，水质得到明显改善。在冬季向地下水灌入温度很低的冷水，到夏天再开采用于降温；夏季向地下灌入温度较高的水，到冬季再抽出用以生产或取暖。向含油层或含气层中高压回灌，以水挤油或气，能保持和增加石油或天然气的有效开采量。

在对地下水进行人工回灌时，可以采用地表水、工业回水和工业废水、自来水、地下水等。但无论采用哪种水源都应确保回灌水的水质。一般要求回灌水的水质要比原地下水的水质要好，最好达到饮用水的标准；回灌水不会引起区域性地下水的水质变坏和污染；回灌水中不应含有能使井管和过滤器腐蚀的特殊离子或气体。水质较差时必须经过净化和适当处理后才能作为回灌水的水源。同时，回灌水的水质要求随目的、用途及所处的水文地质条件等的不同而有所不同，作为农业用水和工业用水来说，补给水的标准可比饮用水低些。

地下水的人工补给方法一般可以分为直接法和间接法。

直接法包括地表入渗补给法和井内灌注渗水补给。地表入渗补给法一般采用坑塘、渠道、凹地、古河道、矿坑等地表工程设施及淹没或灌溉等手段，使地表水自然渗透流入含水层，一般要求地表土层有较好的透水性。该方法的工程设施比较简单，基建费用不大，便于施工管理，但占地面积大，效率较低。含水层上部若覆盖有弱透水层时，地表水渗入补给强度受到限制。为使补给水直接进入地下含水层，常采用管井、大口井、竖井和坑道灌水注入地下含水层。

诱导补给法是一种间接的人工补给地下水的方法。在河流或其他地表水体，如渠道、池塘、湖泊等附近凿井，抽取地下水，使地下水位降低，从而增大地表水和地下水之间的水位差，诱导地面水大量渗入。抽水量达到一定量时，形成的降落漏斗面可以低于地表水体的底部，这时地表水由渗透转为渗漏补给地下水。这种方法一般在砂、卵石地层效果较好。诱导补给除与底层的渗透性密切相关外，还同抽水井与地表的距离有关，距离越近诱导补给量越大。但为了保证天然净化作用，二者常保持一定的距离，而且水源井一般位于区域地下水流下游一侧比较有利。

人工回灌地下水不仅能有效地储存水资源，而且还能利用土壤的自净能力，对水中的某些有害物质进行有效的处理，达到水质改善的目的。近年来提出的废水人工回灌将可能达到污水处理和资源再利用的双重目的，但需要注意的是，土壤的自净能力是有限的和有条件的，受其环境容量的控制。因此，在确定回灌水的水质控制指标时，应根据工程所在地地下水保护的标准和回灌水回用目的对水质的要求来确定，防止产生对地下水的污染。

水资源保护是一项重要工作，应加强宣传教育，进一步提高全民对水资源保护工作重要性、紧迫性的认识，坚持把节约用水放在首位，努力建设节水防污型社会，认真做好水功能区划和水资源保护规划工作，继续做好城市集中供水水源地的保护工作，重视地下水资源的保护，做好水质监测工作，完善地表水、地下水的水质监测网络，加强对入河排污总量的监测和监督，进一步完善取水许可的管理工作，加强建设项目的环境保护工作。总之，通过一系列法律法规建设，加强管理，提高技术水平，采取适当的工程技术措施和经济政策实现对水资源的有效保护。

复习思考题

1. 水资源保护的概念是什么？包括哪些任务和内容？
2. 在水资源的保护过程中应遵循哪些原则？
3. 水体污染的含义是什么？包含哪些特征和要素？
4. 简述我国污水排放控制的法律法规体系。
5. 什么是水环境质量监测？其对象和目的是什么？分为哪几类？
6. 简述水环境监测项目选择的原则。
7. 水环境质量评价一般有哪三种类型？其各自的评价内容是什么？
8. 简述水环境质量评价的方法和程序。
9. 水资源保护包括哪些方面？简述其各自内容。

参考文献

[1] 李广贺．水资源利用与保护［M］．北京：中国建筑工业出版社，2002.

[2] 严煦世，范瑾初．给水工程［M］．4 版．北京：中国建筑工业出版社，2000.

[3] 刘自放，张廉均，邵丕红．水资源与取水工程［M］．北京：中国建筑工业出版社，2000.

[4] 王守荣．全球水循环与水资源［M］．北京：气象出版社，2003.

[5] 李广贺，刘兆昌，张旭．水资源利用工程与管理［M］．北京：清华大学出版社，2002.

[6] 马学尼，黄廷林．水文学［M］．3 版．北京：中国建筑工业出版社，2000.

[7] 刘兆昌，李广贺，朱琨．供水水文地质［M］．3 版．北京：中国建筑工业出版社，2000.

[8] 张华，鹿爱莉．全球水资源及其利用状况［J］．国土资源，2002（1）：24—27.

[9] 秦大河．全球水循环与水资源［M］．北京：气象出版社，2003.

[10] 袁弘任，吴国平，等．水资源保护及其立法［M］．北京：中国水利水电出版社，2002.

[11] 朱党生，王超，程晓冰．水资源保护规划理论及技术［M］．北京：中国水利水电出版社，2001.

[12] 中共中央宣传部宣传教育局，水利部办公厅．水资源问题与对策［M］．北京：学习出版社，2002.

[13] 袁弘任，等．水资源保护及其立法［M］．北京：中国水利水电出版社，2002.

[14] 钱易，刘昌明，邵益生．中国城市水资源可持续开发利用［M］．中国水利水电出版社，2002.

[15] 王民，周五文，王纯娟．水文学与供水水文地质学［M］．2 版．北京：中国建筑工业出版社，1996.

[16] 刘昌明．水文水资源研究理论与实践［M］．北京：科学出版社，2004.

[17] 金光炎．水文水资源分析研究［M］．南京：东南大学出版社，2003.

[18] 祁鲁梁，李水存，宋业林．工业用水节水与水处理技术术语大全［M］．北京：中国水利水电出版社，2003.

[19] 刘昌明，何希武．中国 21 世纪水问题方略［M］．北京：科学出版社，1998.

[20] 陈晓宏，江涛，陈俊合．水环境评价与规划［M］．广州：中山大学出版社，2001.

[21] 奚旦立，孙裕生，刘秀英．环境监测［M］．北京：高等教育出版社，2001.

[22] 李青山，李怡庭．水环境监测实用手册［M］．北京：中国水利水电出版社，2003.

[23] 国家环境保护总局监督管理司．中国环境影响评价培训教材［M］．北京：化学工业出版社，2000.

[24] 程胜高，张聪辰．环境影响评价与环境规划［M］．北京：中国环境科学出版社，

1999.
[25] 陈梦玉．水资源开发利用［M］．北京：中国水利水电出版社，1997.
[26] 联合国教科文组织编，水资源评价：国家能力砰估手册［M］．李设明，等译．郑州：黄河水利出版社，2001.
[27] 钱正英，张光斗．中国可持续发展水资源战略研究综合报告及各专题报告，北京：中国水利水电出版社，2001，3.
[28] 陈家琦，王浩．水资源学概论［M］．北京：中国水利水电出版社，1996.
[29] 南京水利科学研究院．21世纪初期中国地下水资源开发利用［M］．北京：中国水利水电出版社，2004.
[30] 吴俊奇，付婉霞，曹秀芹．给水排水工程［M］．北京：中国水利水电出版社，2004.
[31] 刘鸿亮，韩国刚，严济民，等．中国水环境预测与对策概论［M］．北京：中国环境科学出版社，1988.
[32] 陈崇希，林敏．地下水动力学［M］．武汉：中国地质大学出版社，1999年．
[33] 唐鹣．国外城市节水技术与管理［M］．北京：中国建筑工业出版社，1997.
[34] 孙慧修．排水工程：上册［M］.4版．北京：中国建筑工业出版社，1999.
[35] 张衡平．中华人民共和国水法实施手册［M］．哈尔滨：黑龙江人民出版社，2002.
[36] 邱林，徐建新，张占庞，等．区域水资源可持续利用管理理论与应用［M］．郑州：黄河水利出版社，2003.